全国地层多重划分对比研究

（21）

辽宁省岩石地层

主　编：杨欣德　李星云

编　者：杨欣德　李星云　孙敬书
郇彦清　杨雅君　战丽华
全秀杰　陈荣度　许安田
张福生

技术指导：方如恒　陈荣度

中国地质大学出版社

内容简介

本书在前人工作基础上，按现代地层学理论，对辽宁省中晚元古代—第三纪地层进行了多重划分对比研究。全书共分7章，着重于省内地层单位的创名、沿革、地质特征和区域变化的论述，提出了辽宁省地层分区方案，建立了岩石地层、生物地层序列及其与年代地层对比关系，并对部分断代做了层序地层学讨论。是一本较系统的区域地层学专著。全书约30万字，文末附有本书所采用和建议停用的岩石地层单位名称表（附录Ⅱ、Ⅲ）。首次建立的辽宁省地层数据库，有利于地层单位创名、地层资料管理等地层学研究的科学化和信息化。

本书可供生产、研究及教学单位地质工作者和地质科学研究人员参考使用。

图书在版编目(CIP)数据

辽宁省岩石地层/杨欣德，李星云主编．—武汉：中国地质大学出版社，1997．9(2012．7 重印)
(全国地层多重划分对比研究；21)
ISBN 978-7-5625-1262-2

Ⅰ．辽…
Ⅱ．①杨…②李…
Ⅲ．地层学—辽宁省
Ⅳ．P535．231

中国版本图书馆 CIP 数据核字(2008)第 062442 号

辽宁省岩石地层 杨欣德 李星云 主 编

责任编辑：张晓红 责任校对：徐润英

出版发行：中国地质大学出版社(武汉市洪山区鲁磨路 388 号) 邮编：430074
电话：(027)67883511 传真：67883580 **E-mail**：cbb @ cug. edu. cn
经 销：全国新华书店 **http**：//www. cugp. cn

开本：787 毫米×1092 毫米 1/16 字数：420 千字 印张：16．125 插页 1
版次：1997 年 9 月第 1 版 印次：2012 年 7 月第 3 次印刷
印刷：武汉教文印刷厂 印数：901—1400 册

ISBN 978-7-5625-1262-2 定价：56．50 元

如有印装质量问题请与印刷厂联系调换

序

100多年来，地层学始终是地质学的重要基础学科的支柱，甚至还可以说是基础中的基础，它为近代地质学的建立和发展发挥了十分重要的作用。随着板块构造学说的提出和发展，地质科学正经历着一场深刻的变革，古老的地层学和其他分支学科一样还面临着满足社会不断进步与发展的物质需要和解决人类的重大环境问题等双重任务的挑战。为了迎接这一挑战，依靠现代科技进步及各学科之间相互渗透，地层学的研究范围将不断扩大，研究途径更为宽广，研究方法日趋多样化，并萌发出许多新的思路和学术思想，产生出许多分支学科，如生态地层学、磁性地层学、地震地层学、化学地层学、定量地层学、事件地层学、气候地层学、构造地层学和月球地层学等等，它们的综合又导致了“综合地层学”和“全球地层学”概念的提出。所有这一切，标志着地层学研究向高度综合化方向发展。

我国的地层学和与其密切相关的古生物学早在本世纪前期的创立阶段，就涌现出一批杰出的地层古生物学家和先驱，他们的研究成果奠定了我国地层学的基础。但是大规模的进展，还是从1949年以后，尤其是随着全国中小比例尺区域地质调查的有计划开展，以及若干重大科学计划的执行而发展起来的。正像我国著名的地质学家尹赞勋先生在第一届全国地层会议上所讲：“区域地质调查成果的最大受益者就是地层古生物学。”1959年召开的中国第一届全国地层会议，总结了建国十年来所获的新资料，制定了中国第一份地层规范（草案），标志着我国地层学和地层工作进入了一个新的阶段。过了20年，地层学在国内的发展经历了几乎十年停滞以后，于1979年召开了中国第二届全国地层会议，会议在某种程度上吸收学习了国际地层学研究的新成果，还讨论制定了《中国地层指南及中国地层指南说明书》，为推动地层学在中国的发展，缩小同国际地层学研究水平的差距奠定了良好基础。这次会议以后所进行的一系列工作，包括应用地层单位的多重性概念所进行的地层划分对比研究、区域地层格架及地层模型的研究，现代地层学与沉积学相结合所进行的盆地分析以及1:5万区域地质填图方法的改进与完善等，都成为我国地层学进一步发展的强大推动力。为此，地质矿产部组织了一项“全国地层多重划分对比研究（清理）”的系统工程，在30个省、直辖市、自治区（含台湾省，不含上海市）范围内，自下而上由省（市、区）、大区和全国设立三个层次的课题，在现代地层学和沉积学理论指导下，对以往所建立的地层单位进行研究（清理），追溯地层单位创名的沿革，重新厘定单位含义、层型类型与特征、区域延伸与对比，消除同物异名，查清同名异物，在大范围内建立若干断代岩石地层单位的时空格架、编制符合现代地层学含义的新一代区域地层序列表，并与地层多重划分对比研究工作同步开展了省（市、区）和全国两级地层数据库的研建，对巩固地层多重划分对比研究（清理）成果，为地层学的科学化、系统化和现代化发展打下了良好基础。这项研究工作在部、省（市、区）各级领导的支持关怀下，全体研究人员经过5年的艰苦努力已圆满地完成了任务，高兴地看到许多成果已陆续要出版了。这项工作涉及的范围之广、参加的单位及人员之多、文件的时间跨度之长，以及现代科学理论与计算机技术的应用等各方面，都可以说是在我国地层学工作不断发展中具有里程碑意义的。这项研究中不同层次成果的出版问世，不仅对区域地质调查、地质图件的编测、区域矿产普查与勘查、地质科研和教学等方面都具有现实的指导作用和实用价值，而且对我国地层学的发展和科学化、系统化将起到积极的促进作用。

首次组织实施这样一项规模空前的全国性的研究工作，尽管全体参与人员付出了极大的辛勤劳动，全国项目办和各大区办进行了大量卓有成效和细致的组织协调工作，取得了巨大的成绩，但由于种种原因，难免会有疏漏甚至失误之处。即使这样，该系列研究是认识地层学真理长河中的一个相对真理的阶段，其成果仍不失其宝贵的科学意义和巨大的实用价值。我相信经过广大地质工作者的使用与检验，在修订再版时，其内容将会更加完美。在此祝贺这一系列地层研究成果的公开出版，它必将发挥出巨大社会经济效益，为地质科学的发展做出新的贡献。

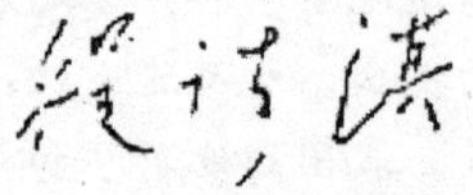

前　言

地层学在地质科学中是一门奠基性的基础学科，是基础地质的基础。自从19世纪初由W 史密斯奠定的基本原理和方法以来的一个半世纪中，地层学是地质科学中最活跃的一个分支学科，对现代地质学的建立和发展产生了深刻的影响，作出了不可磨灭的贡献，特别是在20世纪60年代由于板块构造学说兴起引发的一场“地学革命”，其表现更为显著。随着板块构造学的确立，沉积学和古生态学的发展，地球历史和生物演化中的灾变论思想的复兴和地质事件概念的建立，使地层学的分支学科，如时间地层学、生态地层学、地震地层学、同位素地层学、气候地层学、磁性地层学、定量地层学和构造地层学等像雨后春笋般地蓬勃发展，这种情况必然对地层学、生物地层和沉积地层等的传统理论认识和方法提出了严峻的挑战。经过20年的论战，充分体现当代国际地质科学先进思想的《国际地层指南》（英文版）于1976年见诸于世，之后在不到20年的时间里又于1979、1987、1993年连续三次进行了修改补充，陆续补充了《磁性地层极性单位》、《不整合界限地层单位》，以及把岩浆岩与变质岩等作为广义地层学范畴纳入地层指南而又补充编写了《火成岩和变质岩岩体的地层划分与命名》等内容。

国际地层学上述重大变革，对我国地学界产生了强烈冲击，十年动乱形成的政治禁锢被打开，迎来了科学的春天，先进的科学思潮像潮水般涌来，于是在1980年第二届全国地层工作会议上通过并公开出版了《中国地层指南及中国地层指南说明书》，阐述了地层多重划分概念。于1983年按地层多重划分概念和岩石地层单位填图在安徽区调队进行了首次试点。1985年《贵州省区域地质志》中地层部分吸取了地层多重划分概念进行撰写。1986年地质矿产部设立了“七五”重点科技攻关项目——“1：5万区调中填图方法研究项目”，把以岩石地层单位填图，多重地层划分对比，识别基本地层层序等现代地层学和现代沉积学相结合的内容列为沉积岩区区调填图方法研究课题，从此拉开了新一轮1：5万区调填图的序幕，由试点的贵州、安徽和陕西三省逐步推向全国。

1：5万区调填图方法研究试点中遇到的最大问题是如何按照现代地层学的理论和方法来对待与处理按传统理论和方法所建立的地层单位？如果维持长期沿用的按传统理论建立的地层单位，虽然很省事，但是又如何体现现代地层学和现代沉积学相结合的理论与方法呢？这样就谈不上紧跟世界潮流，迎接这一场由板块构造学说兴起所带来的“地学革命”。如果要坚持这一技术领域的革命性变革，就要下决心花费很大力气克服人力、财力和技术性等方面的重重困难，对长期沿用的不规范化的地层单位进行彻底的清理。经过反复研究比较，我们认识到科学技术的变革也和社会经济改革的潮流一样是不可逆转的，只有坚持改革才能前进，不进则退，否则就将被历史所淘汰，别无选择。在这一关键时刻，地质矿产部和原地矿部直管局领导作出了正确决策，从1991年开始，从地勘经费中设立一项重大基础地质研究项目——全国地层多重划分对比研究项目，简称全国地层清理项目，开始了一场地层学改革的系统工程，在全国范围内由下而上地按照现代地层学的理论和方法对原有的地层单位重新明确其定义、划分对比标准、延伸范围及各类地层单位的相互关系，与此同时研建全国地层数据库，巩固地层清理成果，推动我国地层学研究和地层单位管理的规范化和现代化，指导当前和今后一个时期1∶5万、1∶25万等区调填图等，提高我国地层学研究水平。1991年地质矿产部原直管局将地层清理作为部指令性任务以地直发(1991)005号文和1992年以地直发(1992)014号文下发了《地矿部全国地层多重划分对比（清理）研究项目第一次工作会议纪要》，明确了各省（市、自治区）地质矿产局（厅）清理研究任务，并于1993年2月补办了专项地勘科技项目合同（编号直科专92-1)，并明确这一任务分别设立部、大区和省（市、自治区）三级领导小组，实行三级管理。

部级成立全国项目领导小组

组长	李廷栋	地质矿产部副总工程师
副组长	叶天竺	地质矿产部原直管局副局长
	赵　逊	中国地质科学院副院长

成立全国地层清理项目办公室，受领导小组委托对全国地层清理工作进行技术业务指导和协调以及经常性业务组织管理工作，并设立在中国地质科学院区域地质调查处（简称区调处)。

项目办公室主任	陈克强	区调处处长，教授级高级工程师
副主任	高振家	区调处总工，教授级高级工程师
	简人初	区调处高级工程师
专家	张守信	中国科学院地质研究所研究员
	魏家庸	贵州省地质矿产局区调院教授级高级工程师
成员	姜　义	区调处工程师
	李　忠	会计师
	周统顺	中国地质科学院地质研究所研究员

大区一级成立大区领导小组，由大区内各省（市、自治区）局级领导成员和地科院沈阳、天津、西安、宜昌、成都、南京六个地质矿产研究所各推荐一名专家组成。领导小组对本大区地层清理工作进行组织、指导、协调、仲裁并承担研究的职责。下设大区办公室，负责大区地层清理的技术业务指导和经常性业务技术管理工作。在全国项目办直接领导下，成立全国地层数据库研建小组，由福建区调队和部区调处承担，负责全国和省（市、自治区）二级地层数据库软件开发研制。

各省（市、自治区）成立省级领导小组，以省（市、自治区）局总工或副总工为组长，有区调主管及有关处室负责人组成，在专业区调队（所、院）等单位成立地层清理小组，具体负责地层清理工作，同时成立省级地层数据库录入小组，按照全国地层数据库研建小组研制的软件及时将本省清理的成果进行数据录入，并检验软件运行情况，及时反馈意见，不断改进和优化软件。在全国地层清理的三个级次的项目中，省级项目是基础，因此要求各省（市、自治区）地层清理工作必须实行室内清理与野外核查相结合，清理工作与区调填图相结合，清理与研究相结合，地层清理与地层数据库建立相结合，“生产”单位与科研教学单位相结合，并强调地层清理人员要用现代地层学和现代沉积学的理论武装起来，彻底打破传统观点，统一标准内容，严格要求，高标准地完成这一历史使命。实践的结果，凡是按上述五个相结合去做的效果都比较好，不仅出了好成果，而且通过地层清理培养锻炼了一支科学技术队伍，从总体上把我国区调水平提高到一个新台阶。

三年多以来，参加全国地层清理工作的人员总数达400多人，总计查阅文献约24 000份，野外核查剖面约16 472.6 km，新测剖面70余条约300 km，清理原有地层单位有12 880个，通过清查保留的地层单位约4721个（还有省与省之间重复的），占总数36.6%，建议停止使用或废弃的单位有8159个（为同物异名或非岩石地层单位等），占总数63.4%，清查中通过实测剖面新建地层单位134个。与此同时研制了地层单位的查询、检索、命名和研究对比功能的数据库，通过各省（市、自治区）数据录入小组将12 880个地层单位（每个单位5张数据卡片）和10 000多条各类层型剖面全部录入，首次建立起全国30个（不含上海市）省（市、自治区）基础地层数据库，为全国地层数据库全面建成奠定了坚实的基础。从1994年7月—11月，分七个片对30个省（市、自治区）地层清理成果报告及数据库的数据录入进行了评审验收，到1994年底可以说基本上完成了省一级地层清理任务。1995—1996年将全面完成大区和总项目的清理研究任务。由此可见，这次全国地层清理工作无论是参加人数之多，涉及面之广，新方法新技术的应用以及理论指导的高度和研究的深度都可以堪称中国地层学研究的第三个里程碑。这一系统工程所完成的成果，不仅是这次直接参加清理的400多人的成果，而且亦应该归功于全国地层工作者、区域地质调查者、地层学科研与教学人员以及为地层工作做过贡献的普查勘探人员。全国地层清理成果的公开出版，必将对提高我国地层学研究水平，统一岩石地层划分和命名指导区调填图，加强地层单位的管理以及地质勘察和科研教学等方面发挥重要的作用。

鉴于本次地层清理工作和地层数据库的研建是过去从未进行过的一项研究性很强的系统工程，涉及的范围很广，时间跨度长达100多年，参加该项工作的人员多达300～400人，由于时间短，经费有限，人员水平不一，文献资料掌握程度等种种主客观原因，尽管所有人员都尽了最大努力，但是在本书中少数地层单位的名称、出处、命名人和命名时间等不可避免地存在一些问题。本书中地层单位名称出现的“岩群”、“岩组”等名词，是根据1990年公开出版的程裕淇主编的《中国地质图（1∶500万）及说明书》所阐述的定义。为了考虑不同观点的读者使用，本书对有“岩群”、“岩组”的地层单位，均暂以（岩）群、（岩）组处理。如鞍山（岩）群、迁西（岩）群。总之，本书中存在的错漏及不足之处，衷心地欢迎广大读者提出宝贵意见，以便今后不断改正和补充。

在30个省（市、自治区）地层清理系统成果即将公开出版之际，我代表全国地层清理项目办公室向参加30个省（市、自治区）地层清理、数据库研建和数据录入的同志所付出的辛勤劳动表示衷心的感谢和亲切的慰问。在全国地层清理项目立项过程中，原直管局王新华、黄崇轲副局长给予了大力支持，原直管局局长兼财务司司长现地矿部副部长陈洲其在项目论证会上作了立项论证报告，在人、财、物方面给予过很大支持；全国地层委员会副主任程裕淇院士一直对地层清理工作给予极大的关心和支持，并在立项论证会上作了重要讲话；中国地质大学教授、全国地层委员会地层分类命名小组组长王鸿祯院士是本项目的顾问，在地层清理的指导思想、方法步骤及许多重大技术问题上给予了具体的指导和帮助；中国地质大学教授杨遵仪院士对这项工作热情关心并给以指导；中国地质科学院院长、部总工程师陈毓川研究员参加了第三次全国地层清理工作会议并作了重要指示与鼓励性讲话；部科技司姜作勤高工，计算中心邬宽廉、陈传霖，信息院赵精满，地科院刘心铸等专家对地层数据库设计进行评审，为研建地层数据库提出许多有意义的建议。中国科学院地质研究所，南京古生物研究所，中国地质科学院地质研究所，天津、沈阳、南京、宜昌、成都和西安地质矿产研究所，南京大学，西北大学，中国地质大学，长春地质学院，西安地质学院等单位的知名专家、教授和学者，各省（市、自治区）地矿局领导、总工程师、区调主管、质量检查员和区调队、地研所、综合大队等单位的区域地质学家共600余人次参加了各省（市、自治区）地层清理研究成果和六个大区区域地层成果报告的评审和鉴定验收，给予了友善的帮助；各省（市、自治区）地矿局（厅）、区调队（所、院）等各级领导给予地层清理工作在人、财、物方面的大力支持。可以肯定，没有以上各有关单位和部门的领导和众多的专家教授对地层清理工作多方面的关心和支持，这项工作是难以完成的。在30个省（市、自治区）地层清理成果评审过程中一直到成果出版之前，中国地质大学出版社，特别是以褚松和副社长和刘粤湘编辑为组长的全国地层多重划分对比研究报告编辑出版组为本套书编辑出版付出了极大的辛苦劳动，使这一套系统成果能够如此快地、规范化地出版了！在全国项目办设在区调处的几年中，除了参加项目办的成员外，区调处的陈兆棉、其和日格、田玉莹、魏书章、刘凤仁多次承担地层清理会议的会务工作，赵洪伟和于庆文同志除了承担会议事务还为会议打印文稿，于庆文同志还协助绘制地层区划图及文稿复印等工作。

在此，向上面提到的单位和所有同志一并表示我们最诚挚的谢意，并希望继续得到他们的关心和支持。

全国地层清理项目办公室（陈克强执笔）

目　录

第一章
绪　论

本书是根据地矿部［1991］005号文的精神，由辽宁省地质矿产局（以下简称辽宁地矿局）（现辽宁省地质矿产勘查开发局）区域地质调查队（以下简称辽宁区调队）在省地矿局直接领导下和全国项目办、华北大区项目办的协调、仲裁、督促下，于1994年10月完成的一项重大基础地质研究项目。该项目历经4年（1990—1994），广泛搜集了本区以往地层工作成果，其资料利用截止日期为1992年底。对以后的一些重要的新资料也尽可能做了反映。

一、目的与任务

本书是“全国地层多重划分对比研究”项目的组成部分。这项研究目的在于根据地层多重划分观点和新成果、新认识，重新明确辽宁省现有地层的划分、对比标准、定义、延伸范围及各类地层单位的相互关系，使其在地层单位的划分、命名、理解和应用上具有共同的语言；通过辽宁省地层数据库的建立，促进本省地层学研究和地层单位划分与管理的规范化、现代化，以指导目前正在开展的1∶5万区调填图和中小比例尺地质编图，提高辽宁省区域地层研究程度和水平。其具体任务是：

（1）清理本省中元古代—第三纪各类地层单位名称，包括名称出处，原始定义，划分标准及其演变历史，岩石地层单位的地质特征、分布范围与变化情况，各地层单位间的相互关系。经过多重划分对比后，提出同物异名、异物同名，对应停用的地层名称提出建议；

（2）在研究已有资料（包括公开发表的文献和正式印刷的区调、勘查和总结研究报告）的基础上，对中—晚元古代、古生代和中生代地层，选择部分层型剖面和参考剖面进行野外核查，阐明其地质、地理概况，重新明确岩石地层单位的定义、划分及延伸标准、层型及主要参考剖面，以及这些剖面上的重要生物、年代及其他地层特征等；

（3）野外核查剖面，如原始描述内容陈旧或不准确时，尽可能补充野外描述；

（4）研究本省各断代地层分区，提出分区方案，编制本省中元古代—第三纪地层多重划分对比表；

（5）编写本省各断代地层划分对比研究专著；

（6）建立本省地层数据库。

二、地层综合区划及区域地层发育概况

（一）地层综合区划

辽宁省位于我国东北地区南部，西南与河北省接壤，西北与内蒙古自治区（以下简称内蒙古）毗连，东北与吉林省接界，东南以鸭绿江为界与朝鲜民主主义人民共和国相邻，南隔渤海与山东省相望，陆地面积约 145 000 km^2。

本省地处华北板块东北部，地质构造复杂，地层发育齐全，区域性特点比较显著。按《全国地层多重划分对比研究》项目地层区划工作会议（1994.7）所规定的地层区划原则及区划方案，对省域地层进行区划。辽宁本域属华北地层大区，跨两个地层区，五个地层分区（图 1－1）。其序列如下：

图 1－1　辽宁省岩石地层综合区划图

V_3. 内蒙古草原地层区；V_4. 晋冀鲁豫地层区；V_3^1. 锡林浩特-磐石地层分区；V_4^7. 燕辽地层分区；V_3^2. 赤峰地层分区；V_4^8. 华北平原地层分区；V_4^9. 辽东地层分区

华北地层大区（Ⅴ）；

内蒙古草原地层区（V_3）；

锡林浩特-磐石地层分区（V_3^1）；

赤峰地层分区（V_3^2）；

晋冀鲁豫地层区（V_4）；

燕辽地层分区（V_4^7）；

华北平原地层分区（V_4^8）；

辽东地层分区（V_4^9）。

岩石地层小区按断代进行划分，其划分方案，详见各章。

（二）区域地层发育概况

辽宁各断代地层发育比较齐全，除太古宙与第四纪地层外，出露总面积约56 896 km²，占全省陆地面积的39.23%。其中，早元古代地层12 810 km²，占22.52%；中—晚元古代地层12 740 km²，占22.39%；古生代地层4 150 km²，占7.29%；中生代地层27 136 km²，占47.70%；第三纪地层60 km²，占0.1%。省内中元古代—第三纪岩石地层序列如表1-1。

太古宙地层，出露于燕辽地层分区边缘者为建平（岩）群；出露于辽东地层分区者为鞍山（岩）群。以往划分的建平群和鞍山群，经近年1∶5万区域地质调查，已分解出大量变质深成侵入体。由变质火山岩-沉积岩组成的表壳岩只占很少比例，在变质深成侵入体中呈大小不一的包体产出。受到强烈的变质与变形，大部地区为角闪岩相-麻粒岩相变质岩，部分为绿片岩相。原岩为中基性火山岩类夹硅铁质的火山-沉积建造，曾获得Rb-Sr等时年龄值3 252±37 Ma。与变质深成岩一起构成辽宁最古老结晶基底，与上覆地层一般均呈明显不整合接触。

早元古代地层，为一套中—低级变质岩系，主要出露于辽东地层分区的中南部，为辽河群及榆树砬子群。其原岩：辽河群下部为中酸性火山岩-碎屑岩建造，中上部为碎屑岩和镁质碳酸盐岩建造，Rb-Sr年龄值为2 167 Ma、1 999 Ma，Pb-Pb年龄值1 997 Ma，其区域变质年龄值约2 000 Ma左右；榆树砬子群为碎屑岩建造。

中—晚元古代地层属北方稳定—次稳定型沉积。长城纪和蓟县纪地层厚度为2 173～11 387 m，主要出露于燕辽地层分区东部和汎河地层小区，大部分为碎屑岩建造、含海绿石碎屑岩建造、碳酸盐岩建造及镁质碳酸盐岩建造，夹中性火山岩（Sm-Nd等时线年龄值1 796±7 Ma）及基性火山岩（Sm-Nd等时线年龄值1 199±39 Ma）。含叠层石及微古植物等，一般未变质，汎河地层小区的三岔子群、树芽屯群具轻微变质。青白口纪地层厚度为43.1～99.9 m，主要为碎屑岩建造及泥质碳酸盐岩建造，含微古植物。出露于燕辽地层分区东部者，与蓟县纪地层分布一致，未经变质；出露于汎河地层小区者，为会试屯群，具轻微微变质；出露于太子河地层小区和大连地层小区者，包括细河群的中下部，一般未变质（Rb-Sr等时线年龄值868.61±20.4 Ma），但在普兰店以南，则具轻微变质。震旦纪地层，厚度75.1～6 754 m，主要出露于辽东地层分区中、南部，以大连地层小区五行山群和金县群为代表，主要为碎屑岩建造和碳酸盐岩建造，含微古植物、宏观藻、蠕虫及类水母等化石，底部长岭子组全岩Rb-Sr等时线年龄值为723±43 Ma，顶部兴民村组为677±53 Ma。

古生代地层，出露于辽西地层小区、太子河地层小区和大连地层小区。早古生代地层只发育寒武系和奥陶系，属海相稳定型沉积。以碳酸盐岩建造为主，部分为碎屑岩建造，含三叶虫、牙形刺、笔石、头足类等化石，厚度1 236～2 617 m；晚古生代地层只发育石炭系和二叠系。石炭系主要属稳定型海陆交互相沉积，局部地区为陆相沉积，主要为含煤碎屑岩建造，含䗴类、腕足类、珊瑚、植物等化石，厚度231～598 m。二叠系属陆相稳定型沉积，下部为含煤碎屑岩建造，上部为碎屑岩建造，含植物、叶肢介、轮藻等化石，厚度42.4～1 282 m。

中生代地层，三叠系零星分布于建昌—朝阳地层小区和太子河地层小区，出露面积很小，属陆相稳定型沉积，为碎屑岩建造，含植物、双壳、叶肢介等化石，厚度108～983 m。侏罗纪—白垩纪地层，以燕辽地层分区东部分布最广，其他地区零星分布，基本属陆相火山-沉积类型，主要为中基性火山岩建造、碎屑岩建造及含煤碎屑岩建造，含植物、孢粉、双壳类、叶肢介、腹足类、介形类、鱼类、昆虫类、爬行类等化石。厚度5 922～18 762 m。

新生代地层，广泛分布于本省中部。第三纪地层大部被掩盖，仅抚顺地区局部出露。为陆相含油碎屑岩建造及陆相火山-含煤碎屑岩建造，含腹足类、介形类、鱼类、昆虫类、植物及孢粉化石，厚度4 081～7 284 m。第四纪地层，沉积类型多样，主要为河流相和河湖相松散碎屑堆积、风成碎屑堆积、冰碛相堆积等，局部有基性火山岩分布，厚度达400 m左右，含植物、孢粉、哺乳动物化石及古人类活动遗迹等。

三、工作概况

（一）地层对比研究范围及内容

由于本省各断代地层研究程度不一，难以进行全面对比研究，特别是早元古代以前高度变形、变质地层，在划分、对比上存在许多根本性的分歧，对比研究时机尚未成熟；第四纪地层，研究程度较低，资料不足，暂缓对比研究。因此，本省此次地层对比研究的范围为中元古代—第三纪地层。对比研究的重点是岩石地层单位。其对比研究工作内容是：

（1）对比研究各类地层单位名称；

（2）在研究已有资料的基础上，尽可能核查本省原始创名剖面、标准地点及区域上其他代表性剖面与重要参考剖面，并阐明这些剖面所在地的地质、地理概况；

（3）重新明确岩石地层单位的定义、划分及延伸标准、正层型及主要参考剖面，以及这些剖面上的主要生物、年代及其他地层特征等；

（4）如正层型及主要参考剖面的原始描述内容已陈旧或不准确时，在野外核查时，予以补充描述；

（5）研究本省各断代地层分区和综合地层分区，提出地层分区方案；

（6）编制本省地层多重划分对比表。

（二）基本工作方法和程序

辽宁省地层多重划分对比研究，于1990年4月开始立项进行准备工作，1990年11月编制设计，1992年4月根据全国统一部署和要求，编写补充设计。该项研究的工作方法和程序大致如下：

（1）认真学习《中国地层指南及中国地层指南说明书》、《国际地层指南》和《1：5万区域地质填图方法指南》，熟悉掌握地层多重划分概念、原则、方法和要求，从而使该项研究的开展始终按照地层工作的程序进行，注意克服统一地层划分观念的影响；

（2）收集地层剖面资料，填制地层剖面工作卡片，通过资料分析，找出存在问题，并在此基础上，编制设计和补充设计；

（3）选择部分层型剖面和参考剖面进行野外核查，进行实地观察和补充描述；

（4）对比研究各地层单位的层型和参考剖面，编制对比研究沿革表及地层剖面图；

(5) 填制岩石地层单位登记卡片（卡Ⅰ—卡Ⅴ）；编制全省岩石地层划分对比序列表，确定保留使用的单位和停用的单位名单；

(6) 岩石地层单位登记卡片输入微机；

(7) 进行岩石地层、生物地层和年代地层综合研究，编制多重划分对比表；

(8) 进行地层区划研究，编制断代地层区划方案、综合地层划分方案及区划图；

(9) 编写研究成果报告。

（三）完成工作量及成果

1. 完成工作量

核查剖面　141.3 km；　实测剖面　1.9 km；

槽探　187.2 m^3；　踏勘路线　80.0 km。

采样（件）：

岩石薄片　112；　原岩光谱　13；　岩石化学　15；　化学样　7；

稀土配分　1；　沉积岩　3；　同位素年龄　3；　化石　106。

2. 主要成果

(1) 按现代地层学观点建立了辽宁省中元古代—第三纪的区域岩石地层、生物地层单位序列及与年代地层单位对比序列；对部分断代做了地层格架的研究。

(2) 根据《国际地层指南》和《中国地层指南及中国地层指南说明书》所规定的原则，清理了以往存在的非岩石地层单位，非正式岩石地层单位。

(3) 综合研究了本省地层区划，建立了综合地层分区和断代岩石地层分区序列。

(4) 通过对比研究，本省中元古代—第三纪地层状况是：原有地层单位552（个）；现使用的岩石地层单位136（个）；现停用的单位450（个）；本省现使用的单位层型（正、选）数84（个）。

四、人员分工及工作起讫时间

本项目为集体劳动成果。自1990年4月立项，1991年正式开展工作，1994年10月提交评审验收报告。项目负责人前期为李星云，后期为杨欣德。辽宁地矿局副总工程师方如恒、辽宁区调队总工程师陈荣度进行技术指导。各断代地层研究人员和章节执笔人：第一章和第七章李星云执笔；第二章第一节孙敬书、全秀杰执笔，第二节全秀杰、孙敬书执笔，第三节孙敬书执笔，第四节陈荣度、孙敬书执笔；第三章杨欣德执笔；第四章第一节杨欣德、战丽华、许安田执笔，第二节和第三节战丽华执笔；第五章第一节李星云、郇彦清、杨欣德、李艳执笔，第二节杨雅君执笔，第三节和第四节李星云执笔；第六章杨雅君执笔；本书全部插图和综合表格由张福生清绘。张福生、许安田、李艳参加本项目地层单位填卡、后期野外核查和资料清抄等项工作；潘明臣、张杰参加中期资料整理和野外核查，张秀华、张丽华参加前期资料搜集和整理工作。地层数据库由金鑫、刘庆宝、江淑娥等建立。

本书由杨欣德最终统编修改定稿。李星云对项目报告验收稿进行审核定稿，另外郇彦清、张福生参加了修改工作。全书编写过程中方如恒、陈荣度、常绍泉、董国义、范国清等高级工程师，在技术上进行了热情指导和建议，在资料上给予了大力支持，在此表示由衷的谢意。

第二章
中—晚元古代

辽宁省境内中—晚元古代地层分布广泛，发育良好。郯庐断裂以西属燕辽地层分区辽西地层小区，以东属辽东地层分区。辽东分区以浑河断裂为界（大致位沈阳—抚顺一线），以北称讯河地层小区，以南称太子河-大连地层小区。本断代岩石地层单位名称以及露头分布分别见表1-1，图2-1。

辽西地层小区中—晚元古代地层与蓟县层型相毗邻，地层呈NE向展布。西部凌源一带，长城系至青白口系层序齐全、厚度大，向东厚度减薄，有些层位缺失。东部沿海及医巫闾山一带受后期构造影响，地层轻微变质。区内地层以碳酸盐岩占绝对优势，含有较丰富的微古植物及叠层石，并赋存铁、锰等矿产。

讯河地层小区中—晚元古代地层呈EW向展布，长城系至青白口系均有出露，局部分布有震旦系。与辽西地层小区相比，其特点是缺失长城系早期沉积，陆源碎屑岩大量增加，形成碎屑岩与碳酸盐岩交互沉积，并夹有海底火山喷发岩，地层普遍受轻微变质，赋存菱镁矿、铅锌矿等。

太子河-大连地层小区中—晚元古代地层集中分布于太子河流域及复州、大连地区。地层一般呈EW向展布，只发育青白口系、震旦系。震旦系厚度巨大，层序齐全是本区的主要特征。在大连沿海地区受轻度变质，含有较丰富的后生生物化石，赋存有铁及石灰石等矿产。

辽宁中—晚元古代地层研究历史悠久，尤以太子河、复州—大连地区研究较详，为地层划分对比提供了大量可靠信息。

第一节 岩石地层单位

一、燕辽地层分区辽西地层小区

常州沟组 Chĉ（05-21-1050）

【创名及原始定义】 蓟县震旦系现场学术会1964年创名①。创名地在天津市蓟县下营镇

① 华北地质科学研究所第一、三研究室震旦系岩石地层组、河北省地质局区测队，1965，河北省蓟县震旦系剖面的岩石地层学研究。载于蓟县震旦系现场学术讨论会论文汇编，17～33，地质部华北地质科学研究所。

表1—1 辽宁省中元古代—第三纪地层序列表

代	纪	世	地质年龄 (Ma)	燕辽地层分区	华北平原地层分区：下辽河地层小区	华北平原地层分区：沈北地层小区	锡林浩特—磐石地层分区：平岗地层小区	辽东地层分区：汎河地层小区	辽东地层分区：太子河地层小区	辽东地层分区：大连地层小区
新生代	第三纪 晚第三纪	上新世	5.3		明化镇组 Nm	邱家屯组 Nq				
		中新世	23		馆陶组 Ng					
	早第三纪	渐新世	36.5		东营组 Ed；沙河街组 Eŝ 一段、二段、三段	洋河组 Eyh			抚顺群 EF：耿家街组 Egj	
		始新世	53		沙河街组 Eŝ 四段；房身泡组 Ef 上段	杨连屯组 Ey			西露天组 Kx；计军屯组 Ej；古城子组 Eg	
		古新世	65		房身泡组 Ef 下段	木梳屯组 Em			栗子沟组 Elz；老虎台组 El	
中生代	白垩纪	晚	106	孙家湾组 Ksj；大兴庄组 Kdx；泉头组 Kq			泉头组 Kq		大峪组 Kd	
		早		热河群 JKR：冰沟组 Kb；阜新组 Kf；九佛堂组 Kj；沙海组 Ks			长安组 Kĉ		聂尔库组 Kn；梨树沟组 Kl	普兰店组 Kp
	早白垩纪—晚侏罗纪		135	义县组 JKy；沙河子组 Jŝh			安民组 JKa；久大组 JKj；德仁组 JKd；沙河子组 Jsh	孤山组 JKgŝ；黄庄组 Jhẑ	小岭组 JKx	桂云花组 JKg
	侏罗纪	晚	152	金岭寺群 JJ：邓杖子组 Jdẑ；土城子组 Jtĉ						
		中		髫髻山组 Jt；海房沟组 Jh				苇树沟组 Jy；南康庄组 Jn；前粤岭组 Jq	小东沟组 Jxd；三个岭组 Jŝ；大堡组 Jd；转山子组 Jẑ	瓦房店组 Jw
		早	180	北票组 Jb；兴隆沟组 Jx				皆古台组 Jj	长梁子组 Jĉ	
	三叠纪	晚	205	羊草沟组 TJy；?；老虎沟组 Tlh						
		中	230	后富隆山组 Thf						
		早	240	石千峰群 PTS：红砬组 Th					林家组 Tl；石千峰群 PTS：红砬子组 Th	
古生代	二叠纪	晚	250	蛤蟆山组 Ph					蛤蟆山组 Ph	
		早	260	石盒子组 Pŝ					石盒子组 Pŝ	
	石炭纪	中—晚	290	月门沟群 CPY：山西组 CPŝ					月门沟群 CPY：山西组 CPŝ；太原组 CPt	月门沟群 CPY：山西组 CPŝ；太原组 CPt
		早		本溪组 Cb					本溪组 Cb	本溪组 Cb
	泥盆纪—志留纪		355							
	奥陶纪	晚	438							
		中		马家沟组 Om					马家沟组 Om	马家沟组 Om
		早		亮甲山组 Ol；冶里组 ЄOy					亮甲山组 Ol；冶里组 ЄOy	亮甲山组 Ol；冶里组 ЄOv
	寒武纪	晚	500	炒米店组 Єĉm；崮山组 Єgŝ					炒米店组 Єĉm；崮山组 Єgŝ	炒米店组 Єĉm；崮山组 Єgŝ
		中		张夏组 Єẑ；馒头组 Cm					张夏组 Єẑ；馒头组 Cm	张夏组 Єẑ；馒头组 Cm
		早		昌平组 Єĉ					碱厂组 Єj	碱厂组 Єj；大林子组 Єd；葛屯组 Єg
晚元古代	震旦纪		600					殷屯组 Zyt	康家组 Zk	金县群 ZJ：兴民村组 Zx；崔家屯组 Zcj；马家屯组 Zm；十三里台组 Zŝ；营城子组 Zyĉ；五行山群 ZW：甘井子组 Zg；南关岭组 Zn；长岭子组 Zĉ
	青白口纪		850	景儿峪组 Qnj；龙山组 Qnl；下马岭组 Qnx				会试屯群 QnH：腰未台冲组 Qnyw；于北沟组 Qnyb	细河群 QnX：桥头组 Qnq；南芬组 Qnn；钓鱼台组 Qnd；永宁组 Qny	桥头组 Qnq；南芬组 Qnn；钓鱼台组 Qnd；永宁组 Qny
中元古代	蓟县纪		1000	铁岭组 Jxtl；洪水庄组 Jxhŝ；雾迷山组 Jxw；杨庄组 Jxy				树芽屯群 JxŜ：杨土屯组 Jxys；宋家沟组 Jxsj；石门组 Jxŝ；二道沟组 Jxe；虎头岭组 Jxh；佟家街组 Jxt		
	长城纪		1600	高于庄组 Chg；大红峪组 Chd；团山子组 Cht；串岭沟组 Chĉl；常州沟组 Chĉ				三岔子群 ChS：关门山组 Chgm；康庄子组 Chk；大迫山组 Chdp		
			2000							

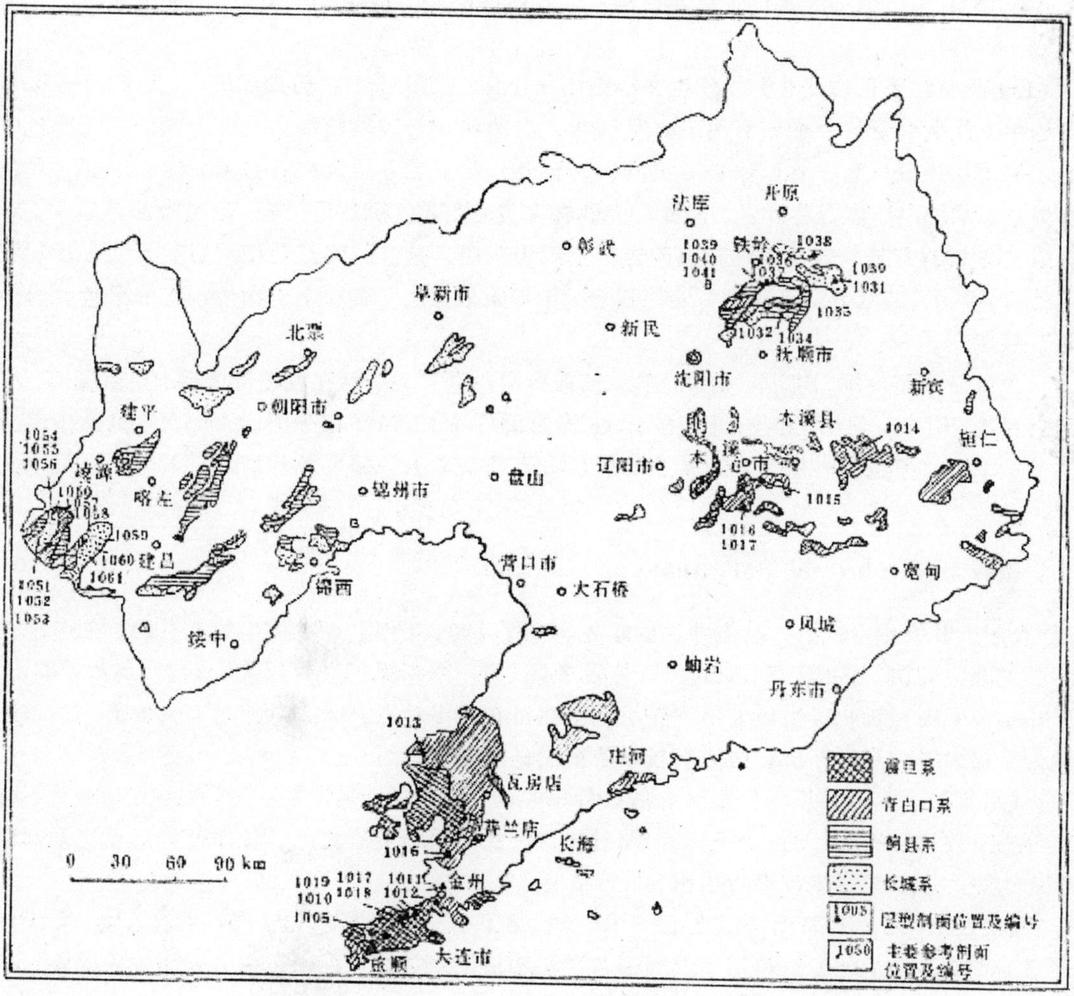

图 2-1 辽宁省中—晚元古代地层分布及剖面位置图

常州沟。原始定义：由一套砾岩、粗砂岩、石英岩状砂岩、石英岩和少量细砂岩组成。共分三个段：第一段包括两个由砾岩到粗砂岩旋回；第二段、第三段各包括一个由砾岩到石英岩状砂岩或石英岩的旋回。

【沿革】 高振西等（1934）首次将天津蓟县一带与本组相同的一套地层称为长城石英岩。此后其名称几经变化，但含义未变。省内与之相当的地层由长春地质学院（1959）引用河北区测大队（1959）在燕山地区命名的长城组。辽宁省地质局区域地质测量队（以下简称辽宁区测队）（现辽宁区调队）（1965）将陈荣辉等（1963）在蓟县地区命名的黄崖关组引入辽西地区，70 年代后，改称常州沟组，并沿用至今。黄崖关组、长城组均属本组同物异名，应停用。

【现在定义】 常州沟组为不整合于太古宙变质岩之上，中元古界底部的一套碎屑岩。下部为砾岩、含砾粗砂岩，长石石英砂岩、石英砂岩；上部为石英岩状砂岩夹砂岩和砂质页岩。其底部以紫红色砾岩与下伏地层分界；顶为细砂岩和砂质页岩互层，与上覆串岭沟组为连续过渡关系，当以页岩为主时划为串岭沟组。

【层型】 正层型剖面位于天津市蓟县。省内次层型为凌源县小南山—小河东剖面（21-1050-4-1）。

【地质特征及区域变化】 该组在小南山—小河东剖面上，底部具底砾岩，砾石成分以石英为主，次为片麻岩及磁铁石英岩，呈圆状、次圆状，粉砂质胶结。下部为灰白、灰紫色中厚层夹薄层中细砾岩、含砾粗粒石英砂岩、含砾长石石英砂岩及长石石英砂岩；中部为白色中厚层、厚层中细粒石英砂岩、长石石英砂岩夹黄绿、紫色粉砂质页岩、紫色及黑色页岩、粉砂岩、含长石石英砂岩及细粒石英砂岩；上部为灰白、紫红、肉红色细粒石英砂岩、长石石英砂岩。厚1 597.1 m。普遍发育交错层理，中部页岩见有干裂。上与串岭沟组的黑色页岩为整合接触。

该组分布于凌源、建平、朝阳、义县及锦西葫芦岛等地。厚度由凌源向北、向东变薄。北票白台沟791 m，朝阳下杨树凹318.4 m，锦西葫芦岛128 m。在小南山—小河东剖面中部所见的黄绿色、紫色粉砂质页岩、紫色与黑色页岩、粉砂岩，除凌源地区外，其他地区均不发育。

串岭沟组 Ch*cl*（05-21-1051）

【创名及原始定义】 高振西、熊永先、高平1934年创名，始称串岭沟页岩。创名地在蓟县城北串岭沟。原始定义：随底部石英岩之后，为一系列黑色页岩及薄层砂岩，厚约480 m。层非常薄并强烈炭化，当地人误为煤层。当然虽在许多地点开采，并未见有何价值，下部通常为薄层砂岩与页岩互层，向上有较多的薄层硅质灰岩。

【沿革】 1959年全国地层会议后改称串岭沟组。长春地质学院（1959）在辽西凌源、喀左等六县煤田普查时，通过与蓟县剖面对比，将长城组石英岩之上、原串岭沟组页岩下部以页岩为主的一段地层划称串岭沟组。

【现在定义】 指常州沟组之上、团山子组之下的一套以粉砂质伊利石页岩为主，夹少量碎屑岩和碳酸盐岩的岩石地层。其底部与常州沟组渐变过渡；顶以铁白云岩和砂质含菱铁矿白云岩始现与上覆团山子组分界，为整合接触。

【层型】 正层型剖面位于天津市蓟县。省内次层型为凌源县小桦皮沟—南荒剖面（21-1051-4-1）。

【地质特征及区域变化】 该组在小桦皮沟—南荒剖面上，下部为暗灰色云母质页岩，中、上部为暗灰、绿、灰黑色粉砂质页岩、页岩、纸片状页岩夹微薄层，薄层细粒石英砂岩，顶部为灰色薄层、微薄层钙质长石粉砂岩夹黑色钙质页岩。与团山子组底部的中、细粒长石石英砂岩为整合接触，厚256.4 m。

该组一般以粉砂岩、黑色钙质页岩消失和出现一层灰色中厚层中、细粒长石石英砂岩或粉红色中厚层细粒石英砂岩、灰色中厚层钙质石英砂岩底面与团山子组整合分界。

该组分布同常州沟组。在朝阳下杨树凹及北票白台沟夹泥灰岩及含锰灰岩扁豆体，厚度分别为124.3 m、153 m；锦西葫芦岛厚度增大，达275.48 m，并出现粘土质胶结长石杂砂岩、硅质及铁质页岩、硅质岩等夹层。

团山子组 Ch*t*（05-21-1052）

【创名及原始定义】 陈晋镳1962年创名[①]。创名地在天津市蓟县下营镇团山子村。原始

① 陈晋镳，1963，河北震旦系。河北省地质学会1962年年会论文汇编，第1辑。

定义：在串岭沟组之上，均有一套以红、灰色白云岩及绿色、红色页岩为主的地层。

【沿革】 长春地质学院（1959）在进行凌源、喀左等六县煤田普查时，将相当团山子组的白云岩层划入大红峪组下部，60年代初辽宁区测队开展的凌源幅1：20万区调时也做如此划分。至60年代中期，1：20万朝阳、义县等幅区调后，方将以白云岩为主的地层划出，采用了团山子组的名称。

【现在定义】 指串岭沟组之上，大红峪组之下的一套含铁白云岩（风化面褐色）、淡红色薄层白云岩夹砂岩、石英岩状砂岩、粉砂质页岩的岩石地层。其底部以铁白云岩和砂质含菱铁矿白云岩与下伏地层分界；顶以厚层夹中厚层石英岩状砂岩（“大白石英岩”）始现与上覆大红峪组分界。与下伏及上覆地层均整合接触。

【层型】 正层型剖面位于天津市蓟县。省内次层型为凌源县小桦皮沟—南荒剖面（21-1052-4-1）。

【地质特征及区域变化】 该组在凌源县小桦皮沟—南荒剖面上，可分上、下两部分：下部为深灰、灰黄、灰紫色薄层、中厚层泥晶白云岩、含粉砂含铁泥晶白云岩、燧石条带结核白云岩、碎屑白云岩，夹细粒石英砂岩及钙质页岩，底部有一层近20 m厚的灰白色中厚层细粒含长石石英砂岩；上部为厚约50 m的灰、灰黑色、灰紫色含铁质粉砂岩、含长石石英粉砂岩。全组厚547.14 m。与大红峪组为平行不整合接触。大红峪组底部发育一层厚0.1 m的角砾岩层。该组分布同串岭沟组。在朝阳下杨树凹及北票白台沟两地均缺少顶部的粉砂岩。厚度依次为341.3 m及339.1 m。分别以灰色厚层燧石条带白云岩与大红峪组灰褐色中厚层细粒石英砂岩或灰黑色薄层石英粉砂岩分界。在凌源雹神庙本组白云岩中产微古植物。在锦西葫芦岛本组白云岩中产叠层石。

大红峪组 Ch*d*（05-21-1053）

【创名及原始定义】 高振西、熊永先、高平1934年创名。原称大红峪石英岩夹安山岩流。创名地在天津市蓟县城北大红峪沟。第一次全国地层会议（1959）后改称大红峪组。原始定义：细粒、块状、浅黄或灰色、淡色石英岩，有时为长石质（石英岩）。具交错层理。厚度有变化，最厚可达370 m，甚至400 m，最薄者仅50～60 m。下部与页岩互层，但向上逐渐变为纯石英岩。差不多在上述石英岩之上部，在不同地点见到安山岩流，厚度极不规则，可达20 m，或仅几米或小于1 m。熔岩不连续，是一层还是几层尚不清楚。

【沿革】 长春地质学院（1959）在辽西凌源、喀左等六县煤田普查时，通过与蓟县地区对比，划分出大红峪组，但其含义包括现在的团山子组。辽宁区测队（1965）在1：20万凌源幅内也划分出大红峪组，但不同的是已将下部以碳酸盐岩为主的地层部分（相当于团山子组）下划到串岭沟组。

【现在定义】 指团山子组之上，高于庄组之下的一套火山-沉积岩系。下部为石英岩状砂岩、长石石英砂岩、白云岩夹富钾粗面岩、火山角砾岩、凝灰质砂岩；上部为白云岩、燧石白云岩，含大量叠层石。其底部以石英岩状砂岩（“大白石英岩”）与团山子组白云岩分界，呈整合接触，顶界与高于庄组最底部含砾粗砂岩和含长石石英岩状砂岩呈平行不整合接触。

【层型】 正层型剖面位于天津市蓟县。省内次层型为凌源县小桦皮沟—南荒剖面（21-1053-4-1）。

【地质特征及区域变化】 该组在凌源县小桦皮沟—南荒剖面上，以石英砂岩、含长石石英砂岩、长石砂岩、钙质砂岩为主，夹钙质粉砂岩及白云岩。底部有一层0.1 m厚的角砾岩与下伏团山子组呈平行不整合接触。厚996.4 m。该组以凌源一带最厚，向东北、东南厚度减薄。在靠近山海关古陆的建昌、锦西一带，可直接超覆于太古宙花岗岩之上，下部碎屑岩增多，底部可出现20～50 m厚的石英岩质砾岩，中、上部出现较多的杂砂岩夹凝灰质砂岩，兴城磨盘山在中、上部板岩、杂砂岩中夹有数层安山质角砾凝灰熔岩，厚度累计达数十米。在北票白台沟以细粒、中细粒石英砂岩为主，夹薄层石英粉砂岩及燧石条带灰岩。厚度：建昌瓦房沟691.2 m，锦西葫芦岛646.16 m，锦西小红石砬子512 m，北票白台沟474.5 m。与上覆高于庄组的分界标志各处不尽相同。凌源小桦皮沟以白、灰白色厚层巨厚层硅质中细粒石英砂岩与高于庄组底部的暗灰色含云母石英细砂岩分界。建昌瓦房沟以黄灰色中厚层含砾凝灰质砂岩与高于庄组底部的石英岩质砾岩平行不整合分界。锦西小红石砬子以灰色燧石条带白云质灰岩与高于庄组底部灰黑、红褐色薄层石英粉砂岩分界。在接近绥中凸起边缘的兴城磨盘山，还曾见到本组顶部的石英砂岩与上覆高于庄组底部的石英岩质砾岩呈不整合接触。

高于庄组 Ch*g*（05-21-1054）

【创名及原始定义】 高振西、熊永先、高平1934年创名。原称高于庄灰岩。创名地位于蓟县城北高各庄和于各庄。原始定义：这是震旦系最下部的灰岩建造。由石英岩、板岩、页岩和硅质灰岩组成。约有几米厚的石英岩和页岩位于底部，随之为灰色、薄层块状硅质灰岩。块状部分以富含*Collenia*为特征。中部全为薄层硅质灰岩与页岩或板岩互层，然后变为块状致密灰岩，亦为硅质，但不含燧石结核。最上部为含*Collenia*的块状燧石灰岩。厚至少1 050 m，可达1 300 m。

【沿革】 长春地质学院（1959）在辽西凌源、喀左等六县煤田普查时，通过与蓟县地区对比，划分出高于庄组。以后划分、对比无变化，沿用至今。

【现在定义】 指大红峪组之上、杨庄组之下以碳酸盐岩占绝对优势的一套岩石地层。岩性主要为厚至薄层白云岩和白云质灰岩。其底部为含砾粗砂岩和含长石石英岩状砂岩；下部多含陆源碎屑，并含多层叠层石；中下部有“蓟县式”锰硼矿；中上部含碳质和沥青质；顶部多燧石结核并夹硅质岩。与下伏大红峪组为平行不整合接触，与上覆杨庄组为整合接触。

【层型】 正层型剖面位于天津市蓟县。省内次层型为凌源县雹神庙—大北沟剖面（21-1054-4-1）。

【地质特征及区域变化】 该组在凌源县雹神庙—大北沟剖面上，按岩性可分上、下两部分：下部为黑灰色薄层、中厚层含砂灰质白云岩，夹粉砂质页岩、页岩及薄层细粒石英砂岩，均微含锰；上部为灰白色薄层（板状）夹中厚层泥粉晶白云质灰岩、灰黑色薄层（板状）含粘土质粉泥晶白云岩、灰黑色薄层—中厚层硅质白云质灰岩、灰黑、灰白色薄层—中厚层砂质白云岩、燧石结核、条带白云岩。与上覆杨庄组为平行不整合接触。厚度1 295.4 m。厚度基本稳定，凌源雹神庙1 295.4 m，朝阳下杨树凹1 374.8 m，锦西小红石砬子1 309.1 m。岩性变化情况：从凌源向东砂岩夹层增多，建昌大屯，锦西小红石砬子，上部均出现细粒石英砂岩、长石砂岩夹层。建昌瓦房沟、兴城磨盘山底部有10余米厚石英岩质砾岩。凌源、朝阳、义县其上部白云质灰岩较多，而建昌、锦西上部全部为白云岩。与上覆杨庄组的分界标志，在凌源雹神庙、锦西小红石砬子以灰白色中厚层燧石条带结核粉晶白云岩或深灰色厚层白云岩与杨庄组底部的角砾状白云岩或角砾状含钙硅质岩之间的平行不整合面分界。在锦西—建昌一带，本组可直接不整合超覆于太古宙花岗岩之上。本组产微古植物及叠层石。在医巫闾山一带，遭受一定程度的变质，出现黑云石英片岩、二云片岩、绢云石英片岩及大理岩。

杨庄组　Jxy（05－21－1055）

【创名及原始定义】　高振西、熊永先、高平1934年创名。原称杨庄红色页岩。创名地位于天津市蓟县城北罗庄乡杨庄村一带。原始定义：直接覆盖在高于庄组灰岩之上，为一特有的血红色页岩状沉积系列。厚层，有白色斑点，很像红色石灰泥，可能称之红色泥岩较好。在整体上杨庄红色页岩是红、白相间，但经化验其物质是相同的，岩性特征无明显不同，厚度估计在410 m。此页岩与高于庄灰岩之间的接触关系十分明显，很可能为一平行不整合。

【沿革】　长春地质学院（1959）在辽西凌源、喀左等六县煤田普查时，通过与蓟县地区对比，划分出杨庄组。辽宁省区测队在60年代以后所开展的1∶20万区测一直沿用此称。在建昌、锦西一带该组地层相变急剧，红色岩层极不发育，与层型剖面杨庄组差异较大，据此，辽宁省区调队（1991）在1∶5万大屯幅区调中，首先提出用大屯组代替杨庄组。大屯组是在建昌一带使用的地层单位，与杨庄组同物异名，建议停用。

【现在定义】　指高于庄组之上，雾迷山组之下的一套具特殊的红色或红、白相间颜色的含粉砂泥状白云岩，夹燧石白云岩、白云质灰岩及沥青质白云岩的岩石地层，其底部以灰白色泥状含砾砂屑白云岩与下伏地层分界；顶以大套红色岩层消失后始现的块层藻白云岩与上覆雾迷山组分界。与下伏及上覆地层均为整合接触。

【层型】　正层型剖面位于天津市蓟县。省内次层型为凌源县雹神庙—大北沟剖面（21－1055－4－1）。

【地质特征及区域变化】　在凌源县雹神庙—大北沟剖面上，该组底部为灰白色薄层、中厚层含硅质碎块（屑）泥晶灰质白云岩及角砾状泥晶灰质白云岩，下部为暗灰色中厚层、厚层含燧石结核、条带粉晶灰质白云岩夹灰色薄层、中厚层砂质（石英粒）粉晶灰质白云岩、白云岩，中部为淡粉色中厚层、厚层砂质（石英粒）粉晶灰质白云岩、灰白色薄层粉晶白云岩夹中厚层燧石条带粉晶白云岩，上部为灰白色夹紫红色中厚层含燧石条带粉晶灰质白云岩及砂质（石英粒）泥晶灰质白云岩。厚300.04 m。与下伏高于庄组为平行不整合接触。厚度各地有变化。凌源雹神庙300.04 m、建平南汤土沟441.8 m、朝阳下杨树凹202 m、义县朝阳坡321.3 m、建昌下马道子266.4 m。岩性变化：底部硅质角砾岩不稳定。凌源北部红石—北台一带夹3～5层肉红色铁质石英砂岩。义县朝阳坡及建平南汤土沟夹薄层石英砂岩、长石石英砂岩。锦西一带薄层、微薄层碳酸盐岩层较多。紫色白云岩(红层)各处均不发育,锦西南票铁路旁可见红、白相间的白云岩,厚度估计30～50 m,但沿走向延伸不远,在小红石砬子剖面就未见及。凌源县雹神庙—大北沟剖面"红层"仅见3～5 m。在建昌下马道子"红层"厚仅1 m。与上覆雾迷山组的分界标志,以出现一层石英砂岩,或燧石角砾岩,或灰质砂岩,或以黑灰色细条纹状硅质条带白云岩、或出现密集燧石条带结晶白云岩作为雾迷山组开始。

雾迷山组　Jxw（05－21－1056）

【创名及原始定义】　高振西、熊永先、高平1934年创名。原称雾迷山灰岩。创名地点位于天津市蓟县城西五名山。原始定义：仍为矽质灰岩系列。平均厚度1 150～1 500 m或更厚，为致密块状灰岩，特别是在石灰岩中夹有燧石纹层。由于燧石与石灰岩的硬度不同，燧石纹层在风化面上极易见到。在下部此种特征较上部差。在灰岩中部有一层仅几米厚的红色页岩，可能为侵蚀间隔，但也可能是水在变浅时的相变化。

【沿革】　长春地质学院（1959）在辽西凌源、喀左等六县煤田普查时，通过与蓟县地区对比，划分出雾迷山组。以后一直沿用至今。

【现在定义】 指杨庄组之上，洪水庄组之下的一套富镁碳酸盐岩，夹少量碎屑岩和粘土岩的岩石地层。主要由燧石条带白云岩、沥青质白云岩及少量泥状含粉砂内碎屑白云岩、硅质岩组成。其底部以一层块状藻白云岩与下伏杨庄组分界；顶以黑色粉砂质页岩始现与上覆洪水庄组分界。与下伏及上覆地层均为整合接触。

【层型】 正层型剖面位于天津市蓟县。省内次层型为凌源县雹神庙—大北沟剖面（21-1056-4-1）。

【地质特征及区域变化】 该组在凌源县雹神庙—大北沟剖面上，岩性主要为灰白、暗灰色中厚层、厚层燧石条带结晶白云岩，夹条纹状白云岩、泥晶白云岩、硅质岩、角砾状结晶白云岩及燧石角砾岩。厚 2 738.79 m。区域上岩性基本稳定。朝阳姜家店、锦西小红石砬子中、下部夹石英砂岩，上部夹硅质鲕粒状白云岩。厚度以姜家店最厚，为 5 457.2 m。其他地区厚度一般为 200～3 000 m。与上覆地层的分界标志，以中厚层、厚层燧石条带白云岩结束，出现薄层状白云岩夹页岩作为洪水庄组开始。省内二者多为平行不整合接触。锦西、建昌龙山组底部的燧石角砾岩平行不整合超覆其上。本组产微古植物及叠层石。

洪水庄组 Jx$\hat{hs}$ （05-21-1057）

【创名及原始定义】 高振西、熊永先、高平 1934 年创名。原称洪水庄页岩。创名地在天津市蓟县洪水庄乡洪水庄。原始定义：本页岩仍为黑色，但也可见有暗灰及灰绿色岩层，在其底部出现褐黑色砂岩和页岩，中部则出现黑色、灰色乃至绿色页岩。上部为相对较浅色调沉积，灰色及褐色页岩夹于白色石英岩中。本页岩以其较厚的单层厚度及无炭化而易与串岭沟页岩相区别，其厚度约 200 m，这也比前者薄得多。

【沿革】 长春地质学院（1959）在辽西凌源、喀左等六县煤田普查时，通过与蓟县地区对比，划出了洪水庄组，以后一直沿用。

【现在定义】 指雾迷山组之上，铁岭组之下的一套灰黑、灰绿、褐灰、棕黄色含石英粉砂伊利石页岩，上部夹薄层石英砂岩，下部夹板层含泥砂质白云岩的岩石地层。其底部以黑色粉砂质页岩与下伏雾迷山组分界；顶以灰白色中厚层中粒石英砂岩始现与上覆铁岭组分界。与下伏及上覆地层均为整合接触。

【层型】 正层型剖面位于天津市蓟县。省内次层型为凌源县老庄户村剖面（21-1057-4-1）。

【地质特征及区域变化】 该组在凌源县老庄户村剖面上，下部为灰色薄层含砂质泥粉晶含砾屑、砂屑白云岩夹黑灰色纸片状页岩，中部为灰黑、灰绿、褐紫色页岩、纸片状页岩，含黄铁矿结核，上部为黄绿色页岩夹含锰砂质白云岩凸镜体及薄层灰质石英砂岩。厚 183.63 m。与下伏雾迷山组为平行不整合接触，与上覆铁岭组为整合接触，其分界标志以其顶部黄绿色页岩夹含锰砂质白云岩或黑色纸片状页岩、或灰紫色薄层灰质页岩与铁岭组底部石英砂岩分界。本组区域上岩性稳定，厚度变化较大。以凌源县老庄户一带最厚，达 183.63 m，底部碳酸盐岩层相对较多。朝阳铁匠炉、凤凰山，建昌色杖子等地厚度减薄，分别为 59.46 m、62.7 m、71.70 m。本组产微古植物化石。

铁岭组 Jx*tl* （05-21-1058）

【创名及原始定义】 高振西、熊永先、高平 1934 年创名。创名地位于蓟县城北铁岭。原称铁岭灰岩。原始定义：本灰岩较震旦纪所有其他灰岩为纯。以富含各种类型 *Collenia* 为特征。有一种横断面为次圆形构造，纵断面为平行管状的特殊类型者仅限于本灰岩中。本灰岩的下部夹有灰色或绿色页岩层，随后为几十米厚的含 *Collenia* 的灰岩，接着是约十几米厚的单独的绿色页岩。上部为块状灰岩，含有上述特殊类型的 *Collenia*，总厚约 350 m。

【沿革】 长春地质学院（1959）于辽西凌源、喀左等六县煤田普查时，通过与蓟县地区对比，划出铁岭组。以后沿用至今。

【现在定义】 指洪水庄组之上，下马岭组之下的一套含盆屑、含锰白云岩，绿色、翠绿色页岩，叠层石灰岩及白云质灰岩。可分两段，以其一段顶部含钙质和铁锰质，二段上部群体生长的柱状叠层石发育为特征。其底部以灰白色中厚层中粒石英砂岩与下伏地层整合分界。顶以铁矿层及含铁粗砂岩或砾岩始现与上覆下马岭组分界，为平行不整合接触。

【层型】 正层型剖面位于天津市蓟县城北。省内次层型为凌源县老庄户村剖面（21－1058－4－1）。

【地质特征及区域变化】 该组在凌源县老庄户村剖面上，下部为灰白色、褐灰色薄层夹中厚层含燧石条带、燧石结核碎屑泥晶白云岩，含锰泥晶白云岩夹绿色、紫色页岩及含锰菱铁矿层，上部为灰色薄层泥晶灰岩夹砾屑泥晶灰岩及杂色页岩。厚 275.6 m。与下伏洪水庄组为整合接触，与上覆下马岭组为平行不整合接触。以其顶部的灰色薄层泥晶灰岩与下马岭组底部的石英砂岩或页岩分界。区域上本组下部普遍含锰，瓦房子一带形成具工业意义的锰矿床。厚度变化大，凌源老庄户村为 275.6 m，喀左杨大门 337.6 m，向南厚度减薄，喀左黄家店厚仅 114.4 m。喀左杨大门以东，朝阳凤凰山、建昌色杖子、朝阳瓦房子等地，受芹峪上升影响，缺失上部沉积，厚度更薄，依次为 13.2 m、61.7 m、102.8 m。寒武纪昌平组直接超覆其上。

该组产微古植物及叠层石，并赋存锰矿。

下马岭组 Qn*x* （05－21－1059）

【创名及原始定义】 叶良辅等 1920 年创名。原称“下马岭层”。创名地为北京西山雁翅镇下马岭。原始定义：本层整叠于硅质灰岩之上，下半部为黑色碳质页岩与板岩，其上半部为黑色粗粒砂岩。风化面呈黄色。下马岭层整合于寒武系最下部红色页岩之下，其厚度约 700 m 到 450 m。

【沿革】 长春地质学院（1959）在辽西凌源、喀左等六县煤田普查时，划分出下马岭组，其含义主要为黄绿色、灰绿色页岩为主，包括辉绿岩床，而不包括叶良辅创名的下马岭层上部的粗砂岩，将该粗砂岩划入景儿峪组底部。辽宁省区测队在 60 年代凌源等幅 1∶20 万区测中，沿用了下马峪组，其含义与长春地质学院（1959）划分的下马岭组相同。

【现在定义】 指由灰色、灰绿色、灰黑色页岩和粉砂岩组成的一套岩石地层。底部见有赤（褐）铁矿扁豆体，铁质粉砂岩及底砾岩；中部夹有饼状泥灰岩；上部为黑色硅质页岩，厚约 200～500 m。与下伏铁岭组白云岩及上覆龙山组石英砂岩均为平行不整合接触。

【层型】 正层型剖面位于北京市门头沟区。省内次层型为凌源县老庄户村剖面（21－1059－4－1）。

【地质特征及区域变化】 在凌源县老庄户村剖面上，该组主要由灰黑色、灰绿色页岩、粉砂质页岩组成。底部有一层灰白、黄绿色薄层、中厚层中细粒石英砂岩，其上为一层菱铁矿层（即野猪沟式铁矿）。页岩有的呈纸片状，含白云母片，夹粉砂岩及赤铁矿、砂屑泥晶灰岩扁豆体。靠上部夹少许紫色薄层页岩，最底部以一层0.2 m厚的灰白色中粗粒石英砂岩与下伏地层分界。顶部以页岩、粉砂岩或薄层泥灰岩与龙山组底部的长石石英砂岩或海绿石石英砂岩分界。厚172.01 m。本组与上、下地层均为平行不整合接触。

本组产微古植物化石，并赋存菱铁矿。

龙山组　Qn*l*　(05－21－1060)

【创名及原始定义】　1954年郝诒纯在昌平县龙山创名，创名时为“龙山砂岩”。1963年由乔秀夫介绍，称龙山亚组。创名地点位于北京市昌平县龙山。龙山亚组原始定义为：页岩和厚层石英砂岩的互层，或者以厚层石英砂岩为主间有页岩夹层，但在燕山边缘完全相变为石英砂岩。

【沿革】辽宁省地质矿产局地质矿产研究所（以下简称辽宁地研所）(1992）将辽西地区东部杨家杖子等地原景儿峪组下部碎屑岩地层从中划出，引用蓟县地区地层名称，称龙山组，本书采用。

【现在定义】　为一套砂、砾岩和页岩组合。下部为砾岩、含砾含长石石英不等粒砂岩和粉砂岩，砂岩内普遍含海绿石；上部为紫红、黄绿色页岩夹薄层海绿石细砂岩。与下伏下马岭组页岩为平行不整合接触，与上覆景儿峪组杂色薄层含泥灰岩为整合接触。

【层型】　正层型剖面位于北京市昌平县。省内次层型为凌源县老庄户村剖面（21－1060－4－1)。

【地质特征及区域变化】　在凌源县老庄户村剖面上，该组下部为灰白、灰黄色中厚层、薄层含砾中粗粒长石石英砂岩、石英砂岩，夹粉砂质页岩，上部为绿、紫色页岩。厚81.2 m。与下伏下马岭组为平行不整合接触，与上覆景儿峪组为整合接触。顶部以黄绿色或紫色页岩与景儿峪组底部泥晶灰岩或紫褐色铁质胶结不等粒石英杂砂岩分界。从地层发育和厚度变化情况分析，辽西本组沉积存在两个沉降带，凌源NE向沉降带及锦西NE向沉降带。前者沉积厚度以老庄户最厚，达81.2 m，向北、向东减薄，东部的毛头坝厚47.28 m。后者沉积厚度较大，锦西帽头山厚128.9 m，向东至高桥厚度增大，向西南厚度减薄，在建昌瓦房沟出露厚53.4 m，而锦西北部的富隆山本组大部分层位缺失，仅见有下部的燧石角砾岩。总体上，本组岩性比较稳定。

本组含微古植物化石。

景儿峪组　Qn*j*　(05－21－1061)

【创名及原始定义】　高振西、熊永先、高平1934年创名。原称景儿峪灰岩。创名地位于蓟县城北景儿峪。原始定义：此为震旦系最上部单元。在底部见灰、绿、红色有时带粉红色页岩，看来与下马岭页岩为连续沉积。中部为薄层板状硅质灰岩，灰、灰绿色，也带有粉红的颜色。上部被侵蚀。在山上及山坡有一石灰岩角砾，可能是构造成因。但上部地层可见于兴隆县北剖面。为块状灰岩，暗灰色，其上被含三叶虫的早寒武纪馒头页岩平行不整合覆盖。

【沿革】　长春地质学院（1959）在辽西凌源、喀左等六县煤田普查时，划分出景儿峪组，其上、下界线及含义基本同高振西等（1934）命名的景儿峪组。辽宁区测队（1965）在1∶20万凌源幅区测中，将长春地质学院（1959）划分的景儿峪组上部的灰色厚层硅质条带灰岩单独划出建组，称老庄户组，归属寒武纪。新厘定后的景儿峪组，在辽西地区一直沿用至今。

【现在定义】 景儿峪组为青白口系上部地层，现指高振西（1934）所建“景儿峪灰岩”的中部层位。为一套紫红、紫灰、灰绿和蛋青色薄—中厚层含泥白云质灰岩，最底部常有一层含海绿石粗粒长石砂岩或细砂岩。与下伏龙山组整合接触，顶部以白云质角砾岩始现与上覆昌平组分界，为平行不整合或微角度不整合接触。

【层型】 正层型剖面位于天津市蓟县。省内次层型为凌源县老庄户村剖面（21－1061－4－1）。

【地质特征及区域变化】 该组在凌源县老庄户村剖面上，岩性分上、下两层。下层为紫、灰色薄层泥晶灰岩，具缝合线构造，夹 0.5 m 厚的含磷酸盐结核层，结核直径为 0.5～2 cm；上层为灰色夹紫色薄层泥晶灰岩，具泥质条纹、交错层理及波痕。与上覆昌平组灰色厚层硅质条带灰岩平行不整合接触。厚 60.77 m。区域上岩性稳定。厚度东、西有变化，西部凌源一带厚度较大，老庄户厚 60.77 m、毛头坝厚 60.17 m。而东部建昌瓦房沟厚 38.09 m，锦西帽头山厚只有 11.4 m。

二、辽东地层分区

（一）太子河-大连地层小区

永宁组 Qny （05－21－1013）

【创名及原始定义】 李希霍芬（F. V. Richthofen）1882 年创名，原称永宁砂岩，创名地在复县（现瓦房店市）复州城至李官。原始定义：不整合在高丽花岗岩和似斑状花岗岩之上，被含原始化石的石灰岩覆盖。主要岩性为红色砂岩、凝灰质砂岩及砾岩。

【沿革】 何恃松（1963）改称永宁组。同年，长春地质学院辽东区测大队在盖县步云山建步云山群代表这套地层。俞建章等（1964）称永宁群，含义未变，但自下往上划分出松树组、朵子山组、庙山组。同年，王东坡等在旅顺一带另建上沟组，其与永宁组相当；而崔盛芹等创名的老铁山组下部即是永宁组，但在复州地区将永宁组称永宁群。后来，《东北地区区域地层表·辽宁省分册》(1978)、《辽宁省区域地质志》（1989）均沿用永宁组。常绍泉(1980)、中国地质科学院沈阳地质矿产研究所（以下简称沈阳地研所）(1985) 均沿用永宁群一称，内部划分同俞建章等（1964），时代隶属与邢裕盛等（1973）属青白口系的意见相同。上沟组、步云山群、老铁山组（一部分）与永宁组同物异名，应停用。

【现在定义】 指辽东地层分区太子河-大连小区不整合于太古宙—早元古代变质岩、花岗岩之上，平行不整合伏于钓鱼台组之下的一套以紫红色长石砂岩、砾岩为主的岩石地层。厚度变化大，可达数百至数千米。

【层型】 正层型剖面位于瓦房店市驼山乡大顶山（121°34′，39°47′），辽宁区测队一分队 1972 年重测。

上覆地层：**钓鱼台组** 石英砂岩

—————— 平行不整合 ——————

永宁组	总厚度 446.68 m
8. 紫色巨厚层中细砾岩夹紫色粗粒长石砂岩	71.65 m
7. 紫色中厚层粗粒含砾长石石英砂岩	99.4 m

6. 紫色中厚层含砾长石砂岩	188.39 m
5. 紫灰色中厚层细砾岩	12.24 m
4. 黄色中厚层细砾岩	36.48 m
3. 紫色中厚层细砾岩、紫色黄灰色中粒砂岩夹黄灰色微薄层中粒长石石英砂岩	13.08 m
2. 黄色薄层含砾长石石英砂岩	13.2 m
1. 紫色巨厚层细砾岩，底部为紫色薄层砂岩夹紫色灰绿色页岩	12.24 m

~~~~~~~~~~ 不整合 ~~~~~~~~~~

下伏地层：**太古宇** 混合岩

【地质特征及区域变化】 该组在大顶山剖面上，下部为紫色巨厚层细砾岩，底部为紫色薄层砂岩夹紫色灰绿色页岩，向上为紫色、黄、黄灰色长石石英砂岩，紫色、黄色中厚层细砾岩及紫色中厚层含砾长石砂岩，顶部为紫色巨厚层中细砾岩夹紫色粗粒长石砂岩。厚度446.68 m。与上覆钓鱼台组为平行不整合接触。

该组岩性、厚度变化较大，在瓦房店西海岸，本组出现石英杂砂岩，厚 5 134 m；瓦房店团瓢—北营子一带，本组上部夹细砾岩凸镜体，厚度为 4 373.5 m；宽甸大顶子，本组中部出现深灰色板岩，厚 1 146.55 m；在本溪大房子本组出现页岩，厚度仅 143.8 m。

细河群 Qn*X* (05-21-1019)

【创名及原始定义】 青地乙治（Aoji，O.）1928 年创名，原称细河统，创名地在本溪桥头至南芬间细河流域。原始定义：细河群自上而下划分为：桥头石英岩；南芬页岩泥灰岩；钓鱼台石英岩。在五行山地区桥头石英岩被五行山统覆盖。

【沿革】 见表 2-1。青地乙治所建的细河统的三个岩性段本书分别称为钓鱼台组、南芬组、桥头组，并改统称群。由于细河群在大连地区受变质作用影响，对这套地层的划分历来较为混乱。松下进（1930）在大连以北金州一带建响水寺统（南芬组上部）和大和尚山统（桥头组）；后来（1935）又在大连南部旅顺一带将与南芬组、桥头组大体相当的一套地层新建 6 个阶，自下往上分别是：黄泥川阶（未见底）、歪头山阶、龙王塘阶、岔沟阶、英歌石阶、龙头阶。其中黄泥川阶即南芬组，余者归属桥头组。远藤隆次（1937）未采用细河统一称，将青地乙治的钓鱼台石英岩改为钓鱼台统，由于层序错误，他的关东统相当南芬页岩、泥灰岩的下部，桥头统则为其上部页岩部分，并称桥头石英岩为南山统。王钰等（1954）将太子河地区细河群内的三个地层单位分别称为钓鱼台统、南芬统、桥头统，含义同青地乙治（1930），但在大连地区认为大和尚山统可对比于钓鱼台统、关东统为南芬统，南山统为桥头统。姜春潮（1957）首称细河群，群内三个单位以组称之，含义同松下进的细河统，但在大连、复州地区则以三个建造构成细河群，并且含义也较细河统有所扩大，即他的钓鱼台建造包含了钓鱼台石英岩及李希霍芬（1882）的永宁砂岩。俞建章（1958）综合松下进（1930、1935）的划分方案，在大连地区将原大和尚山统、响水寺统以亚统称之，辖于他新建的旅大统之下，改松下进的 6 个阶为组，后来（1964）认为英歌石组为断层重复的长岭子组（底部），龙头组即岔沟组。崔盛芹（1964）在大连地区使用的旅大群含义同姜春潮（1957）的细河群，老铁山组与钓鱼台建造相当；在复州地区他的细河群仅包含南芬组和桥头组，把桥头组划入革镇堡群。辽宁区测队（1972）认为永宁组、钓鱼台组、南芬组、桥头组 4 组可通用于太子河、复州、大连三个地区，只是由于大连地区地层变质，构造运动较强烈，地层或倒转或不全，导致前人对同一套地层产生不同认识，建了许多不必要的地层单位。另外稍后
~~~~~~~~~~

表 2-1　辽宁省太子河—大连小区元古代细河群划分沿革表

作者	地区	年代	划分（自上而下）
李希霍芬	复州	1882	永宁砂岩
青地乙治	太子河 复州	1928	Z 细河统：五行山统 长岭子阶；桥头石英岩；南芬页岩泥灰岩；钓鱼台石英岩
松下进	金州	1930	关东统；大和尚山统；响水寺统（未见底）
松下进	大连	1935	长岭子阶；龙头阶 英歌石阶 岔沟阶 龙王塘阶 歪头山阶；黄泥川阶（未见底）
远藤隆次	太子河复州	1937	渤海统；南山统；桥头统；关东统；钓鱼台统
远藤隆次	大连	1937	关东统；大和尚山统；响水寺统（未见底）
王钰等	太子河	1954	康家统；桥头统；南芬统；钓鱼台统
王钰等	大连	1954	渤海统；南山统；关东统；大和尚山统
姜春潮	太子河	1957	细河群：桥头组；南芬组；钓鱼台组
姜春潮	复州	1957	五行山统；细河群：桥头建造；南芬建造；钓鱼台建造
姜春潮	大连	1957	Sw_2；Sw_1；SC；Sf_3；Sf_2；Sf_1；St_3；St_2；St_1
俞建章等	大连	1958	Z：革镇堡统；旅大统：五行山亚统 长岭子组；大和尚山亚统 龙头组 英歌石组 岔沟组 龙王塘组 歪头山组；响水寺亚统 黄泥川组（未见底）
俞建章等	复州	1964	Z_2：五行山统 长岭子组；Z_1：细河统 桥头组；南芬组；钓鱼台组；永宁亚群：庙山组 朵子山组 松树组
俞建章等	大连	1964	旅大统：五行山统 长岭子组；岔沟组 龙王塘组 歪头山组；黄泥川组（未见底）
崔盛芹等	大连	1964	Z 旅大群：五行山群 长岭子组；上部亚群：岔沟组 龙王塘组 歪头山组；下部亚群：黄泥川组；老铁山组（未见底）
崔盛芹等	复州	1972	Z：革镇堡群：长岭子组；桥头组；细河群：南芬组；钓鱼台组；永宁群：庙山组 朵子山组 松树组

作者	地区	年代	划分（自上而下）
辽宁区调队	大连 金州	1972	Z 中统：长岭子组；桥头组；下统：南芬组；钓鱼台组；永宁组
辽宁区调队	太子河	1972	Z 中统：康家组；桥头组；下统：南芬组；钓鱼台组
曹瑞骥等	大连	1974	Z_2：革镇堡群 长岭子组；旅大群：岔沟组 胡家村组 歪头山组；Z_1：黄泥川组；大门顶组；上沟组（无底）
邢裕盛等	复州	1973	Z 复州群；Qn 细河群
邢裕盛等	大连	1978	长岭子组；桥头组；南芬组；钓鱼台组；永宁组
辽宁地矿局	太子河	1978	Z 上统：康家组；下统：桥头组；南芬组；钓鱼台组
辽宁地矿局	复州大连	1978	长岭子组；桥头组；南芬组；钓鱼台组；永宁组
方如恒	复州 大连	1978	Z：五行山群：长岭子组；桥头组；南芬组；旅大群：钓鱼台组；永宁组
常绍泉	大连 复州	1980	上前寒武系：五行山群 长岭子组；细河群：桥头组；南芬组；钓鱼台组；永宁群：庙山组 朵子山组 松树组
沈阳地研所	复州 大连	1985	Z 辽南群：复州亚群：长岭子组；桥头组；Qn：细河群：南芬组；钓鱼台组；永宁群：庙山组；朵子山组；松树组
本书	大连复州太子河		Z：五行山群：长岭子组 康家组；Qn 细河群：桥头组；南芬组；钓鱼台组；永宁组

(1974) 曹瑞骥新建的一些组级单位（上沟组、大门顶组、胡家村组）也属此况。此后，上述4组的名称及含义趋向一致，只是隶属关系有不同的认识。邢裕盛（1973、1978）划分的细河群含南芬组、钓鱼台组、永宁组；辽宁地矿局（1978）将包括桥头组在内的以下地层单位归于震旦系下统，取消细河群一名；方如恒（1978）的旅大群含义同邢裕盛的细河群；常绍泉（1980）的细河群与现细河群含义相同；沈阳地研所（1985）采用崔盛芹（1972）的细河群划分方案。上述单位响水寺统（亚统）、大和尚山统（亚统）、旅大统（群）、革镇堡群与细河群相当，或部分相当，应停用；上述单位所辖的组（阶）级单位，除现采用的4个组，余者如黄泥川阶、老铁山组等均属同物异名；另外永宁砂岩以组称之，原永宁亚群（群）内的三个组也停用。

【现在定义】　指平行不整合或整合覆于永宁组，或不整合在太古宙鞍山（岩）群或早元古代辽河（岩）群之上，下部（钓鱼台组）为石英砂岩夹页岩、粉砂岩，中部（南芬组）为泥灰岩和页岩，上部（桥头组）为石英砂岩夹页岩、粉砂岩的地层序列，其上被五行山群整合覆盖。在本溪、辽阳、桓仁等处可被早寒武世地层平行不整合覆盖。

钓鱼台组　Qn*d*　(05－21－1014)

【创名及原始定义】　青地乙治1928年创名。原称钓鱼台石英岩。创名地在本溪桥头至南芬钓鱼台车站附近的钓鱼台。原始定义：指本溪桥头至南芬的钓鱼台车站附近钓鱼台村出露的层理清晰、较平整的厚层石英岩，由于风化原因表面有不规则的凹坑为特征，石英是粒状的。

【沿革】　远藤隆次（Endo, Riuji）(1937) 称钓鱼台统；姜春潮（1957）改为钓鱼台组；马子骥（1964）称钓鱼台段，辖于他新建的千金岭组内，该组下部称南芬段；崔盛芹（1972）在旅顺一带所建的老铁山组包含了钓鱼台组。曹瑞骥（1970）在旅顺又建大门顶组取代钓鱼台组。上述各名称与钓鱼台组含义完全或部分相当，应停止使用。

【现在定义】　指辽东地层分区太子河-大连地层小区平行不整合或整合于永宁组或不整合于太古宙—早元古代变质岩之上的一套以灰白色、浅褐色石英砂岩为主，下部常含铁质或铁矿层，中部夹有黄褐色细砂岩的岩石地层。上与南芬组呈整合接触。

【层型】　创名人未测正层型剖面，本书指定选层型剖面位于本溪县大房子村（124°30′，41°19′），据辽宁省区测队1964年测定。

上覆地层：**南芬组**　黄绿色页岩

——————— 整　合 ———————

钓鱼台组　　　　总厚度 341.25 m

3. 浅褐色中厚层、厚层中细粒石英砂岩，顶部具0.6 m厚灰绿色薄层细粒海绿石石英砂岩　　169.36 m
2. 含海绿石石英砂岩　　28.13 m
1. 灰白色中厚层夹薄层石英岩，含少量磁铁矿夹页岩　　143.76 m

——————— 整　合 ———————

下伏地层：**永宁组**　黄灰色中细粒石英砂岩夹页岩

【地质特征及区域变化】　在大房子村剖面上：下部为灰白色中厚层夹薄层石英岩，含少量磁铁矿，夹页岩；中部为含海绿石石英砂岩；上部为浅褐色中厚、厚层中细粒石英砂岩，顶部具0.6 m厚的灰绿色薄层细粒海绿石石英砂岩。厚341.25 m。顶部以灰绿色薄层细粒海绿石石英砂岩与上覆南芬组底部泥灰岩整合分界。

该组岩性区域上略有变化,在瓦房店市烧锅沟和普兰店市西山屯两地本组内不含海绿石,复州庙山于中部夹泥灰岩凸镜体。厚度各地分别为：本溪平顶山225.91 m，辽阳唐家堡子114.8 m,瓦房店烧锅沟206.60 m,大顶山148.01 m,复州庙山57.20 m,普兰店西山屯70.50 m。

本组含微古植物化石。

南芬组　Qn*n*　(05-21-1015)

【创名及原始定义】　青地乙治1928年创名。原称南芬页岩泥灰岩，创名地在本溪市南芬车站附近。原始定义：指南芬车站附近出露的页岩、泥灰岩，呈红、绿色或多或少有些矽质，页岩有时风化呈纸片状。

【沿革】　见表2-1。松下进（1930、1935）分别将大连北金州一带与大连南旅顺一带的南芬组称为响水寺统、黄泥川阶，此二单位均未见底，大致相当南芬组中上部。远藤隆次（1937）在太子河及复州地区所称的桥头统不是青地乙治（1928）的桥头石英岩，而是其下的南芬页岩、泥灰岩之上部页岩，由于层序不清，他把太子河、复州地区南芬页岩、泥灰岩的下部泥灰岩部分及大连地区桥头组之上地层均以关东统称之。王钰等（1954）称南芬统；姜春潮（1957）首称南芬组；傅杰浦等（1957）将南芬组顶界下移，把页岩部分划入桥头组；马子骥（1964）称南芬段，为他所创千金岭组上部段；70年代之后多数人采用南芬组，仅其归属不同，如辽宁区调队（1972）归震旦系下统顶部，邢裕盛（1978）归细河群顶部，方如恒（1978）归旅大群顶部；常绍泉（1980）归细河群中部。黄泥川阶（组），响水寺统与南芬组同物异名，应停用。

【现在定义】　指辽东地层分区太子河-大连地层小区整合覆于钓鱼台组石英砂岩之上,平行不整合或整合伏于桥头组石英砂岩之下的一套黄绿、紫色页岩泥灰岩岩石地层。

【层型】　创名人未测正层型剖面，选层型剖面位于本溪市桥头镇千金岭（123°45′，41°15′），由辽宁省区测队1973年测定。

上覆地层：**桥头组**　石英砂岩、页岩

——————— 平行不整合 ———————

南芬组	总厚度556.40 m
7. 黄绿色薄层砂质页岩	45.10 m
6. 黄绿色薄层粉砂岩与黄绿色纸片状页岩互层	46.10 m
5. 黄绿色纸片状页岩，下部夹紫色纸状页岩	88.30 m
4. 紫色页岩夹蛋青色薄层含铜泥灰岩	105.30 m
3. 紫色页岩夹蛋青色泥灰岩，下部夹含铜泥灰岩及紫色薄层泥灰岩	80.70 m
2. 蛋青色薄层泥灰岩	158.10 m
1. 黄绿色夹青灰色薄层泥灰岩，下部具7.90 m厚紫色薄层砂质页岩	32.80 m

———————— 整　合 ————————

下伏地层：**钓鱼台组**　石英砂岩

【地质特征及区域变化】　在本溪市千金岭剖面上，该组底部为7.90 m厚的紫色薄层砂

质页岩，与下伏钓鱼台组整合接触，向上为黄绿色、青灰色、蛋青色、紫色泥灰岩；上部为紫色页岩夹泥灰岩；顶部为黄绿色砂质页岩。与上覆桥头组平行不整合接触。厚556.40 m。

该组岩性、厚度区域上变化较大，本溪大房子主要为泥灰岩、页岩，底部夹含海绿石石英砂岩，厚733.12 m；桓仁联合村厚1 084.18 m；辽阳唐家堡子厚243.31 m；瓦房店市关家店一老岳山一带出现粉砂岩、石英砂岩和泥晶灰岩，厚560.10 m；司家口子—饮牛湾出现砂岩，厚521.46 m。大连沿海地段本组有轻微变质，下部为板岩、千枚岩，局部夹石英砂岩凸镜体，中部为青灰色中厚层大理岩或结晶灰岩，上部为灰、灰绿色千枚岩、板岩。厚254.30 m～442.10 m。

本组产微古植物化石：*Leiopsophosphaera* aff. *densa*，*L. apertus*，*L.* cf. *effusua*，*Polyporata obsoleta*，*Trachysphaeridium simplex*，*T.* aff. *cultum*，*T. incrassatum*，*T. planum*，*Archaeofavosina*? sp.（邢裕盛、刘桂芝，1973）。

桥头组　Qn*q*　（05－21－1016）

【创名及原始定义】　青地乙治1928年创名，原称桥头石英岩。创名地在本溪桥头。原始定义：指本溪桥头附近出露的细河统上部一套地层，为层理比较清楚的石英岩与条带矽质板岩互层。

【沿革】　见表2－1。松下进（1930）将金州一带与桥头石英岩相当的地层称大和尚山统，而后（1935）另把旅顺一带的这套地层误划出5个阶（后人工作证明其属断层重复的桥头组不同部分），自下往上为歪头山阶、龙王塘阶、岔沟阶、英歌石阶、龙头阶。远藤隆次（1937）在金州建南山统，划分同大和尚山统。王钰等（1954）改称桥头统。姜春潮（1957）首称桥头组。傅杰浦等（1957）扩大桥头组含义，将南芬组上部页岩纳入桥头组底部。马子骥（1964）称桥头段，辖于他的福金岭组之下。曹瑞骥等（1974）以歪头山组、胡家村组、岔沟组之和代表桥头组，之后多数人采用原桥头石英岩含义，称桥头组，也即本书的划分方案。上述大和尚山统、南山统与桥头组同物异名，歪头山阶、龙王塘阶、岔沟阶、英歌石阶、胡家村组为桥头组一部分，均应停用。

【现在定义】　指辽东地层分区太子河-大连地层小区平行不整合或整合覆于南芬组之上，整合伏于康家组（或长岭子组）之下的一套灰色、灰白色、黄褐色石英砂岩夹黄绿、灰黑等色页岩及砂质页岩的岩石地层。

【层型】　正层型剖面位于本溪市桥头镇桥头（123°44′，41°13′），辽宁省区测队1973年重测。

上覆地层：**康家组**　灰绿色细粒石英砂岩与砂质页岩互层

——————　整　合　——————

桥头组	总厚度129.10 m
10. 灰白色厚层细粒石英砂岩夹黄绿色页岩及砂质页岩	7.70 m
9. 黄绿色页岩	9.50 m
8. 灰色薄层、微薄层细粒石英砂岩与黄绿色页岩互层，顶部为含海绿石石英砂岩	5.20 m
7. 黑色页岩	6.70 m
6. 灰白色中厚层、薄层细粒石英砂岩夹黄绿色砂质页岩	8.20 m
5. 灰色薄层、微薄层细粒石英砂岩与黑色砂质页岩互层，底部具厚10.5 m灰白色厚层中粗粒石英砂岩及黑色页岩	39.50 m

4. 灰白色薄层、微薄层细粒石英砂岩与黑色页岩砂质页岩互层	13.00 m
3. 灰、灰白色薄层、微薄层细粒石英砂岩与黑、黄绿色含砂质页岩互层	19.70 m
2. 灰白色薄层、微薄层夹厚层石英砂岩，含海绿石石英砂岩夹黑色砂质页岩	5.60 m
1. 灰白色中厚层、厚层细粒石英砂岩夹深灰色砂质页岩	14.00 m

——————— 平行不整合 ———————

下伏地层：**南芬组**　黄绿色页岩

【地质特征及区域变化】　在本溪市桥头剖面上，该组主要岩性为灰白、灰色细粒石英砂岩，含海绿石石英砂岩与页岩、砂质页岩互层或黑色、黄绿色砂质页岩，顶部为灰白色厚层细粒石英砂岩夹黄绿色页岩及砂质页岩。厚 129.10 m。

该组岩性及厚度区域上变化较大。本溪大房子夹薄层泥灰岩，厚 175.48 m；桓仁联合村为石英砂岩与粉砂岩、粉砂质页岩互层，厚 172.05 m；辽阳唐家堡子厚 124 m，相变为长石石英砂岩夹页岩；瓦房店司家口子一带厚 512.86 m，大安寺山—袁家沟一带厚 340.31 m。大连地区本组有轻微变质，主要为石英岩、板岩。总趋势由北向南厚度增大。

本组产微古植物化石：*Microconcentrica induplicata*，*Margominuscula rugosa*，*Pseudozonosphaera* cf. *sinica*，*Leiopsophosphaera apertus*，*L. pelucidas*，*Trachysphaeridium simplex*，*Synsphaeridium* sp.，*Trematosphaeridium* sp.，*Taeniatum crassum*，*Archaeofavosina* cf. *simplex*，*Zonosphaeridium minutum* 等（邢裕盛、刘桂芝，1973）。

五行山群　*ZW*　（05－21－1020）

【创名及原始定义】　青地乙治 1928 年创名。原称五行山统，创名地在瓦房店市金家城子西北五行山及普兰店—得利寺一带。原始定义：该统下部称高家屯页岩、砂岩，上部称金家黑色石灰岩。

【沿革】　森岛正夫（Morishima，M）(1940）在太子河地区所用的五行山统指现康家组下部，即他当时所称的康家统之下，桥头统之上的地层，包括上部福金石灰岩和下部贾家沟泥灰岩；原五行山统包含现称的长岭子组、南关岭组、甘井子组，而姜春潮（1957）扩大五行山统含义，在其上部又增加了现称的营城子组；潘江（1959）对五行山统含义再次扩大，底界不变，在营城子组之上增加十三里台组和马家屯组；王曰伦（1963）称原五行山统为五行山组，崔盛芹等（1964）称五行山群，含义未变；林尉兴（1976）的五行山群含义是在潘江五行山统之下把桥头组也并入其内；常绍泉（1976）的五行山群含义与潘江（1959）五行山统一致；方如恒（1978）认为林尉兴的五行山群（之上）还应包括崔家屯组；王鸿祯（1980）则把五行山群厘定为包括长岭子组—十三里台组一段地层，把原五行山统上界移至十三里台组之顶。本书所称五行山群与原五行山统含义一致，包括长岭子组、南关岭组、甘井子组，太子河地区仅含康家组。

【现在定义】　指整合覆于细河群之上，整合伏于金县群之下，下部（长岭子组）为细碎屑岩夹泥灰岩，上部（南关岭组、甘井子组）以碳酸盐岩为主的地层。

康家组　*Zk*　（05－21－1017）

【创名及原始定义】　森岛正夫 1940 年创名，原称康家统，创名地在本溪市桥头镇西康家堡子。原始定义：指本溪桥头西康家堡子出露的一套地层，下部为暗灰、暗绿色矽质页岩，上部为红紫色含云母矽质页岩，有时夹砂质页岩或薄层石英砂岩，上部有横向变化。下与五行山统整合接触，上与金州统（寒武系）底部砂岩呈不整合接触，厚80～90 m。

【沿革】 王钰等（1954）将康家统含义扩大，在太子河地区包括了其寒武系馒头统与震旦系桥头统之间所有的地层。即将福金石灰岩、贾家沟泥灰岩也并入康家统。刘鸿允（1956）改原康家统为康家组。傅杰浦等（1957）同意王钰等的见解，但将康家统的底界划在含灰质岩石之底，这样就将森岛正夫或青地乙治含义的桥头统顶界上移，亦即将贾家沟砂页岩下部的粉砂岩夹砂岩的地层划归桥头统。潘江（1959）据在本溪桥头附近调查结果，未使用康家统名称，而将这套地层与其之下的福金石灰岩、贾家沟泥灰岩合称五行山统。崔盛芹等（1964）改称康家群，与大连地区的长岭子组及南关岭组对比，认为其上缺失相当于甘井子组的层位。马子骥等（1965）将康家统改称康家段，属细河群福金岭组上部的一个段。陆宗斌（1973）等根据微古植物化石与蓟县上震旦统对比，归属晚元古代。同年邢裕盛等根据微古植物化石主要分子组合与蓟县下马岭组的组合相同，认为两者完全可以对比，时代属晚元古代。钟富道（1975）亦称康家组，认为其层位高于景儿峪组，应与莲沱群对比，归属晚元古代。乔秀夫（1975）认为康家组与桥头组之和可与震旦纪陡山沱组及灯影组上部相当，归属晚元古代。本书所称康家组与王钰等康家统含义一致。

【现在定义】 指在本溪、辽阳一带出露，整合于桥头组之上，平行不整合伏于碱厂组之下的一套下部为灰、灰绿色页岩、钙质页岩夹细粒石英砂岩、粉砂岩及少量泥灰岩结核；中部为灰色薄层泥灰岩夹黄绿色页岩；上部为紫、黄绿色页岩、钙质页岩夹紫、黄绿色粉砂岩的岩石地层。

【层型】 正层型剖面位于本溪市桥头镇康家村（123°44′，41°13′），辽宁省区测队1973年重测。

上覆地层：**碱厂组** 石英砂岩

——————— 平行不整合 ———————

康家组	总厚度 227.90 m
7. 灰绿色页岩与紫色页岩互层	54.20 m
6. 紫色页岩夹紫色及黄绿色薄层粉砂岩	34.30 m
5. 黄绿色钙质页岩夹黄绿色薄层粉砂岩及石英砂岩	36.10 m
4. 灰色薄层及扁豆状泥灰岩夹黄绿色页岩	35.90 m
3. 黄绿、灰色钙质页岩夹少许泥灰岩结核。后者在层面上呈瘤状	39.60 m
2. 黄绿色页岩夹中厚层细粒石英砂岩，上部夹黄绿色泥灰岩扁豆体	11.70 m
1. 深灰绿色页岩，局部夹粉砂岩及薄层细粒石英砂岩	16.10 m

———————— 整　合 ————————

下伏地层：**桥头组** 白色厚层细粒石英砂岩

【地质特征及区域变化】 在本溪市桥头剖面上，本组下部为灰、灰绿色页岩、钙质页岩夹细粒石英砂岩、粉砂岩及少量泥灰岩结核；中部为灰色薄层泥灰岩夹黄绿色页岩、黄绿色钙质页岩夹粉砂岩及石英砂岩；上部为紫色页岩夹粉砂岩；顶部为灰绿色页岩与紫色页岩互层。厚227.9 m。与下伏地层桥头组呈整合接触。顶部以灰绿色页岩与紫色页岩互层与上覆碱厂组底部石英砂岩平行不整合接触。

该组仅分布于北部太子河地区，岩性稳定，但各地厚度差异较大，本溪桥头地区最厚，其四周减薄，东部本溪县小市以东缺失。

本组产微古植物化石：*Microconcentrica induplicata*，*Margominuscula rugosa*，*Pseudozonosphaera* cf. *sinica*，*Leiopsophosphaera apertus*，*Trachysphaeridium simplex*，*Synsphaeridium conglutinatum*，*Trematosphaeridium* sp.，*Taeniatum crassum*，*Archaeofavosina* cf. *simplex*，*Zonosphaeridium minutum* 等（据邢裕盛、刘桂芝，1973）。

长岭子组 Zĉ （05－21－1005）

【创名及原始定义】 松下进 1931 年创名，原称长岭子阶。创名地在大连市革镇堡以西山丘。原始定义：属关东统的一个阶，为灰绿色条带状粘板岩间夹青灰色矽质石灰岩，下与大和尚山统呈整合接触。

【沿革】 斋藤林次（1938）认为青地乙治在复州湾创立的高家屯页岩、砂岩就是长岭子阶。俞建章等（1958）直接将高家屯页岩、砂岩改为长岭子组，认为长岭子组的标准地点发育在旅顺、大连间的鞍子岭西北的长岭子村，1964 年提出长岭子组与下伏岔沟组为整合关系。常绍泉（1980）在长岭子组发现多种微古植物化石，其时代可能属于青白口纪。本书沿用原长岭子阶含义，称长岭子组。高家屯页岩、砂岩与长岭子组为同物异名，应停用。

【现在定义】 指发育在大连、复州地区，整合于桥头组之上、南关岭组之下，岩性为黄绿色、灰色钙质千枚岩、钙质板岩、千枚状板岩、页岩、粉砂岩夹细砂岩、泥灰岩、粘土质粉屑灰岩的岩石地层。

【层型】 正层型剖面位于大连市旅顺口区城山村（121°20′，38°56′），由辽宁省区测队 1971 年重测。

上覆地层：**南关岭组** 深灰色粉晶灰岩

——————— 整 合 ———————

长岭子组	总厚度 1 537.40 m
16. 灰、褐灰色薄层中厚层粉屑泥质灰岩及泥质粉砂岩	16.90 m
15. 绿灰色钙质板岩、夹粉屑灰岩及粉屑泥质灰岩	297.90 m
14. 灰色钙质板岩与灰色粉屑泥质灰岩互层	32.30 m
13. 深灰色钙质板岩、夹粘土质灰岩及粉屑粘土质灰岩	155.30 m
12. 灰色千枚状钙质板岩，夹粘土质灰岩	139.50 m
11. 灰色薄层、中厚层粉屑粘土质灰岩与钙质板岩、粉砂岩互层	42.90 m
10. 灰色中厚层粉屑粘土质灰岩、夹钙质板岩及粉砂岩	63.80 m
9. 灰色钙质板岩、粉砂岩夹粘土质灰岩	68.00 m
8. 绿灰色钙质板岩、夹粉砂岩及粘土质灰岩	58.00 m
7. 灰绿色钙质板岩、粉砂岩夹粘土质灰岩凸镜体	80.90 m
6. 灰色钙质板岩、夹粘土质灰岩凸镜体	52.60 m
5. 灰绿色钙质板岩夹粘土质灰岩凸镜体	28.50 m
4. 灰色钙质板岩夹石英砂岩及灰岩凸镜体	33.50 m
3. 灰色千枚岩	151.70 m
2. 绿灰色千枚状板岩	228.00 m
1. 灰绿色钙质千枚岩	87.60 m

——————— 整 合 ———————

下伏地层：**桥头组** 石英岩

【地质特征及区域变化】 在旅顺城山村剖面上，该组下部为灰绿色钙质千枚岩，绿灰、灰色千枚状板岩；中部为灰、灰绿色钙质板岩夹粉砂岩及粘土质灰岩；上部为灰、深灰、绿灰色钙质板岩夹粉砂岩与粘土质粉屑灰岩互层。厚 1 537.40 m。与上、下地层均为整合接触。

复州地区本组产微古植物、宏观藻及蠕虫化石。其微古植物形态复杂，出现了震旦纪常见的分子，主要属有：*Leiopsophosphaera*，*Trachysphaeridium* 等。宏观藻化石形态复杂、数量丰富，代表分子以 *Tawuia dalensis* 为主，次为：*Shouhsienia shouhsienensis* 及 *Chuaria circularis*。蠕虫化石有：*Paraarenicola*，*Protoarenicola* 等。

复州地区地层未经变质，岩性主要为页岩、粉砂质页岩、细砂岩、含海绿石石英砂岩、钙质细砂岩及泥晶灰岩。发育水平层理、波状层理、交错层理及不对称波痕。与大连地区地层相比，岩石砂质成分增多。厚度可达 1 096.10 m。其厚度变化：信台子 1 181.90 m，金州大黑山 373.50 m，窑地屯 578.00 m，车家甸子 316.90 m。大连地区本组顶部以灰、褐灰色薄层、中厚层粉屑泥质灰岩及泥质粉砂岩与南关岭组底部的深灰色粉屑灰岩分界。在复州地区本组顶部以黄灰色中厚层含海绿石钙质细砂岩夹泥晶灰岩与南关岭组底部深灰色碎屑灰岩分界。

南关岭组 *Zn* (05-21-1006)

【创名及原始定义】 松下进 1931 年创名，原称南关岭阶。创名地在大连市南关岭一带。原始定义：属于关东统的一个阶，下与长岭子阶、上与甘井子阶均为整合接触，主要岩石组合为黑灰色、青灰色、黑色石灰岩、矽质石灰岩、板状及薄板状，不纯，风化面有黄色斑点，厚 800～1 000 m。

【沿革】 俞建章等（1958）将南关岭阶改称南关岭组，测得剖面厚度 412 m。邢裕盛等（1979）、段吉业（1980）曾先后报道在复县五行山南关岭组底部采得后生动物化石水母类。据此，分别认为其地层时限在 600～700Ma 及 700～900Ma。常绍泉（1980）报道南关岭组产叠层石 *Conophyton*，*Wuhangshania* 等。张丕孚（1981）在复州将南关岭组改称洼里组，认为不能与大连地区的南关岭组对比。本书沿用原南关岭阶含义，称南关岭组。洼里组与南关岭组同物异名，应停用。

【现在定义】 发育在大连及复州地区，整合于长岭子组之上、甘井子组之下的一套灰、黄、灰褐色泥晶灰岩、硅质灰岩，顶部偶有发育较薄的粘土质粉砂岩所组成的岩石地层。

【层型】 该组创名地在南关岭一带，正层型剖面因石灰石矿开采受到破坏，并缺少与下伏地层接触关系。故采用 1985 年辽宁区调队实测的金州三道弯剖面作为选层型剖面。剖面位于大连市金州区四十里堡镇三道弯（121°44′，39°21′）。

上覆地层：**甘井子组** 白云岩

——————— 整 合 ———————

南关岭组	总厚度 163.62 m
7. 黄褐色薄—微薄层粘土质粉砂岩	1.84 m
6. 黄灰色薄—中厚层粘土质粉晶灰岩。见水平层理及小型槽状交错层理	9.18 m
5. 灰色中厚层叠层石灰岩	1.22 m
4. 灰色薄—中厚层含粉砂质泥粉晶白云质灰岩。水平层理发育	7.96 m
3. 灰色中厚层泥粉晶灰岩。水平层理发育	22.85 m
2. 灰褐色薄层砂质灰岩。见波状层理、低角度交错层理、鸟眼构造	88.55 m

1. 灰褐色薄层砂质灰岩夹灰色薄层泥灰岩。岩层中发育水平层理、交错层理、小型对称浪成波痕，小型双向交错层理及凸镜状层理　32.02 m

——————— 整　合 ———————

下伏地层：长岭子组　钙质板岩

【地质特征及区域变化】　在金州三道弯剖面上，该组下部为灰褐色薄层砂质灰岩夹薄层泥灰岩，发育水平层理及小型双向交错层理、波状层理、凸镜状层理及鸟眼构造、小型浪成对称波痕，上部为灰色薄层—中厚层泥粉晶灰岩、粘土质粉晶灰岩及含粉砂质泥粉晶白云质灰岩，夹一层叠层石灰岩。顶部有一层黄褐色薄—微薄层粘土质粉砂岩。厚度为163.60 m。复州地区本组产叠层石 *Wuhangshania fuxianensis*，*Conophyton*. f.；宏观藻 *Chuaria circularis*，*Tawuia dalensis*；蠕虫化石 *Anhuiella xiwafangensis*，*Huaiyuanella* sp.。

本组一般以灰、深灰色薄层、中厚层粉屑灰岩或一层粉砂岩与甘井子组底部白云岩分界。

区域上本组岩性变化不大。厚度：复州泡崖144.60 m、金州三道弯163.60 m，金州和尚屯216.90 m，旅顺信台子796.90 m。大致显示由北往南厚度增大趋势。

甘井子组　*Zg*　（05－21－1007）

【创名及原始定义】　松下进1931年创名，原称甘井子阶，创名地在大连市南关岭以北高山一带。原始定义：全部为白云岩，局部有叠层石，厚450～600 m。

【沿革】　俞建章等（1958）将甘井子阶改称甘井子组，并在甘井子地区的椒树房—三道沟测制剖面，同时将甘井子组引用到复州地区，认为与青地乙治创建的金家黑色石灰岩上部相当。辽宁区测队（1972）、常绍泉等（1980）等均沿用甘井子组一名。辽宁区调队（1985）测制了大连市大拉树房—茶叶沟甘井子组剖面，将甘井子组改称甘井子白云岩。本书沿用原甘井子阶含义，称甘井子组。

【现在定义】　指发育于大连、复州地区，整合于南关岭组之上、整合于营城子组之下的一套以白云岩为主的地层。岩性为泥粉晶白云岩、灰质白云岩、夹有白云质灰岩，岩层中燧石条带及叠层石均很发育。

【层型】　正层型剖面位于大连市甘井子区大拉树房—茶叶沟（121°37′，39°04′），辽宁区调队1985年重测。

上覆地层：营城子组　灰色中厚层含砂屑细粉晶含白云质灰岩

——————— 整　合 ———————

甘井子组	总厚度849.54 m
13. 灰色中厚层含燧石结核硅化层纹石白云质灰岩	67.34 m
12. 灰色厚层泥粉晶白云质灰岩	47.68 m
11. 灰色中厚层泥粉晶含白云质灰岩，底部见水平层理，上部见斜层理	131.68 m
10. 深灰色中厚层—厚层砂屑细粉晶白云岩，可见水平层理，小型交错层理	118.02 m
9. 灰色、灰白、灰绿、灰红色中厚层夹薄层含砾屑泥粉晶白云岩	57.56 m
8. 灰色薄层—中厚层含燧石结核硅化白云岩	48.14 m
7. 灰色中厚层含燧石结核硅化层纹石白云岩、叠层石白云岩	60.04 m
6. 灰色中厚层粉晶白云岩夹叠层石白云岩	34.91 m
5. 深灰色、灰白色中厚层—厚层泥粉晶白云岩	99.83 m

4. 灰色中厚层砂屑泥粉晶白云岩 28.89 m

3. 灰色厚层叠层石白云岩 64.33 m

2. 灰色中厚层—厚层粉晶白云岩 41.80 m

1. 灰色中厚层粉晶白云岩夹叠层石白云岩 48.06 m

——————— 整 合 ———————

下伏地层：**南关岭组** 深灰色粉屑灰岩

【地质特征及区域变化】 在大拉树房—茶叶沟剖面上，该组岩性为灰色、深灰色中厚层泥粉晶白云岩、叠层石白云岩、燧石结核燧石条带硅化白云岩、砂屑泥粉晶白云岩、含砾屑泥粉晶白云岩，靠近上部为灰色中厚层、厚层泥粉晶白云质灰岩。厚 849.54 m。

在大连地区采得叠层石：*Jurusania* f.，*Baicalia* f.，*Conophyton habuqieerensis*。在复州地区另外还有 *Kussiella* f.，*Anabaria* cf. *jivensis*，*Jurusania cylindrica*。同时本组还产微古植物化石：*Leiopsophosphaera densa*，*Trachysphaeridium incrassatum*，*Zonosphaeridium minutum* 等。

该组岩性变化不大，复州地区中部夹硅质层及石英砂岩扁豆体，上部亦出现白云质灰岩。厚度由大连向北有减薄的趋势；大拉树房 849.54 m，复州泡崖 408.9 m。

在大拉树房本组顶部以灰色中厚层含燧石结核硅化层纹石白云质灰岩与营城子组底部的灰色中厚层含砂屑细粉晶含白云质灰岩分界。在旅顺信台子及复州泡崖均以其顶部灰质白云岩与营城子组底部的含砾砂屑或灰黑色粉屑泥晶灰岩分界。

金县群 *ZJ* (05-21-1021)

【创名及原始定义】 潘江 1959 年创名，原称金县统，创名地在金州城北山及南山。原始定义：指伏于馒头统之下，覆于五行山统之上，下部为石英砂岩及页岩、石英岩，上部为石灰岩及泥灰岩的一套地层。

【沿革】 崔盛芹（1964）将金县统改称金县群，将兴民村组划入该群顶部，并与燕山地区洪水庄组至景儿峪组对比。常绍泉等（1980）划分的金县群包括营城子组至兴民村组之上的大林子组。本书采用的金县群包括营城子组至兴民村组。

【现在定义】 指早寒武世葛屯组之下，五行山群甘井子组之上，下部以碳酸盐岩为主，上部以碎屑岩为主的一套地层序列。自下而上包括营城子组、十三里台组、马家屯组、崔家屯组、兴民村组。

营城子组 *Zyĉ* (05-21-1008)

【创名及原始定义】 松下进 1931 年创名，原称营城子阶。创名地在旅顺营城子。原始定义：属关东统的一个阶。下与小野田阶、上与十三里台阶皆为整合接触，主要岩性为黑色板状石灰岩，方解石脉发育，上部夹黑色粘板岩，厚 370～400 m。

【沿革】 俞建章等（1958）将松下进创名的营城子阶和其下伏的小野田阶合并后改称营城子组。以后营城子组一直被沿用。

【现在定义】 指发育于大连、复州地区，整合于甘井子组之上、十三里台组之下的一套以石灰岩为主的地层。以灰、黑灰色板状灰岩为主，底部石灰岩中可见叠层石，上部夹页岩。

【层型】 创名人未确定正层型，本书指定选层型剖面位于大连市甘井子区棋盘磨海滨

(121°37′，39°04′)，辽宁区调队1985年测制。

上覆地层：**十三里台组**　叠层石灰岩

——————整　合——————

营城子组	总厚度316.28 m
11. 灰色中厚层亮晶含砂屑、砾屑团块白云质灰岩	2.79 m
10. 深灰色厚层含砾屑砂屑鲕粒亮晶灰岩	19.46 m
9. 灰色、粉灰色中厚层粉晶灰岩夹黄绿色及粉红色页岩，夹一层2 m厚的灰色中厚层叠层石含白云质灰岩	20.70 m
8. 灰色中厚层砾屑粉晶灰岩	9.39 m
7. 灰色中厚层细粉晶灰岩夹黄灰色薄层粘土质灰岩	17.47 m
6. 深灰色薄层—中厚层中细晶灰岩夹黄灰色含粉砂质页岩	74.85 m
5. 深灰色中厚层含砂屑细粉晶灰岩	79.26 m
4. 灰色厚层角砾状粉晶灰岩	5.44 m
3. 黄灰色薄层含粘土质粉泥晶灰岩	41.29 m
2. 灰色中厚层叠层石灰岩及层纹石灰岩	19.54 m
1. 灰色厚层砂屑细粉晶含白云质灰岩、顶、底见砾屑灰岩	26.09 m

——————整　合——————

下伏地层：**甘井子组**　白云质灰岩

【地质特征及区域变化】　在大连市棋盘磨剖面上，该组主要岩性为灰色、深灰色中厚层、厚层夹薄层细粉晶、中细晶灰岩，底部见砾屑灰岩，下部有一层叠层石灰岩。中、上部夹黄绿色、粉红色页岩及含粉砂质页岩。顶部为深灰、灰色中厚层砾屑、砂屑鲕粒亮晶灰岩、中厚层亮晶含砂屑、砾屑团块白云质灰岩。岩层中发育冲刷构造及鸟眼构造。本组以其顶部的灰色中厚层亮晶含砂屑砾屑团块白云质灰岩或灰色薄层、中厚层微晶灰岩与上覆十三里台组底部的叠层石灰岩或藻灰岩分界。厚316.28 m。

在大连地区本组产叠层石：*Jurusania* cf. *cylindrica*，*Kussiella* cf. *enigmatica*，*Inzeria regularis*，*Colonnella ramifera* 等。

厚度由南向北减薄，粘土质岩石增多。大连棋盘磨厚316.28 m，复州赵坎子厚仅83.3 m，其中夹钙质页岩及黄绿色页岩。

十三里台组　$Z\hat{s}$　(05－21－1009)

【创名及原始定义】　松下进1931年创名，原称十三里台阶。创名地在金县十三里台。原始定义：属关东统的一个阶，大部分为紫红色、青灰色大型涡卷石灰岩，上部小型涡卷石灰岩，常伴有紫红色、灰绿色粘板岩，厚70～155 m。

【沿革】　俞建章等（1958）将十三里台阶改称十三里台组。之后一直沿用至今。

【现在定义】　指分布于金州、复州地区整合覆于营城子组之上、伏于马家屯组之下，以紫红、紫灰色、灰色叠层石灰岩、藻灰岩为特征，夹有灰色泥质条带泥晶灰岩及黄灰色页岩、粉砂岩、紫色页岩的沉积地层。

【层型】　创名人未确定正层型，本书指定选层型剖面位于大连市甘井子区棋盘磨村(121°37′，39°04′)，辽宁省区调队1985年测制。

上覆地层：**马家屯组** 灰岩

——————— 整 合 ———————

十三里台组	总厚度195.23 m
5. 紫灰、黄灰色中厚层叠层石灰岩夹紫色钙质页岩	3.13 m
4. 紫色含铁质页岩夹叠层石灰岩凸镜体	12.72 m
3. 紫色、浅灰色厚层细粉晶叠层石灰岩	18.06 m
2. 灰色、黄灰色厚层泥质条带泥晶灰岩夹黄灰色页岩及薄层泥灰岩	18.32 m
1. 灰色中厚层叠层石灰岩，此层上部见锥状叠层石	143.00 m

——————— 整 合 ———————

下伏地层：**营城子组** 灰岩

【地质特征及区域变化】 该组在棋盘磨剖面上，下部为灰色中厚层叠层石灰岩；中部为灰色、黄灰色厚层泥质条带泥晶灰岩夹黄灰色页岩及泥灰岩，细粉晶叠层石灰岩；上部为紫色含铁质页岩夹叠层石灰岩凸镜体；顶部以叠层石灰岩及层纹石灰岩夹紫色钙质页岩与上覆马家屯组分界。该组底部以叠层石灰岩与下伏营城子组呈整合接触。

该组产叠层石：*Clavaphyton bellum*，*Baicalia* cf. *rara*，*Inzeria tjomusi*，*Insiticinia qipanmoensis*，*Linella* cf. *simica*，*Conophyton ocularoides*，*Minjaria nimbifera*，*Tungussia nodosa*，*Poludia* cf. *polymorpha*，*Shisanlitaiella shisanlitaiensis*，*Qingbaikounia jinxianensis* 等。

岩性和厚度在区域上略有变化，厚度由南向北减薄，由西向东增厚。金州七顶山一带，本组粘土质岩石大量增加，相变为以页岩为主，夹紫红色叠层石灰岩；金州满家滩凉水湾厚155.4 m，金县北山厚95.59 m，复州老虎山一带仅厚88.3 m。复州地区，本组粘土质沉积大量减少，发育藻灰岩、泥灰岩及灰岩，未见页岩。

马家屯组 *Zm* (05-21-1010)

【创名及原始定义】 松下进1931年创名，原称马家屯阶。创名地在金州南山以东马家屯。原始定义：为关东统的一个阶，主要岩性为硅质石灰岩，厚80～200 m。下与十三里台阶，上与南山阶皆为整合接触。

【沿革】 俞建章等（1958）将马家屯阶改称马家屯组后，沿用至今。

【现在定义】 指分布于金州、复州地区，整合于十三里台组之上和崔家屯组之下，主要岩性为黄灰色、青灰色、局部紫灰色薄层、中厚层含粘土质泥晶灰岩、夹砾屑灰岩，上部夹黄绿色页岩的岩石地层。

【层型】 创名人创名时未确定正层型，本书指定选层型剖面位于大连市甘井子区棋盘磨村（121°37′，39°04′），辽宁区调队1985年测制。

上覆地层：**崔家屯组** 页岩、砂质页岩、石英砂岩

——————— 整 合 ———————

马家屯组	总厚度104.58 m
10. 黄灰色薄—微薄层含石英泥晶灰岩夹黄绿色页岩	37.89 m
9. 灰色、黄灰色薄层含粘土质泥晶灰岩.	30.70 m
8. 黄灰色、紫灰色中厚层含粘土质泥晶灰岩夹砾屑灰岩	20.75 m
7. 灰紫色厚—中厚层含粘土质泥晶含白云质灰岩	13.04 m
6. 紫灰色薄层碳酸盐质细粒石英杂砂岩	2.20 m

——————整　合——————

下伏地层：**十三里台组**　叠层石灰岩

【地质特征及区域变化】　该组在选层型剖面上，下部主要为粘土质泥晶灰岩；底部有一层厚 2.2 m 的碳酸盐质细粒石英杂砂岩；上部为含粘土质泥晶灰岩；顶部为黄灰色薄—微薄层含石英泥晶灰岩夹黄绿色页岩，并以此与上覆崔家屯组分界。该组底部以碳酸盐质细粒石英杂砂岩与下伏十三里台组呈整合接触。

该组产叠层石化石：*Gymnosolen* cf. *ramsayi*, *G. furcatus*, *G. levis*, *Katavia karatavica*, *K. xiwafangensis*, *Jurusania asymmetrica* 等。微古植物化石：*Trachysphaeridium simplex*, *T. rude*, *T. rugosum*, *T. planum*, *Leiopsophosphaera apertus*, *L. minor*, *Asperatopsophosphaera* aff. *bavlensis*, *Dictyosphaera macroreticulata*。

岩性基本稳定，厚度由南向北变薄，金州北山为 81.15 m，复州老虎山为 42.73 m。

崔家屯组　*Zcj*　（05－21－1011）

【创名及原始定义】　俞建章等 1964 年创名。创名地在金州北山兴民村崔家屯。原始定义：该组只相当于原北山组下部，其岩性为黄绿、紫色页岩夹泥灰岩、灰绿色页岩，共厚79 m。

【沿革】　俞建章等（1958）创建北山组后，因“北山”二字作为地理名称，使用广泛易于混淆，遂停用北山组，改称崔家屯组，并将原“北山组”上部的含铁石英砂岩划入兴民村组，故崔家屯组只限于原“北山组”下部。

【现在定义】　分布于金州、复州地区，主要岩性为灰绿、黄绿色粉砂质页岩、页岩夹薄、微薄层海绿石细粒石英砂岩及含海绿石长石石英粉砂岩及灰色叠层石泥晶灰岩凸镜体。下与马家屯组、上与兴民村组皆为整合接触。

【层型】　正层型剖面位于大连市金州区兴民村崔家屯（121°41′，39°07′），俞建章等 1958 年测制。

上覆地层：**兴民村组**　灰色厚层中粒石英砂岩夹灰绿色粘板岩，中部富含铁质

——————整　合——————

崔家屯组	总厚度 79.00 m
5. 灰绿色页片状页岩	27.00 m
4. 下部为浅灰色薄层泥灰岩夹紫色黄绿色钙质岩，中上部为浅紫色黄绿色页岩及钙质页岩	52.00 m

——————整　合——————

下伏地层：**马家屯组**　灰黄色薄层泥质灰岩，夹灰色厚层状泥灰岩和致密状灰岩

【地质特征及区域变化】　该组在正层型剖面上，下部为浅灰色薄层泥灰岩夹紫色黄绿色钙质岩、浅紫色、黄绿色页岩及钙质页岩；上部为灰绿色页片状页岩。

该组产叠层石 *Cuijiatunia cuijiatunensis*, *Potomia qidingshanensis*, *Katavia changdaoensis*, *Hunjiangia jinxianensis* 等；微古植物化石：*Macroptycha* cf. *minuta*, *Monotrematosphaeridium asperum*, *Hubeisphaera radiata*, *Pseudodiacrodium varticale*?, *Leiofusa* sp., *Leiopsophosphaera pusilla*, *L. apertus*, *L. minor*, *Dictyosphaera macroreticulata*, *Trachysphaeridium rude* 等。

向北至金州七顶山陆海，厚91.44 m，砂质、粉砂质成分增多，出现一些灰绿、绿灰色薄层、微薄层细粒海绿石石英砂岩及硅质含海绿石长石石英粉砂岩，顶部黄绿色页岩中常发育有灰色叠层石泥晶灰岩凸镜体。复州老虎山厚86.41 m，岩石中砂质及粉砂质成分有所增加，形成灰绿色微薄层细粒海绿石石英砂岩与灰绿色页岩互层，未见叠层石石灰岩或其凸镜体。

兴民村组　*Zx*　（05-21-1012）

【创名及原始定义】　俞建章等1958年创名。创名地在金州北山兴民村。原始定义：其含义相当于松下进创立的南山阶上部，相当于姜春潮南山统SN5—SN7。下部泥质灰岩、钙质页岩互层、页岩；中部泥质灰岩；上部含铁质石英砂岩。

【沿革】　俞建章等1964年对其顶、底界线做了修订，将原兴民村组顶部的一层灰色中厚层中粒石英砂岩划归上覆地层馒头组；将原“北山组”最顶部一层灰绿色及灰白色中粒含海绿石石英砂岩、铁质胶结的石英砂岩划入兴民村组。常绍泉等（1976）将俞建章（1964）厘定的兴民村组顶界上移至馒头组暗灰色中厚层及厚层含 *Megapalaeolenus fengyangensis* 灰岩层位之下。常绍泉等（1980）、王敏成等（1986）均采用了俞建章等（1964）对兴民村组顶、底界线的划分方案，并对上覆地层分别称大林子组（广义）和葛屯组、大林子组（狭义）。本书沿用俞建章（1964）兴民组。

【现在定义】　指分布于大连、金州、复州地区，下部周家崴子砂岩段为含铁石英砂岩，石英岩状砂岩，海绿石石英砂岩夹页岩、粉砂岩；中部王家坦页岩段为黄绿色紫色页岩夹薄层泥灰岩；上部千岛子灰岩段为粉屑灰岩、细晶灰岩及层纹石灰岩夹黄绿色页岩、钙质页岩组成的地层序列；下部与崔家屯组为整合接触，上部与葛屯组为平行不整合接触。

【层型】　正层型剖面位于大连市金州区兴民村（121°41′，39°07′），辽宁区测队1972年重测。

上覆地层：**葛屯组**　石英砂岩

——————平行不整合——————

兴民村组	总厚度 282.19 m
15. 灰色中厚层灰岩夹黄绿色页岩	87.48 m
14. 灰黑色薄层灰岩夹灰质页岩	34.40 m
13. 黄绿色页岩	67.85 m
12. 黄绿色页岩夹薄层泥灰岩	9.48 m
11. 紫色页岩	13.38 m
10. 黄绿色页岩	40.30 m
9. 含铁石英砂岩夹页岩及贫赤铁矿层	29.30 m

——————整　合——————

下伏地层：**崔家屯组**　黄褐色薄层石英砂岩夹黄绿色页岩

【地质特征及区域变化】　该组在正层型剖面上，下部为黄绿色页岩、紫色页岩，底部有一层含铁石英砂岩夹页岩及贫赤铁矿；上部为灰、灰黑色灰岩夹钙质页岩及黄绿色页岩。

该组产叠层石 *Xingmincunella xingmincunensis*，*Hunjiangia jinxianensis*，*Boxonia* cf. *lissa*，*Patomia qidingshanensis* 等；微古植物化石 *Asperatopsophosphaera* aff. *bavlensis*，*Trachysphaeridium minor*，*T. incrassatum*，*Leiofusa* aff. *digitata*，*Leiopsophosphaera densa*，*L.*

aff. *effusus* 等。

该组岩性基本稳定，金州满家滩凉水湾厚 388.10 m；金州陆海村剖面底部有海绿石石英砂岩，厚 265.85 m。

周家崴子砂岩段　Z^z　(05－21－1022)

【创名及原始定义】　辽宁区调队 1985 年创名，原称周家崴子砂岩。创名地在大连市金州区七顶山乡周家崴子。原始定义：指兴民村组下部以砂岩为主的地层部分。

【沿革】　方如恒（1978）曾将兴民村组划分为三个自然段。辽宁区调队（1985）在本区进行 1∶5 万区调时将第一段称周家崴子砂岩。本书将其定为兴民村组的下部的一个段。

【现在定义】　指兴民村组下部以砂岩为主的段级岩石地层。下部以灰色薄—中厚层海绿石石英砂岩夹页岩及灰白色中厚层铁质石英砂岩，上部以绿灰、黄绿、灰绿色含海绿石细粒石英砂岩及杂砂岩为特征。与下伏崔家屯组、上覆兴民村组王家坦页岩段均整合接触。

【层型】　正层型剖面位于大连市金州区七顶山乡陆海村周家崴子（121°41′30″，39°17′00″），辽宁区调队 1985 年测制。

上覆地层：**王家坦页岩段**　灰绿色、紫色砂质页岩

——————整　合——————

周家崴子砂岩段　　总厚度 110.49 m

7. 绿灰色、黄绿色、灰绿色薄层含海绿石细粒石英杂砂岩夹硅质细粒海绿石石英砂岩　8.18 m
6. 灰白色中厚层铁质石英砂岩　56.00 m
5. 灰色薄—中厚层海绿石石英砂岩夹页岩　46.31 m

——————整　合——————

下伏地层：**崔家屯组**　黄绿色页岩夹灰色叠层石泥晶灰岩凸镜体及灰色微薄层细粒石英砂岩

【地质特征及区域变化】　该段在正层型剖面上，下部为海绿石石英砂岩夹页岩；中部为铁质石英砂岩；上部为含海绿石细粒石英杂砂岩夹硅质细粒海绿石石英砂岩。厚 110.49 m。

王家坦页岩段　Z^w　(05－21－1023)

【创名及原始定义】　辽宁区调队 1985 年创名，原称王家坦页岩。创名地在大连市金州区七顶山乡陆海村王家坦。原始定义：指兴民村组中部的页岩为主的地层部分。岩性下部为灰绿色砂质页岩，上部黄绿色页岩夹紫色页岩。

【沿革】　辽宁区调队（1985）在本区进行 1∶5 万区调时，对兴民村组进行了划分，将其中部的页岩为主的地层部分称王家坦页岩。本书将其定为兴民村组中部的一个段，称王家坦页岩段。

【现在定义】　指兴民村组中部由黄绿色、灰绿色和紫色页岩夹砂质页岩组成的岩石地层。与下伏周家崴子砂岩段和上覆干岛子灰岩段均为整合接触关系。

【层型】　正层型剖面位于大连市金州区陆海村王家坦（121°41′30″，39°17′00″），辽宁区调队 1985 年测制。

上覆地层：**干岛子灰岩段**　灰色中厚层层纹石灰岩

——————整 合——————

王家坦页岩段	总厚度 39.08 m
9. 黄绿色页岩夹紫色页岩	28.95 m
8. 灰绿色、紫色砂质页岩	10.13 m

——————整 合——————

下伏地层：**周家崴子砂岩段** 绿灰色、黄绿色、灰绿色薄层含海绿石细粒石英杂砂岩夹硅质细粒海绿石石英砂岩

【地质特征及区域变化】 该段在正层型剖面上，下部为灰绿色、紫色砂质页岩；上部为黄绿色页岩夹紫色页岩。

该段产类水母化石：*Liaonanella multicyclica*，*L. planodisciformis*，*Jinxianella zonota*，*J. ganjingziensis*，*Daliania qipanmoensis*，*D. liangshuiwanensis*。

该段岩性比较稳定，厚度变化在 39.08～12.46 m 之间。

干岛子灰岩段 Z^g （05－21－1024）

【创名及原始定义】 辽宁区调队 1985 年创名，原称干岛子灰岩。创名地在大连市金州区七顶山乡陆海村干岛子。原始定义：指兴民村组上部以灰岩为主的地层部分。岩性下部为层纹石灰岩夹钙质页岩、粘土质泥粉晶灰岩；上部白云质泥晶灰岩，粘土质泥粉晶灰岩夹钙质页岩。与下伏王家坦页岩段，上覆葛屯组均为整合接触。

【沿革】 辽宁区调队（1985）在本区进行 1：5 万区调时，对兴民村组进行了划分，将其上部以灰岩为主的地层部分，称干岛子灰岩。本书将其定为兴民村组上部的一个段，称干岛子灰岩段。

【现在定义】 指兴民村组上部以灰岩为主的岩石地层。以深灰色含泥质、白云质泥晶灰岩为主。上部为含泥质白云质泥晶灰岩、含粘土质泥粉晶灰岩夹钙质页岩；下部为薄层含粘土质泥粉晶灰岩。与下伏王家坦页岩段为整合接触，与上覆葛屯组为平行不整合接触。

【层型】 正层型剖面位于大连市金州区七顶山乡陆海村干岛子（121°41′30″，39°17′00″），由辽宁区调队 1985 年测制。

干岛子灰岩段	总厚度＞116.28 m
13. 深灰色含泥质、白云质泥晶灰岩（未见顶）	95.98 m
12. 黄灰色钙质页岩夹深灰色层纹石灰岩	11.90 m
11. 灰色含钙质页岩	5.60 m
10. 灰色中厚层层纹石灰岩	2.80 m

——————整 合——————

下伏地层：**王家坦页岩段** 黄绿色页岩夹紫色页岩

【地质特征及区域变化】 该段在正层型剖面上，下部为层纹石灰岩、含钙质页岩；上部为钙质页岩夹层纹石灰岩、含泥质、白云质泥晶灰岩，未见顶。

该段岩性、厚度横向变化不大，在金州老母架屯本段出露完整，与上覆葛屯组为平行不整合接触，厚 133.68 m。

（二）汎河地层小区

三岔子群 ChS（05－21－1042）

【创名及原始定义】 斋藤林次1943年创名，原称三岔子统，创名地在铁岭横道河子乡三岔子一带。原始定义：属汎河系下部。该统下部与弓长岭花岗岩不整合接触，上部被会试屯统不整合覆盖。由下而上主要岩性为砂岩、灰色白云岩、暗灰色板岩夹砂岩及白云岩、灰白色白云岩偶夹板岩（夹菱镁矿层）、砂岩、粘土岩、灰色白云岩。

【沿革】 李学鲁（1963）改三岔子统为三岔子组，含义与三岔子统下部相当。次年崔盛芹将三岔统改为三岔子群。含义未变，并与长城群及蓟县群对比。辽宁区调队（1976）采用蓟县剖面地层名称，以大红峪组、高于庄组、杨庄组之和代替三岔子组。常绍泉等（1982）采用三岔子群一称，含义与三岔子组相近，只是将顶界下移，划在一层白云岩与上覆的砂岩层之间（而三岔子组的顶界划在此层砂岩内部），另于本群内上部建狼洞羊组，下部建仲官屯组。辽宁地矿局第九地质大队（1989）沿用新的三岔子群含义，并以长城系称之，将狼洞羊组改名为关门山组，另在仲官屯组上部建康庄子组、下部建大迫山组。本书采用后者划分方案及地层名称。

【现在定义】 指辽北汎河地层小区不整合覆于太古宙变质杂岩之上，整合伏于树芽屯群之下的碎屑岩-碳酸盐岩地层。该群下部为含砾变质长石石英砂岩夹中细晶白云岩；中部为变质长石石英砂岩、绢云石英片岩、绢云千枚岩、碳质板岩、泥砂质板岩、微晶灰岩；上部为各种类型白云岩。由下而上包括大迫山组、康庄子组、关门山组。

大迫山组 Ch*dp* （05－21－1030）

【创名及原始定义】 辽宁地矿局第九地质大队1989年创名。创名地在开原县闻家屯大迫山。原始定义：为区内中、上元古界最低层位，不整合于太古代变质杂岩之上，为碎屑岩、碎屑岩与碳酸盐岩交互、含陆源碎屑碳酸盐岩沉积。厚783 m。

【沿革】 斋藤林次（1943）的三岔子统中未将本组单独分出。辽宁区调队（1976）首以大红峪组称之。常绍泉等（1982）的仲官屯组下部与本组相当。辽宁地矿局第九地质大队（1989）认为此套地层与大红峪组有异，遂创建大迫山组。

【现在定义】 指发育于铁岭地区不整合于太古宙变质杂岩之上，整合覆于康庄子组之下，下部以碎屑岩为主，上部以碳酸盐岩为主的地层序列。主要岩性为含砾变质长石石英砂岩，含石英粒砂屑中细晶白云岩。

【层型】 正层型剖面位于开原县下肥地乡闻家屯大迫山（124°27′，42°16′），辽宁地矿局第九地质大队1989年测制。

上覆地层：**康庄子组** 变质长石石英砂岩、板岩、千枚岩

——————整 合——————

大迫山组	总厚度1 082.60 m
13. 浅粉色、浅紫红色薄层—中厚层含硅质细晶白云岩	220.81 m
12. 粉红色、灰白色薄层、中厚层条纹状细晶白云岩	11.85 m
11. 浅灰色中厚层、厚层含砾中粗粒变质长石石英砂岩	46.62 m
10. 浅灰、灰白色薄层、中厚层含石英砂屑细晶白云岩	19.20 m
9. 灰白色中厚层含砾中粗粒变质长石石英砂岩	30.28 m
8. 白色薄层、中厚层含石英砂屑细晶白云岩	69.71 m

7. 灰白色中厚层含砾变质绢云母石英砂岩　17.51 m

6. 白色中厚层含石英砂屑细晶白云岩　8.14 m

5. 灰白色—粉红色厚层含砾变质长石石英砂岩　332.98 m

4. 白色薄层、中厚层条纹状含石英砂屑中细晶白云岩　63.26 m

3. 灰白色厚层含砾变质长石石英砂岩　44.31 m

2. 灰白—白色薄层、中厚层条纹状含石英砂屑白云岩　27.46 m

1. 浅灰色、粉红色中厚层、厚层含砾变质长石石英砂岩　190.47 m

~~~~~~~~~~ 不 整 合 ~~~~~~~~~~

下伏地层：**鞍山群**　白云石大理岩、含锰大理岩夹黑云片岩及角闪片岩、斜长角闪片麻岩

【地质特征及区域变化】　该组下部为结构和成分成熟度较低的陆源碎屑岩，上部渐变为镁质碳酸盐岩。下部岩性为含砾变质长石石英砂岩及含石英砂屑细晶白云岩，岩石有轻微变质；上部岩性为细晶白云岩。本组以水平层理和波状层理为主，也见有交错层理和斜层理，属滨海潮上带和潮间带沉积。

该组内产叠层石：*Eucapsiphora* cf. *paradisa*，*E. microdigvtus*，*E. zhongguantunensis*，*Xiayingella xiayingensis*，*X. primisline*，*X. zhongguantunensis*。

该组为区内中、上元古界最低层位。主要分布在闻家屯、蓝旗寨、康庄子、四冲—上年马洲、杨庄子等地。区域上岩性变化不大，厚度在铁岭县三岔子变薄，为 260.78 m。

康庄子组　Ch*k*　（05－21－1031）

【创名及原始定义】　辽宁地矿局第九地质大队 1989 年创名。创名地在铁岭县康庄子。原始定义：指整合覆于大迫山组之上的一套碎屑岩、粘土质岩、碳酸盐岩沉积。下部为灰、暗紫色薄层、中厚层细粒长石石英砂岩、含铁长石石英砂岩夹砂质白云岩、板岩、千枚岩；中部为碳质板岩夹粉砂质板岩；上部为灰色薄层中厚层细晶泥晶灰岩、含碳质灰岩。

【沿革】　斋藤林次（1943）的三岔统中未将该组单独分出。辽宁区调队（1976）也笼统地将其归入高于庄组上部。常绍泉等（1982）创建的仲官屯组上部层位与该组相当。辽宁地矿局第九地质大队（1986）首创康庄子亚组，归高于庄组下部，之后（1989）又以康庄子组称之。

【现在定义】　指整合覆于大迫山组之上、关门山组之下的一套碎屑岩、粘土质岩和碳酸盐岩沉积地层。下部为长石石英砂岩、含铁长石石英砂岩夹砂质白云岩、板岩、千枚岩；中部碳质板岩夹粉砂质板岩；上部灰色细晶泥晶灰岩、含碳质灰岩。

【层型】　正层型剖面位于铁岭县大甸子乡康庄子（124°15′，42°12′），辽宁地矿局第九地质大队 1986 年测制。

上覆地层：**关门山组**　灰、灰白色粉细晶、细晶白云岩

———————— 整 合 ————————

康庄子组　总厚度 799.72 m

21. 深灰色薄层、中厚层微细晶灰岩　39.14 m

20. 灰色薄层、中厚层含碳质微晶灰岩　134.96 m

19. 灰黑色薄层碳质板岩　27.47 m

18. 灰绿色含粉砂泥质板岩　40.77 m
~~~~~~~~~~

17. 灰黑色薄层碳质板岩　16.22 m

16. 灰色薄层含碳质微晶灰岩　45.14 m

15. 深灰色绢云千枚岩　19.96 m

14. 黄褐色、灰色绢云石英片岩　118.65 m

13. 灰色绢云千枚岩　160.25 m

12. 黄褐色、灰色薄层细粒变质长石石英砂岩　24.28 m

11. 灰色、黄褐色绢云千枚岩　33.47 m

10. 灰色、灰褐色薄层、中厚层细粒变质长石石英砂岩　28.99 m

9. 浅灰色薄层、中厚层中细晶含石英砂屑白云岩　6.81 m

8. 灰色、深灰色薄层、中厚层细粒变质长石石英砂岩　31.33 m

7. 灰色、灰紫色薄层、中厚层中细晶白云岩　37.60 m

6. 灰色绢云千枚岩夹细粒变质钙质砂岩　18.11 m

5. 暗肉红色薄层、中厚层细粒变质钙质长石石英砂岩夹含铁绢云石英片岩　16.57 m

——————— 整　合 ———————

下伏地层：**大迫山组**　变质长石石英砂岩，含石英砂屑白云岩

【地质特征及区域变化】　该组为一套陆源碎屑岩、粘土岩及碳酸盐岩组成的海进型地层层序。组内赋存有铅锌矿及大型石灰石矿产。该组以水平层理为主，次为波状层理，偶见斜层理。

该组产叠层石：*Gaoyuzhuangia gaoyuzhuangensis*, *G. bulbosa*, *G. crassibrevis*, *Svetliella* f. 等。

该组岩性区域内变化不大，而厚度变化较大，在开原新立屯—小北沟厚度达 1 419.90 m，在开原关门山一带厚为 810.30 m。

关门山组　Ch*gm*　(05－21－1032)

【创名及原始定义】　辽宁地矿局第九地质大队 1989 年创名。创名地在铁岭关门山铅锌矿田。原始定义：指抚顺县五冲—大椴木冲剖面 6 至 21 层地层部分，为各种白云岩组成，整合覆于康庄子组之上。

【沿革】　斋藤林次（1943）的三岔子统未做细分。辽宁区调队（1976）在本区采用的高于庄组上部及杨庄组底部之和与现关门山组相当。常绍泉等（1982）首先将这套地层单独划出，称之为狼洞羊组。辽宁地矿局第九地质大队（1986）在关门山铅锌矿区工作时改称关门山亚组，辖属于高于庄组。后来（1989）又改称关门山组。

【现在定义】　指铁岭地区整合覆于康庄子组之上、佟家街组之下的一套白云岩沉积地层。主要岩性为块状结晶白云岩，条纹状、条带状、豆状白云岩，砾屑、砂屑白云岩。下部常赋存块状中粗晶菱镁矿层。

【层型】　创名人在创名时未指定层型，本书指定选层型剖面位于抚顺县上年马洲乡五冲（124°02′, 42°00′），由辽宁地矿局第九地质大队 1986 年测制。

上覆地层：**佟家街组**　长石石英砂岩、细晶白云岩

——————— 整　合 ———————

关门山组　总厚度 867.72 m

19. 灰白色厚层条纹条带状含石英砂屑白云岩　39.93 m

18. 浅紫红色中厚层条纹状砾屑白云岩，浅肉红色、紫红色薄层、中厚层条纹状、条带状白云岩	46.20 m
17. 灰白色、浅粉色中厚层砾屑白云岩	37.67 m
16. 灰白色厚层条带状白云岩，灰白色、浅粉色中厚层条纹状微晶砾屑白云岩	53.85 m
15. 白色、黄白色中厚层微细晶白云岩及条纹细晶白云岩	75.16 m
14. 浅粉色薄层、中厚层砾屑白云岩	16.34 m
13. 灰白色中厚层条纹状豆状白云岩	93.86 m
12. 灰白色中厚层条纹状细晶白云岩及叠层石白云岩	95.08 m
11. 灰白色厚层粉细晶白云岩	88.96 m
10. 灰白色块状中粗晶菱镁矿层夹灰白色细晶白云岩	87.53 m
9. 灰白色厚层粉细晶白云岩	35.20 m
8. 浅粉白色、灰色中厚层中细晶白云岩	46.14 m
7. 灰白色块状中粗晶菱镁矿	95.82 m
6. 深灰色中厚层粉细晶白云岩	55.98 m

——————— 整　合 ———————

下伏地层：**康庄子组**　变质长石石英砂岩、微晶灰岩、板岩

【地质特征及区域变化】　下部主要为中厚层粉细晶白云岩；中部为中厚层条纹状细晶白云岩、条带状白云岩、豆状白云岩；上部为砾屑白云岩、灰白色厚层条纹带状含石英砂屑白云岩。

该组产叠层石：*Jacutophyton* f.，*Svetliella digitata*，*S. langdongyangensis*，*Stratifera* f.，*Tubaeforma bulbosa*，*Conophyton cylindricum*，*Confusoconophyton* cf. *multiangulum*，*Microstylus primistinus*，*Colonnella* f.，*Mistassinia* f. 等。

该组岩性变化不大，厚度有自东北向西南变厚的趋势。铁岭三岔子厚 694.64 m；抚顺县五冲—大椴木冲厚 867.72 m；开原康庄子—关门山厚 1 437.36 m。

树芽屯群　Jx$\hat{S}$　(05－21－1043)

【创名及原始定义】　李学鲁 1963 年创名，原称树芽屯组，创名地在铁岭畜牧场乡树芽屯一带。原始定义：隶属汎河群。岩性主要为板岩与白云岩互层，夹石英砂岩及绿色安山岩。该组上与会试屯组，下与三岔子组皆为不整合接触。

【沿革】　原树芽屯组共分 7 段，与斋藤林次（1943）三岔子统上部及会试屯统下部之和相当。辽宁区调队（1976）采用华北区中晚元古代统一地层名称，以雾迷山组、洪水庄组及铁岭组（大部）之和代之。常绍泉等（1982）以陈千户群与马四郎桥群（中、上部）之和代替树芽屯组。马四郎桥群自下而上又建立了孤山砬子组、花豹冲组、黑牛圈子组、兴家沟组。辽宁地矿局第九地质大队（1986）仍用铁岭组、洪水庄组和雾迷山组代表这套地层，并于雾迷山组内部自下而上建立虎头岭亚组、二道沟亚组、石门亚组，之后（1989）又废除雾迷山组，改称虎头岭组、二道沟组、石门组，并新建佟家街组代替原杨庄组，加上宋家沟组和杨士屯组统归蓟县系。本书采用的树芽屯群含义相当常绍泉等（1982）马四郎桥群与陈千户群之和，群内组的划分及名称下部与辽宁地矿局第九地质大队（1989）相同，上部（宋家沟组、杨士屯组）与常绍泉等（1982）一致。该群沿革详见表 2－2。

【现在定义】　指汎河地层小区三岔子群之上，会试屯群之下的一套以碎屑岩及碳酸盐岩

表 2-2 汎河地层小区元古代树芽屯群划分沿革表

<table>
<tr><th colspan="5">斋藤林次</th><th colspan="4">李学鲁</th><th colspan="4">王耀东</th><th colspan="3">辽宁区调队</th><th colspan="3">常绍泉</th><th colspan="6">辽宁地矿局第九地质大队</th><th colspan="3">本书</th></tr>
<tr><th colspan="5">1943</th><th colspan="4">1963</th><th colspan="4">1974</th><th colspan="3">1976</th><th colspan="3">1982</th><th colspan="6">1986</th><th colspan="3">1989</th></tr>
<tr><td rowspan="13">元古界</td><td rowspan="13">汎河系</td><td rowspan="5">会试屯统</td><td rowspan="3">上部</td><td rowspan="3">8</td><td rowspan="13">前震旦系</td><td rowspan="13">汎河系</td><td rowspan="3" colspan="2">会试屯组</td><td rowspan="13">元古界</td><td rowspan="13">震旦系</td><td rowspan="3" colspan="2">会试屯组</td><td rowspan="13">震旦系</td><td rowspan="2">上统</td><td>景儿峪组</td><td rowspan="13">前寒武系</td><td rowspan="2">会试屯群</td><td>腰未台冲组</td><td rowspan="2" colspan="2">青白口系</td><td colspan="2">景儿峪组</td><td rowspan="2">青白口系</td><td>腰未台冲组</td><td rowspan="2">青白口系</td><td rowspan="2">会试屯群</td><td>腰未台冲组</td></tr>
<tr><td>下马岭组</td><td>于北沟组</td><td colspan="2">下马岭组</td><td>于北沟组</td><td>于北沟组</td></tr>
<tr><td rowspan="8">中统</td><td rowspan="2">铁岭组</td><td rowspan="3">陈千户群</td><td rowspan="2">杨士屯组</td><td rowspan="8">蓟县系</td><td rowspan="3">上统</td><td rowspan="2" colspan="2">铁岭组</td><td rowspan="8">蓟县系</td><td rowspan="2">杨士屯组</td><td rowspan="8">蓟县系</td><td rowspan="8">树芽屯群</td><td rowspan="2">杨士屯组</td></tr>
<tr><td rowspan="2">下部</td><td rowspan="2">7</td><td rowspan="6">树芽屯组</td><td rowspan="6">7—1</td><td rowspan="6">树芽屯组</td><td rowspan="6">12—1</td></tr>
<tr><td>洪水庄组</td><td>宋家沟组</td><td colspan="2">洪水庄组</td><td>宋家沟组</td><td>宋家沟组</td></tr>
<tr><td rowspan="8">三岔子统</td><td rowspan="4">上部</td><td rowspan="4">6—5</td><td rowspan="4">雾迷山组</td><td rowspan="5">马四郎桥群</td><td>兴家沟组</td><td rowspan="5">下统</td><td rowspan="4">雾迷山组</td><td rowspan="2">石门亚组</td><td rowspan="2">石门组</td><td rowspan="2">石门组</td></tr>
<tr><td>黑牛圈子组</td></tr>
<tr><td rowspan="2">花豹冲组</td><td>二道沟亚组</td><td>二道沟组</td><td>二道沟组</td></tr>
<tr><td>虎头岭亚组</td><td>虎头岭组</td><td>虎头岭组</td></tr>
<tr><td rowspan="4">下部</td><td rowspan="4">4—1</td><td rowspan="4">三岔子组</td><td rowspan="4">7—1</td><td rowspan="4">三岔子组</td><td rowspan="4">7—1</td><td>杨庄组</td><td>孤山砬子组</td><td colspan="2">杨庄组</td><td>佟家街组</td><td>佟家街组</td></tr>
<tr><td rowspan="3">下统</td><td rowspan="2">高于庄组</td><td rowspan="3">三岔子群</td><td>狼洞羊组</td><td rowspan="3" colspan="2">长城系</td><td rowspan="2">高于庄组</td><td>关门山亚组</td><td rowspan="3">长城系</td><td>关门山组</td><td rowspan="3">长城系</td><td rowspan="3">三岔子群</td><td>关门山组</td></tr>
<tr><td rowspan="2">仲官屯组</td><td>康庄子亚组</td><td>康庄子组</td><td>康庄子组</td></tr>
<tr><td>大红峪组</td><td colspan="2">大红峪组</td><td>大追山组</td><td>大追山组</td></tr>
</table>

交互夹火山岩的地层。主要岩性为白云岩、砂岩、粉砂岩、板岩、细碧岩、叠层石灰岩等。下与三岔子群、上与会试屯群皆为整合接触。本群由下而上包括佟家街组、虎头岭组、二道沟组、石门组、宋家沟组、杨士屯组。

佟家街组　Jx*t*　(05－21－1033)

【创名及原始定义】　辽宁地矿局第九地质大队1989年创名，创名地在抚顺县上年马洲乡五冲佟家街。原始定义：指整合覆于关门山组之上的一套下部为长石石英砂岩夹砂质白云岩、砾屑白云岩；中部为泥晶白云岩、砂砾屑白云岩；上部为泥质条带状板岩的滨海相潮间带的沉积。

【沿革】　斋藤林次（1943）的三岔统未将该组单独分出。辽宁区调队（1976）在汎河地区使用的杨庄组与本组基本相当。常绍泉等（1982）建孤山砬子组代表这套地层，使之首次有了明确的含义。辽宁地矿局第九地质大队（1989）在关门山铅锌矿区工作时将孤山砬子组改称佟家街组。

【现在定义】　指整合于关门山组之上，下部为长石石英砂岩与砂、砾屑白云岩交互，上部为长石石英砂岩与粉砂质、泥质板岩互层的地层序列。其上被虎头岭组整合覆盖。

【层型】　正层型剖面位于抚顺县五冲—大椴木冲（124°02′，42°00′），辽宁省地矿局第九地质大队1986年测制。

上覆地层：**虎头岭组**　含燧石结核、燧石条带条纹状白云岩

——————整　合——————

佟家街组	总厚度684.73 m
31. 深灰色条纹条带状粉砂质泥质板岩及泥质板岩	176.85 m
30. 白色中细粒长石石英砂岩	104.78 m
29. 深灰色条纹条带状泥质粉砂质板岩	80.49 m
28. 白色、灰白色厚层中细粒石英砂岩	22.30 m
27. 灰白色厚层细晶白云岩	14.76 m
26. 灰白色、灰色中厚层、厚层条纹状细晶含粉砂质砾屑白云岩	95.03 m
25. 灰色、黄褐色中厚层粗粒含铁长石石英砂岩及厚层细粒长石石英砂岩	122.52 m
24. 粉白色、白色中厚层细晶石英砂屑白云岩与黄褐色中细粒含铁长石石英砂岩互层	16.83 m
23. 浅黄褐色中厚层含铁白云质长石石英砂岩夹白色中厚层含石英砂屑细晶白云岩	36.10 m
22. 灰色薄层、中厚层条纹状中细粒白云质长石石英砂岩	15.07 m

——————整　合——————

下伏地层：**关门山组**　灰、灰白色粉细晶、细晶白云岩

【地质特征及区域变化】　该组在五冲—大椴木冲剖面上，下部为灰色白云质长石石英砂岩、细晶白云岩、砾屑白云岩；中部为灰白色细晶白云岩、细粒石英砂岩、泥质粉砂质板岩；上部为白色中细粒长石石英砂岩、深灰色条纹条带状粉砂质泥质板岩及泥质板岩。顶部与虎头岭组的含燧石结核、燧石条带条纹状白云岩整合分界。底界以灰色薄层、中厚层条纹状中细粒白云质长石石英砂岩与关门山组整合接触。

该组产叠层石：*Conophyton* f.，*Cryptozoon* f.，*Stratifera* f.，*Scyphus* f. 等。

该组岩性基本稳定，厚度在下部有自西向东变厚的趋势，在铁岭三岔子为529.11 m；抚

顺五冲一大椴木冲为 684.73 m。

虎头岭组 J*xh* (05-21-1034)

【创名及原始定义】 辽宁地矿局第九地质大队 1986 年创名。创名地在抚顺县上年马洲乡五冲虎头岭。原始定义：整合覆于佟家街组之上，下部为中细粒长石石英砂岩，中部为灰绿色泥质板岩、粉砂质泥质条带状板岩，上部为灰、浅灰色中厚层、厚层燧石结核条带结晶泥晶白云岩、藻白云岩夹条带状板岩、细粒石英砂岩的地层部分。

【沿革】 斋藤林次（1943）创建三岔子统时未对统内地层细分。辽宁区调队（1976）在汎河地区工作时将雾迷山组引入该区，并将与本组相当的地层划入雾迷山组下部。常绍泉等（1982）创名的花豹冲组下部与本组相当。辽宁地矿局第九地质大队（1986）首称虎头岭亚组，辖于雾迷山组之下，后来（1989）又废除雾迷山组，独以虎头岭组称之。

【现在定义】 指整合覆于佟家街组之上的一套以灰、灰白及深灰色条纹状、条带状白云岩、燧石结核、燧石条带白云岩为主，上部夹石英砂岩及条纹状粉砂质板岩的地层。其上被二道沟组整合覆盖。

【层型】 正层型剖面位于抚顺县上年马洲乡五冲虎头岭（124°02′，42°00′），辽宁地矿局第九地质大队 1986 年测制。

上覆地层：**二道沟组** 灰绿色细碧岩

——————— 整 合 ———————

虎头岭组	总厚度 871.09 m
42. 灰色中厚层、厚层燧石结核、燧石条带白云岩	126.86 m
41. 灰白色、深灰色厚层燧石结核、燧石条带状细晶白云岩	180.79 m
40. 灰白色、浅黄绿色条纹状粉砂质板岩	17.55 m
39. 灰白色中厚层条纹状细晶白云岩	61.75 m
38. 灰色、深灰色条纹状粉砂质板岩	32.03 m
37. 灰白色中厚层中细晶白云岩	17.16 m
36. 灰色条纹条带状板岩夹石英砂岩	134.20 m
35. 灰白色、灰色中厚层、厚层条纹状细晶白云岩	83.96 m
34. 深灰色中厚层、厚层燧石结核、燧石条带白云岩	67.02 m
33. 灰白色、灰色中厚层条纹状细晶白云岩	82.72 m
32. 深灰色薄层、中厚层条纹状白云岩	67.05 m

——————— 整 合 ———————

下伏地层：**佟家街组** 长石石英砂岩、细晶白云岩

【地质特征及区域变化】 该组岩性主要为条纹状白云岩，条纹细晶白云岩，燧石结核、燧石条带白云岩，灰色条纹条带状板岩，条纹状粉砂质板岩。

该组产叠层石：*Anabaria divergens*，*A. radialis*，*Conophyton* f.，*Pseudogymnosolen gratiesus*，*Floriscolumella* f. 等。

该组岩性在区域上变化不大，厚度在铁岭县三岔子为 679.99 m，抚顺县五冲一大椴木冲为 744.23 m。

二道沟组 J*xe* (05-21-1035)

【创名及原始定义】 辽宁地矿局第九地质大队 1986 年创名。创名地在铁岭县白家街二

道沟。原始定义：以海底喷发的基性熔岩为主，顶部可以有泥质板岩和碳酸盐岩的沉积。该组中、下部以灰绿、暗绿色细碧岩为主，上部以灰绿、浅灰绿色蚀变玄武岩为主。顶部可以出现泥质板岩、硅质条纹白云岩、亮晶砂屑藻白云岩。

【沿革】 斋藤林次（1943）的三岔子统上部、辽宁区调队（1976）的雾迷山组、常绍泉等（1982）的花豹冲组均未将与本组相当的地层单独划出。辽宁省地矿局第九地质大队（1986）建二道沟亚组，辖于雾迷山组之下，后来（1989）改称二道沟组。

【现在定义】 指整合覆于虎头岭组之上的一套细碧岩，夹少量含碳质条带状板岩。其上被石门组整合覆盖。

【层型】 正层型剖面位于铁岭县大甸子乡白家街二道沟（124°01′，42°05′），辽宁地矿局第九地质大队1986年测制。

上覆地层：**石门组** 条带状板岩、正石英岩、白云岩

———— **整 合** ————

二道沟组	总厚度 1 001.71 m
18. 深灰色条带状沉细碧质凝灰板岩及蚀变角砾状细碧质凝灰岩；灰绿色细碧岩，强绿帘石化、硅化蚀变岩	95.50 m
17. 灰绿色细碧岩，强绿帘石化、硅化蚀变岩	105.86 m
16. 灰绿色细碧岩，深灰色条带状含碳质板岩，灰绿色气孔状细碧岩	60.61 m
15. 灰绿色细碧岩；强绿帘石化、硅化蚀变岩	100.44 m
14. 灰绿色杏仁状细碧岩	67.71 m
13. 灰绿色细碧岩	65.37 m
12. 灰绿色强绿帘石化、硅化蚀变岩、灰绿色杏仁状细碧岩，灰绿色细碧岩	43.65 m
11. 深灰色含碳质条带状板岩，灰绿色气孔状细碧岩，灰绿色细碧岩	65.46 m
10. 灰绿色杏仁状细碧岩，灰绿色细碧岩	31.46 m
9. 灰绿色杏仁状细碧岩，灰绿色细碧岩	34.68 m
8. 强绿帘石化、硅化蚀变岩，灰绿色细碧岩，灰绿色杏仁状细碧岩	39.93 m
7. 灰绿色细碧岩	130.86 m
6. 暗灰色杏仁状细碧岩，灰绿色细碧岩	25.05 m
5. 深灰色条纹状含碳质板岩	32.43 m
4. 灰绿色细碧岩	14.98 m
3. 灰色、浅灰色英安岩	17.36 m
2. 暗灰色气孔状细碧岩	10.82 m
1. 暗灰色气孔状细碧岩、压碎细碧岩	59.54 m

════ **断 层** ════

下伏地层：**虎头岭组** 含燧石条带、燧石结核条纹状白云岩

【地质特征及区域变化】 该组在正层型剖面上岩性主要为暗灰色气孔状细碧岩，灰绿色杏仁状细碧岩，灰绿色细碧岩，细碧岩中夹有条带状含碳质板岩和强绿帘石化、硅化蚀变岩。

岩性在区域上较稳定，厚度略有变化，自东向西呈变厚的趋势。在铁岭县白家街—石门为1 001.71 m，二道沟为833.65 m。

石门组 Jx$\hat{s}$ (05－21－1036)

【创名及原始定义】 辽宁地矿局第九地质大队1986年创名，创名地在铁岭县白家街石

门。原始定义：指整合覆于二道沟组之上，下部为粗粒石英砂岩、条带状板岩；中部为泥晶白云岩；上部为粗粒铁质石英砂岩夹泥质板岩及白云岩凸镜体。顶部为亮晶砂屑砾屑白云岩、细晶藻白云岩夹板岩的地层序列。

【沿革】 石门组在斋藤林次（1943）的三岔子统或辽宁区调队（1976）的雾迷山组中均未作为独立地层单位。常绍泉等（1982）建立的黑牛圈子组与兴家沟组之和与石门组相当。辽宁地矿局第九地质大队（1986）建石门亚组，辖于雾迷山组之下，后来（1989）在汎河地区进一步工作时又废除雾迷山组，单独使用石门组一称，归属蓟县系。

【现在定义】 指整合覆于二道沟组之上，底部为条带状板岩、细晶白云岩、条纹条带状白云岩；下部为粗粒石英砂岩，条带状泥砂质板岩；中部为砂屑细晶白云岩与粗粒石英砂岩交互；上部为石英砂岩夹条带状粉砂质板岩过渡为条纹状细晶白云岩夹条带条纹状板岩的地层序列。其上被宋家沟组整合覆盖。

【层型】 正层型剖面位于铁岭县大甸子乡白家街石门（124°01′，42°05′），由辽宁地矿局第九地质大队 1986 年测制。

上覆地层：侏罗纪皆古台组　紫色砾岩

～～～～～～ 不 整 合 ～～～～～～

石门组	总厚度 867.33 m
54. 灰色、深灰色厚层条纹状细晶白云岩	72.10 m
53. 深灰色条纹状板岩	9.24 m
52. 灰色、深灰色厚层条纹状细晶白云岩	126.06 m
51. 灰色、深灰色条纹状细晶白云岩夹深灰色条带状板岩	171.27 m
50. 灰白色、白色正石英岩	57.12 m
49. 浅灰色条带状粉砂质板岩	15.67 m
48. 紫红色中细粒含铁石英砂岩	69.15 m
47. 灰白色、浅灰色中厚层含粉砂细晶白云岩	23.26 m
46. 紫红色中粗粒含砾铁质石英砂岩	15.62 m
45. 灰白色含石英砂屑白云岩	24.86 m
44. 黄褐色、紫红色中粗粒石英砂岩	14.04 m
43. 深灰色含石英砂屑细晶白云岩	23.39 m
42. 灰色、深灰色条带状泥质粉砂质板岩	117.72 m
41. 黄褐色厚层中粗粒石英砂岩	44.46 m
40. 灰白色薄层、中厚层硅质条纹条带状白云岩	62.26 m
39. 灰白色、白色中厚层细晶白云岩夹深灰色条带状粉砂质板岩	15.62 m
38. 深灰色条带状板岩	5.49 m

———— 整 合 ————

下伏地层：二道沟组　灰绿色细碧岩

【地质特征及区域变化】 该组在正层型剖面上，顶部以灰色、深灰色厚层条纹状细晶白云岩与上覆中生代皆古台组紫色砾岩呈不整合接触。底部以深灰色条带状板岩与二道沟组呈整合接触。

该组产叠层石：*Jurusania liaoningensis*，*Floriscolumella figurata*，*Conophyton lituum*，*Wumishanella chuangzilingensis*，*Kussiella wumishanensis*，*Microstylus* cf. *zhaizhuangensis*，*Scy-*

phus f. 等。

该组岩性在区域上较稳定，而厚度相对变化较大，在铁岭县白家街厚 867.33 m，后石崴子厚 1 297.57 m，而在二道沟仅厚 358.42 m。

宋家沟组　Jx*sj*　(05－21－1037)

【创名及原始定义】　常绍泉等① 1982 年创名。创名地在铁岭县宋家沟。原始定义：指整合覆于兴家沟组之上以黄绿色泥质板岩、泥质粉砂岩夹灰岩凸镜体及细晶灰岩，底部为白色粗粒石英砂岩构成的地层。

【沿革】　辽宁地质局第一区域地质测量队（以下简称辽宁第一区测队，1969）在汎河地层小区进行 1∶20 万区测时，将这套地层定为洪水庄组。常绍泉等（1982）创建宋家沟组，认为其地层特征与蓟县剖面上的洪水庄组差异较大，不应异物同名，并将该组归属于该队当时所建的陈千户群的下部。辽宁地矿局第九地质大队（1989）在此地进一步工作时，采用宋家沟组一名及其划分标准。本书沿用原宋家沟含义及名称。

【现在定义】　指整合覆于石门组之上、杨士屯组之下一套以黄绿色泥质板岩、泥质粉砂岩夹灰岩凸镜体及细晶灰岩，底部为白色粗粒石英砂岩构成的地层序列。

【层型】　正层型剖面位于铁岭县李千户乡宋家沟（123°52′，42°11′），辽宁地矿局地质科学研究队 1982 年测制。

上覆地层：杨士屯组　暗紫色泥质板岩夹粉色、紫色含藻细晶灰岩

——————　整　合　——————

宋家沟组	总厚度 334.48 m
28. 黄绿色薄层、厚层泥质粉砂岩	35.75 m
27. 白色中厚层、厚层细晶灰岩	2.88 m
26. 黄绿色泥质板岩夹白色灰岩凸镜体	116.05 m
25. 灰色含砂泥质板岩	175.56 m
24. 白色中厚层含砾粗粒石英砂岩	4.24 m

——————　整　合　——————

下伏地层：石门组　灰白色厚层硅质条带细晶藻白云岩、亮晶砂屑白云岩及微晶白云岩

【地质特征及区域变化】　该组在正层型剖面上，底部有 4.24 m 厚的白色中厚层含砾粗粒石英砂岩；下部为灰色含砂泥质板岩；中部为黄绿色泥质板岩夹白色灰岩凸镜体；上部为细晶灰岩和黄绿色薄层、厚层泥质粉砂岩。

该组产叠层石：*Chihsienella chihsienensis* 等。

岩性、厚度变化不大。局部灰岩可变为白云岩。厚度在铁岭县县宋家沟为 334.48 m，后石家崴子剖面上为 444.26 m。

杨士屯组　Jx*yŝ*　(05－21－1038)

【创名及原始定义】　常绍泉等 1982 年创名，创名地在铁岭懿路乡杨士屯。原始定义：指整合覆于宋家沟组之上的一套由泥质板岩、泥质粉砂岩与紫色含藻灰岩、细晶灰岩构成的地

① 常绍泉等（辽宁地矿局地质科学研究队），1982，辽宁北部上前寒武系层序及含铁层位研究报告。

层，其中、上部的紫色含藻细晶灰岩层产大量叠层石是本组重要特征。

【沿革】 辽宁第一区测队（1969）将该套地层定为铁岭组；常绍泉等（1982）在进行辽宁北部上前寒武系层序研究时，重新定名为杨士屯组，沿用至今。

【现在定义】 指整合覆于宋家沟组之上、于北沟组之下一套由泥质板岩、泥质粉砂岩与紫色含藻细晶灰岩、细晶灰岩构成的地层，其中、上部的紫色含藻细晶灰岩为特征性岩性。

【层型】 正层型剖面位于铁岭县李千户乡后石家崴子（123°52′，42°11′），由辽宁地矿局地质科研队1982年测制。

上覆地层：**于北沟组** 白色中厚层细粒石英砂岩

——————— 整 合 ———————

杨士屯组	总厚度 1 080.85 m
39. 黄绿色泥质板岩	41.86 m
38. 白色中厚层含藻细晶、中晶灰岩	93.22 m
37. 粉白色厚层细晶灰岩	11.70 m
36. 紫色厚层含藻细晶灰岩。产 *Baicalia* cf. *baicalica*	30.74 m
35. 紫色中厚层、厚层含藻屑细晶灰岩夹紫色泥质板岩	52.56 m
34. 粉色薄层、中厚层含灰质细晶白云岩	110.68 m
33. 紫色中厚层含灰质细晶白云岩	27.77 m
32. 紫色中厚层含砂细晶灰岩	118.56 m
31. 粉色细晶灰岩与暗紫色泥质板岩互层	36.26 m
30. 紫色、黄绿色粉砂岩互层	48.38 m
29. 暗紫色泥质板岩夹粉色、紫色含藻细晶灰岩	509.12 m

——————— 整 合 ———————

下伏地层：**宋家沟组** 黄绿色薄层、厚层泥质粉砂岩

【地质特征及区域变化】 该组在正层型剖面上，下部为暗紫色泥质板岩夹含藻细晶灰岩，紫色、黄绿色粉砂岩互层；中部为粉色细晶灰岩与暗紫色泥质板岩互层，含砂细晶灰岩，含灰质细晶白云岩，含藻屑细晶灰岩夹紫色泥质板岩；上部为粉白色厚层细晶藻灰岩，含藻细晶、中晶灰岩，黄绿色泥质板岩。

该组产叠层石 *Baicalia* f.，*Conicodomenia longotenuia*，*Paraconophyton laohudingensis*，*Osagia* f.，*Tielingella* f. 等。

岩性基本稳定，厚度有变化。在铁岭县陈千户—腰未台冲本组厚仅733.09 m，后石家崴子厚1 080.85 m。

会试屯组 Qn*H* （05－21－1044）

【创名及原始定义】 斋藤林次1943年创名，创名地在铁岭县李千户乡会试屯，原称会试屯统。原始定义：该统下部为红紫色灰岩及粘土岩互层夹绿色粘土岩及砂岩，下部白云岩含 *Collenia*。上部页岩夹砂岩，向下渐变为砂页岩互层，均呈紫色、绿色，最上部为砂岩。该统下部与三岔子统为不整合接触。

【沿革】 李学鲁（1963）将会试屯统改称会试屯组，底界上提至原会试屯统中部，时代定为前震旦纪。崔盛芹等（1964）又将会试屯统称作会试屯群与蓟县洪水庄组至景儿峪组对

比，其上尚怀疑包括部分寒武系。王跃东（1974）将会试屯组的时代改为震旦纪，与蓟县上前寒武系对比。辽宁区调队（1976）以下马岭组、景儿峪组之和与会试屯组对比。常绍泉等（1982）重新厘定会试屯群含义，内部新建于北沟组及腰未台冲组。本书采用常绍泉等（1982）会试屯群含义。沿革详见表 2-2。

【现在定义】 指汎河地层小区整合覆于树芽屯群杨士屯组之上一套白色、紫色、黄绿色细粒石英砂岩、泥质板岩夹含藻中、细晶灰岩组成的地层。该群由下而上分为于北沟组、腰未台冲组。本群上部被殷屯组或中生界不整合覆盖。

于北沟组 Qn*yb* （05-21-1039）

【创名及原始定义】 常绍泉等 1982 年创名，创名地在铁岭县李千户乡于北沟。原始定义：指整合覆于杨士屯组之上，下部以白色细粒石英砂岩为主夹泥质板岩；中部为紫、黄绿色细粒石英砂岩、泥质板岩、泥质粉砂岩夹细粒含海绿石石英砂岩；上部为紫色、紫灰色泥质板岩构成的地层序列。

【沿革】 辽宁第一区测队（1971）在层型地区进行 1∶20 万区测时，将这套地层与辽西地区对比，定为下马岭组，常绍泉等（1982）在此地进行辽北上前寒武系研究时重新定名为于北沟组；辽宁地矿局第九地质大队（1989）在本区进行“辽宁省关门山—业尔兴地区元古界铅锌矿控矿因素研究及隐伏矿床预测研究”时沿用了于北沟组一称，含义未变。

【现在定义】 指整合覆于杨士屯组之上、腰未台冲组之下，下部以白色细粒石英砂岩为主夹泥质板岩；中部为紫、黄绿色细粒石英砂岩、泥质板岩、泥质粉砂岩夹细粒含海绿石石英砂岩；上部为紫色、紫灰色泥质板岩构成的地层序列。

【层型】 正层型剖面位于铁岭县李千户乡腰未台冲（123°50′，42°09′），辽宁地矿局地质科学研究队 1982 年测制。

上覆地层：**腰未台冲组** 白色厚层细粒石英砂岩

——————整 合——————

于北沟组	总厚度 702.33 m
8. 紫色泥质板岩	190.49 m
7. 紫色泥质板岩夹黄绿色泥质粉砂岩及细粒石英砂岩	252.45 m
6. 紫色细粒石英砂岩夹泥质板岩、白色薄层含海绿石细粒石英砂岩夹紫色泥质板岩	130.15 m
5. 紫色、黄绿色泥质板岩夹细粒石英砂岩	40.82 m
4. 青绿色泥质板岩	54.13 m
3. 白色中厚层细粒石英砂岩夹泥质板岩、白色薄层细粒石英砂岩夹泥质板岩	34.29 m

——————整 合——————

下伏地层：**杨士屯组** 黄绿色泥质板岩夹细粒石英砂岩、粉砂岩及灰岩凸镜体

【地质特征及区域变化】 该组在正层型剖面上，下部为白色薄层、中厚层细粒石英砂岩夹泥质板岩；中部为黄绿色、青绿色、紫色泥质板岩夹细粒石英砂岩、含海绿石细粒石英砂岩夹泥质板岩、石英砂岩夹泥质板岩，紫色泥质板岩夹黄绿色泥质粉砂岩及细粒石英砂岩。

岩性和厚度在区域上变化不大，铁岭县头冲一带厚度为 901.59 m，腰未台冲厚度为 702.33 m。

腰未台冲组　Qnyw　(05－21－1040)

【创名及原始定义】　常绍泉等1982年创名，创名地在铁岭县李千户乡腰未台冲。原始定义：整合覆于北沟组之上一层白色细粒石英砂岩，厚层状，厚72 m。

【沿革】　辽宁第一区测队（1971）在本区进行1∶20万区测时，与辽西地区对比，定名为景儿峪组。常绍泉等（1982）在本区进行辽北上前寒武系研究时定名为腰未台冲组。辽宁省地矿局第九地质大队（1989）在进行“辽宁省关门山—业尔兴地区元古界铅锌矿控矿因素研究及隐伏矿床预测研究”时沿用了腰未台冲组的名称。

【现在定义】　指整合覆于于北沟组之上的白色细粒石英砂岩，局部夹板岩。未见上覆地层。

【层型】　正层型剖面位于铁岭县李千户乡腰未台冲（123°50′，42°09′），辽宁地矿局地质科学研究队1982年测制。

腰未台冲组	总厚度＞72.00 m
11. 白色厚层细粒石英砂岩（未见顶）	＞72.00 m

——————整　合——————

下伏地层：**于北沟组**　紫色泥质板岩

【地质特征及区域变化】　该组未见顶，为白色厚层细粒石英砂岩，厚72 m。

岩性和厚度区域上变化较大，在铁岭县头冲厚度变为182.43 m，并出现紫色和黄绿色板岩。

殷屯组　Zyt　(05－21－1041)

【创名及原始定义】　李学鲁1963年创名，创名地在铁岭县种畜场乡殷家屯村。原始定义：指出露于辽宁北部殷屯地区不整合于汎河群之上，下部为紫色砾岩，中部为紫色砂岩，上部为紫色板岩的地层序列。

【沿革】　李学鲁1963年创名，沿用至今。

【现在定义】　指出露于铁岭殷屯地区不整合在腰未台冲组及更老地层之上，下部为紫色砾岩，中部为紫色砂岩，上部为紫色板岩的地层序列，未见直接上覆地层。

【层型】　该组正层型剖面位于铁岭县种畜场乡殷家屯村（123°47′，42°11′），李学鲁1963年测制。

殷屯组	总厚度＞894.02 m
7. 灰绿色、紫红色条带状泥质粉砂质板岩夹砾岩（未见顶）	44.10 m
6. 浅绿色泥质板岩夹灰绿色薄层长石石英砂岩	75.82 m
5. 灰白色板岩夹浅紫色石英砂岩	56.84 m
4. 紫红色厚层中粒石英砂岩	307.25 m
3. 紫红色厚层中粗粒含砾石英砂岩	50.21 m
2. 紫红色中砾石英岩质砾岩	232.49 m
1. 紫红色粗砾石英岩质砾岩	127.31 m

～～～～～～不整合～～～～～～

下伏地层：**腰未台冲组** 泥质板岩、细粒石英砂岩

【地质特征及区域变化】 该组在正层型剖面上，下部为紫红色粗粒、中粒石英岩质砾岩；中部为紫红色中粒、中粗粒含砾石英砂岩，紫红色厚层中粒石英砂岩；上部为浅绿色泥质板岩夹灰绿色薄层长石石英砂岩，灰绿色、紫红色条带状泥质粉砂质板岩夹砾岩，未见顶。

该组分布零星，仅在铁岭殷屯、猫崖子—太平寨一带见及，区域上可与蓟县系不同层位呈不整合接触。

第二节 生物地层

1. 叠层石

组合Ⅰ特征：以个体短小层柱状叠层石类为主，彼此排列紧密，分叉简单，大多无壁。代表分子：*Xiayingella xiayingensis*，*X. primistina*，*Gruneria* cf. *biwabikia*，*G. sinensis*，*Eucapsiphora* cf. *paradisa*，*E.* f.，*Kussiella tuanshanziensis* 等。

层位：团山子组、大迫山组。分布：辽西和辽北汎河地区。时代：长城纪。

组合Ⅱ特征：以个体较大的锥叠层石和分叉复杂的柱叠层石为特色。其中，锥叠层石有形态规整的 *Conophyton* 和形态变异的 *Confusoconophyton*。微构造以线状和带状为主。柱状叠层石 *Svetliella* 和 *Gaoyuzhuangia* 群等，分叉复杂，多有体壁。代表分子：*Confusoconophyton* cf. *multiangulum*，*Conophyton cylindricum*，*C.* cf. *garganicum*，*C. garganicum*，*Gaoyuzhuangia bulbosa*，*G.* cf. *gaoyuzhuangensis*，*Jacutophyton* f.，*Stratifera* f.，*Svetliella tottuiea* 等。

层位：高于庄组、康庄子组和关门山组。分布：辽西和辽北汎河地区。时代：长城纪。

组合Ⅲ特征：以各种微小型裸枝叠层石为主，间夹微型和小型锥叠层石。其中 *Pseudogymnosolen*，*Scyphus*，*Yangzhuangia* 等群为平行—微散开分叉，基本层微细结构为放射纤维型，*Conophyton* 的横断面以网格状为特征。代表分子：*Scyphus parvus*，*Pseudogymnosolen mopanyuensis*，*P. epiphytum*，*Yangzhuangia weizhangziensis*，*Tubaeforma regularis*，*Conophyton concellosum* 和 *Lochmecolumella* f. 等。

层位：杨庄组、雾迷山组中、下部及佟家街组、虎头岭组。分布：辽西和辽北汎河地区。时代：蓟县纪。

组合Ⅳ特征：以产大型至巨大型 *Conophyton* 为特征，具有凝块状微构造，并与小型叠层石共生。可与直径有数毫米的小型 *Microcolleniella* 群共生。并与大型 *Conophyton litum*，*Paraconophyton* 共生。从其中的 *Pseudogymnosolen* 群分子看，与组合Ⅲ相似，但从 *Lochmecolumella* 群和 *Microstylus* 群的分子看，还应属本组合。出现这种混生情况，可能是由于 *Pseudogymnosolen* 群上延有关。代表分子：*Conophyton litum*，*C. conicoforme*，*Paraconophyton* f.，*P. paraconophytum*，*Colonnella cormosa*，*Pseudogymnosolen* cf. *mopanyuensis*，*P. epiphytum*，*Microstylus* cf. *zhaizhuangensis*，*Minglingella olumnaris*，*Scyphus* f.，*Lochmecolumella xiaogongmenensis*。

层位：雾迷山组中、上部，石门组。分布：辽西和辽北汎河地区。时代：蓟县纪。

组合Ⅴ特征：锥叠层石很少，以无壁、有鞘或无鞘的大、中型柱状叠层石为主，形态稳定，微构造类型繁多。代表分子：*Chihsienella chihsienensis*，*C.* cf. *nodosaria*，*Tielingella* cf. *tielingensis*，*Baicalia* cf. *baicalica*，*B.* cf. *lacera*，*Paracolonnella laohudingensis*，*Conicodomenia longotenuia* 等。

层位：铁岭组、杨士屯组。分布：辽西和辽北汎河地区。时代：蓟县纪。

组合Ⅵ特征：礁体层状、凸镜状，层位稳定。以中型柱状叠层石为主，柱体简单、无壁。其中*Wuhangshania*柱体二分叉，子柱体向上收敛一段后或再加粗发育成新柱体，或呈细柱状，指芽状。代表分子：*Anabaria* cf. *juvensis*, *Jurusania cylindrica*, *Baicalia* f., *Wuhangshania fuxianensis*, *Kussiella* f., *Paraconophyton* f., *Conophyton* f. 等。

层位：南关岭组、甘井子组。分布：辽南复州—大连地区。时代：震旦纪。

组合Ⅶ特征：以个体较大的柱状和锥状叠层石混生为特征。叠层石表面具瘤、檐和刺，有较多的连层和芽根，分叉复杂。代表分子：*Clavaphyton bellum*, *Inzeria* cf. *tjomusi*, *I. reguluria*, *Linella* cf. *simica*, *L.* cf. *ukka*, *L.* cf. *avis*, *L. jinxianensis*, *Katavia dalijiaensis*, *Conophyton ocularoides*, *C. lijiatunensis*, *Minjaria nimbifera*, *Qingbaikounia jinxianensis*, *Tungussia nodosa*, *Jurusania* cf. *cylindrica* 等。

层位：营城子组、十三里台组。分布：辽南复州—大连地区。时代：震旦纪。

组合Ⅷ特征：以个体小，形态复杂为特征。礁体凸镜状，层位稳定，与围岩界线清楚。其中*Xingmincunella*群呈短柱状或花朵状，*Hunjiangia*群为复杂灌木丛状，*Cuijiatunia*群具有*Gymnosolen*式分叉特征，但无壁。叠层石个体呈放射状生长，表面有瘤、檐和刺。代表分子：*Hunjiangia jinxianensis*, *Xingmincunella xingmincunensis*, *Cuijiatunia cuijiatunensis*, *Patomia qidingshanensis*, *Gymnosolen* cf. *ramsayi*, *G. furcatus*, *Boxonia* cf. *lissa* 等。

层位：马家屯组、崔家屯组、兴民村组。分布：辽南复州—大连地区。时代：震旦纪。

2. 微古植物

组合Ⅰ特征：表面较光滑，无纹饰或具简单纹饰。代表分子*Trematosphaeridium* sp., *Trachysphaeridium* sp., *Pseudozonosphaera* sp., *Laminarites* sp., *Synsphaeridium conglutinatum*, *Asperatopsophosphaera umishanensis*, *A. partialis*, *Polyporata obsoleta* 等。

层位：团山子组和高于庄组。分布：辽西和辽北汎河地区。时代：长城纪。

组合Ⅱ特征：除圆形、椭圆形者外，还首次出现了形态奇特和结构复杂的新类型。代表群型的有：*Triangumorpha*, *Quadratimorpha*, *Glottimorpha*?, *Pterospermopsis*, *Taeniatum*。此外还有在长城系不同层位中已先后出现，而在蓟县系仍很繁盛而且继续向上延伸的分子*Asperatopsophosphaera wumishanensis*, *Polyporata obsoleta*, *Synsphaeridium conglutinatum*，以及在蓟县系开始出现，而在青白口系则成为广泛分布，数量多的分子：*Taeniatum crassum*, *Trachysphaeridium hyalinum* 等。因此，本组合除本身特有的新类型外，有一些特有的承先继后和穿时的分子。

层位：雾迷山组、洪水庄组、铁岭组。分布：辽西地区。时代：蓟县纪。

组合Ⅲ特征：表面粗糙，膜壳一般较厚，纹饰不太复杂，轮廓为圆形和椭圆形，直径多在15～40 μm，大于40 μm、小于10 μm者占少数。代表分子*Trachysphaeridium simplex*, *T. incrassatum*, *T.* aff. *cultum*, *T. planum*, *T. chihsienense*, *T. laminaritum*, *T. rugosum*, *T. stipticum*, *T. minor*, *Leiopsophosphaera densa*, *L.* cf. *effusus*, *L. apertum*, *L. minor*, *Microconcentrica induplicata*, *Margominuscula rugosa*?, *Macroptycha* sp., *Dictyosphaera* sp., *Trematosphaeridium holtedahlii* 等。

层位：下马岭组、龙山组、钓鱼台组、南芬组。分布：辽西、辽东太子河和复州—大连地区。时代：青白口纪。

组合Ⅳ特征：该组合属、种繁多，既有组合Ⅲ中常见分子，又出现了很多个体较大的新类型，其轮廓除圆形、椭圆形外，还有船形、棱形、四边形、钝纺锤形，纹饰除粗糙者外，还有一定数量的瘤面、穴面、蜂窝状和刺状等，并有各种类型的褶皱，其中放射状褶皱占一定数量，环状类型也较多，代表分子：*Archaeodiscina xingmincunensis*, *Archaeofavosina* cf. *simplex*, *Pseudofavososphaera* aff. *kepingensis*, *Pseudozonosphaera* aff. *nucleolata*, *P.* aff. *sinica*, *Pseudodiacrodium varticale*, *Tylosphaeridium induratum*, *Nucellosphaeridium fengyangensis*, *Scaphita eniseica*, *Lophosphaeridium* aff. *acietatum*, *L. fuzhouense*, *Monotrematosphaeridium rotundum*, *M. asperum*, *Margominuscula* sp., *Hubeisphaera radiata*, *Quadrotimorpha jugata*, *Micrhystridium* sp., *Trachysphaeridium rude*, *Leiopsophosphaera leguminiformis*, *Leiofusa obovata*, *L.* aff. *digitata*, *Tasmanites variabilis*, *T. jinxianensis* 等。

层位：长岭子组、甘井子组、马家屯组、崔家屯组、兴民村组、康家组。分布：辽东太子河和辽南复州—大连地区。时代：震旦纪。

3. 宏观藻

（1）*Chuaria circularis* - *Shouhsienia shouhsienensis* 组合

特征：钓鱼台组中的化石特点为圆形（直径 1～2 mm）、椭圆形，纹饰简单，密集成群出现，有些个体较小。代表分子：*Chuaria circularis*, *Shouhsienia shouhsienensis*, *Tawuia striatia*, *Fuxiania cardioformis*, *Longfengshania* sp. 等。而南芬组中的化石个体普遍大于钓鱼台组，普遍具环纹，代表分子：*Shouhsienia shouhsienensis* 和 *Chuaria circularis*。而 *Tawuia dalensis*, *Fuxiania aspidoides*, *F. cardiformis*, *Beltina* sp., *Shouhsienia longa* 等仅少量出现。桥头组中化石体类型单调，均为圆形。代表分子：*Chuaria circularis*, *C. multirugosa*, *Shouhsienia shouhsienensis* 等。

层位：钓鱼台组、南芬组、桥头组。分布：辽东太子河地区、辽南复州—大连地区。时代：青白口纪。

（2）*Tawuia ossiformis* - *Tawuia dalensis* 组合

特征：长岭子组中的化石形态较复杂，数量丰富，有圆形、椭圆形、舌形、鞋底形、棒形、带状、树丛形、马蹄形具有清楚的边缘带。代表分子：*Chuaria circularis*, *Tawuia dalensis*, *T. sinensis*, *Shouhsienia shouhsienensis*, *Glossophyton foliformis*, *G. macronatus*, *Pumilibaxa elegans*, *Fasciculella paoyaensis*, *Tawuia ossiformis*, *Fuxiania aspidoides*, *Longfengshania* sp.。而南关岭组中的化石体为边缘具纹饰的圆形、马蹄形。代表分子：*Chuaria circullaris*, *Tawuia dalensis*。此组合中的化石常与蠕虫化石同时存在。

层位：长岭子组、南关岭组。分布：辽东太子河地区、辽南复州—大连地区。时代：震旦纪。

4. 蠕虫

Pararenicola - *Protoarenicola* 组合

特征：化石虫体多为实体化石，表面为黑色碳质薄膜，轮廓清楚，呈压扁带状平行层面保存，虫体与外膜分别见于相互对应的层面上。化石体一般为直或弯曲的带状，可见长度为 4～25 mm；横断面呈筒状，宽度为 0.4～1.7 mm，一般以 1～1.5 mm 居多，体环（节）数量不等，一般每毫米长度内有 3～15 节；虫体边缘为平行状，或不对称波状，有时呈串珠状。有的化石可见到圆形口部以及肠管，个别尾部变窄。代表分子：*Pararenicola fuzhouensis*, *Protoarenicola xiaogaojiatunensis*, *P. baiguashanensis*, *Pseudoarenicola varians*, *Huaiyuanella* sp., *H. minuta*, *Anhuiella xiwafangensis*, *Sabellidites* sp., *S.* aff. *cambriensis*, *Paleolina* cf. *evenkiana*, *P. liaonanensis*, *P.* cf. *liaonanensis* 等。

层位：长岭子组、南关岭组。分布：辽南复州地区。时代：震旦纪。

5. 类水母

Liaonanella – Daliania – Jinxianella 组合

特征：化石均呈完整的圆盘状，同一个体的外膜与铸型分别保存在相对应的层面上。化石体呈辐射对称的亚圆形或椭圆形环轮盘状，盘体由中央盘和围绕其分布的外环盘组成。盘体表面有两种纹饰：①为同心圆状环纹或环脊；②较细并不很清晰的放射纹。放射纹主要分布在外环盘上。代表分子：*Liaonanella multicyclica*, *L. planodisciformis*, *Jinxianella zonata*, *J. ganjingziensis*, *Dalianja qipanmoensis*, *D. liangshuiwanensis* 及圆盘类化石（*Disclike, Jmpressions*）。

层位：兴民村组王家坦页岩段。分布：辽南大连地区。时代：震旦纪。

第三节 年代地层

1. 关于中元古界与下元古界界线

中元古界的底界，在辽西置于常州沟组之底似乎已无问题，但值得讨论的是长城系的下限年龄问题。目前在国内存在两种主要意见：一种意见是以王曰伦等（1980）将长城系下限年龄推定为1 950±50 Ma；另一种意见是邢裕盛（1989）将该界线年龄值定为1 800 Ma（?）。1994年陈晋镳与孙敬书共同采集、测定的辽西兴城磨盘山蓟县系大红峪组安山岩Sm–Nd等时线年龄值为1 796±7 Ma，可信度为95.5%。由此可以推定大红峪组与团山子组分界年龄值为1 800 Ma。这个年龄值恰好与国际前寒武系地层分会建议的固结纪与造山纪分界年龄值一致。据此推测常州沟组底界年龄值大于1 950 Ma是可信的。结合方如恒（1993）报道下元古界辽河群褶皱的封闭年龄值为2 073 Ma，推定中元古界与下元古界分界年龄值为2 000 Ma。这个年龄值与国际前寒武纪地层分会建议的造山纪与层侵纪分界年龄值2 050 Ma接近。

值得一提的是对陈晋镳、孙敬书（1994）在兴城磨盘山采集的安山岩所赋存地层的归属尚有不同意见。若其地层为常州沟组，而非前述的大红峪组，则长城系底界年龄值为1 800 Ma也是合理的。因此确定兴城磨盘山地层的归属已成为当前解决长城系下限的关键。

2. 关于长城系与蓟县系界线

蓟县剖面将长城系与蓟县系界线定在高于庄组和杨庄组之间。辽西与蓟县相毗邻，同属一个地层分区，岩石地层单位尚未发现有明显的穿时现象，故其分界也置于高于庄组与杨庄组之间。

在辽北，长城系与蓟县系界线置于关门山组与佟家街组之间。其依据是与辽西和蓟县地区对比，关门山组（和其下的康庄子组）与高于庄组、佟家街组（和其上的虎头岭组）与杨庄组有相同的叠层石组合。关门山组及其下的康庄子组均产叠层石组合Ⅱ，均具个体较大的锥叠层石和分叉复杂的柱叠层石，如典型分子 *Gaoyuzhuangia gaoyuzhuangensis*, *Conophyton cylindricum* 等。这与辽西和蓟县地区高于庄组所产叠层石是一致的。而佟家街组产叠层石组合Ⅲ主要分子，例如：*Scyphus* sp.，这与辽西和蓟县地区的杨庄组所产叠层石是一致的。另外关门山组的Pb–Pb等时线年龄值为1 600 Ma。由此来看，辽北汎河地区将长城系与蓟县系的界线置于关门山组与佟家街组之间是有根据的（关门山组与佟家街组之间恰好是三岔子群与树芽屯群之间分界)。

长城系与蓟县系的分界年龄值，邢裕盛(1989)定为1 400 Ma。本书提出1 600 Ma方案主要依据：①辽北汎河地区长城系顶部关门山组Pb－Pb等时线年龄值为1 600 Ma；②和国际前寒武纪地层分会建议的固结纪和盖层纪分界年龄值1 600 Ma相对应。此方案尚需今后获得更多的年龄数据的确证。

3. 蓟县系与青白口系界线

该界线在辽西地区置于铁岭组与下马岭组之间，这与蓟县剖面是相同的。关于分界年龄问题，在蓟县地区铁岭组内已积累了不少同位素年龄资料。钟富道采自铁岭组顶部灰岩中海绿石，测得海绿石K－Ar年龄值为1 132Ma、1 152 Ma，在铁岭组中部测得海绿石K－Ar年龄值为1 205±18 Ma。中国地质科学院天津地质矿产研究所在上述两个层位再次采样，分别测得海绿石K－Ar年龄值为1 010 Ma与1 128 Ma。考虑到铁岭组与下马岭组之间的芹峪上升，将其顶界年龄值推定在1 050±50 Ma，也是合适的。该数值恰好反映在国际上存在的一次普遍的构造-岩浆活动年代接近。本书将蓟县系与青白口系分界年龄置于1 000 Ma，主要考虑与国际前寒武纪地层分会建议的中元古代和晚元古代分界位置，也即狭带纪和拉伸纪的分界年龄值定在1 000 Ma一致，便于国际对比。

4. 青白口系与震旦系界线

邢裕盛(1976)根据微古植物、大型疑源类(*Chuaria*)等化石的研究将辽南桥头组以上地层置于蓟县青白口群(系)之上，而与以三峡剖面为标准的震旦系对比。即将青白口系与震旦系的界线定在南芬组与桥头组之间。陈孟莪(1982)、辽宁区调队(1992)先后在长岭子组和南关岭组发现了蠕虫动物化石*Sabellidites* sp. 及*Pararenicola*，*Protoarenicola*。该蠕虫化石在俄罗斯地台及西伯利亚文德群中非常发育，已构成软躯体后生动物群。其地质年龄在700 Ma年左右。据上述可以说明，作为最早出现蠕虫动物化石的长岭子组的时代置于震旦纪的开始要比从桥头组作为震旦纪开始的证据更为充分。故本书将青白口系与震旦系界线置于桥头组与长岭子组之间。

青白口系与震旦系分界年龄值本书推定为850 Ma。这主要考虑最近在复州地区所获得的钓鱼台组Rb－Sr等时线年龄值为868 Ma和长岭子组同位素年龄值为723 Ma。为了保持与国际前寒武纪地层分会建议的拉伸纪与成冰纪分界年龄值850 Ma一致而推定的。

5. 震旦系与寒武系界线

本书将震旦系与寒武系界线置于兴民村组与葛屯组之间。其依据：①从同位素年龄数据分析，大连地区兴民村组Rb－Sr等时线年龄值为677 Ma，如以该年龄值与峡东震旦系相比，南沱冰期时限范围为700～740 Ma(马国干，1984)，兴民村组则应与南沱组之上的陡山沱组对比。故兴民村组应属震旦系上部地层。②从古生物化石组合分析，兴民村组产具有震旦系特色的生物化石——类水母。该类水母与澳大利亚伊迪卡拉动物群中*Cyclomedusa*，*Medusinites*或*Ediacaria spiriggia*等分子相近似。而其上的葛屯组产下寒武统筇竹寺阶的*Bradoriids*(王敏成，1989)。所以震旦系与寒武系界线置于兴民村组与葛屯组之间是合适的。

第四节　不整合界线地层单位

根据不整合面的类型、特征及其区域意义，辽宁中—晚元古代不整合界线地层单位可划分为2个序和12个亚序(图2－2)。序的顶、底面为大区域性的不整合面，亚序的界面则为

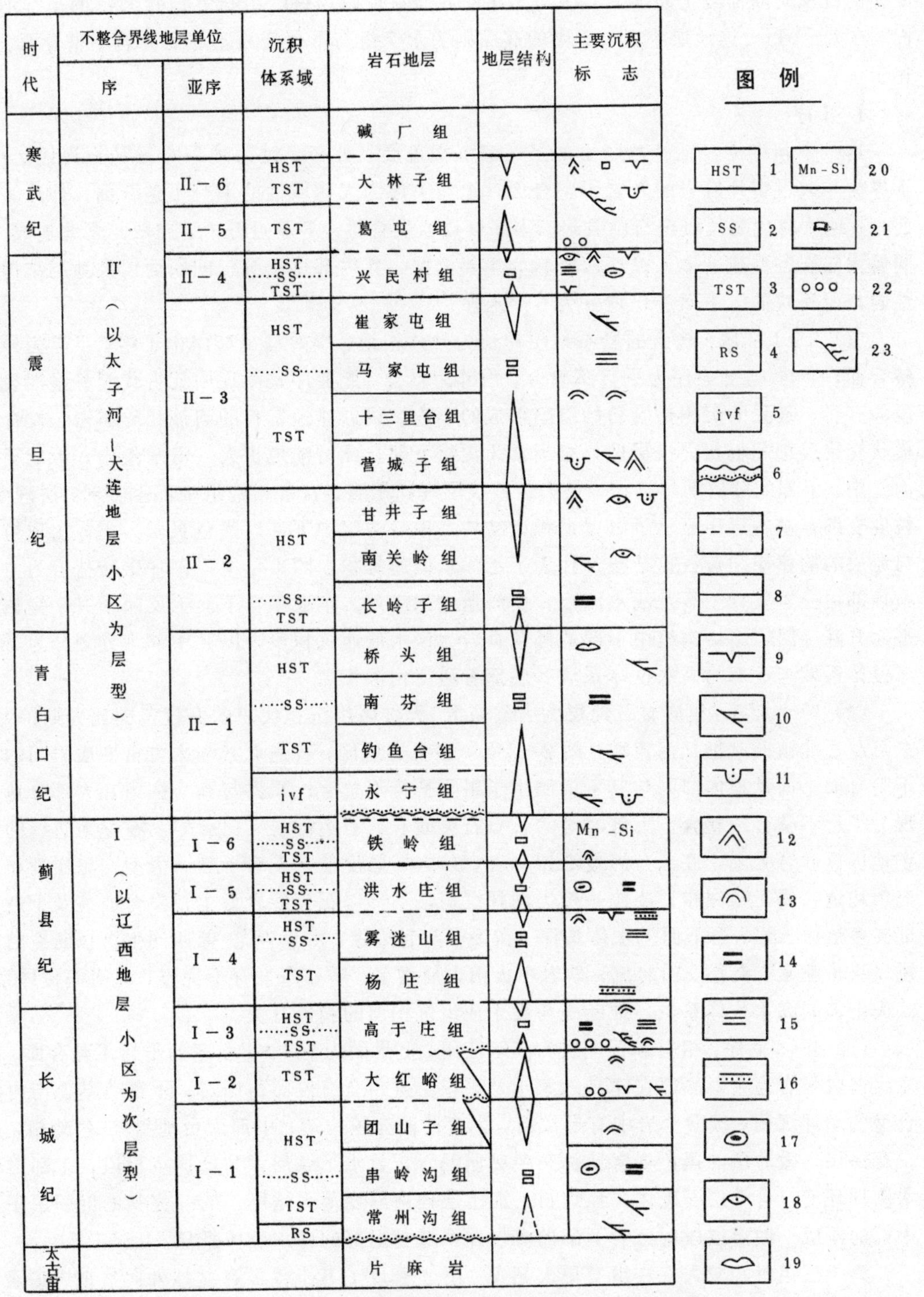

图 2-2 辽宁中—晚元古代不整合界线地层单位划分及特征

1. 高水位体系域；2. 饥饿段；3. 海侵体系域；4. 河流沉积；5. 深切河谷冲填物；6. 上为不整合、下为异岩不整合；7. 平行不整合；8. 整合；9. 干裂；10. 交错层；11. 冲刷充填构造；12. 帐篷构造；13. 叠层石；14. 黑色及深色泥岩；15. 水平纹层或薄层—微薄层韵律沉积；16. 碳酸盐岩中的砂岩夹层；17. 黄铁矿结核；18. 鸟眼；19. 波痕；20. 锰-硅质层；21. 石盐假晶；22. 海侵滞留砾岩；23. 上超明显的沉积间断面或上超面。Ⅰ序与Ⅱ序的界面在辽西为铁岭组与下马岭组[①]的平行不整合面；在太子河-大连地层小区，Ⅱ序的底面则为永宁组与下伏变质基底的异岩不整合面。现分述于下。

1. Ⅰ序

这是中朝准地台结晶基底上的第一套沉积盖层，分布于辽西地层小区和汎河地层小区，下界为与太古宙片麻岩的异岩不整合面，上与Ⅱ序为大区域性的平行不整合面，即芹峪上升面，其地质时代属长城纪与蓟县纪。本序以辽西发育最全，厚近万米，向西与蓟北连成一体，同属大陆裂谷型建造体。以辽西资料为主要依据，其内部可按沉积间断面以及地层结构、岩性岩相所反映的海平面变化划分为6个亚序。

(1) Ⅰ-1亚序：包含的岩石地层单位为常州沟组、串岭沟组与团山子组，下界为异岩不整合面，上与Ⅰ-2亚序为平行不整合，内部为整合。此亚序是燕辽中元古代裂谷早期裂陷阶段的产物，最先的沉积是沿初始裂陷形成的不连续线形洼地发育的河流相碎屑岩，发育大型槽状交错层理和板状交错层理，相当常州沟组下部；此后洼地扩大，海水侵入，形成了常州沟组中、上部的陆屑潮坪沉积，见大量沙纹层理和干裂。自常州沟组中部至上部，层理变薄、粒度变细，基本层序显示了海侵退积型结构。串岭沟组中下部以黑色页岩为主，出现粉砂质与泥质的韵律层和黄铁矿结核，代表了半深水低速沉积。团山子组以潮坪碳酸盐岩为主，该组顶部白云岩发育干裂及浅水波痕，属海退进积序列。本亚序自下而上反映了一个完整的海平面升降旋回，串岭沟组中下部的黑色页岩为深水低速沉积段，以其中部为界划分为下部的海侵体系域与上部的高水位体系域。底部有河流相沉积。

(2) Ⅰ-2亚序：相应岩石地层为大红峪组。大红峪组沉积代表的海侵范围比先期扩大，向东可越过北镇凸起抵汎河流域（图2-3A），在上述地区，普遍见其与太古宙变质岩间的异岩不整合面，向盆地内部则与其下的团山子组呈平行不整合；顶界与高于庄组在大部分地区表现为平行不整合—整合。大红峪组为长石石英砂岩、石英砂岩夹白云岩。在盆地边缘的八家子地区以砂岩为主，底部有海侵滞留砾岩，砂岩成熟度低，发育干裂、大型交错层理和冲刷充填构造，属三角洲相；凌源一带为潮坪沉积，下部以石英砂岩为主，发育波痕及干裂，上部夹多层白云岩，自下而上水体加深。在绥中凸起边缘，由于青龙-锦西同生沉积断裂的活动诱发火山喷发，夹有安山岩流，砂岩中火山尘屑增多。本亚序发育不完整，只有海侵体系域，缺失上部的高水位体系域，推断是与高于庄组沉积前的剥蚀有关。

(3) Ⅰ-3亚序：相应岩石地层为高于庄组，上界面为与Ⅰ-4亚序的平行不整合面。高于庄组以白云岩为主，底部在建昌八家子及兴城小盖州有海侵滞留砾岩；下部为陆源与内源混合型的潮坪沉积，碳酸盐岩中有层纹石，发育冲刷充填构造；中部为台地斜坡-盆地相，普遍发育薄层—微薄层的黑色页岩及深灰色钙质泥岩，显水平纹层，为低速沉积段；上部出现浅水潮坪环境，含叠层石礁体。该组自下而上层理由厚变薄再增厚，为一完整的旋回层序，以中部的薄层—微薄层段划分为下部的海侵体系域与上部的高水位体系域。

高于庄组沉积较大红峪组有更大超覆（图2-3B），其下界面自盆地外向盆地内追索，表现为由不整合（青龙-锦西断裂附近）—平行不整合—整合。

(4) Ⅰ-4亚序：相应岩石地层为杨庄组与雾迷山组，上、下界面均为平行不整合面。杨庄组以浅水潮坪相含陆源碎屑的内碎屑碳酸盐岩为主，底部有钙质砂岩，陆源碎屑岩夹层自

① 因Ⅰ序与Ⅱ序的地层各有不同的发育区，Ⅱ序是以太子河-大连地层小区为层型，故在图2-2岩石地层一栏未列出辽西地层小区下马岭组—景儿峪组。

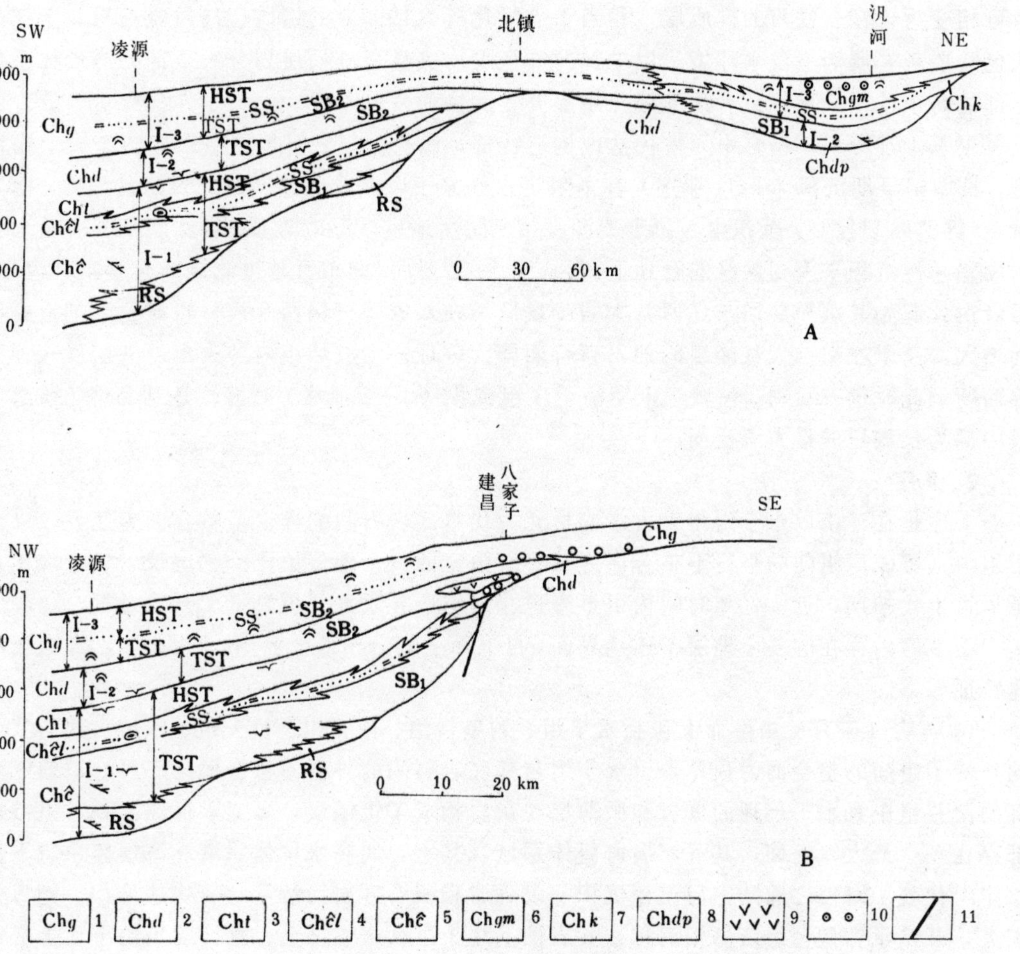

图 2-3 长城纪岩石地层格架图

1. 高于庄组；2. 大红峪组；3. 团山子组；4. 串岭沟组；5. 常州沟组；6. 关门山组；7. 康庄子组；8. 大追山组；9. 中性火山岩；10. 豆粒及核形石；11. 青龙-锦西断裂（其他同图 2-2）

下而上减少，内碎屑粒度由粗变细，反映了海侵退积型基本层序。雾迷山组以含密集燧石条带的白云岩为主，自下部至中部由潮坪相渐变为半深水盆地相，后者以出现大量黑白相间的水平纹层状白云岩为标志；上部又渐变为浅水环境，依次出现斜坡和潮坪沉积，顶部夹砂岩，见有干裂（建昌）。本亚序的杨庄组与雾迷山组中下部为海侵体系域，雾迷山组中上部为高水位体系域，雾迷山组中部发育水平纹层的白云岩层段为饥饿段。

（5）Ⅰ-5 亚序：相当洪水庄组，上界面为本亚序与Ⅰ-6 亚序之间的整合面，个别地区为平行不整合（锦西）。下部为碳酸盐岩潮坪，中部为潮下低能黑色页岩，发育水平纹层，含大量黄铁矿结核；上部为页岩夹薄层砂岩及灰岩凸镜体，由下而上反映了由浅变深再变浅的海平面升降旋回。

（6）Ⅰ-6 亚序：对应的岩石地层为铁岭组，上界面为与青白口系的平行不整合面。底部为钙质胶结石英砂岩，向上为由中厚层渐变为薄层—微薄层的白云岩，含叠层石礁体，夹一层含锰菱铁矿，环境为由潮间过渡至潮下；中部有20～30 m厚的绿色页岩夹含锰菱铁矿，后者可相变为含锰、铁质的硅质层，相当于孟祥化等（1993）的锰质、硅质凝缩层；上部的浅灰色薄层灰岩属潮下浅水环境。以中部的绿色页岩夹锰、硅质层划分为下部的海侵体系域和上部的高水位体系域，后者顶部因芹峪上升受剥蚀而发育不全。

根据上述分析，结合中元古代盆地构造特征，做长城纪岩石地层格架如图2-3。由图可见，长城纪早期沉积（Ⅰ-1亚序）基本限定在八家子以北及北镇以西的裂陷盆地内，南界受青龙-锦西断裂控制，沉积中心位于凌源一带，向盆地呈楔形减薄。长城纪晚期发生更大范围的坳陷才使沉积扩大到盆缘的台地上，形成了Ⅰ-2亚序，向东可越过北镇凸起直抵汎河坳陷，后者由此起始其沉积旋回与辽西基本同步发展。在八家子—锦西一线，长城纪晚期地壳活动性增大，高于庄组与大红峪组间的不整合面即为佐证；大红峪组内的火山岩夹层反映青龙—锦西断裂此时仍有活动。长城纪末期高于庄组沉积（Ⅰ-3亚序）时海侵达到高峰，该组饥饿段中部为长城纪的最大海泛面。

2. Ⅱ序

Ⅱ序是在辽南以永宁组与太古宙或早元古代基底岩石间的异岩不整合面为底界，以大林子组与上覆碱厂组间的平行不整合面为顶界所限定的一个地层单位。它记录了整个晚元古代至早古生代初期，近5亿年时间内由于海进、海退所导致大规模海平面升降过程。

由Ⅱ序内存在的6个地层不连续界面，自下而上划分出6个亚序，见图2-2。6个亚序具体特征如下。

（1）Ⅱ-1亚序：由下而上包括永宁组、钓鱼台组、南芬组、桥头组。以桥头组与其上覆的长岭子组间的整合面为顶界，以永宁组与基底岩石间的异岩不整合面为底界。以该亚序中部的南芬组中具水平层理的页岩和微薄层泥灰岩构成了饥饿段，属深水低速沉积。饥饿段中部存在一个最大海泛面，其下，属海侵体系域，其上，属高水位体系域。海侵体系域下部的永宁组代表了海侵之前陆上河流相沉积，以砾岩和长石砂岩为特征，属快速堆积。随海侵域扩大，开始了钓鱼台组滨海相沉积，其岩层上超于下伏岩层之上。剖面显示由下而上变细的结构序列，即出现砾岩-砂岩-粉砂岩-页岩组合。地层结构由退积逐渐过渡为加积序列。南芬组下部已属浅海相沉积，以灰、灰绿色页岩、泥灰岩为主，具水平层理，地层结构为加积。南芬组上部至桥头组位于最大海泛面之上，已属高水位体系域。剖面显示由细变粗的地层序列，出现页岩-粉砂岩-细砂岩-中细粒石英砂岩组合。由浅海相逐渐变为滨海相、滩坝相。岩层下超于最大海泛面之上。地层结构为进积序列。在桥头组顶部岩层偶见有干裂。

（2）Ⅱ-2亚序：由下而上包括长岭子组、南关岭组、甘井子组。该亚序以长岭子组与其下伏桥头组之间的整合面为底界，以甘井子组与其上覆营城子组间的整合面为顶界。长岭子组中部以细粉砂和悬浮沉积泥质成分为主，属深水低速沉积，可代表饥饿段，该段中部存在一个最大海泛面，其下属海侵体系域，长岭子组下部的剖面结构，由下而上粒度由粗变细。即形成细砂岩-粉砂岩-页岩组合。海水由浅变深，进入浅海陆架。地层结构由退积转变为加积。最大海泛面之上，即长岭子组上部、南关岭组、甘井子组，均为碳酸盐潮坪环境沉积，表明海水已由浅海变为滨海，属于高水位体系域。地层结构由加积变为进积。在甘井子组中常见小型帐篷、岩溶化角砾、鸟眼等潮上暴露标志。

（3）Ⅲ-3亚序：由下而上包括营城子组、十三里台组、马家屯组、崔家屯组。该亚序以营城子组与下伏甘井子组间的整合面为底界，以崔家屯组与其上覆兴民村组间的整合面为顶界。以马家屯组中部的薄—微薄层泥质灰岩、页岩构成饥饿段沉积，反映出深水悬浮沉积与静水化学沉积的欠补偿低速沉积环境。其下包括营城子组、十三里台组、马家屯组下部，代表从台地边缘滩、滩后潮坪及开阔台地至深水陆架盆地变化沉积过程，构成海侵体系域。具有向上层理变薄、沉积物粒度变细的退积地层结构。马家屯组上部及崔家屯组，从剖面结构上看，粒度总体变粗，陆源物质增多，构成进积型的地层结构序列，从而进入高水位体系域。崔家屯组顶部具冲刷面，其上覆的兴民村组下部砂岩显示有上超现象。说明二者之间存在沉积间断。

(4) Ⅱ-4 亚序：包括整个兴民村组。以其与上覆葛屯组间平行不整合面为顶界，与下伏崔家屯组间整合面为底界。以本组中部页岩和上部灰岩单层薄，粒度细为特点，表明为深水低速沉积。可划为饥饿段。其下砂岩，由下而上粒度变细，单层厚度变薄，岩层上超，地层结构为退积，代表了海侵过程，为海侵体系域。兴民村组上部灰岩（饥饿段之上）见有鸟眼、小型帐篷及干裂等潮上暴露标志，层理向上变厚，说明海水已变浅，属进积型地层结构，代表高水位体系域。

(5) Ⅱ-5 亚序：该亚序对应于葛屯组。其顶、底均以与其上覆大林子组和下伏兴民村组间的平行不整合面所限定。由于后期剥蚀，仅保存有海侵体系域。该亚序下部砂岩层上超于兴民村组之上，底部发育有海侵滞留砾岩沉积，下部为砂岩-页岩组合，上部以页岩为主，构成向上变细的序列。代表早期海进过程。后期达最大海泛面之后，转变为海退，海平面长期位于沉积滨线坡折之下，使其处于剥蚀状态，致使上部层序没有保存。

(6) Ⅱ-6 亚序：该亚序对应于大林子组。顶、底均以与其上覆碱厂组和下伏葛屯组的平行不整合面所限定。主要由底部的海侵体系域和上部的高水位体系域组成。中部饥饿段较薄，不甚发育，仅有 4～5 m 厚，为一套薄—微薄层的泥质与粉砂质互层的潮下低速沉积物。下部的海侵体系域主要是在葛屯期沉积后，于剥蚀面上发生海侵，形成的潮坪相沉积。上部的高水位体系域主要是海退过程，海水变浅，以广泛发育石盐假晶、石膏以及干裂、帐篷构造为标志，应属该亚序之顶界范围。从上述可以看出，该亚序为一个完整的小规模的沉积旋回。末期，海平面下降，出现剥蚀环境，形成了与上覆碱厂组平行不整合接触关系。

根据上述不整合界线地层单位的划分与特征的综合分析，晚元古代—早古生代初，金州—复州地层格架如图 2-4。由图可见该时期沉积中心在金州，由于海侵扩大，海水向北推移，复州一带也接受沉积，但其厚度有减薄趋势。晚元古代早—中期海侵范围较大，而晚期海侵范围有所紧缩，而使寒武纪碱厂组超覆在甘井子组、长岭子组或桥头组之上。

综如上述，本区中—晚元古代年代地层、岩石地层、生物地层及不整合界线地层划分对比可如表 2-3 所示。

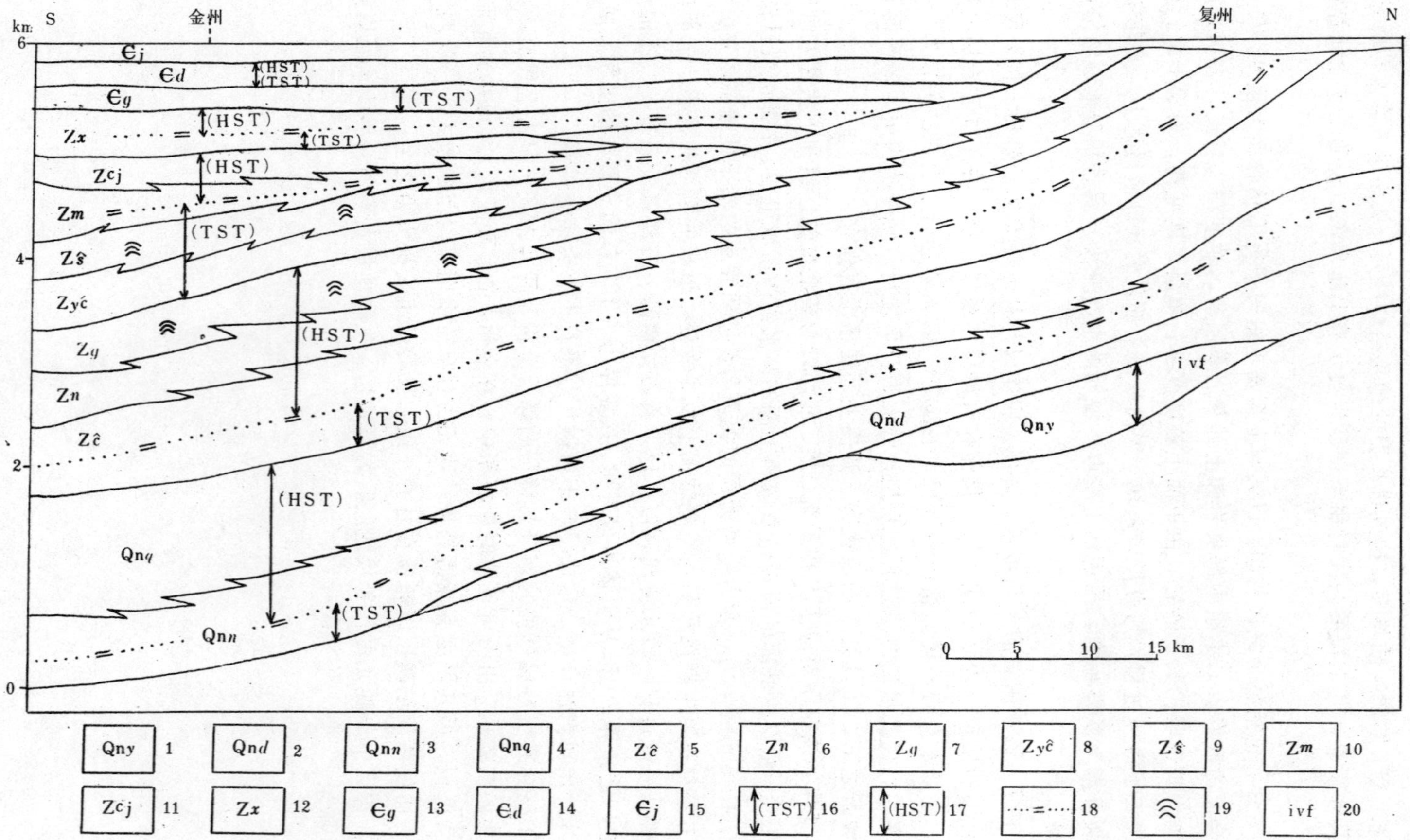

图 2-4 辽南晚元古代地层格架图

1. 永宁组；2. 钓鱼台组；3. 南芬组；4. 桥头组；5. 长岭子组；6. 南关岭组；7. 甘井子组；8. 营城子组；9. 十三里台组；10. 马家屯组；11. 崔家屯组；12. 兴民村组；13. 葛屯组；14. 大林子组；15. 碱厂组；16. 海侵体系域；17. 高水位体系域；18. 最大海泛面；19. 叠层石；20. 河流相深切河谷充填物

表 2-3　辽宁省中—晚元古代多重地层划分对比表

界	系	统	地质年龄 (Ma)	岩石地层单位 燕辽地层分区 辽西地层小区	辽东地层分区 汎河地层小区	辽东地层分区 太子河—大连地层小区	生物地层单位 宏观藻	生物地层单位 蠕虫	生物地层单位 类水母	不整合界线地层单位 序	亚序
古生界	寒武系	下统				碱厂组					
						大林子组				II	II-6
						葛屯组					II-5
上元古界	震旦系	上统	600			金县群 兴民村组			Liaonanella-Daliania-Jinxianella Ass.		II-4
		下统	700			崔家屯组	Tawuia fusiformis-Tawuia dalensis Ass. (from 700 Ma down to 850 Ma)	Pararenicola-Protoarenicola Ass. (from 700 Ma down to the 钓鱼台组)			II-3
						马家屯组					
						十三里台组					
						营城子组					
						五行山群 甘井子组					II-2
						南关岭组					
					殷屯组	康家组 / 长岭子组					
	青白口系	上统	850			细河群 桥头组	Chuaria circularis-Shouhsienia shouhsienensis Ass. (from 850 Ma down to the 钓鱼台组)				II-1
				景儿峪组		南芬组					
				龙山组	会武屯群 腰未台冲组	钓鱼台组					
		下统		下马岭组	于北沟组	永宁组					
中元古界	蓟县系	上统	1000	铁岭组	树芽屯群 杨士屯组					I	I-6
				洪水庄组	宋家沟组						I-5
		下统	1200	雾迷山组	石门组						I-4
					二道沟组						
					虎头岭组						
				杨庄组	佟家街组						
	长城系	上统	1600	高于庄组	三岔子群 关门山组						I-3
					康庄子组						
				大红峪组	大迫山组						I-2
		下统	1800	团山子组							I-1
				串岭沟组							
				常州沟组							
下元古界			2000			榆树砬子群 辽河群					

第三章
寒武纪—奥陶纪

辽宁省古生代地层按建造特征可分华北型与天山-兴安型。后者分布零星，本书仅对华北型地层进行对比研究。省内华北型下古生界较发育，共有3个地层小区，分属燕辽地层分区和辽东地层分区。西部的辽西地层小区属燕辽地层分区，下古生界集中出现于凌源—朝阳及锦西一带，地层呈北东向展布；下自寒武系昌平组，上至奥陶系马家沟组，计有11个组级地层单位，3个段级地层单位；东部的辽东地层分区大体以营口—凤城为界，以北为太子河地层小区，以南为大连地层小区。太子河地层小区早古生代地层大体沿太子河流域呈东西向展布。组、段级地层单位与辽西地层小区基本一致，仅底部与辽西地层小区昌平组相当的层位为碱厂组；大连地层小区的早古生代地层主要分布于复州和金州地区，除底部增加两个组级地层单位外，余者与太子河地层小区一致。上述三小区早古生代地层，上与石炭系，下与青白口系或震旦系（大连地层小区）均为平行不整合接触。省内早古生代地层分布及剖面位置见图（图3-1）。各地层小区岩石地层单位名称见表1-1。

本省早古生代生物丰富、门类众多，属华北型生物群。其中建带的生物有三叶虫、笔石、牙形刺、头足类。共建立了33个延限带，5个组合带，1个顶峰带。

年代地层单位划分与华北层型区一致，寒武纪共建9个阶，奥陶纪因资料不足暂未建阶。

第一节　岩石地层单位

葛屯组　∈*g*　(05-21-2001)

【创名及原始定义】　张焕翘1977年创名于金州满家滩大林子海岸。原始定义：指分布于金州地区，平行不整合于震旦系大林子组之下，整合于兴民村组之上的一套灰白色石英砂岩夹黑色页岩的沉积层。

【沿革】　张焕翘根据岩性特征将俞建章（1958）所称馒头组下部、辽宁区测队（1972）所称碱厂组下部的一套碎屑岩地层单独划出，因在其内发现一“冰碛层”（大林子冰碛层），认为其底是一平行不整合面，而将此面之上的部分称大林子组，之下称葛屯组。常绍泉（1980）依沉积学考虑，认为二组成因相近，岩性相似，而加以合并，称大林子组。洪作民等

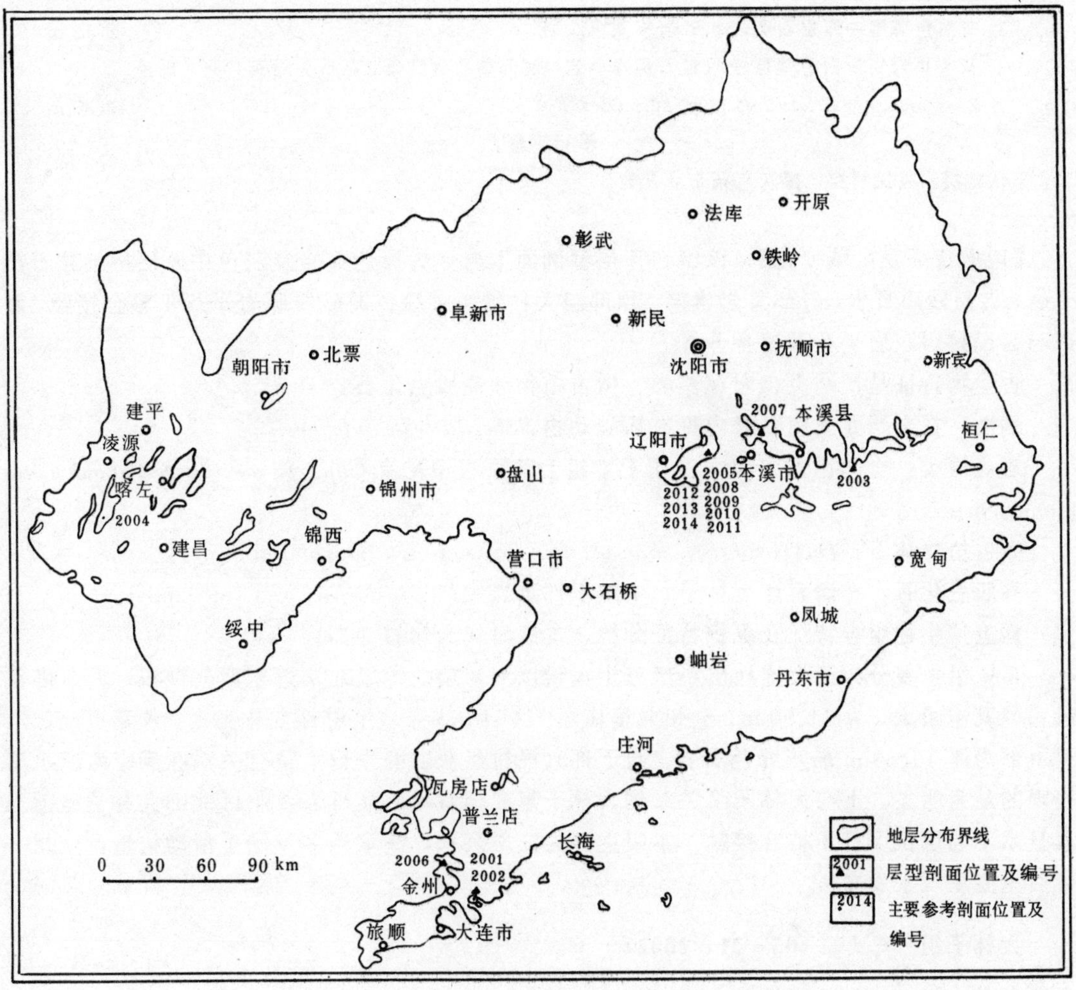

图 3-1　辽宁省早古生代地层分布及剖面位置图

(1991) 确认葛屯组与上、下地层均为平行不整合接触，同时根据辽宁区调队在编写《辽宁地质志》(1985) 过程中于葛屯组底部发现相当于筇竹寺阶所含的高肌虫化石，而恢复使用原葛屯组。

【现在定义】　指大连地层小区南部金州一带寒武系底部的一个岩石地层单位，为分别平行不整合于震旦系兴民村组之上、大林子组之下的一套灰色砂岩、页岩的海相沉积组合。含海相化石。

【层型】　正层型剖面位于金州满家滩大林子海边 (122°02′45″, 39°04′00″)，由洪作民等于 1991 年重新测制。

上覆地层：**大林子组**　黄绿色泥质砂砾岩

——————— 平行不整合 ———————

葛屯组　　　　　　　　　　　　　　　　　　　　　　　　总厚度 38.20 m

5. 灰白色中厚层石英岩状砂岩夹灰绿色粉砂质页岩　　　　　5.50 m

4. 灰色页岩、粉砂质页岩夹粉砂岩、石英岩状砂岩 11.80 m

3. 灰白色薄层中厚层石英岩状砂岩夹灰色页岩 8.10 m

2. 灰色页岩夹灰白色薄层中粗粒石英净砂岩，底部砂岩含细砾，砾石为石英碎屑，砾径 2～4 mm。产 *Bradoriids* gen. sp. indet 12.80 m

——————— 平行不整合 ———————

下伏地层：**兴民村组** 黑灰色条带状灰岩

【地质特征及区域变化】 该组在正层型剖面上岩性为黑色页岩及灰色中厚层中细粒石英砂岩，夹粉砂质页岩，底部页岩含磷。顶部与大林子组黄绿色泥砂质砾岩平行不整合接触，底部与兴民村组灰岩平行不整合分界。

古生物特征是产蠕虫、宏观藻类、微古植物和高肌虫化石：

蠕虫：在金州龙王庙页岩内见有须腕动物 *Sabellidites cambriensis*。

宏观藻类：金州满家滩和龙王庙于本组上部页岩中见有 *Chuaria circularis*，*Shouhsienia shouhsienensis* 等。

微古植物化石：*Dictyosphaera macroreticulata*，*Quadratimorpha* sp. 等。

高肌虫化石：在满家滩大林子，本组下部页岩中产 *Bradoriids* gen. sp. indet。

据上述生物组合特征及沉积特征分析，本组时代为筇竹寺期。

葛屯组主要分布于大连地层小区三十里堡以南，南关岭以北，近东西向展布。其厚度在满家滩葛屯最大，为 64.90 m。金州九里庄厚 51.04 m。区域上岩性变化不大，仅葛屯地区本组上部为厚 49.80 m 的灰绿色页岩。与下部兴民村组灰岩的平行不整合关系在满家滩凉水湾表现的最为明显。上与大林子组关系据大林子组底部常见砂质砾岩及小区北部大林子组下与震旦系不同层位平行不整合接触。本组主要为滨岸沉积，满家滩多见同生滑动构造，金州一带后生变质现象发育。

大林子组 ∈*d* (05-21-2002)

【创名及原始定义】 张焕翘 1977 年创名于金州满家滩大林子海岸。原始定义：金州地区分别平行不整合于震旦系葛屯组之上，寒武系碱厂组之下的一套地层，底部是大林子冰碛层，下部为厚层石英砂岩，上部是白云岩与杂色粘土岩互层。时代为震旦纪。厚 110 m。

【沿革】 张焕翘所创建的大林子组相当于俞建章（1958），辽宁区测队（1972）所称的馒头组或碱厂组下部地层。常绍泉（1980）将大林子组含义扩大，包括了张焕翘所称的葛屯组全部，顶界与张焕翘所划顶界相同。洪作民等（1991）通过对辽东半岛南部晚前寒武纪的研究，肯定了葛屯组的存在，重新起用张焕翘的划分方案。

【现在定义】 指大连地层小区分别平行不整合于葛屯组之上、碱厂组之下的一套滨海 Sabkha 环境沉积组合，其下部为厚层石英砂岩及紫色粉砂岩；上部为紫色、黄绿色等杂色砂岩、页岩夹灰色灰岩及白云岩，其内干裂及石盐假晶发育，层型剖面见有溶崩角砾岩层。

【层型】 正层型剖面位于金州满家滩大林子海岸（122°02′45″，39°04′00″），据洪作民等 1991 年重新测制。

上覆地层：**碱厂组** 深灰色厚层砾质砂屑灰岩

——————— 平行不整合 ———————

大林子组 总厚度 108.70 m

15. 灰色薄层粉屑泥晶灰质白云岩与黄绿色钙质粉砂岩，夹灰白色薄层石英砂岩 7.20 m
14. 紫红色薄—中厚层铁锰质微粒长石石英杂砂岩，含铁锰质泥晶灰岩夹钙质页岩 7.50 m
13. 灰色薄层砂质泥晶灰岩，夹钙质页岩及粉砂岩 20.20 m
12. 灰白色薄层中细粒钙质长石石英砂岩夹钙质页岩及白云岩 10.30 m
11. 紫红色薄—中厚层泥晶粉屑灰岩夹白云岩及钙质石英砂岩 14.80 m
10. 紫红色薄层铁锰质泥岩 10.80 m
9. 灰白色薄层长石石英砂岩夹紫红色页岩 14.50 m
8. 紫红色薄—中厚层石英杂砂岩 16.50 m
7. 灰色粉砂岩、粉砂质页岩及页岩互层夹石英杂砂岩 6.30 m
6. 黄绿色中厚层泥质砂砾岩，砾石为石英砂岩，磨圆度好，分选性差，砾径长轴有大于30 cm者，多在3 cm左右，呈熨斗状、三棱状，也有被压弯、压碎者，表面有红色泥膜。

——————— 平行不整合 ———————

下伏地层：**葛屯组**　灰白色中厚层中细粒石英砂岩夹灰绿色粉砂质页岩

【地质特征及区域变化】　该组在正层型剖面上可分二部分：上部为一套蒸发岩系，厚102 m，岩性为紫色及灰色石英杂砂岩与含砂白云岩互层，夹灰绿色页岩，含石盐假晶，见溶崩角砾岩。整个上部自下往上砂质组分减少，碳酸盐岩增多。顶部以灰白色灰质白云岩与碱厂组平行不整合分界；下部主要是灰绿色长石石英砂岩及页岩，厚6.9 m，底部以厚0.3～2 m的含砾砂岩层与下伏葛屯组中细粒砂岩平行不整合接触。干裂及同生滑动构造发育。

生物化石少见，目前仅在满家滩于本组上部紫红色粉砂质页岩中发现少量小壳化石，可能是 *Sachites* sp.。

该组主要分布于大连地层小区的南部金州一带，北部复州湾有零星分布。与正层型相比，下部岩性在金州北山变为灰绿色、灰色含砾石英砂岩，北至九里为黄色泥岩，到复州湾赵坎子下部缺失。上部岩性由满家滩向西至金州灰岩层数增多，蒸发构造不及东部发育。该组厚度在金州北山最大，为82 m，北部复州湾赵坎子厚度最小，仅12 m。本组与下伏地层为平行不整合接触，并且向北超覆，被超伏地层愈北愈老。大林子组沉积时气候炎热干燥，滨岸Sabkha环境极为发育。南部金州地区后期构造作用影响较大，岩石普遍出现浅变质作用。

碱厂组　∈*j*　(05－21－2003)

【创名及原始定义】　张文堂1964年[①]创名于本溪县碱厂镇。原始定义：指发育于太子河地区，"含 *Palaeolenus fengyangensis* 三叶虫的地层"。

【沿革】　张文堂所建的碱厂组相当于王钰等（1954）在本小区所称的馒头统下部。在大连地层小区，安太庠（1964）、辽宁区调队（1988）曾分别将本组中下部灰岩部分称毛家沟组或毛家沟灰岩。

【现在定义】　指分布于太子河地层小区、吉林南部地区和大连地层小区，整合于馒头组紫色页岩之下，平行不整合于震旦系不同层位或寒武系大林子组（大连地层小区）之上的一套上部为灰色厚层灰岩，常含燧石条带；下部为黄绿色钙质页岩、黄灰色薄层泥灰岩或泥质灰岩，夹深灰色薄层沥青质灰岩及薄层砂岩的岩石组合。

---

① 张文堂，1964，中国下中寒武统的界线并讨论一些褶颊虫类三叶虫。中国科学院南京地质古生物研究所资料（内部）。

【层型】 创名人未确定正层型，本书指定选层型剖面位于在本溪县碱厂镇小黄沟（124°29′50″，41°15′40″），辽宁区测队1967年测制。

上覆地层：**馒头组** 紫色钙质页岩

——————— 整 合 ———————

碱厂组 总厚度119.29 m

8. 深灰色中厚层含燧石条带硅质灰岩	54.24 m
7. 黄灰色薄层泥质灰岩	13.65 m
6. 深灰色薄层沥青质灰岩。产 *Redlichia* sp.	7.26 m
5. 黄绿色页岩	8.12 m
4. 深灰色薄层灰岩	1.39 m
3. 黄绿色钙质页岩，底部含灰岩结核。产 *Redlichia murakamii*；*Obolus* sp.	26.06 m
2. 深灰色薄层沥青质灰岩。产 *Palaeolenus* sp.，*Redlichia chinensis*	5.71 m
1. 黄绿色钙质页岩，黄褐色细粒石英砂岩	2.86 m

－－－－－－－ 平行不整合 －－－－－－－

下伏地层：**桥头组** 黄褐色石英砂岩

【地质特征及区域变化】 该组在正层型剖面上，下部是黄绿色钙质页岩、灰色薄层泥灰岩夹深灰色薄层沥青质灰岩及薄层砂岩；上部为灰色中厚层、厚层灰岩，含燧石结核或条带。下与青白口系桥头组平行不整合接触，顶界以馒头组紫色页岩出现为本组结束之标志。

碱厂组所产生物主要是三叶虫，如：*Megapalaeolenus fengyangensis*，*Redlichia murakamii*，*R. chinensis*，*Palaeolenus* sp. 等。另外在大连地层小区葫芦套见有 *Archaeocyathus hupehensis* 等古杯化石。在金州等地还出现叠层石。

据上述生物组合，碱厂组地质时代为早寒武世。

该组主要分布于辽东地层分区，其中太子河地层小区较为发育，厚度大，变化在43～126 m之间，呈中部薄、东西部厚的特点，大连地层小区厚度一般在11～35 m之间，庄河一带厚76 m。其岩性在太子河地层小区，上部为灰岩夹燧石结核灰岩，下部为页岩夹灰岩或沥青质灰岩，底部常出现数米厚的砂岩层，大连地层小区的碱厂组岩性二分性较差，内含生物化石亦多，为灰岩、瘤状灰岩及页岩、粉砂质页岩组成。

碱厂组向北依次超覆，最低层位可达南芬组。顶界一般以一层厚层灰岩或含燧石结核灰岩与馒头组紫色页岩整合分界。本组沉积环境有一定的变化，太子河地层小区以半开阔台地环境为主，大连地层小区的北部复州湾一带为闭塞台地环境，金州一带则以开阔台地或台地边缘滩（礁）环境占优势，庄河一带则属较深水陆架环境

【其他】 毛家沟组、毛家沟灰岩与碱厂组一部分相当，建议停用。

昌平组 $\in \hat{c}$ （05-21-2004）

【创名及原始定义】 张文佑1935年创名于北京昌平县龙山，始称“昌平灰岩”。原始定义：“余等于昌平县城北二、三里许之龙山，在暗灰色厚层灰岩中，发现三叶虫化石，此种三叶虫形体甚小。……皆为下寒武纪上部之标准化石，故知此暗色厚层灰岩属下寒武纪上部，始名之曰‘昌平灰岩’，……可相当于蓟县之景儿峪灰岩之顶部。”

【沿革】 张丽旭（1943）在锦西所使用的馒头统的下部与本组相当。辽宁区调队对辽西

地区的这套地层最初（1965）称老庄户组，辽宁地矿局在编著《东北地区区域地层表·辽宁省分册》（1978）时据生物地层特征，认为辽西的老庄户组与辽东的碱厂组实为同物异名，而用碱厂组代之。常绍泉等（1977）首次将昌平组一名在辽西地区使用。辽宁区调队（1991）在辽西地区1∶5万区调工作中，认为老庄户组与府君山组同属于燕辽地层分区，且岩石面貌一致，应使用府君山组。本书认为上面所述各名称所代表的岩石地层实体与昌平组无异，故使用昌平组。老庄户组、府君山组与本组均有同物异名，建议停用。碱厂组与本组岩石特征差异较大，应单独使用于辽东地层分区。

【现在定义】 昌平组为一套灰色、灰黑色厚层—块状豹斑状粉晶—微晶白云质灰岩。厚层细粉晶—微晶灰岩及灰质白云岩，为北京地区显生宇第一个地层单位，开始产出三叶虫、腕足类、棘皮类、软舌螺等动物化石。与下伏景儿峪组杂色薄层含泥灰岩和上覆馒头组紫红色页岩均为平行不整合接触。

【层型】 正层型剖面位于北京市昌平县龙山。辽宁省内次层型剖面是：凌源县沟门子乡老庄户剖面（21-2004-4-1）。

【地质特征及区域变化】 省内昌平组以灰色巨厚层夹中厚层豹斑状白云质灰岩为主，有时顶部夹厚层含燧石结核灰岩，底部常发育角砾状白云岩或硅质条带灰岩。该组与上覆和下伏地层关系均为平行不整合接触。所含生物主要为三叶虫。昌平组在本省仅分布于辽西地层小区，分别在西部凌源和东部锦西一带呈北东向条带状展布，中部的朝阳地区也有少量分布。其厚度呈东、西厚中部薄的特点，如喀左大营子厚115 m，凌源老庄户厚75 m，锦西富隆山厚59 m，建昌包杖子厚仅7.6 m，朝阳瓦房子一带缺失本组沉积。

据组内所含三叶虫特征，其地质时代为早寒武世中、晚期。

馒头组 ∈*m* （05-21-2005）

【创名及原始定义】 Willis和Blackwelder1907年创名于山东省长清县张夏镇馒头山，始称馒头页岩（层）。原始定义：馒头层主要是一套红和棕色页岩，夹有灰色或浅灰色石灰岩，石灰岩经常含泥质成分。这套地层见于张夏村陡壁下四周的坡上，总厚135～255 m。位于张夏村之正南叫做馒头山的一个孤山处，有一个下与花岗岩不整合接触，上面整合覆盖着石灰岩的馒头层的完整而出露好的剖面。这就是馒头层的典型剖面，单位就根据这个孤山而命名。

【沿革】 孙云铸（1924）重新厘定了馒头页岩的含义，将Willis等的馒头页岩底部的灰岩、碎屑岩部分划归震旦系。卢衍豪等（1952）对正层型剖面进行详细考察，将原馒头页岩进行三分，自下而上分别称为馒头统、毛庄统、徐庄统，之后国内对这段地层的划分虽在个别地区界线划分上不尽一致，但划分原则与卢衍豪等的基本相同，即主要强调生物特征，兼顾岩石地层面貌。虽然中国地质学编辑委员会（1956）将卢衍豪等所称的“统”改为组，但与真正的岩石地层“组”的概念要求还有差别。30年代初日本人在辽南的地质工作中将与馒头页岩相当的地层归为金州统的中上部，内部自下而上又划分出三十里堡阶、阎家楼阶，在太子河地区则分为三崎层、石桥层、当十层，在辽西地区又称馒头统。

王钰等（1954）首先将卢衍豪等（1952）的划分方案引于太子河地层小区，随后张瑞锡（1958）在大连地层小区复州湾工作中也采用卢衍豪等的划分，之后辽宁省的1∶20万区调工作也基本采用这种划分方法。随着碱厂组和老庄户组在辽宁先后确立（1964，1965），卢氏的馒头统含义又被缩小，仅上部称为馒头组，而原馒头页岩被限定为一段很薄的地层。80年代后期，随着1∶5万区调工作大范围展开，按照《国际地层指南》和《中国地层指南及中国地层指南说明书》对“组”这一概念的要求，在不同地区建立了相应的岩石地层单位，如大连地层小区金州幅1∶5万等区调工作（1988）中，将原馒头页岩自下而上分别称为毛家沟灰岩、三里庄页岩、葫芦套组、后营子组、西大山组。本书根据本次地层对比研究工作全国项目办最后协定方案对Willis原馒头页岩含义进行修订，其底部的灰岩或碎屑岩、灰岩互层的地层在辽宁称昌平组或碱厂组，厘定后的馒头组范围与孙云铸（1924）划分的馒头页岩相当。

【现在定义】 馒头组指华北地层大区寒武系下部以紫（砖）红色页岩为主，夹云泥岩、泥云岩、白云岩、灰岩和砂岩岩石地层单位。底以灰岩或白云岩组合结束、杂色页岩或云泥岩出现划界，与朱砂洞组整合接触；顶以页岩或砂岩结束、大套灰岩出现划界，与张夏组整合接触。

【层型】 馒头组的正层型剖面在山东省长清县张夏镇馒头山。辽宁省的次层型剖面是：辽阳烟台当十岭剖面（21-2005-4-1）。

【地质特征及区域变化】 以紫色页岩，白云质灰岩为主，伴有黄绿色页岩、粉砂岩、砂岩是馒头组主要特征，在辽宁省按照该组内各组分纵向分布情况，划分出3个段级地层单位，自下而上为大后海段、石桥段、当十段。

馒头组在辽宁省的分布较广，遍布辽西、太子河和大连3个地层小区。其沉积厚度在大连地层小区最厚，达358 m，辽西地层小区相对较薄，一般在150 m左右，太子河地层小区居中。岩性变化主要表现在上段和下段，下段——大后海段在大连地层小区有较多的灰色灰岩及紫色泥云岩夹层，太子河地层小区石膏矿层发育，辽西地层小区常见钙质砾岩层，岩层中同生滑动构造频频出现。上段——当十段在大连地层小区和太子河地层小区普遍发育黄褐色含海绿石砂岩，二者不同的是前者的黑色页岩层与上覆张夏组灰岩呈渐变关系，而后者在出现张夏组厚层灰岩之后，不再有页岩出现，辽西地层小区本段砂岩层不发育，灰岩夹层也不及前两地层小区多，主要岩性为黄绿色页岩和紫色粉砂岩。馒头组与下伏地层关系为：底界在辽西地层小区与昌平组呈平行不整合接触；在太子河和大连地层小区与碱厂组为整合关系，以碱厂组灰岩消失，首次出现的紫红色页岩或粉砂岩代表本组的开始。本组沉积时海平面升降频繁，气候炎热干燥，广泛发育近滨盆地和闭塞台地环境。据对本组三叶虫化石的研究，本组沉积时代为早寒武世晚期至中寒武世早期。

大后海段 $\in^d$ （05-21-2006）

【创名及原始定义】 辽宁区调队（1995）创名。创名地在大连市金州区七顶山乡大后海村。原始定义：指馒头组下部的一个地层单位，广泛分布于省内各地层小区。其岩石组合为紫色、灰色薄层灰岩、泥质白云岩及紫色粉砂岩和紫色页岩，夹黄绿色页岩。其底界以碱厂组或昌平组厚层灰岩消失，出现紫色页岩、粉砂岩为标志，顶界以一层中厚层灰岩与上覆单位紫色云母质页岩分界。与下伏、上覆地层均为整合接触。

【沿革】 日本人曾于30年代在大连地层小区将本段大部分称为三十里堡阶或三崎层，但区域性差，且其界线随人随地而异，极不稳定。辽宁区调队（1988）于金州地区的1∶5万填图工作中，将本段底部紫色页岩层划出，称三里庄页岩，把剩余的以灰岩为主夹紫色页岩及紫色泥云岩、粉砂岩的部分称葫芦套组。三十里堡阶、三崎层与本段部分层位相当，应停用。

【现在定义】 同原始定义。

【层型】 该段正层型剖面位于大连市金州区七顶山乡大后海村（121°36′，39°16′），由辽宁区调队1988年测制。

上覆地层：**石桥段** 黄绿色页岩

——————— 整 合 ———————

大后海段	总厚度 138.95 m
15. 黄灰色薄层含粉砂白云质灰岩，多见波状层理	4.58 m
14. 灰色中厚层砂屑灰岩，产三叶虫 *Redlichia* sp.，*R. murakamii*	27.22 m
13. 灰色薄—中厚层白云质灰岩	26.51 m
12. 黄灰色中厚层鲕粒砂屑灰岩	5.36 m
11. 灰色厚层含骨屑白云质粉晶灰岩	0.76 m
10. 紫色含泥质亮晶骨屑砂屑灰岩	8.08 m
9. 灰色中厚层亮晶鲕粒灰岩	1.68 m
8. 紫色泥质砂屑灰岩	10.05 m
7. 黄色泥质含云母钙屑粉砂岩	5.78 m
6. 黄灰色薄层泥晶灰岩	6.60 m
5. 灰色厚层细晶灰岩	8.62 m
4. 紫色泥铁质海绿石粉砂岩，产三叶虫：*Redlichia* sp.	29.46 m
3. 黄色粉砂质页岩	4.25 m

——————— 整 合 ———————

下伏地层：**碱厂组** 黄灰色粉屑粉晶灰岩

【地质特征及区域变化】 该段在正层型剖面，下部为紫色、黄绿色粉砂岩与灰色、紫色薄层灰岩互层，底部以一层黄色粉砂质页岩与碱厂组黄灰色灰岩整合分界；上部为灰色鲕粒灰岩、生物碎屑灰岩及砂屑灰岩、夹白云质灰岩，顶部以一层黄灰色薄层含粉砂白云质灰岩与上覆石桥段黄绿色页岩整合分界。在太子河地层小区，其顶界位于石桥段下部常见的一层砖红色页岩之下的一层灰岩的顶面。

该段所含化石主要为三叶虫及叠层石。其中辽西地层小区化石贫乏，据对三叶虫研究，本段地质时代为早寒武世中—晚期（龙王庙期—毛庄期早期）。

本段分布广于碱厂组（或昌平组），如辽西地层小区瓦房子一带先期无昌平组沉积的地方均发育本段地层。其岩性变化在大连地层小区为灰色灰岩与紫色页岩互层，有时灰岩呈主层出现。太子河地层小区主要由紫色页岩、泥云岩构成，灰色灰岩呈夹层出现，其层数由西向东增多。至辽西地层小区岩性变为以紫色钙质页岩和钙质粉砂岩为主，夹薄层白云质灰岩和黄绿色页岩等，底部多发育底砾岩。另外在太子河地层小区中部见有具工业价值的石膏矿 3—4 层。本段与下伏昌平组为平行不整合接触，与碱厂组为整合接触。

该段厚度辽西地层小区为 40～50 m，个别达 90 m（朝阳），大连地层小区厚 139～225 m，太子河地层小区厚 50～70 m。

石桥段 $\in^{s}$ （05－21－2007）

【创名及原始定义】 远藤隆次 1931 年创名于本溪市石桥子，始称石桥层。原始定义：主要岩性为暗紫色云母质页岩，夹少量灰岩透镜体，产 *Ptychoparia orientalis*，*Wimanella taei*，分布于南满州国[1] 地区，厚 25～100 m，时代为早寒武世。

---

① 指现辽东半岛地区。

【沿革】 远藤隆次初建石桥层时，定其时代为早寒武世，1934年称石桥统，并改为中寒武世。创名者当时是以三叶虫 *Ptychoparia orientalis* 带作为划分石桥层的标准，岩性界线不明确。王钰等（1954）据三叶虫化石并结合岩性特征将石桥统含义缩小，下界与远藤隆次相同，定在一层鲜红色页岩的顶面，顶界放在一层含 *Girvanella manchurica* 藻灰岩顶面，将原石桥统上部的一套紫色、棕灰色含云母页岩、粉砂岩地层归到上覆单位当十统内。辽宁区测队（1973）在太子河地区发现鲜红色页岩之下10余米处尚有一层含石桥统的三叶虫分子的泥灰岩，遂将其底界移至该层之底，顶界同王钰之含义，并以毛庄组称之。之后辽宁的区调工作及辽宁地矿局在编写《东北地区区域地层表·辽宁省分册》（1978）和《辽宁省区域地质志》（1989）时均采用此划分方案，本书石桥段与上述方案基本一致，但将底部的泥灰岩层划到下伏大后海段，底界即此层泥灰岩的顶面。

【现在定义】 指馒头组中部以紫色含云母质页岩或粉砂岩为主，夹薄层灰岩凸镜体的岩石组合，顶部常发育一层含分裂藻的薄层灰岩。顶面与上覆当十段整合分界，底界以云母质页岩集中出现。下伏大后海段灰岩急剧减少或鲜红色页岩层的底面与大后海段整合分界。

【层型】 创名人未确定正层型，本书指定选层型剖面位于本溪市石桥子（123°43′，41°26′），由王钰等1954年测制。

上覆地层：**当十段** 紫灰色及绿灰色砂质页岩及泥质薄层砂岩

——————— 整 合 ———————

石桥段	总厚度＞53.80 m
7. 中层及薄层灰色石灰岩，产 *Ptychoparia*	3.5 m
6. 暗紫色易碎页岩，风化成多角状小碎块	5.50 m
5. 紫灰色线状页岩，产 *Ptychoparia*	5.50 m
4. 黄灰色石灰质页岩夹竹叶状石灰岩及凸镜状石灰岩，后者产 *Ptychoparia*	3.00 m
3. 灰色中厚鲕状石灰岩，含三叶虫碎片	1.30 m
2. 暗灰、紫灰色砂质云母页岩，下部呈纸片状	18.00 m
1. 深红色页岩	17.00 m

═══════ 断 层 ═══════

下伏地层：**青白口系** 砂岩

【地质特征及区域变化】 选层型剖面上本段底部与青白口系砂岩呈断层接触，底部的鲜红色页岩厚17 m，在辽阳当十岭剖面上，该层页岩厚21 m，推测其仅缺失少量地层。其岩性下部为鲜（深）红色页岩；中部为暗灰、紫灰色砂质云母页岩，呈纸片状；上部为暗紫色易碎页岩及黄灰色钙质页岩，夹薄层灰岩或凸镜体。顶部以一薄层灰岩与上覆当十段深灰、黄褐色砂质页岩整合分界。

本段所产化石主要是：三叶虫：*Psilostracus obosoletus*，*Shantungaspia orientalis*，*Protobowmania* sp.，*Ptychoparia* sp. 等。软舌螺：*Hyolithes* sp.。藻类：*Girvanella manchurica*。

据上述生物组合，该段地质时代为早寒武世晚期。

该段在三个地层小区内普遍发育。其岩性在太子河地层小区和大连地层小区为暗紫色页岩和粉砂质页岩，普遍含有云母，灰岩夹层在大连小区较多，有时呈互层，但在庄河一带缺失灰岩层，底部常见鲜红色页岩。辽西地层小区岩性与上述两地层小区相似，不同的是云母在地层中不甚发育，顶部灰岩较发育，尤以西部凌源和东部锦西一带较多。

该段与上覆下伏地层均为整合接触，其顶界一般位于一层含藻灰岩的顶面或当十段底部黄绿色泥质砂岩的底面，底界则位于鲜红色页岩之下一层灰岩的顶面，无此标志层地区其底界位于大后海段灰岩夹层急剧减少，本段紫色云母质页岩大量出现处。

该段厚度在太子河地层小区为41～170 m，一般50～70 m，大连地层小区76～155 m，一般70～90 m；辽西地层小区相对较薄，一般50 m左右。

当十段　$\in^{ds}$　(05－21－2008)

【创名及原始定义】　远藤隆次1931年创名，称当十层，创名地在辽阳市桦子乡当十岭。原始定义：上部为黄褐色板状砂质页岩，下部为黄褐色页岩和板岩的岩石组合。与上覆太子层、下伏石桥层呈整合接触。

【沿革】　创名人当时称当十层，并根据其内所含三叶虫定其时代为中寒武世。1934年又改层称统。王钰等（1954）对原剖面重新测制，根据本段生物特征，结合其岩石特征，并与山东徐庄组正层型剖面对比，扩大当十层含义，将其上界不动，下界下移，称当十统。之后，辽宁地层划分多采用此划分方案，50年代末张瑞锡称徐庄统，辽宁的1∶20万区调、《东北地区区域地层表·辽宁省分册》和《辽宁省区域地质志》等文献均称该段地层为徐庄组，含义未变。徐庄组属生物地层单位，其下部与当十段相当，应停用。

【现在定义】　指馒头组的上部地层，岩石组合为灰绿、灰色、黄褐色砂岩、含云母粉砂质页岩及钙质粉砂岩，夹紫色钙质页岩和薄层灰岩。顶界在本段砂页岩基本消失，开始出现张夏组厚层灰岩的底面，底界以中厚层黄、灰绿色砂岩出现为本段开始。本段与上、下地层均为整合接触。

【层型】　正层型剖面位于辽阳市桦子乡当十岭（123°30′，41°20′），据王钰等1954年重新测制。

上覆地层：**张夏组**　灰色清晰鲕状石灰岩

——————　整　合　——————

当十段	总厚度69.60 m
26. 棕灰色及黄绿色泥质砂岩	2.20 m
25. 灰色云母砂质页岩	1.10 m
24. 黄绿色含云母砂岩	1.80 m
23. 灰色、绿灰色含云母页岩	1.50 m
22. 棕灰色及黄色泥质云母砂岩	2.50 m
21. 灰色含云母砂质页岩	2.80 m
20. 棕黄、黄灰含云母泥质砂岩，产 *Obolus*, *Metagraulos* 等	3.70 m
19. 绿灰色及部分紫灰色含云母砂质页岩，夹少量薄层泥质砂岩	54.00 m

——————　整　合　——————

下伏地层：**石桥段**　灰色不纯灰岩

【地质特征及区域变化】　正层型剖面上本段下部为灰绿色及部分紫色含云母砂质页岩夹少量薄层泥质砂岩；上部为棕黄色、黄绿色泥质砂岩或含云母泥质砂岩与灰色、灰绿色含云母质页岩或页岩互层。

本段主要含有三叶虫化石，如 *Metagraulos*，*Bailiella*，*Proasaphiscus* 及少量腕足类和腹

足类等，据其生物组合特征，时代为中寒武世早期（徐庄期）至晚期初始（张夏期的早期）。

辽宁省内凡有古生代地层出露地区均有当十段分布。岩性变化特点是：太子河地层小区驼蹄砬子剖面以紫色钙质页岩为主，上部夹有砂岩及薄层灰岩。河圈一带下部为黄绿色页岩，中部为钙质砂岩及鲕粒灰岩，上部则是页岩与薄层灰岩互层。向东至碱厂一带相变为上下全为页岩，仅中部出现钙质砂岩和鲕粒灰岩；大连地层小区在南部金州地区以黄绿色粘土质云母岩屑石英杂砂岩为主，下部夹薄层灰岩及黄绿色页岩，在北部复州湾地区为褐色及黄绿色含海绿石云母质长石石英砂岩和粉砂岩，顶部和底部见页岩夹层；辽西地层小区在西部凌源科子、老庄户和喀左大营子以紫色页岩为主，粉砂岩多为凸镜体或薄层。东部锦西富隆山一带本段上部相变为紫色薄层白云岩夹黄绿色页岩。中部朝阳地区本段变为黄绿色页岩和钙质粉砂岩。

本段与上下地层均为整合接触，黄绿色泥质砂岩或钙质粉砂岩的出现代表当十段的开始，顶界在太子河地层小区为本段砂页岩与张夏组厚层灰岩的岩性突变面上，其他两地层小区岩性过渡现象较为明显，一般以本段紫、棕黄色页岩基本消失，张夏组厚层灰岩大量出现为标志。

当十段沉积厚度在各地层小区情况是：太子河地层小区 74～114 m；大连地层小区的南部为 88 m，北部为 44 m，辽西地层小区为 20～57 m，以西部凌源老庄户和东部锦西富隆山两地最厚。

张夏组　$\in \hat{z}$　(05－21－2009)

【创名及原始定义】　1907 年 Willis 和 Blackwelder 创名，创名地点在山东省长清县张夏镇附近。原称张夏灰岩。原始定义是：九龙群的第一个层是盖在馒头页岩软地层之上 150 m 厚的块状石灰岩，形成几百英尺高的陡壁，命名为张夏石灰岩或鲕状灰岩，有时也叫张夏层。最底部由 18 m 厚的薄层橄榄灰色石灰岩组成，然后是形成陡壁的块状黑色鲕状岩层，平均厚 70 m。陡壁上的山坡里发育着 30 m 厚的结晶灰岩。上部为暗色和浅灰色递变的灰岩。近顶部有浅灰色砾石灰岩。

【沿革】　该组自创名一直沿用至今，仅对其名称后缀有所更改，但在定义上多偏重生物地层内容。卢衍豪等（1953）称张夏统，《中国区域地层表（草案）》（1956）称张夏组。对辽宁省的这段地层，早在 30 年代初日本人小林贞一（1930）、远藤隆次（1931）在太子河地层小区就曾称为火连寨石灰岩或太子层（统）。张夏统一名是张丽旭（1943）首先引用于辽西地层小区锦西南票，随后王钰等（1954）、张瑞锡（1958）也分别将此名引入太子河地层小区和大连地层小区。辽宁地矿局自 60 年代初开始的 1∶20 万区调工作和《东北地区区域地层表·辽宁省分册》（1978）及《辽宁省区域地质志》（1989）等文献均以张夏组称之。火连寨石灰岩、太子层（统）均与本组同物异名，应停用。

【现在定义】　指华北地层大区馒头组之上，崮山组之下，以厚层鲕粒灰岩和藻灰岩为主夹钙质页岩的岩石地层单位。底以页岩或砂岩结束、大套鲕粒灰岩出现划界，与馒头组整合接触；顶以厚层藻屑鲕粒灰岩结束、薄层砾屑灰岩夹页岩出现划界，与崮山组整合接触。

【层型】　正层型剖面位于山东省长清县崮山镇虎头崖。省内次层型剖面为：辽阳市桦子乡当十岭剖面（21－2009－4－1）。

【地质特征及区域变化】　张夏组以厚层灰岩为主，内部夹少量灰黑色页岩。本书严格按岩石地层“组”的概念对地层进行划分，排除生物地层的影响，将以往划入上下地层而实属张夏组的部分进行归并，使张夏组名副其实。

张夏组与省内早古生代地层的展布一致，其沉积厚度在三个地层小区不尽一致。太子河地层小区平均厚155～247 m，本溪碱厂剖面上厚359 m，居三地层小区之首；大连地层小区厚度较小，如金州七顶山剖面仅98 m；辽西地层小区厚度居中，一般200 m左右。区域上本组岩相变化特点是：太子河地层小区为厚—巨厚层灰岩和鲕粒灰岩，时夹白云质灰岩或泥质灰岩，才北一带出现厚上百米的厚层燧石条带灰岩；至大连地层小区鲕粒灰岩少见，藻灰岩较发育，底部常夹黑色页岩；辽西小区以鲕粒灰岩发育为特点，底部偶尔夹紫色或黄绿色钙质粉砂岩。

崮山组　∈*gŝ*　(05－21－2010)

【创名及原始定义】　1907年Willis、Blackwelder创名，创名地点在山东省长清县崮山镇崮山村东北侧附近，原称崮山页岩（或崮山层）。原始定义：九龙群的第二个层是崮山页岩，因崮山村附近出露较完好而得名。它整合盖在石灰岩之上。这个台阶通常约50英尺厚，但其厚度和岩性有轻微变化。普遍以浅绿色的钙质页岩为主，夹有棕、紫、黄色的页岩小层和灰岩透镜体。至今我们未发现化石。页岩中石灰岩薄层通常呈砾状，很少是鲕状岩。

【沿革】　卢衍豪等（1953）称崮山统，《中国区域地层表（草案）》（1956）称崮山组。卢氏所划分的崮山统是以三叶虫作为其分界标准的，其后人虽以崮山组称之，但划分方案仍与卢相同。辽宁省本次对比研究按华北大区统一厘定的崮山组，包括了远藤隆次（1931）在大连地层小区所建的西崖层、白山层、台山层。张丽旭（1943）认为辽西地层小区无崮山组，张夏统与炒米店统直接接触，而他所称的炒米店统中下部相当于现崮山组。王钰等（1954）及其以后所称的崮山组、长山组及凤山组底部之和与现崮山组相当。本组沿革详见表3－1。

【现在定义】　崮山组指华北地层大区整合在张夏组和炒米店组之间，以黄绿（夹紫红）色页岩、灰色薄层疙瘩状-链条状（瘤状）灰岩、竹叶状灰岩互层为主，夹蓝灰色薄板状灰岩和砂屑灰岩为特征的岩石地层单位。以厚层灰岩结束、薄层砾屑灰岩夹页岩出现为其底界；以页岩结束为其顶界。

【层型】　正层型位于山东省长清县崮山镇唐王寨南坡。辽宁省的次层型剖面是：辽阳市桦子乡当十岭剖面（21－2010－4－1）。

【地质特征及区域变化】　该组在辽宁省的展布与张夏组相同。其主体岩性为页岩、薄层灰岩、泥质灰岩。各地层小区之间岩性有一定差别：太子河地层小区自西向东由页岩夹灰岩逐渐变为灰岩夹页岩，页岩以黄绿、灰黑色为主，仅底部见紫色页岩；在大连地层小区其主要分布在北部复州湾一带，南部金州地区不发育，岩性以薄层灰岩和结核灰岩、泥灰岩为主，夹黑色页岩；辽西地层小区与前两地层小区不同的是内部发育紫色含海绿石粉砂岩，并且愈往地层小区西部此岩性愈发育。

本组厚度在大连地层小区最大，其余两地层小区差别不大，如大连白家山剖面厚185 m；太子河当十岭厚84 m，新宾大四平厚116 m；辽西凌源老庄户厚104 m，富隆山厚78 m。

根据该组所含的三叶虫及笔石化石，其时代为晚寒武世早期。

炒米店组　∈*ĉm*　(05－21－2011)

【创名及原始定义】　Willis、Blackwelder1907年创名于山东省长清县崮山镇炒米店村，始称炒米店灰岩。原始定义为：九龙群的第三个层是炒米店石灰岩，由硬质石灰岩组成，形成

表 3-1 辽宁省崮山组、炒米店组、冶里组地层沿革表

太子河地层小区

柱状图	小林贞一 本溪 1930	尾崎金右卫门 太子河 1930	远藤隆次 太子河 1930—1944	王钰等 太子河 1954	陈均远等 太子河 1985	辽宁地矿局 太子河 1989	本书 太子河小区
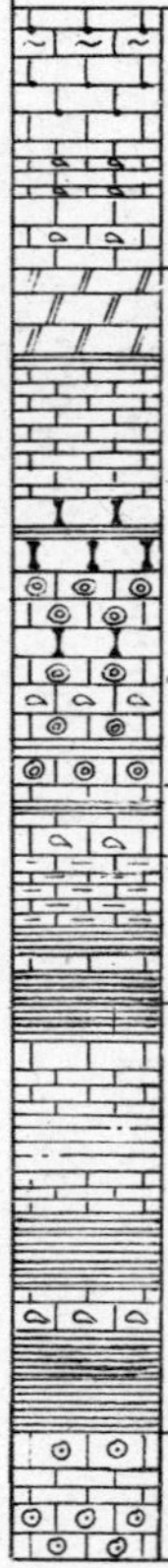	卧龙统(O$_1$) 湾湾统(O$_1$)：结晶石灰岩；楸树沟页岩；湾湾沟石灰岩 营子统(Є$_3$) V· *Blackwelderia* 带 (Є$_2$) 火连寨石灰岩(Є$_2$)	下平洲白云岩(O) 蒋家湾石灰岩 O	缸窑统(O$_2$) 三道统(O$_1$) 平州统(Є—O) 燕州统(Є$_3$) 台山统(Є$_3$) 白山统(Є$_3$) 崮山统(Є$_3$) 太子统(Є$_2$)	亮甲山统(O$_1$) 冶里统(O$_1$) 凤山统：楸树沟层；湾湾沟层；燕州层(Є$_3$) 长山统(Є$_3$)：台山层；白山层 崮山统(Є$_3$) 张夏统(Є$_2$)	亮甲山组(O$_1$) 冶里组(O$_1$) 凤山组(Є$_3$)：楸树沟段；湾湾沟段；燕州段 长山组(Є$_3$)：台山段；白山段 崮山组(Є$_3$) 张夏组(Є$_2$)	亮甲山组(O$_1$) 冶里组(O$_1$) 凤山组(Є$_3$)：楸树沟段；湾湾沟段；燕山段 长山组(Є$_3$)：台山段；白山段 崮山组(Є$_3$) 张夏组(Є$_2$)	亮甲山组(O$_1$) 冶里组(O$_1$—Є$_3$) 炒米店组(Є$_3$) 崮山组 Є$_3$ 张夏组 Є$_2$

大连地层小区

柱状图	松下进 金州 1930	小林贞一 复州湾 1930—1931	远藤隆次 复州 1931—1937	张瑞锡 复州湾 1958	辽宁区调队 金州 1988	本书 大连小区
	爱川统(O$_2$) 荞麦山统(O$_1$) 七顶山统(Є$_2$—Є$_3$)	卧龙统(O$_1$) 湾湾统(O$_1$) 白家山统(Є$_3$) 崮山统(Є$_3$) 张夏统 Є$_2$	三道统 O$_1$ 平州层(O$_1$) 燕州层(Є$_3$) 台山层(Є$_3$) 白山层 Є$_3$ 西崖层(Є$_3$) 太子层(Є$_2$)	亮甲山统(O$_1$) 冶里统(O$_1$) 凤山统(Є$_3$) 长山统(Є$_3$) 崮山统(Є$_3$) 张夏统(Є$_2$)	北平山灰岩(O$_1$) 台子山组(Є$_3$—O$_1$) 拉树山屯灰岩 Є$_2$—Є$_3$ 张夏灰岩	亮甲山组(O$_1$—O$_2$) 冶里组(Є$_3$—O$_1$) 炒米店组(Є$_3$) 崮山组(Є$_3$) 张夏组(Є$_2$)

辽西地层小区

柱状图	孙云铸 锦西南票 1923 1924	植田房雄等 喀左九佛堂 南票大窑沟 1937	张丽旭 锦西南票 1943	安太庠 锦西 1962	辽宁地矿所 杨家杖子 1992	本书 辽西小区
	奥陶系(O) 砂锅屯灰岩 Є$_2$—Є$_3$	大窑沟层 凌源层	卧龙—湾湾统(Є—O) 炒米店统(Є$_3$) ? 张夏统(Є$_2$)	亮甲山组(O$_1$) 冶里组(O$_1$) 凤山组(Є$_3$) 长山组 崮山统(Є$_3$) 张夏层(Є$_2$)	下富儿沟组(O$_1$) 炒米店组(Є$_3$) 上长茂组 Є$_3$ 张夏灰岩(Є$_2$)	亮甲山组(O$_1$) 冶里组(O$_1$) 炒米店组(Є$_3$—O$_1$) 崮山组(Є$_3$) 张夏组(Є$_2$)

炒米店东南和西南的小山。呈蓝色，新鲜面为暗灰色和细晶。崮山页岩和炒米店灰岩间的过渡带为厚 12 m 的板状灰岩，具砾状特征。之上才是炒米店灰岩的灰色层，单层厚度时常不大于 5 或 6 英尺。其顶界以沉积特征变化为标志，即上覆济南层底部变为浅黄色，已显著白云岩化。

【沿革】 张丽旭（1943）在辽西地层小区锦西一带所用的炒米店统包含了现崮山组和炒米店组底部。远藤隆次（1930）在太子河创建的营子统的上部及湾湾统中下部之和与炒米店组相当。小林贞一（1930）于大连复州湾创建的白家山统上部及远藤隆次（1930）湾湾统之和为现炒米店组。50 年代之后，被广大地质工作者所使用的凤山组（统）的全部或部分相当炒米店组。该组沿革详见表 3-1。

【现在定义】 指华北地层大区，以灰色中厚层微晶灰岩、含生物碎屑藻球粒灰岩、鲕粒灰岩、中薄层竹叶状灰岩为主，夹云斑叠层石藻礁灰岩等以灰岩为特征的岩石地层单位，底以页岩结束划界，与崮山组整合接触；顶以灰岩结束，白云岩（或页岩）出现划界，与三山子组（或冶里组）整合接触。

【层型】 正层型剖面位于山东省长清县崮山镇唐王寨至范庄东坡。辽宁省的次层型剖面是：辽阳市桦子乡当十岭剖面（21-2011-4-1）。

【地质特征及区域变化】 该组分布同崮山组。其岩性在辽东地层分区为中厚层灰岩和藻灰岩（大涡卷灰岩）；在太子河地层小区的东部新宾一带于顶部常夹页岩，灰岩中泥质含量增高；大连地层小区除主体岩性外，有时见泥质花纹灰岩、竹叶灰岩和薄层鲕粒灰岩，页岩不发育；辽西地层小区无藻灰岩层，紫色、褐色薄层灰岩较发育，灰岩中粉砂含量高，竹叶灰岩极多，局部地区（如凌源小汤沟）见有锰质灰岩层。

该组沉积厚度以大连地层小区为最厚，七顶山剖面上厚 352 m；太子河地层小区东部比西部厚，如大四平剖面厚 89 m，当十岭剖面厚 69 m；辽西地层小区厚度不大，如富隆山厚仅 51 m。

辽东地层分区以碳酸盐台地边缘沉积为主，太子河东部见有台盆沉积，辽西地层小区主要属台盆沉积。

据对本组所含三叶虫、牙形刺、笔石等生物的研究，其地质时代为晚寒武世。

冶里组 ∈O*y* （05-21-2012）

【创名及原始定义】 A. W. Grabau 1922 年创名，创名地点位于河北省唐山市开平镇冶里，原称冶里石灰岩（Yehli Limestone）。原始定义是：马家沟北冶里村附近之石灰岩，是系底部有砾岩，位于寒武纪地层之上。

【沿革】 30 年代初，日本人远藤隆次（1932）、小林贞一（1931）分别对辽宁奥陶系做了研究，远藤隆次建立的三道统、小林贞一建立的卧龙统的下部均与冶里组相当。王钰等（1954）将太子河流域奥陶系底部层与河北唐山地区冶里组对比，认为二者厚度、岩性、生物面貌一致，首次将冶里统引入省区奥陶系地层中，并据笔石对其界线进行厘定；安太庠等（1980）通过对太子河本溪地区牙形刺的研究，将王钰等所定冶里组下限下移 10 m。王敏成（1983）也通过牙形刺研究将辽西地区锦西一带冶里组底界下移 12.6 m。总之，不同学者所称的冶里组均是以生物为主，岩性为次，实为统一地层划分，与组的概念不符，本次对比研究对本组进行了重新定义。其具体沿革见表 3-1。卧龙统、湾湾统、下平州白云岩、荞麦山统、三道统与本组部分层位相当，应停用。

【现在定义】 由灰色厚层、中厚层状灰岩夹少量砾屑灰岩及少量很薄的（层厚经常是十几厘米）黄绿色页岩组成。其下与炒米店组薄层灰岩整合接触；其上被亮甲山组含燧石结核灰岩整合覆盖。

【层型】 选层型剖面位于河北省唐山市赵各庄长山矿西约 4 km。辽宁省的次层型剖面为：本溪市豆房沟剖面（21－2012－4－1）、本溪市山城子剖面（21－2012－4－2）。

【地质特征及区域变化】 该组在省内古生代的三个地层小区均有分布。太子河地层小区下部的白云岩或白云质灰岩西部厚（占组厚 1/2 强），东部薄（占组厚约 1/10），上部灰岩的花纹状构造在东部极发育，竹叶灰岩各地发育程度不一，或为夹层或为上部主要岩性，黄绿色页岩夹层出现于上部，个别剖面无此岩性。大连地层小区岩性与太子河基本一致，下部白云岩极为发育，如复州湾剖面上其占组厚约 90%，张家屯（金州）剖面上部花纹灰岩极多，但无页岩和竹叶灰岩。辽西地层小区下部的白云岩无论是白云化程度还是岩层厚度均不及前两小区，其内竹叶灰岩多见于上部，有时在中上部出现含砂灰岩。

该组沉积厚度在金州张家屯剖面为 206 m，本溪豆房沟剖面 169 m，锦西富隆山剖面 161 m，而凌源小汤沟—龙凤沟剖面仅 55 m。

据对本组三叶虫、笔石、牙形刺、头足等生物组合的研究，其时代为晚寒武世—早奥陶世。

亮甲山组 O*l* （05－21－2013）

【创名及原始定义】 叶良辅、刘季辰 1919 年创名于河北省抚宁县石门寨亮甲山，始称亮甲山灰岩。原始定义：系馒头页岩之上，石炭纪含煤层之下，总厚约 800 m 之石灰岩。自下而上可分为 4 层：1. 黑色纯石灰岩、2. 鲕状石灰岩、3. 竹叶状石灰岩、4. 黑色纯石灰岩。

【沿革】 小林贞一（1931）和远藤隆次（1930）在辽宁太子河流域分别建立了卧龙统和三道统，二者的上部与现亮甲山组相当。王钰等（1954）首次在辽宁太子河地区以亮甲山统代表卧龙统和三道统的上部，安太庠（1962）将亮甲山组引入辽西地层小区锦西一带，随后省内的地层系统开始使用亮甲山组这一名称，但在划分原则上多强调其生物地层属性，故不具岩石地层单位含义。

【现在定义】 指冶里组与马家沟组之间的灰色含燧石结核灰岩、白云岩夹少量砾屑灰岩的岩石组合。底部以含燧石结核灰岩与冶里组灰岩整合分界；顶界与马家沟组底部薄板状白云岩、砾屑白云岩等呈平行不整合接触。

【层型】 选层型剖面在河北省唐山市赵各庄矿西约 4 km。辽宁省内的次层型剖面是：辽阳市下缸窑剖面（21－2013－4－1）。

【地质特征及区域变化】 该组在太子河地层小区个别地点燧石结核不发育，如辽阳五顶山。上部有时夹页岩；大连地层小区以燧石结核灰岩与结晶灰岩共生为特点；辽西地层小区的西部凌源一带泥质花纹灰岩发育，东部锦西地区多见白云质灰岩或白云岩夹层。

亮甲山组的沉积厚度太子河地层小区百米左右，辽西地层小区 75～150 m，大连地层小区差别较大，如南部金州一带厚 250 m，北部复州一带仅 40 m 左右。

据对本组笔石、头足类、三叶虫、腕足等化石的研究，其地质时代为早奥陶世晚期。

马家沟组 O*m* （05－21－2014）

【创名及原始定义】 A. W. Grabau 1922 年创名于河北省唐山市开平镇马家沟村，始称马家沟石灰岩(Machiakou Limestone)。原始定义：马家沟村附近之石灰岩，名为马家沟石灰岩，因产 *Actinoceras* 甚富，曾名之为珠角石石灰岩。

【沿革】 马家沟组一名由王钰等（1954）首先引入辽宁，称马家沟统。早在30年代初，日本人小林贞一（1931）将太子河流域的这段地层称豆房统，而远藤隆次用四眼统、五顶统、缸窑统之和代之。自全国地层会议（1959）改用上马家沟组和下马家沟组后，辽宁省的地层划分一直采用此方案。本书恢复马家沟石灰岩原始含义，并以组称之。

【现在定义】 指亮甲山组或三山子组之上，本溪组之下的灰色厚层—巨厚层灰岩夹白云岩、角砾状灰岩、角砾状白云岩的岩石组合。底部与亮甲山组或三山子白云岩呈平行不整合接触关系（辽宁省内为整合接触）。上与本溪组平行不整合接触。

【层型】 正层型剖面位于河北省唐山市赵各庄长山马家沟。辽宁省内的次层型剖面是：辽阳市下缸窑剖面（21-2014-4-1）。

【地质特征及区域变化】 省内该组岩性与正层型剖面基本一致，但各地层小区的岩石组合稍有变化。呈夹层出现的燧石结核灰岩在太子河地层小区出现于本组底部，在大连和辽西地层小区多见于上部。作为底界标志的角砾状灰岩或白云岩在本溪县田师傅一带多至三层，其他地区一般仅一层，个别地区有缺失现象（如凌源小汤沟—龙凤沟）。另外太子河地层小区自下而上白云质含量增高，大连地层小区于上部发育厚层花纹灰岩，辽西地层小区下部白云岩发育，多与灰岩呈互层状，锦西一带在本组下部还见有含锰灰岩，朝阳一带的上部夹钙质页岩。

省内本组厚度太子河地层小区432～732 m，大连地层小区大于605 m，辽西地层小区300～551 m。

据对本组三叶虫、牙形刺及头足类的研究，其所属地质时代为中奥陶世。

第二节　生物地层

一、三叶虫

辽宁省早古生代三叶虫化石带划分及其特点自下而上如下所述。

1. *Megapalaeolenus* 延限带

本带所含化石为 *Megapalaeolenus fengyangensis*, *M.* sp.，与其共生分子有 *Redlichia* sp.，*R. chinensis*。在金州葫芦套、二十里堡等地另外发现有古杯化石，计有4属6种（与峡东地区天河板古杯组合一致）：*Archaeocyathus hupehensis*，*A. tianhebanensis*，*Retecyathus nitidus*，*R. kusmini*，*Sanxiacyathus sinuatus*，*Protopharetra qidingshanensis*。

本带遍布省内三个地层小区，出现于大连地层小区及太子河地层小区碱厂组下部，辽西地层小区昌平组下部，其地质时代属早寒武世沧浪铺期晚时。

2. *Redlichia murakamii* 延限带

本带主要分子为 *Redlichia murakamii*，*R. nobilis*，*R. coreanica*，*Cheiruroides primigenius*，*Neoredlichia nakamurai*，*N. granulosa*。共生的化石有三叶虫 *Redlichia chinensis*；腕足类 *Obolella chinensis*，*O. lunensis*，*Lingulella yabei*；腹足类 *Helcionella rugosa chinensis*；软舌螺 *Hyolithes kuantungensis*；古介形类 *Alutella nakamurai*；藻类 *Girvanella manchurica* 等。

该带主要分布于太子河地层小区及大连地层小区的碱厂组上部至馒头组大后海段地层

中。出现于辽西地层小区昌平组的上部。属早寒武世龙王庙期。

3. *Shantungaspis* 延限带

张文堂（1956）在山东博山创建此带。并于1957年将日本人远藤隆次在太子河地层小区所建的 *Ptychoparia orientalis*（带）改称 *Shantungaspis orientalis*（带）。省内本带所含三叶虫主要是 *Shantungaspis orientalis*，*Probowmania* sp. 等。

在大连地层小区常见有 *Chittidilla tonica*，*Plesigraulos* sp. 等。

与本带相应的岩石地层为馒头组石桥段中上部，石桥段下部有与本带共生的一些分子。其时代为早寒武世毛庄期。

4. *Kochaspis hsuchuangensis* 延限带

卢衍豪等（1952）在山东建 *Kochaspis* 带，张文堂（1956）将其改为本书所采用的 *Kochaspis hsuchuangensis* 带。本带在辽宁的代表分子有 *Kochaspis hsuchuangensis*，*Metagraulos* sp.，*Alokistocare striatum* 等，共生的三叶虫有 *Porilorenzella* sp. 等。

此带目前仅见于大连小区馒头组当十段下部，为徐庄阶最下部一个化石带，其时代属徐庄期早时。

5. *Sunaspis* 延限带

本带源自卢衍豪等（1952）创建的 *Sunaspis laevis* 带，1959年又改为 *Sunaspis* 带。该带在辽宁省的代表性分子是 *Sunaspis* sp.，*Inouyia capax*，*Metagraulos* sp. 等，共生的化石有三叶虫 *Porilorenzella* sp.；腕足 *Nisusia hayasakai*，*N. concentrica* 等。

Sunaspis 为徐庄阶第二个化石带，其所寄身的岩石地层为馒头组当十段下部。辽西小区缺失本带，辽南小区发育较好，化石个体完整，且丰富。时代为中寒武世徐庄期。

6. *Poriagraulos abrota* 延限带

卢衍豪1965年创建此带，早在1952年与其相当的带卢氏称 *Metagraulos abrota* 带。本带所含化石除带化石外还有 *Poriagraulos ovatus*，*P. drays*，*Tonkinella flabelliformis* 等，共生分子主要是三叶虫：*Porilorenzella* sp.，*Peronopsis* sp.，*Dorypyge* sp.；腕足类：*Obolus* sp.，*Lingula* sp.；腹足类：*Hyolithes* 等。

本带为徐庄阶第三个化石带，主要分布于大连地层小区和太子河地层小区馒头组当十段中部，辽西地层小区未发现此带。时代为中寒武世徐庄期。

7. *Bailiella* 延限带

卢衍豪等（1952）创建于山东张夏，属徐庄阶最上一个化石带。本带在辽宁的主要组成分子是：*Lioparia tsutsumii*，*Bailiella lantenoisi*，*Manchuriella halai*，*Acrothele chinensis* 等。共生化石有：三叶虫 *Szeaspis* sp.，*Anomocarella chinensis*，*Peronopsis* sp. 等，腕足类 *Lingula* sp.，*Obolus* sp. 等。其中带化石 *Bailiella* 在大连地层小区未发现。

本带遍布省内三个地层小区，相应的岩石地层单位为馒头组当十段上部。时代属中寒武世徐庄期晚时。

8. *Crepicephalina* 延限带

本带系卢衍豪等（1952）所称张夏阶化石带中最下部一个带，源自孙云铸（1948）所称的张夏阶顶部化石带 *Dorypyge* - *Crepicephalina* 带。该带在辽宁的代表分子主要有 *Crepicephalina* sp.，*Manchuriella* sp. 等。共生分子有 *Anomocarella chinensis*，*Mapania striata*，*Lisaniella* sp. 等。

省内3个地层小区张夏组底均发育本带，尤以大连地层小区最为典型。大连地层小区馒头组当十段顶亦偶见有之。其为张夏阶第一个化石带，时代为徐庄期末时至张夏期早时。

9. *Amphoton* 延限带

本带源自孙云铸（1937）在山东泰安大汶口“汶水层”中建的 *Amphoton typica* 带，卢衍豪等（1952）称为 *Amphoton* 带，代表他所厘定的张夏阶三个三叶虫带中间的一个带。代表分子在辽宁有 *Amphoton* sp.，*Lisania* sp.，*Peronopsis rakuroensis* 等。共生化石除 *Dorypyge* sp.，*Aojia* sp.，*Taitzuia puteata* 等三叶虫外，还有少量海绵骨针。

省内本带主要分布于太子河地层小区和大连地层小区张夏组中部，辽西地层小区无此带，与其对应的带是 *Poshania* 延限带，代表性分子是 *Poshania* sp.，*Menocephalites* sp. 等，共生有 *Szeaspis* sp.，*Taitzuia* sp. 等。时代属中寒武世张夏期中—晚时。

10. *Damesella* 延限带

该带由卢衍豪等（1952）创建于山东张夏，指张夏阶顶部三叶虫带，辽宁情况与其相似，故本书予以采用。其代表分子除带化石 *Damesella* sp. 外，还有 *Yabeia* sp.，*Damesella paronai*，*Solenoparia nodosa* 等。与其共生的有 *Blackwelderia* sp.，*Dorypyge* sp.，*Angostids* sp. 等。

此带于省内张夏组顶部均有分布，时代为张夏期末时。

11. *Blackwelderia paronai* 顶峰带

卢衍豪等（1952）所定崮山阶下部化石带为 *Blackwelderia* 带，朱兆玲（1959）后改为 *Blackwelderia paronai* 带，远藤隆次等（1937）曾将辽宁大连复州长兴岛崮山阶顶部化石带定为 *Blackwelderia? corunta*。均未说明其化石带的属性。由于本带以含丰富的 *Blackwelderia* 为特征，且该属的一些分子可下延到张夏阶 *Damesella* 内，如大连小区复州湾的 *Blackwelderia similis* 等。有时与其上化石带 *Drepanura* 共生，如辽西 *Blackwelderia sinensis*，但在此二带之间最为丰富，故定为分类单位顶峰带，选出 *Blackwelderia paronai* 为其带化石，其他分子有 *Shantungia* sp.，*Teinistion yangi*，*Cyclolorenzella parabola* 等，共生的三叶虫有 *Blackwelderia sinensis*，*Dorypyge* sp. 等。

本带为晚寒武世第一个化石带，时代属崮山期早时。其遍布省内 3 个地层小区，与其相应岩石地层一般为张夏组顶部或崮山组底部，大连地层小区金州一带为炒米店组底部。

12. *Drepanura* 延限带

卢衍豪等（1952）创建于山东崮山，指崮山阶顶部化石带，孙云铸（1937）曾称本带为 *Drepanura premesnili*。本带的代表性化石有 *Drepanura* sp.，*Diceratocephalus armatus*，*Stephanocare richthofeni*，*Wutingshania liu* 等，其中带化石 *Drepanura* sp. 在大连地层小区不甚发育，其他代表性分子与另外两区无异。共生的化石有三叶虫：*Teinistion* sp.，*Blackwelderia shengi*，*Liostracina krausei*，*Lorenzella* sp. 等，在辽西和大连地层小区还有腕足类 *Lingulella* sp.，*Obolus* sp.。太子河地层小区见有笔石 *Callograptus* sp.，*Dendrograptus* sp. 等，为华北区目前已知最古老的笔石层位。

该带在省内三地层小区均有分布，与其相应的岩石地层为崮山组上部或炒米店组下部（大连地层小区金州一带），时代为晚寒武世崮山期晚时。

13. *Chuangia* 延限带

卢衍豪等（1952）在山东崮山建此带。早在 1935 年孙云铸曾将 *Chuangia batia* 定为长山阶下部化石带。而小林贞一于 1933 年就在辽东地区开始使用 *Chuangia* 带，本书仍沿用。本带所含化石除 *Chuangia* sp. 外，还有 *Prochuangia mansuyia*，*Pagodia nodasa* 等，与其共生

的三叶虫有 *Lioparia* sp.，*Pseudagnostus* sp. 等，腕足类有 *Lingulella* sp.，*Obolus* sp. 等。该带所共生的化石较少，其本身延续时间也短，另外在太子河地层小区个别剖面上与其上化石带有混生现象。

本带出现于炒米店组底部或崮山组顶部，时代属长山期早时。

14. *Changshania* 延限带

此带源于孙云铸（1935）在长山阶中部所建的 *Changshania conica* 带，卢衍豪等（1952）称 *Changshania* 带。卢氏（1983）又将辽宁省太子河地层小区本带另定为 *Changshania conica* - *Irvingella taitzehoensis*，属组合带。虽 *Irvingella* 一属在世界范围内广泛分布，但在辽宁省其量不丰，仅在太子河和辽西地层小区部分剖面上见及。另外卢氏在本带之上，*Kaolishania* 带之下还建立了 *Shirakella xiaoshiensis* 带，该带虽广布于太子河地层小区，但常与 *Kaolishania* 带混生，故视其为 *Kaolishania* 带的共生分子。*Changshania* 带的主要组成分子有 *Changshania* sp.，*Ch. conica*，*Komaspis* sp.，*Irvingella* sp.，*I. taitzehoensis* 等。共生的化石有三叶虫 *Shirakiella* sp.，*Pseudagnostus* sp. 等。腕足类 *Obolus* sp.，*Lingulella* sp.，*Billingsella* sp. 等。

省内三个地层小区均有本带分布，产于炒米店组下部，属晚寒武世长山期早—中时。

15. *Kaolishania* 延限带

孙云铸(1935)在长山阶顶部建 *Kaolishania pustulosa* 带，卢衍豪等(1952)称 *Kaolishania* 带。小林贞一（1933）于辽东长山阶顶部曾用此带。本带代表分子主要有 *Petalocephalus* sp.，*Mansuyia endoi*，*Taishania canens*，*Kaolishania* sp.，*K. pustulosa* 等，共生分子有三叶虫 *Pseudagnostus* sp.，*Shirakiella* sp. 等，腕足类有 *Obolus* sp.，*Lingulella* sp.，*Lingula* sp. 等。

本带稳定出现于省内三个地层小区，与其相应的岩石地层为炒米店组中、下部，辽西地层小区部分剖面为崮山组顶部。属长山期晚时。

卢衍豪（1983）在太子河地区曾于本带上部又建一带称 *Acanthometopus obesus* 带，因此带代表分子少，且仅在太子河地层小区少数几个剖面上见及，地方性色彩较浓，区域上的使用有待于进一步工作。

16. *Ptychaspis* - *Tsinania* 组合带

孙云铸（1935）所建的凤山阶底部的三叶虫带为 *Ptychaspis subglobosa* 带，卢衍豪等（1952）据山东的地层资料建 *Asioptychaspis* - *Tsinania* 带，后于 1959 年改称为 *Ptychaspis* - *Tsinania* 带，代表凤山阶底部化石带。本带在辽宁的代表分子有 *Ptychaspis subglobosa*，*Tsinania canens*，*Dictyella* sp. 等。共生的化石有三叶虫 *Saukiella* sp.，*Prosaukia* sp.，*Kingstonia* sp.，*Plethopeltis* sp. 等，腕足类有 *Obolus* cf. *luanhsiensis*，*Lingula* sp. 等。

本带稳定出现于省内各地层小区，为凤山阶第一个三叶虫带，与其相应的岩石地层是炒米店组中、上部，在辽东地区与旧称燕州段相应。其时代隶属晚寒武世凤山期早时。

17. *Quadraticephalus* 延限带

孙云铸(1935)在山东凤山阶中部建 *Quadraticephalus walcotti* - *Saukia acamus* 亚带，卢衍豪等（1952）称 *Quadraticephalus* 带，代表凤山阶中部化石带。本带在辽宁的代表分子主要有 *Quadraticephalus linguensis*，*Q. manchuricus* 等。共生化石为三叶虫：*Dictyella* sp.，*Pogodia* sp.，*Haniwa* sp.，*Saukia* sp. 等，笔石（据林尧坤，1983）：*Airograptus longispicus*，*Callograptus epipterus*，*Dendrograptus* sp. 等；头足类（据林尧坤，1983）：*Protactinoceras* sp；*Ellesmeroceras* sp.，*Acaroceras* sp.，*Wanwanoceras* sp. 等；牙形刺（据陈均远，1984）：*Procon-*

odontus muelleri, *Furnishina quadrata*, *Prosagittodontus* sp. 等。上述共生化石除三叶虫外，余者均仅见于太子河地层小区。

本带在省内三个地层小区均有分布，出现的层位是炒米店组中部。时代为晚寒武世凤山期中时。

18. *Mictosaukia orientalis* 延限带

作为华北区凤山阶顶部的化石带，卢衍豪等（1952）据山东地层资料建 *Tellerina* - *Calvinella* 带，1980 年改为 *Mictosaukia orientalis* 带，在辽宁太子河地层小区称 *Mictosaukia chinhsiensis* 带。本书采用卢氏华北区统一名称。在辽宁本带代表性分子为 *Mictosaukia chinhsiensis*, *Koldinioidea* sp., *Calvinella bella*, *Tellerina chinensis*, *Andersonella fengtienensis*, *Ptechopeitis* sp. 等。共生化石有三叶虫 *Geragnostus chiuhsuensis*, *Changia chinensis* 等；牙形刺（据陈均远，1984）在太子河地层小区发现有 *Cambrooistodus cambricus*, *Teridontus nakamurai* 等；笔石（据王敏成，1991）在大连地层小区有 *Dictyonema kelanense*, *Dendrograptus* sp., *Callograptus* sp. 等；腕足类有 *Lingulella* 等。

本带主要发育于太子河地层小区和辽西地层小区，大连地层小区不发育，仅见本带个别代表分子，如：*Calvinella* sp.。与其相应的岩石地层为炒米店组上部。其时代归属为晚寒武世凤山期晚时。

19. *Alloleiostegium* 延限带

代表性分子有 *Alloleiostegium* sp.（陈均远，1984，本溪田师傅），*Tienshifuia constricta*, *Troedssonia yangshanensis*（段吉业，1984，本溪、锦西）及 *Apatokephalus* sp. 等，所共生的化石据陈均远（1984）资料主要是笔石 *Dictyonema flabellifore* - *Staurograptus dichotomus* 带内诸分子，牙形刺为 *Cordylodus proavus* 带和 *Cordylodus intermedius* 带的一些分子。

本带目前仅在太子河和辽西地层小区少数几个剖面上见及，与其相应的岩石地层为炒米店组顶部。时代为早奥陶世早期早时。

20. *Apatokephalus* 延限带

代表分子有 *Apatokephalus* sp., *Remopleuridiella* sp., *Harpia* sp. 等。共生化石有头足类：*Levisoceras* sp., *Beekmanoceras* sp., *Cumberloceras* sp., *Dakeoceras* sp. 等，牙形刺：*Cordylodus angulatus*, *Scolopdus bassleri*, *Drepanodus acutus* 等。

本带区域上分布有限，目前仅在辽西和太子河地层小区几个剖面上见及，大连地层小区因此期岩石白云岩化强烈，尚未发现化石。与其相应的岩石地层为冶里组中下部。时代为早奥陶世早期。

21. *Asaphellus* - *Penchiopsis* 组合带

代表分子为 *Asaphellus* sp., *Penchiopsis* sp.。共生化石为笔石 *Dendrograptus leptocladus*, *Acanthograptus gemmatus*, *Callograptus taitzehoensis*。介形虫 *Ctenobolbina sinensis* 等

此带仅发现于太子河地层小区，与其相应的岩石地层为冶里组上部，为奥陶世下统最上部一个三叶虫带，时代属早奥陶世早期晚时。

22. *Eoisotelus* 延限带

代表性三叶虫分子仅为 *Eoisotelus* sp.。与其所共生的化石门类众多，主要有腕足类：*Dolmanella* sp., *Hesperorthis* sp., *Rafinesquina* sp.；头足类：*Armenoceras* sp., *Cyrtactinoceras* sp., *Eskimoceras* sp., *Kogenoceras* sp., *Ormoceras* sp., *Polydesmia* sp., *P. poshanensis*, *Sactoceras* sp., *Trifurcatoceras* sp. 等；腹足类：*Lophospira* sp., *Maclurites* sp. 等。苔藓虫：

Trematopora sp.。层孔虫：*Labechia* sp. 等。

23. *Pseudoaphus* 延限带

本带所含三叶虫有 *Pseudoaphus* sp.，*Basilicus* sp. 等。共生化石有头足类 *Stereoplasmoceras* sp.，*Armenoceras* sp.，*Tofangoceras* sp.，等，牙形刺 *Erraticodon tangshanensis*，*Drepanodus homocurvatus* 等；笔石 *Dicranograptus* sp.；腹足类 *Hormotoma* sp.，*Liospira* sp.，*Maclurites* sp. 等。

本带各门类化石在太子河和辽西地层小区较发育，所出现层位主要为马家沟组上部，时代属中奥陶世晚期（见表 3-2)。

二、笔 石

辽宁省晚寒武世—奥陶纪笔石带自下往上分述如下。

1. *Dictyonema wutingshanense* 延限带

穆恩之（1953）创名于辽宁省辽阳市五顶山，指一套以 *Dictyonema wutingshanense* 为主的笔石群，与三叶虫 *Quadraticephalus* 带共生。

本带经林尧坤(1983)研究，在太子河地层小区共分 4 属 10 种，计有 *Dictyonema wutingshanense*，*D. wutingshanense major*，*Airograptus longispicus*，*A. aufracus*，*Callograptus epipterus*，*C. obtortus*，*C. flabelliscus*，*C. stanfferi*，*Dendrograptus hallianus marcidus*，*D.* sp.。大连地层小区笔石除与三叶虫 *Quadraticephalus* 共生外，还与凤山阶顶部三叶虫带 *Mictosaukia* 一同出现，此地层小区笔石可分上下两层，下层笔石有 3 属 6 种，它们为 *Dictyonema wutingshanense*，*D. jinzhouense*，*Dendrograptus diminatus*，*Callograptus viminalis*，*C. lashushanensis*，*C. pennatus*；上层笔石为 *Dictyonema kelanense*，*Dendrograptus* sp. 等。本带笔石以漂浮为特征，是笔石演化史上由底栖向漂浮演化的一个转折点。

本带见于大连和太子河地层小区，辽西地层小区目前尚未发现，与其相应的岩石地层为炒米店组中上部。时代属晚寒武世风山期晚时。

2. *Dictyonema flabelliforme*－*Staurograptus dichotomus* 组合带

赵祥麟(1983)创建于本溪市营子。代表分子为 *Dictyonema flabelliforme*，*Staurograptus dichotomus*。共生的笔石有 *Callograptus bulmani*，*C. orientalis*，*C. cognatus*，*Dendrograptus geminus*，*D. robustus*，*Dictyonema* f. *bellum*，*D. sinense*，*Clonograptus* sp.，*Anisograptus lautus* 等。

在大连和太子河地层小区本带极为发育，辽西地层小区本带化石较贫，其主要出现在炒米店组顶部，时代为早奥陶世早期。

3. *Dendrograptus lotolatzensis* 延限带

穆恩之（1953）创名于太子河地层小区，为其所建的 4 个笔石带的第二带。代表分子有 *Callograptus* aff. *hopkinsoni*，*Dendrograptus lotolatzensis*，*D. ptilograptoides*，*Inocaulis* sp.，*Medusaegraptus* sp.。共生有笔石 *Dictyonema* sp.；牙形刺 *Cordylodus intermedius*，*C. proavus* 等。在个别剖面（如本溪豆房沟）上本带与其下笔石带有局部混生现象。

本带在省内各地层小区均有分布，代表分子在辽西地层小区数量较少，主要产于冶里组中上部。时代为早奥陶世早期。

4. *Dictyonema liaotungense* 延限带

穆恩之(1953)创名于太子河地层小区，为其所建的 4 个笔石带的第三带。除带化石 *Dicty-*

表 3-2 辽宁省早古生代年代地层、岩石地层、生物地层单位划分对比表

界	系	统	阶	年龄值(Ma)	岩石地层 辽西地层小区	岩石地层 太子河地层小区	岩石地层 大连地层小区	生物地层 三叶虫	生物地层 笔石	生物地层 牙形刺	生物地层 头足
上古生界					本溪组	本溪组	本溪组				
下古生界	奥陶系	中统			马家沟组	马家沟组	马家沟组	*Pseudoaphus* R. Z.		*Erraticodon tangshanensis* –*Aurilobodus aurilodus* Ass. Z.	*Tofangoceras pausi annulatum* R. Z. *Stereoplasmoceras pseudoseptatum* R. Z.
		下统			亮甲山组	马家沟组	马家沟组	*Eoisotelus* R. Z.			
					亮甲山组	亮甲山组	亮甲山组			*Serralognathus bilobatus* R. Z. *Scolopodus rex*–*Scalpellodus tersus* Ass. Z.	*Manchuroceras* R. Z.
					冶里组	冶里组	冶里组	*Asaphellus*–*Penchiopsis* Ass. Z.	*Callograptus taitzehoensis* R. Z. *Dictyonema liaotungense* R. Z. *Dendrograptus lotolatzensis* R. Z.	*Scolopodus quadraticatus* –*Chosonodina herfurthi* Ass. Z.	*Cumberloceras*–*Levisoceras* Ass. Z.
								Apatokephalus R. Z.		*Cordylodus angulatus* R. Z.	
								Alloleiostegium R. Z.	*Dictyonema flabelliforme* *Staurograptus dichotomus* R. Z.	*Cordylodus intermedius* R. Z. *Cordylodus proavus* R. Z.	
	寒武系	上统	凤山阶	500	炒米店组	炒米店组	炒米店组	*Mictosaukia orientalis* R. Z.	*Dictyonema wutingshanense* R. Z.		
								Quadraticephalus R. Z.			
								Ptychaspis –*Tsinania* R. Z.			
			长山阶		崮山组	炒米店组	炒米店组	*Kaolishania* R. Z.			
								Changshania R. Z.			
			崮山阶		崮山组	崮山组	崮山组	*Chuangia* R. Z.			
								Drepanura R. Z.			
								Blackwelderia paronai A. Z.			
		中统	张夏阶		张夏组	张夏组	张夏组	*Damesella* R. Z.			
								Amphoton R. Z.			
								Crepicephalina R. Z.			
								Bailiella R. Z.			
			徐庄阶		馒头组 石桥段	馒头组 石桥段	馒头组 石桥段	*Poriagraulos abrota* R. Z.			
								Sunaspis R. Z.			
								Kochaspis hsuchuangensis R. Z.			
			毛庄阶		馒头组 当十段	馒头组 当十段	馒头组 当十段	*Shantungaspis* R. Z.			
		下统	龙王庙阶		馒头组 大后海段	馒头组 大后海段	馒头组 大后海段	*Redlichia murakamii* R. Z.			
			沧浪铺阶		昌平组	碱厂组	碱厂组	*Megapalaeolenus* R. Z.			
			筇竹寺阶				大林子组				
							葛屯组				
元古界				600			兴民村组				

onema liaotungense 外，还共生有笔石 *Dendrograptus* sp.，*Dictyonema* sp.。

本带主要产于太子河地层小区冶里组上部，时代属早奥陶世早期。

5. *Callograptus taitzehoensis* 延限带

穆恩之（1953）创名于太子河地层小区，是其在本区所建 4 个笔石带中最上部一个带。其代表分子除带化石外还有 *Anisograptus lui*。共生化石有笔石 *Dendrograptus* sp.，*Dictyonema* sp.，*Acanthograptus gemmatus*；三叶虫 *Asaphellus* sp.，*Penchiopsis* sp. 等；介形虫 *Ctenobolbina sinensis*，*Primitia nanmanensis* 等；腹足类 *Maclurites* sp.；腕足类 *Apheoorthis* sp.，*Obolus* sp. 等。

本化石带主要产于太子河地层小区冶里组上部，时代为早奥陶世早期。

三、牙形刺

辽宁省晚寒武世—奥陶纪牙形刺带自下而上分述如下。

1. *Cordylodus proavus* 延限带

本带代表分子有 *Cordylodus proavus*，*Proconodontus gallatini*，*Eoconodontus notchpeakensis*，*Teridontus nakamurai*，*Proconodontus muelleri*，*Oneotodus gracilis*。与其共生的三叶虫有 *Mictosaukia orientalis* 带和 *Leiostegium*（*Alloleiostegium*）带中各分子。

目前仅在太子河地层小区发现此带，其产于冶里组底部或凤山组顶部。时代属晚寒武世凤山期晚时—早奥陶世早期早时。

2. *Cordylodus intermedius* 延限带

本带所含牙形刺有 *Cordylodus intermedius*，*Oneotodus gracilis*，*Scolopodus* sp. 等。

该带主要产于太子河地层小区冶里组下部。时代属早奥陶世早期。

3. *Cordylodus angulatus* 延限带

本带所含牙形刺主要有 *Cordylodus angulatus*，*Acontiodus liaoningensis*，*Drepanodus subacutus*，*D. acutus* 等。

仅产于太子河地层小区冶里组中部，所属时代为早奥陶世早期。

4. *Scolopodus quadraplicatus* - *Chosonodina herfurthi* 组合带

本带所含化石除带化石外还有 *Cordylodus rotandatus*，*Drepanodus acutus*，*Scolopodus bassleri*，*S. pingquanensis*，"*Acodus*" *oneotensis*，*Oistodus forceps* 等。共生的化石为三叶虫 *Apatokephalus* 带和头足类 *Cumberloceras* - *Levisoceras* 带内各分子。

目前仅在太子河地层小区冶里组上部发现此带，其时代为早奥陶世早期。

5. *Scolopodus rex* - *Scalpellodus tersus* 组合带

本带所含牙形刺除带化石外还有 *Drepanodus subacutus* 等。

主要分布于太子河地层小区亮甲山组下部。时代属早奥陶世晚期。

6. *Serralognathus bilobatus* 延限带

本带所含化石除带化石外还有 *Serratognathus extensus*，*Acontiodus* cf. *latus*，*Bergstroemognathus extensus*，*Scandodus pipa*，*Scolopodus mancordatus*。共生化石主要是头足类 *Manchurocera* 带内诸分子。

本带仅出现于太子河地层小区亮甲山组上部，时代属早奥陶世晚期。

7. *Erraticodon tangshanensis* - *Aurilobodus aurilobus* 组合带

本带代表分子除带化石外还有 *Balodella* sp.，*Drepanodus homocurvatus* 等。与其共生的

三叶虫有：*Pseudoasaphus* sp. 等；头足类有：*Stereoplasmoceras* sp.，*Wennanoceras* sp.，*Armenoceras* sp.，*Discoactinoceras*，*Tofangoaceras* sp. 和腹足类化石 *Lophospira* sp. 等。

分布于太子河地层小区马家沟组上部，时代为中奥陶世。

四、头足类

辽宁省奥陶纪头足类化石带自下而上分述如下。

1. *Cumberloceras* – *Levisoceras* 组合带

本带所含化石除带化石外还有 *Beekmanoceras* sp.，*Dakeoceras* sp.。共生化石为牙形刺 *Cordylodus intermedium* sp. 带，*Cordylodus angulatus* 带及 *Scolopodus quadraplicatus* – *Chosonodina herfurthi* 带内诸分子；三叶虫 *Alloleiostegium* 带、*Apatokephalus* 带和 *Asaphellus* 带及 *Penchiopsis* 带的各分子；笔石 *Dictyonema flabelliforme* – *Staurograptus dichotomus* 带诸分子。

本带主要见于太子河地层小区冶里组中部。时代为早奥陶世早期。

2. *Manchuroceras* 延限带

本带所含化石除带化石外还有 *Proterocameroceras* sp.，*Hopeioceras* sp.，*H. mathieui*，*Kaipingoceras* sp.，*Lituites* sp.，*Paraendoceras* sp.，*Piloceras* sp.，*Stereoplasmoceras* sp.，*Hardmanoceras* sp.，*Euomphalopsis* sp. 等。与本带共生的化石有腹足类 *Ecculiomphalus* sp.，*Fusispira* sp.，*Hormotoma* sp.，*Lophospira* sp. 等；腕足类 *Eosotrematorthis* sp.，*Plectorthis* sp.，*Syntrophia* sp. 等；三叶虫 *Tsaidamaspis* sp.，*Psalikilopsis* sp.；海绵类 *Archaeocyathus chihliense*，*Archaeoscyphia* sp.；介形虫类 *Ctenobolbina sinensis* var. 等。

省内三小区马家沟组均有本带化石产出，大连地层小区化石不多。其时代属早奥陶世晚期。

3. *Stereoplasmoceras pseudoseptatum* 延限带

本带所产化石除带化石外还有 *Armenoceras* cf. *submarginal*，*Cyrtactinoceras* sp.，*Kogenoceras* sp.，*Polydesmia* sp.，*P. poshanensis*，*Tofangoceras* sp.。共生化石为头足类 *Armenoceras* sp.，*A. manum*，*A. richthofeni*，*Eskimoceras* sp.，*Stereoplasmoceras* sp.，*Trifurcatoceras* sp.；腹足类 *Lophospira* sp.，*Maclurites* sp.，*M.* cf. *neritoides*；腕足类 *Dalmanella* sp.，*Hesperorthis* sp.，*Rafinesquina* sp.；三叶虫 *Eoisotelus* sp.；苔藓虫 *Trematopora* sp. 及层孔虫 *Labechia* sp.。

本带省内三个地层小区均有分布，本溪地层小区研究程度较高。其所产层位是马家沟组下部。时代属中奥陶世早期。

4. *Tofangoceras pausiannulatum* 延限带

本带所含头足类化石有：*Armenoceras manchurense*，*A.* cf. *magnitubulatum*，*A. robustum*，*A. tani*，*Eskinoceras* sp.，*Hemipiloceras* sp.，*Ormoceras nagaoi*，*O.* cf. *nudium*，*O. submarginal*，*O. suanpanoides*，*Parormoceras nanum*，*P. nudium*，*P. yabei*，*Poumoceras* sp.，*Ruedemannoceras* sp.，*Tofangoceras* sp.，*Vaginoceras* sp.，*Wutinoceras* sp. *Armenoceras* sp.，*A. nanum*，"*Cameroceras*" sp.，*Ormoceras* sp.，*Sactoceras* sp.，*Trifurcatoceras* sp；腹足类 *Donaldiella laxa*，*Hormotoma* sp.，*Liospira* sp.，*Manclurites* sp.，等；腕足类 *Rafinesquina* sp.；三叶虫 *Basilicus* sp；苔藓虫 *Dinaulites* aff. *petrolitana* sp.，*Trematopora* sp；层孔虫 *Labechia* sp.，*L. shansiensis*，*L. rariabilis*，*Steromatocerium* sp. 等。

本带在省内三个地层小区均有分布，所产层位是马家沟组上部。时代为中奥陶世晚期。

第三节　年代地层

1. 关于寒武系与奥陶系界线

国际上寒武系—奥陶系界线置于何处一直是个争论不休的问题。自 Fortey 和 Skevington (1979) 通过对加拿大纽芬兰含笔石地层进行研究提出置于 Tremadocian（特马豆克）阶最底部 *Dictyonema flabelliforme* 或其亚种之底建议后，目前多采用这一方案。

华北区寒武系—奥陶系界线以往是置于 Tremadocian (特马豆克) 阶之底，即冶里组 *Dictyonema - Asaphellus* 带（或 *Dictyonema flabelliforme* 带）与凤山组 *Mictosaukia - Calvinella* 带之间。自周志毅、张进林（1978）在河北唐山地区于上述两带之间的地层中发现奥陶纪三叶虫 *Onychopyge - Leiostegium*（*Alloleiostegium*）后，界线改在此三叶虫带之下。

辽宁省寒武系—奥陶系界线最早由小林贞一(1933) 据湾湾沟段产头足类化石 *Ellesmeroceras* 置于三叶虫 *Quadraticephalus* 带之底。王钰等（1954）据三叶虫 *Mictosaukia* 带将界线置于该带之顶（或其上的下平州白云岩之底）。赵祥麟等（1984）据陶南生（1958）曾在本溪地区原凤山阶楸树沟段上部采到早奥陶世笔石 *Anisograptus*，对本溪地区寒武系—奥陶系界线问题进行了专门研究。建立了 *Dictyonema flabelliforme - Staurograptus* 笔石带，将该带作为奥陶系最底部化石带，同时将原楸树沟段一分为二，分别以上、下楸树沟段称之，分属寒武系、奥陶系。他所厘定的界线在本溪营子剖面较王钰等（1954）的要低 21.1 m。陈均远等 (1984) 在本溪地区界线附近的地层工作中，以三叶虫为主，结合笔石、牙形刺和头足类对界线进行了综合研究。首先在本溪田师傅腰堡剖面于原楸树沟段上部（*Mictosaukia* 带之上）发现了三叶虫 *Leiostegium*（*Alloleiostegium*）组合，提供了与唐山地区界线对比的有效根据。基于本溪地区未见此带与赵祥麟所建的笔石带共生现象，陈均远又以牙形刺为桥梁，通过间接对比，认为此三叶虫组合应在赵祥麟的笔石带之下，即赵祥麟所建的笔石带不是奥陶系最低化石带。陈均远所建的牙形刺 *Cordylodus proavus* 带纵跨寒武系—奥陶系界线，但其底与三叶虫 *Mictosaukia* 带之底吻合，顶与三叶虫 *Alloleistegium* 带之顶一致；笔石带的划分与赵祥麟的一致，惟界线不同。同时陈均远将界线附近的头足类分建两个带，上带为 *Cumberloceras - Levisoceras* 带，下带为 *Sinoeremoceras* 带，分属寒武系、奥陶系。总之，陈均远所划分的界线在三叶虫、笔石、头足类三方面是一致的，惟牙形刺带跨界线。郭洪俊等（1980）是以三叶虫对寒武系—奥陶系界线进行了划分，但他认为 *Leiostegium*（*Alloleiostegium*）一属存在的时间较长，不宜建化石带，另建 *Richardsonella*（*Richardsonella*）- *Troedssonia* 组合带，代表奥陶系底部化石带，其下为寒武系顶部化石带 *Mictosaukia orientalis*。安太庠根据本溪火连寨原楸树沟段上部 10 m 范围内产牙形刺 *Drepanodus simplex* 带化石，将界线放在此带之底。另外，王敏成等（1989）就大连地层小区界线附近碳酸盐岩白云岩化强烈、壳化石少的特点，在原楸树沟段上部另建笔石 *Airograptus furciferus* 带和 *Dictyonema kelanense* 带，分属奥陶系底化石带和寒武系顶化石带。前一带与赵祥麟（1984）在本溪所建的奥陶系最底部笔石带相当，将大连地层小区寒武系—奥陶系界线比以往上提了 14.8 m。

按照国际寒武系—奥陶系界线划分原则，对比华北区寒武系—奥陶系界线划分标志，根据本省具体情况，本书将省内寒武系—奥陶系界线厘定如下：以三叶虫为主，即寒武系 *Mictosaukia* 带的消失，奥陶系 *Alloleiostegium* 的出现作为主要标志。辅之笔石、头足类及牙形刺作为参考。笔石是划在 *Dictyonema flabelliforme - Staurograptus dichotomus* 带与 *Dictyonema wutingshanense* 之间（大连地层小区在与其相当带 *Airograptus furciferus* 带与 *Dictyonema kelanense* 带之间）；牙形刺是放在 *Cordylodus proavus* 附近；头足类则在 *Cumberloceras - Levisoceras* 带与 *Sinoeremoceras* 带之间。

2. 关于统级年代地层界线。

（1）寒武系中—下统界线

国内有关寒武系中、下统界线的确定是位于毛庄阶之下还是其上，各家意见不一。项礼文等（1981）主张在华北区应置于毛庄阶之底。王钰（1947、1954）、卢衍豪（1974）、张文堂（1964、1973）及常绍泉等（1980）先后通过对本区寒武系的研究，认为毛庄阶（旧称当十层）应归寒武系下统，即中、下统界线置于毛庄阶与徐庄阶之间。本书认为寒武系中、下统界线的确定应考虑以下三点事实：①在毛庄阶出现的 *Bonnia*，*Prozacanthoides*，*Sombrerella* 和 *Eoptychoparia* 是北美早寒武世 *Upper Olenellus* 带的标准分子，尤其 *Bonnia* 还广布于东欧各地。另外，徐庄阶底部 *Kopchaspis hsuchuangensis* 带出现的 *Kochaspis*，*Amecephalus* 也始见于北美中寒武世底部 *Plagiura - Poliella* 带内。所以将本区与北美型动物群比较，徐庄阶相当中统，毛庄阶相当下统。②*Redlichia* 一属在华北区始见于沧浪铺期，灭绝于毛庄期末时，此属在毛庄阶又与北美型早寒武世晚期动物群混生。正如卢衍豪（1974）所言：在早寒武世代表东方动物群的是 *Redlichia* 动物群。③徐庄阶和张夏阶有许多共同存在的属，如 *Peronopsis*，*Dorypyge* 等在毛庄阶未曾发现。鉴于以上三点理由，我们将寒武系中、下统界线置于毛庄阶与徐庄阶之间。

（2）寒武系中—上统界线

我国中、上寒武统的分界意见比较一致，普遍认为应划在三叶虫 *Damesella* 带和 *Blackwelderia* 带之间，本书采用此划分方案。

（3）奥陶系中—下统界线

关于中国奥陶系是三分还是两分，目前众说纷纭，各抒己见。根据辽宁省具体情况，本书采取三分方案，但省内只存在中、下统。对奥陶系中、下统界线位置有两种意见：一是张文堂（1964）主张马家沟组内部，即以往所称“上、下马家沟组”之间。二是盛莘夫（1974）认为应划在“马家沟组”与“亮甲山组”之间。

省内中、下统分界的主要依据是头足类的分布，其次是牙形刺和三叶虫。奥陶系上部和下部的头足类在省内有很大区别，其中 *Armenoceras*，*Tofangoceras* 等属仅在马家沟组发育，而 *Manchuroceras* 集中出现于亮甲山组。据此，本书据陈均远（1984）的划分，将界线定在 *Manchuroceras* 带与 *Koganoceras* 带之间。牙形刺 *Serralognathus bilobotus* 带是奥陶系下统顶部化石带，在太子河地层小区其位于亮甲山组中上部。三叶虫 *Eoisotelus* 带仅存于中统马家沟下部。由牙形刺和三叶虫所厘定的中、下统界线与头足类基本一致。

3. 关于阶的年代地层界线

（1）筇竹寺阶界线

省内筇竹寺阶只存在于大连地层小区，尤以金州一带发育较好，根据葛屯组含宏观藻 *Chuaria circularis*、蠕虫 *Sabellidites cambriensis* 和古介形虫 *Bradoriids* 的生物组合特征，及葛屯组下与兴民村组平行不整合，大林子组上与碱厂组平行不整合，且大林子组之上为含古油栉虫和古杯的碱厂组等事实，将筇竹寺阶上、下界线初定于上述两个平行不整合面上，精确的界线厘定有待今后工作中生物化石的大量发现。目前所定的筇竹寺阶包含葛屯组和大林子组两个岩石地层单位。

（2）沧浪铺阶界线

沧浪铺阶底界即筇竹寺顶界。上界划在三叶虫 *Megapalaeolenus* 延限带与龙王庙阶 *Redlichia murakamii* 延限带之间，太子河地层小区碱厂剖面在第 2 层与第 3 层之间，辽西地层小区在老庄户剖面上位于昌平组第 3 层与第 4 层之间，大连地层小区可掌握在碱厂组顶面。

（3）龙王庙阶界线

据本阶层型剖面昆明西山剖面龙王庙阶的化石带为 *Hoffetella* - *Redlichia murakamii*，将省内本阶界线划在 *Redlichia murakamii* 延限带所出现的范围内。在太子河地层小区碱厂剖面上底界在碱厂组第 2—3 层之间，顶界在大连地层小区金州七顶山馒头组剖面上的第 11—12 层之间，即毛庄阶 *Shantungaspis* 延限带之底。

（4）毛庄阶界线

层型剖面在山东张夏馒头山，厘定后的毛庄阶包含 *Shantungaspis* 带。省内本阶所含化石带与层型剖面相同。其下界即龙王庙阶之顶，上界在徐庄阶底化石带 *Kochaspis hsuchangia* 延限带之底，省内本阶延续范围在本溪新洞沟剖面上为第 1—5 层。

（5）徐庄阶界线

层型剖面在山东张夏馒头山，厘定后的徐庄阶共有 4 个三叶虫带，自下而上分别为 *Kochaspis hsuchangensis* 带、*Sunaspis lateris* 带、*Poriagraulos abrota* 带和 *Bailiella* 带。省内本阶化石带与山东一致。底界即毛庄阶顶界，顶界在三叶虫 *Bailiella* 延限带与 *Crepicephalina* 延限带之间。本溪驼蹄砬子剖面馒头组第 5—13 层即本阶延续范围。

（6）张夏阶界线

层型剖面在山东张夏，厘定后的张夏阶由下而上含三个三叶虫带，分别是 *Crepicephalina* 带、*Taitzuia* - *Amphoton* 带、*Damesella* 带。辽宁的张夏阶也分三个带，其名称与层型稍异，自下而上是：*Crepicephalina* 延限带、*Amphoton* 延限带和 *Damesella* 延限带。其底界即徐庄阶顶界，顶界在 *Damesella* 延限带与崮山阶底部三叶虫 *Blackwelderia paronai* 顶峰带之间。辽阳当十岭剖面张夏组第 33—47 层即本阶延续范围。

（7）崮山阶界线

层型剖面在山东崮山，厘定后的崮山阶有两个化石带，下部称 *Blackwelderia* 带，上部称 *Drepanura* 带。辽宁省的化石带与层型基本相同。自下而上称 *Blackwelderia paronai* 顶峰带和 *Drepanura* 延限带。本阶底界即张夏阶顶界，顶界在 *Drepanura* 延限带与长山阶底部三叶虫 *Chuangia* 延限带之间。辽阳当十岭剖面崮山组第 48—51 层即本阶延续范围。

（8）长山阶界线

层型剖面在河北唐山赵各庄，厘定后的长山阶自下而上含三个三叶虫带：*Chuangia* 带、*Changshania* 带、*Kaolishania* 带。辽宁长山阶化石带与层型一致，三个带均为分类单位延限带。长山阶底界即崮山阶顶界，顶界在本阶的 *Kaolishania* 延限带与凤山阶 *Ptychaspis* - *Tsinania* 组合带之间，辽阳当十岭剖面上本阶包含的地层为第 52—57 层。

（9）凤山阶界线

层型剖面在河北唐山赵各庄，厘定的凤山阶自下而上含 4 个三叶虫带：*Tsinania* 带、*Quadraticephalus* 带、*Sinocremoceras* 带、*Mictosaukia orientalis* 带。根据辽宁省具体情况，本阶自下而上划分三个三叶虫带：*Ptychaspis* - *Tsinania* 组合带，*Quadraticephalus* 延限带，*Mictosaukia orientalis* 延限带。凤山阶底界即长山阶顶界，顶界在 *Mictosaukia orientalis* 延限带与

早奥陶世底部三叶虫带 *Alloleiostegium* 延限带之间，在奥陶系底部贫化石地区，以本阶顶部三叶虫带的消失为界线标志。在陈均远（1984）所测本溪田师傅腰堡剖面上本阶顶界在第 8 层之顶，豆房沟剖面在第 3 层之顶。

综上所述，本书将省内早古生代划分出 11 个年代地层单位，其中有 9 个阶，2 个统。生物地层单位共 40 个，岩石地层单位 14 个，三个单位之间的关系见表 3-2。

第四章
石炭纪—三叠纪

辽宁省石炭纪—三叠纪地层主要分布于本溪、桓仁、大连、复州、锦西、凌源、朝阳等地，出露良好（见图4-1）。地层小区划分与早古生代地层相同。

该断代地层研究历史悠久。早在19世纪末和本世纪初，就先后有李希霍芬（F. V. Richthofen，1869）、矢部长克（1919）、马底幼（Mathieu，1924），早坂一郎（1915、1922）、赵亚曾、李四光等（1926），对太子河地区与复州地区的石炭纪、二叠纪地层进行了调查研究。中华人民共和国成立后，随着大规模的煤田地质勘探和区域地质调查工作的开展，地质研究工作更加深入，地层资料极为丰富，为本次研究提供了良好的物质条件。

经过研究，本书理顺采用的正式岩石地层单位共15个，其中群级单位2个、组级单位9个、段级单位4个（见表1-1）。同时对生物地层也进行了较为详细的研究，沿用和新建了一批生物带，并进一步对其年代属性进行了探讨。

第一节　岩石地层单位

月门沟群　CP*Y*　（05-21-3006）

【创名及原始定义】　月门沟群由Norin 1922年创名，创名地点在太原西山西铭村的月门沟，始称月门沟煤系。原始定义：代表太原西山、东山平行不整合覆于奥陶系风化面以上，伏于骆驼脖子砂岩之下的一套含煤地层。在骆驼脖子沟，以斜道灰岩顶面为界，将月门沟煤系分为上、下两部。下部：太原系；上部：山西系。

【沿革】　省域内相当月门沟群的沉积最早由坂本峻雄（1926）根据对太子河流域石炭纪—二叠纪地层的调查，划入了由他命名的太子河系下部。同年，赵亚曾在《南满石炭纪地层之研究》文中，根据腕足类化石将本溪一带该套地层下部不含煤的夹有海相灰岩的砂、页岩及其底部的铁铝岩命名为本溪系，时代归属中石炭世，上部含煤的砂、页岩划属石炭—二叠纪山西系和石英质砂岩系，同时对大连复州湾五湖嘴煤田划分出本溪系、太原系和二叠系。此后，稻井丰（1934）、松泽勋（1935）、野田光雄（1938）、桐谷文雄（1942）、张丽旭（1943）和高桥年次（1944）等分别对省内各地的石炭纪—二叠纪地层做了不同的划分与命名

(表 4－1)，其中以野田光雄的划分较有影响，他将太子河系下部自下而上划分为本溪统、黄旗统、柳塘统、本溪统和黄旗统的含义分别与赵亚曾的本溪系、太原系基本相当，柳塘统则包含了赵氏的山西系及其上的石英质砂岩系。王钰等（1954）将黄旗统、柳塘统归并为月门沟系。潘广（1959）将黄旗统和柳塘统恢复为太原统和山西统，仍归属于月门沟系。辽宁区测队（1965、1967）在进行凌源、宽甸、锦西等幅的 1∶20 万区调时，自下而上划分和使用了本溪组（群）、太原组（群）、山西组，其含义与潘广的三个统相当。本书通过与山西正层型剖面的对比，对本溪组（系、统）和太原组（系、统）的含义做了修订，新含义本溪组指原本溪系（赵亚曾，1926）下部的杂色砂、页岩及铁铝岩，原本溪系上部含海相灰岩的地层划为太原组。新含义太原组顶部一层灰岩顶面之上的含煤砂页岩划属山西组。同时根据命名优先的原则，三个组归并为月门沟群，其中本溪组又划分出两个段——下部以铁铝岩为主的湖田段和上部由杂色砂页岩组成的新洞沟段。

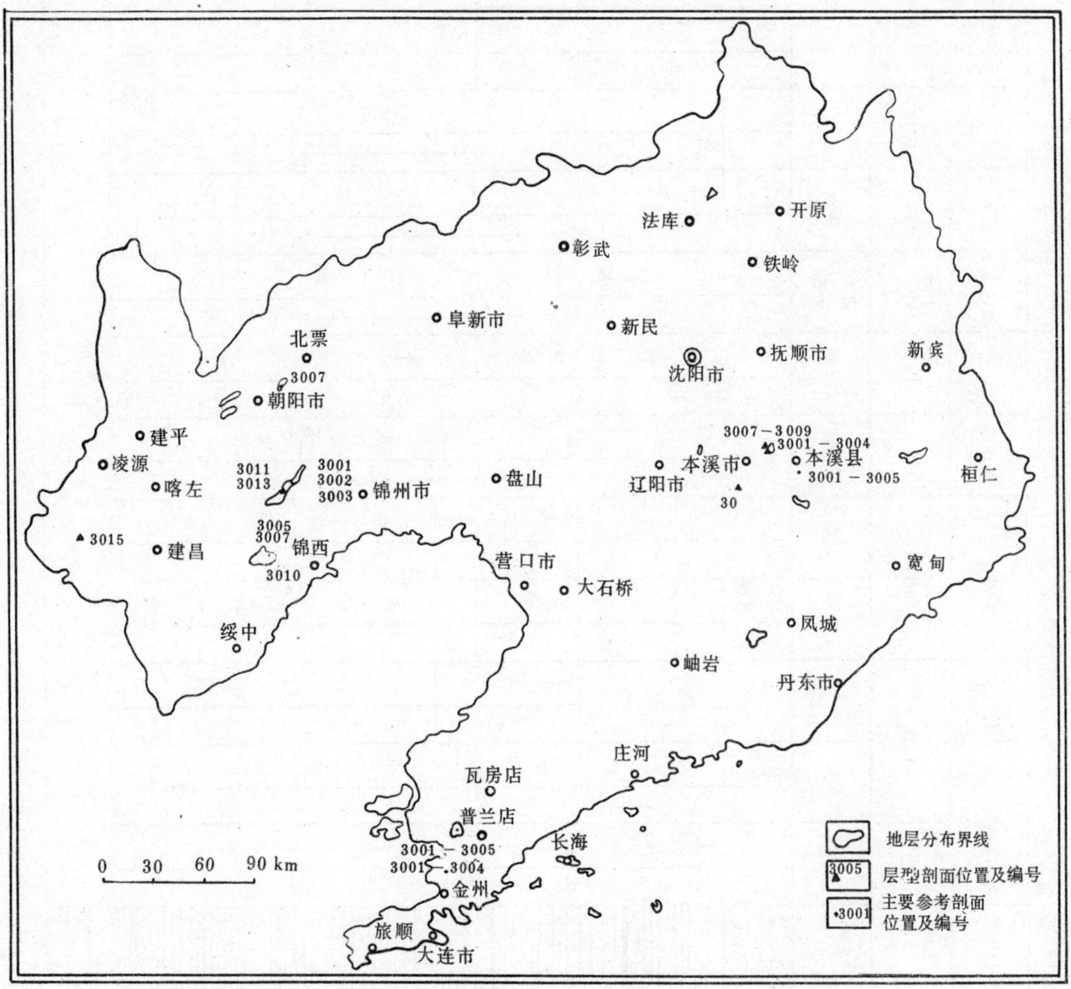

图 4－1　辽宁省石炭纪—三叠纪地层分布及剖面位置图

【现在定义】 指华北平行不整合于奥陶系之上、上古生界下部的海陆交互相-陆相的含煤岩系，由下部本溪组、中部太原组、上部山西组组成。其底界即以奥陶系古风化面为界，顶

表 4－1　辽宁省月门沟群划分沿革表

作者	年代	地区	划分（自上而下）
辽宁省区测队	1967	辽宁省	P：下子石盒组、山西组；C：太原组、本溪组；O：奥陶纪
坂本峻雄	1926	太子河	太子河系：中统（C—P）、下统
赵亚曾	1926	本溪	C—P：石英砂岩质系、山西系；C_2：本溪系
赵亚曾	1926	复州湾五湖嘴	二叠系；C_3：太原系；C_2：本溪系
稻井丰	1934	太子河	P—T：牛心台统；P_1：烟台统；C_2：小市统、田师傅统
稻井丰	1934	辽南	P：烟台统；C_3：杨树沟组、小市统；C_2：田师傅统
松泽勋	1935	锦西	二叠纪 三叠纪；C—P_1：虹螺岘含炭层
野田光雄	1938	太子河	P：柳塘统；黄旗统；C_2：本溪统
桐谷文雄	1942	锦西南票	T？：赤色砂岩层；C—P：南票统
张丽旭	1943	锦西	富山隆统；C—P：三家子统、南票统
高桥年次	1944	锦西	C—P：锦西统
王钰等	1954	太子河	P：月门沟系（柳塘统）；C_3：月门沟系（黄旗统）；C_2：本溪统
潘广等	1959	太子河	P_1：石盒子统；P_1：月门沟系（山西统）；C_3：月门沟系（太原统）；C_2：本溪统
辽宁区调队	1965 1967	辽宁	P_1：下子石盒组；P_1：山西组；C_3：太原组；C_2：本溪组
本书		太子河，大连	P_1：石盒子组；C—P：月门沟群（山西组、太原组、本溪组〔新洞沟段、湖田段〕）
本书		辽西	石盒子组；月门沟群（山西组、湖田段）
（各栏下伏）			马家沟组

界以上覆石盒子组最下部的灰绿色砂岩底面为界。

【地质特征及区域变化】 省内该群底部为一套铁铝岩系，下部是以紫色为主的砂岩、页岩；中部为砂岩-页岩-灰岩-煤的海陆交互相沉积；上部为灰、灰黑、黄绿色的砂岩、页岩夹煤层沉积。由老到新共包括三个组和二个段，即本溪组及其湖田段、新洞沟段、太原组、山西组。

该群含有丰富的生物化石，主要有腕足类、䗴、双壳类、植物等。根据其生物组合特征，该群地质时代为早石炭世至早二叠世。

省内该群发育最完整的地区首推太子河地层小区，厚度在140～583 m之间；大连地层小区部分山西组未出露，厚度在170～270 m之间；辽西地层小区海相灰岩不发育，仅能分湖田段和山西组，厚度在30～170 m之间。

本溪组　C*b*　（05－21－3001）

【创名及原始定义】 赵亚曾1926年创名，原称本溪系。创名地点为本溪市新洞沟与蚂蚁村沟间牛毛岭。原始定义："本系位居奥陶纪石灰岩之上，共厚约九十余公尺，全部均为页岩、砂岩及石灰岩薄层所作成，不含煤层……，兹以 *Spirifer mosquensis* 特别发达于本溪湖之故特名之曰本溪系……"

【沿革】 野田光雄（1938）、杨敬之（1960）、辽宁区测队（1965）先后分别改称本溪统、本溪群、本溪组。本书考虑到原本溪组在岩石学特征上二分性明显，并便于大区对比，故保留下部的杂色砂页岩及底部铁铝质岩为本溪组，上部的灰岩与砂页岩沉积划入太原组。田师傅统与本溪组为同物异名，应停用。

【现在定义】 指月门沟群下部平行不整合于奥陶纪马家沟组灰岩之上，整合伏于太原组地层之下的一套碎屑岩层。上部以紫色、黄绿色砂岩、页岩为主夹煤层，称新洞沟段；下部是以紫色为主含铁铝岩系的泥岩、页岩称湖田段。

【层型】 本溪组正层型剖面位于本溪市西6 km新洞沟和蚂蚁村沟之间牛毛岭（123°43′40″，41°19′55″）。此剖面自赵亚曾（1926）研究后，先后又经王钰等（1954）和辽宁区调队（1975）补测。

上覆地层：**太原组**　淡灰色灰岩

——————— 整　合 ———————

本溪组	总厚度 89.20 m
13. 黄色砂质页岩及砂岩	4.40 m
12. 青灰色页岩	4.40 m
11. 中粒黄色砂岩、含薄煤层	7.00 m
10. 青黄及砖红色页岩	16.00 m
9. 黄色细泥质砂岩	2.00 m
8. 上部黄色、下部紫色细砂岩	6.40 m
7. 黄色砂质页岩夹薄层杂砂岩	8.00 m
6. 上部铝土页岩，下部粗砂岩	3.00 m
5. 黄色粗砂岩，单层厚10～30 cm	23.40 m
4. 杂色页岩，紫色为主，灰、黄、青等次之	6.40 m
3. G层铝土页岩	2.40 m

2. 紫色页岩，易风化成碎片 5.80 m

——————— 平行不整合 ———————

下伏地层：**马家沟组** 灰岩

【地质特征及区域变化】 该组分为上、下两部分：上部岩石粒度较粗，为紫色黄绿色砂岩、页岩，夹一薄层煤；下部岩石粒度较细，为泥岩、页岩，夹G层铝土页岩。剖面具韵律结构。顶界以出现第一层稳定灰岩的底面为标志和太原组分界，二者呈整合接触。底界以奥陶系马家沟组灰岩之上的平行不整合面为界。

本溪组生物以植物为主，上部伴有腕足类、腹足类等。植物：*Sublepidodendron mirabile*, *S.* sp., *S. robertii*, *Neuropteris gigantea*, *Archaeocalamites scrobiculatus*, *Lepidodendropsis tianshifuensis* 等。腕足类：*Linoproductus* sp., *L. tenuistriatus*, *Burtunia* cf. *juresanensis*, *Chonetes* cf. *sarcinntata*, *Pugnax* sp. 等。

根据上述生物组合特点，该组的地质时代为早石炭世—中石炭世。

该组在太子河地层小区和大连地层小区与上覆地层太原组相伴而生，在辽西地层小区趋于尖灭。沉积厚度以太子河地层小区为最大，向南、向西变薄。太子河地层小区厚度为89～312 m，大连地层小区厚度为30～54 m。

本溪组底部铁铝岩系，区域上是稳定的。上部的砂、页岩变化较大，局部呈尖灭。砂岩粒度变化是太子河地层小区较粗，大连地层小区较细。

湖田段 C^h (05-21-3002)

【创名及原始定义】 关士聪、张文堂等1952年在手稿中创名湖田统，创名地点在山东省淄博煤田湖田矿区，丁培榛、范嘉松等1957年介绍发表。原始定义：将本溪统下部铁铝岩层命名为湖田统，是一个多次沉积与侵蚀产物，时代为前中石炭纪，本溪统上部仍用日本人小贯义男的地层名称章邱统，时代为中石炭纪，两者呈平行不整合接触。

【沿革】 辽宁省以往对本溪组下部的铁铝岩系未曾单独进行划分和命名，本书为与华北大区统一，称湖田段。

【现在定义】 指本溪组底部的铁铝岩系。主要岩性为紫红色铁质泥岩、黄灰—灰白色铝土质泥岩及青灰—灰白色铝土岩。底以奥陶系古风化面为界，与下伏马家沟组平行不整合；局部不整合接触；顶以铝土矿之顶面为界。

【层型】 选层型剖面在山东省淄博市西河乡东万山。省内的次层型剖面为：本溪市牛毛岭剖面（21-3001-4-1）。

【地质特征及区域变化】 在牛毛岭剖面上本段是以紫色为主的一套含铁、铝泥岩及页岩组合，具泥岩-页岩韵律结构，厚度为14.60 m。其上界以上覆新洞沟段砂岩的底面为界。

湖田段在辽宁省内分布稳定，厚度一般为13～54 m，具由北向南由薄变厚特点。

界线延伸有一定变化，在太子河地层小区是以本溪组内出现第一层稳定砂岩底面为界，其上为新洞沟段；在大连地层小区局部是以太原组底部灰岩底面为界（新洞沟缺失）；在辽西地层小区是以山西组最底层砂岩底面为界（太原组缺失），与其上覆地层均为连续沉积。

据本段所含生物化石，其地质时代为早石炭世—中石炭世。

新洞沟段 C^x (05-21-3003)

【创名及原始定义】 由稻井丰1934年命名，始称新洞沟页岩。创名地点位于辽宁省本溪市新洞沟至豆房沟间。原始定义：紫红色为主夹有杂色的页岩与砂质页岩互层。与下伏地层奥陶纪石灰岩呈平行不整合接触；与上覆地层红旗石灰岩呈整合接触。

【沿革】 新洞沟页岩实属岩石地层单位。但自本溪系创名后，新洞沟页岩几乎无人采用。本书恢复使用新洞沟这一地理名称，将新洞沟页岩改称新洞沟段，并将本段底界上提至铝土质页岩之上第一层稳定出现的砂岩层的底面。

【现在定义】 指本溪组上部紫色、黄绿色砂岩、页岩及煤（或煤线）组合，与上覆太原组、下伏湖田段均为整合接触。

【层型】 该段选层型剖面为本溪市西北 6 km 的牛毛岭剖面（122°43′40″，41°30′00″），由王钰等 1954 年测制。

【地质特征及区域变化】 在正层型剖面上本段为紫色、黄绿色砂岩、页岩及煤线组合，具砂岩—页岩韵律结构。厚度 74.20 m。

古生物特点以植物为主，另见腕足类等。植物：*Linopteris brongniartii*，*Neuropteridium* sp.，*Neuropteris gigantea*，*N. kaipingiana* 等。腕足：*Linoproductus* sp.，*L. tenuistriatus*，*Orthotetes* cf. *plana*，*Chonetes moelleri*，*Buxtonia* sp. 等。

据上述生物组合特点，本段地质时代为中石炭世。

新洞沟段分布面积不及湖田段，在太子河地层小区广泛发育有此段地层，大连地层小区局部缺失，辽西地层小区不发育。全省厚度变化大，为 9～312 m，太子河地层小区最厚。呈北东向展布。

顶底界线均稳定，下界以砂岩底面为界覆于湖田段之上，上界以首次出现的灰岩底面为界伏于太原组之下。

太原组　CP*t*　(05－21－3004)

【创名及原始定义】 太原组由翁文灏、Grabau 1922 年创名。称太原系。创名地点在山西省太原市西山。原始定义："代表华北晚古生代含煤地层下部"。

【沿革】 翁文灏把华北晚古生代含煤地层分成两部分。下部称太原系，上部称西山系。在太原西山，太原系是指奥陶系风化面以上的一段海陆交互相含煤地层。赵亚曾（1926）根据腕足及䗴类化石创名本溪系时，认为本溪附近无太原系，其只存于辽南五湖嘴一带，位于本溪系与山西系之间。稻井丰（1934）将赵氏在辽南的太原系又自下而上划分和命名为小市统与杨树沟统。野田光雄（1938）的黄旗统、潘广（1959）的太原统以及辽宁区测队（1965、1967）的太原组（群）的地层位置大致相当赵氏太原系的中上部或山西系的下部含煤砂页岩。上述各家以"太原"命名的地层单位的岩石学特征和层位均与山西正层型剖面不一致。本次研究按层型的含义由山西省对太原组做了修订，修订后的太原组包含了原本溪组上部和太原组含海相灰岩的砂岩页岩层。

【现在定义】 指华北平行不整合于奥陶系之上的月门沟煤系（群）下部地层。由海陆交互相的页岩夹砂岩、煤、石灰岩构成的旋回层（多个）组成。其底界（本溪组，大多缺失）即划在湖田铁铝岩段底面①；其上，以最上部一层灰岩的顶面与同属月门沟煤系的山西组为界。

【层型】 正层型剖面在山西省太原市西山西铭七里沟。省内次层型剖面为本溪市牛毛岭剖面（21－3004－4－1）。

---

① 当本溪组存在时，可划在太原组最下部一层灰岩之底面。

【地质特征及区域变化】 太原组在本溪牛毛岭剖面上，由4个灰岩-页岩（或砂岩）韵律层构成，上部夹一薄煤层。页岩、砂岩多为黄色、青色。灰岩中含丰富的䗴化石。厚度59.80 m。顶、底以灰岩终止和起始面为界。

太原组出露于省内本溪、辽阳、桓仁、金州、复州等地。辽西地层小区太原组尖灭。大连地层小区厚度大于100 m；太子河地层小区介于60～223 m之间。含灰岩层数不等，在2—7层间，灰岩厚度大连地层小区较太子河地层小区明显增厚。

据对组内所含䗴、牙形刺、珊瑚及腕足类研究，其地质时代为中石炭世—早二叠世。

【其他】 辽宁省的太原组地层中发育数层石灰岩。区域上具有一定程度的稳定性，标志明显，对区域地层的深入研究，大比例尺地质填图有重要意义，本书主张建为正式层级岩石地层单位，自下而上为蚂蚁石灰岩层、小峪石灰岩层、彩北石灰岩层、牛毛岭石灰岩层、三棱石灰岩层。

此外，太子河地层地区蚂蚁石灰岩层之下，还有一层不稳定的石灰岩层。盛金章(1958)称其为“小市石灰岩”，范国清（1991）称其为“二道沟石灰岩层”，因其不甚稳定，本书未列专名。但该层灰岩及本溪新洞沟段上部产䗴类：*Eostaffela*，*Profusulinella* 甚为丰富，本书 *Profusulinella parva - Eostaffella subsolana* 共存延限带即赋存于二者及大连地层小区三棱石灰岩层（*Profusulinella* 的种极为丰富）之中。

蚂蚁石灰岩层　C^m　(05-21-3017)

【创名及原始定义】 赵亚曾1926年创名，始称蚂蚁石灰岩，命名地点为本溪市西北6 km的蚂蚁村沟。原始定义：“本名用以代表上剖面中下部之二薄石灰岩层，下层厚0.6公尺，上层厚一公尺，中为厚4.3公尺之黄色砂质页岩所分隔，下距奥陶纪石灰岩约五十公尺”。

【沿革】 蚂蚁石灰岩层自创名之后广泛沿用。杨敬之等（1962）改称蚂蚁石灰岩段（有时写为蚂蚁段）。

【现在定义】 指太子河地区太原组底部二薄层石灰岩夹页岩所组成的复层。以其下部灰岩为浅灰色，富泥质；上部灰岩深灰色，质致密而脆为标志。全部蚂蚁石灰岩层中富含䗴化石。

【层型】 同本溪组。

【地质特征及区域变化】 正层型剖面为本溪牛毛岭剖面，该剖面下部灰岩厚0.88 m，上部灰岩厚1.7 m，两层石灰岩之间为厚4.80 m黄色钙质页岩。含化石 *Fusulina schellwieni* 最丰富，伴有 *Fusulina* 属中其他比较原始的种。除本溪牛毛岭剖面以外，在小后沟和城中山一带都很发育，岩性及厚度均少有变化。

小峪石灰岩层　C^x　(05-21-3018)

【创名及原始定义】 赵亚曾1926年创名，始称小峪石灰岩，创名地点位于辽宁省本溪车站东北直距约1 km的顺山子。原始定义：“小峪石灰岩以出露于顺山子小峪沟旁者为最完美。色灰层厚、顶底泥质渐增，呈页岩状。海百合茎极少，但纺缍虫化石则甚多，全部灰岩几乎全为彼等之遗壳所作成。共厚1.85公尺”。

【沿革】 小峪石灰岩层自赵亚曾创名后沿用至今。杨敬之等（1962）曾改称小峪石灰岩段。本书改称小峪石灰岩层。

【现在定义】 位居蚂蚁石灰岩层之上的小峪石灰岩层可分为上、下二部分：上部灰岩为黑色、黄铁矿化、质致密、性脆，在岩石中呈绿色；下部为淡红色、结晶状石灰岩。富含䗴类化石。

【地质特征及区域变化】 该层正层型剖面在本溪车站东北 1 km 的顺山子附近的小峪沟。其岩性由灰色厚层石灰岩组成。底部和顶部泥质渐增，呈页岩状。富含䗴类化石，另有海百合茎少许，厚 1.85 m。小峪石灰岩层在太子河地层小区分布最广，发育良好。本溪牛毛岭厚 3.0 m，小后沟厚 0.30 m，太平沟厚 1.14 m，桓仁暖河子厚 0.50 m，葡萄架岭厚3.80 m。

彩北石灰岩层 C^c （05－21－3019）

【创名及原始定义】 范国清 1994 年创名。创名地在辽宁省本溪市新洞沟与蚂蚁村沟间牛毛岭。彩北石灰岩层前身即赵亚曾（1926）所建的本溪石灰岩，因其与本溪组之地理名称相重，故取附近彩北地名命名。原始定义："本层为本溪煤田内最厚之石灰岩。凡废窑带之北，本层露出之处颇多。本石灰岩之下即无煤层，故当地土人每视其为产煤层之底。色淡灰、厚层状、半结晶、厚 5.5 公尺"。

【沿革】 本溪石灰岩创名后广泛被采用。杨敬之等（1962）改称本溪石灰岩段，范国清（1994）更名为彩北石灰岩层。

【现在定义】 位居小峪石灰岩层之上，浅灰色、厚层状、半结晶的石灰岩层，含丰富的䗴类化石。

【地质特征及区域变化】 在本溪牛毛岭正层型剖面上，彩北石灰岩层厚 10.40 m，下距小峪石灰岩层约 14 m。富产䗴类化石，以 *Fusulinella proverta* 为主，与其共生的䗴，主要是 *Fusulinella* 及 *Fusulina* 二属中比较高级的种。在小后沟厚 2.4 m，山城子厚 7.19 m，太平沟厚 0.29 m，桓仁暖河子厚 9.70 m，桓仁葡萄架岭厚 2.40 m，岩性延伸至城中山即全部变为燧石层。

牛毛岭石灰岩层 C^n （05－21－3020）

【创名及原始定义】 盛金章 1951 年创名，始称牛毛岭石灰岩，创名地点位于本溪市彩北村牛毛岭。原始定义："用以代表本溪统中最高一层含䗴石灰岩，这层石灰岩黑色、坚硬、凸镜状，最厚处只 0.35 m，下距本溪石灰岩约 7.2 m，上距月门沟煤系底部砂岩约 2～3 m"。

【沿革】 牛毛岭石灰岩层自创名以来被杨敬之等（1962）改称牛毛岭石灰岩段。本书改称牛毛岭石灰岩层。

【现在定义】 位居彩北石灰岩层之上，色黑、质硬，呈凸镜状的富产䗴类化石的石灰岩层。

【层型】 同本溪组。

【地质特征及区域变化】 在牛毛岭正层型剖面上，牛毛岭石灰岩层厚 0.40 m。下距彩北石灰岩层 7.2 m，岩性为黑色凸镜体状灰岩。产䗴类化石 *Fusulina cylindrica*，及 *F. quasicylindrica* 最多，伴生有 *Protriticites* 多种。分布范围较窄，厚度变化明显，局部地段尖灭。

三棱石灰岩层 C^s （05－21－3021）

【创名及原始定义】 赵亚曾 1926 年创名，始称三棱石灰岩，创名地点在辽宁省复县五湖嘴煤田（复州湾）三棱山西坡。原始定义："本层下距奥陶纪石灰岩约二十五公尺。色浅灰、厚层状、含燧石结核、厚约八公尺"。

【沿革】 三棱石灰岩自创名以来，广被引用，含义差别不大。本书称三棱石灰岩层。

【现在定义】 指发育于大连地层小区太原组底部，淡灰色、巨厚层状、含燧石结核为特征的石灰岩层。含有海百合茎及 *Choristites mosquensis* 䗴类化石等。

【层型】 选层型剖面为瓦房店市复州湾镇缸窑厂剖面（21-3004-4-3）。

【地质特征及区域变化】 该剖面三棱石灰岩层厚35.90 m，颜色为灰色中厚层状，含燧石结核。含腕足类 *Choristites mosquensis* 牙形刺及䗴类化石。在金县前石灰窑子北山剖面采得：*Idiognathodus magnificus*，*Fusulina* sp.，*Fusulinella* sp. 等。区域上该层厚度变化大，延至金州后石厚度达64.18 m。岩性稳定，以含燧石结核为标志。

山西组 CP$\hat{s}$ （05-21-3005）

【创名及原始定义】 Blackwelder 与 Willis 1907年创名，始称山西系。创名地点在山西。原始定义："从 Rithchofen 和其它观察者的考察中，可知石炭纪和二叠—石炭纪陆相沉积在山西省广泛出露。因此，我们提出山西系的名称。在太原府附近向南到汾河向西弯曲处，我们时常发现它们。在太原府和文水县之间露头是几乎连续的。那儿有两套主要地层：(1) 杂色软页岩，Rithchofen 称为太阳，它包含煤层，并直接露盖在震旦纪灰岩之上；(2) 一套浅红色砂岩夹少量砂质页岩。"

【沿革】 李四光（1922）把山西系范围缩小，只代表晚古生代含煤地层。同年 Norin 将山西系范围进一步缩小，仅指月门沟煤系上部不含石灰岩层的含煤地层。赵亚曾（1926）将 Norin 所描述的山西系含义引入辽宁省。稻井丰（1934、1935）将赵亚曾所称的山西系命名为烟台统。松泽勋（1935）将辽西虹螺岘一带含煤地层命名为虹螺岘含炭层。野田光雄（1938）将太子河小区相当山西系地层自下而上称为黄旗统和柳塘统，其顶界为B层粘土顶面。王钰等（1954）将顶界上移至A层耐火粘土顶面。潘广、李振声等（1959）在《太子河流域上古生界分层问题》一文中，经实际地质资料的分析与山西地层对比，提出"仅柳塘统的下部是山西统的相当层；建议本区停止使用'黄旗统'、'柳塘统'及'彩家统'三名称，而分别依次以太原统、山西统及石盒子统代之"，同时指出山西统底界赞同王钰等意见，顶界应在相当骆驼脖子砂岩的底面。杨敬之（1960）称山西组。红螺岘统、柳塘统、黄旗统、烟台统、南票统、三家子统、锦西统与山西组全部或部分层位同物异名，应停用。

【现在定义】 指华北平行不整合于奥陶系之上的月门沟煤系（群）上部地层。由陆相砂岩、页岩、煤构成的多个旋回层组成，夹数层不等的含 *Lingula* 及双壳类化石的非正常海相层。其下界为同属月门沟煤系的太原组最上一层石灰岩顶面，其上界为石盒子组最底部灰绿色长石石英砂岩的底面。

【层型】 正层型剖面在山西太原市晋祠柳子沟，省内次层型剖面是：本溪山城子剖面（21-3005-4-1），辽宁区测队1967年测制。

【地质特征及区域变化】 在山城次层型剖面上，该组以灰、灰黑色为主，夹有紫色、黄绿色、粉砂岩、页岩、煤，夹有铝土质页岩。含煤4层。砂岩粒度自下而上由细变粗，剖面具旋回结构。厚度447.60 m。

该组底界为太原组最顶层灰岩顶面，顶界位于上覆地层石盒子组底部中粗粒、灰黄色或黄绿色石英砂岩底面，与石盒子组为连续沉积。

该组分布面积广泛，太子河地层小区厚度为125～448 m，辽西地层小区为28～114 m，大连地层小区出露不完整，显示了北厚南薄的变化趋势。岩性较稳定，下部夹有层数不等的海相页岩层，局部夹有泥灰岩层及灰岩凸镜体，碎屑岩粒度变化明显。太子河地层小区及大连地层小区较细，辽西地层小区较粗且含砾岩层。山西组顶界特征明显，区域延伸稳定，底界在太子河、大连地层小区均以太原组最高一层灰岩顶面与太原组整合分界，在辽西地层小区山西组下与本溪组湖田段整合接触。

据对组内所含植物、双壳类、腕足类化石的研究，其地质时代为中石炭世—早二叠世。

石盒子组　$P\hat{s}$　(05-21-3007)

【创名及原始定义】　Norin 1922 年创建于山西省太原东山陈家峪石盒子沟，始称石盒子系。原始定义：月门沟煤系之上，石千峰系之下的一套黄绿色、紫红色砂页岩系，并分下石盒子系和上石盒子系。“下石盒子系几乎全由灰、绿、黄等色的泥质沉积物和淡色的砂岩所组成；上石盒子系则以巧克力色的沉积物为主要成分”。石盒子系以骆驼脖子杂砂岩为下界，以大羽羊齿带为上界。

【沿革】　坂本峻雄（1926）的太子河系上部，赵亚曾（1926）的石英质砂岩系和红色页岩及砂岩系、松泽勋（1935）的蛤蟆山统、野田光雄（1938）的彩家统，均与本组基本相当。王钰等（1954）将月门沟系用于太子河地层小区，自下往上共划分为 7 层，其中第 3、4、5 和第 6 层为柳塘统，第 7 层为彩家统，认为第 6 层顶、底含 A、B 两层粘土，第 7 层之底的粗砂岩与山西骆驼脖子砂岩相当。王氏的彩家统底界较野田光雄（1938）的底界稍偏上，后者是在第 6 层底部含 B 层粘土岩层的顶面。潘广等（1959）将石盒子统引用于省内太子河地层小区，并认为 B 层粘土与开滦鲕状 B 层粘土相当，据开滦在 B 层粘土附近发现石盒子组植物，确认此层粘土之下的粗砂岩层，即王钰等（1954）的第 5 层底部砂岩才是骆驼脖子砂岩，遂将此砂岩作为石盒子组底界。辽西小区的石盒子组，李星学（1956）称蛤蟆山群，内分上组和下组。辽宁地研所（1992）将李星学的上组改称为老墙组，下组为黑鱼沟组。本书认为潘广的划分方案与山西正层型较为一致，故仍采用潘氏组的划分方案，内分柳塘段和彩家段，蛤蟆山统下部地层与石盒子组相当，应停用。富隆山统、三家子统、老墙组、黑鱼沟组、上石盒子组、下石盒子组仅相当本组部分地层，也应停用。

【现在定义】　指华北地层区上古生界上部，由灰绿、灰白色砂岩、黄绿、杏黄、巧克力，灰紫、暗紫红色粉砂质泥岩、页岩等组成。夹黑色页岩、煤（层）线的近海平原河湖相沉积岩系。下伏地层为以灰、灰黑色为特征的含煤岩系月门沟群，以出现绿色砂岩为本组底界；上覆地层为以红色为特征的石千峰群，以出现鲜艳红色泥岩划界。上与石千峰群、下与山西组均整合接触。

【层型】　该组正层型剖面位于山西太原西铭月门沟、骆驼脖子沟—石千峰山。省内的次层型剖面为：本溪市牛心台剖面（21-3007-4-1）。

【地质特征及区域变化】　石盒子组在辽宁省为河湖相沉积，纵向上常构成多个砂岩-页岩（或泥岩）-铝土质岩韵律层，其颜色以黄绿、灰色为主，上部见有紫色。

该组仅分布于太子河地层小区和辽西地层小区，根据两地层小区岩石组合上的细微差异，在太子河地层小区于本组内部分上部彩家段，下部柳塘段。彩家段厚度大，如本溪彩屯厚 1 110 m，为灰色、黄绿色砂岩与杂色页岩互层；柳塘段厚 206～371 m，为紫色砂岩与杂色页岩互层，顶部常见两层铝土质岩矿层。辽西地层小区本组纵向可分性不及太子河地层小区，小区内岩性也不尽一致。其总体特点是厚度小，无铝土质岩石沉积，剖面旋回性较差，细粒岩层全为紫色，且有火山物质出现。辽西地层小区可划分为两种沉积类型，分别称之“锦西型”和“朝阳型”。前者特点是厚度小，一般150 m左右，下部为含砾砂岩与紫色页岩互层，上部为紫、浅黄色含砾粗粒砂岩；后者特点是厚度较大，如朝阳一带厚369 m，上部地层中的砂岩、粉砂岩内凝灰质组分含量高，页岩比例大，且颜色较杂，安山岩质、石英岩质和燧石质砾岩层发育，剖面韵律较明显，另外在西部凌源老虎沟本组下部为安山岩质砾岩，中部为岩屑凝灰岩夹中粗粒砂岩，上部是粉砂质页岩夹砂岩。辽西地层小区的石盒子组已接近山区平原沉积。

据本组所含的陆生植物化石，其沉积时代为早二叠世晚期至晚二叠世中期。

柳塘段　P^1　（05－21－3008）

【创名及原始定义】　野田光雄1938年创名，始称柳塘统。创名地点在本溪市柳塘沟。原始定义：由石灰岩、砂岩、页岩、煤等组成，煤主要在下部，向上砂岩逐渐增多，页岩在下部多呈碳质页岩，上部富褐色页岩，伴有优质的粘土质页岩，总厚170 m。

【沿革】　野田光雄（1938）创名的柳塘统范围较大，包含了现在的山西组和柳塘段。王钰等（1954）所称的柳塘统与野田光雄基本一致，只是对其顶界由野田光雄的B层粘土的顶面移至A层粘土的顶面。本书按华北大区统一方案，启用石盒子组，并在上下分段明显的太子河小区继续使用柳塘段、彩家段，并对其含义重新厘定。

【现在定义】　指太子河地层小区石盒子组下部地层，由黄绿色砂岩与杂色页岩互层组成，其上部常发育有两层铝土矿或粘土岩，为本段标志层，与上覆彩家段为平行不整合接触，底界以一层黄绿色砂岩与山西组黑色页岩整合分界。

【层型】　野田光雄所创柳塘统正层型已破坏，本书在创名地之东另选“本溪市蚂蚁村剖面”（123°42′，41°20′）为新层型，据辽宁区调队1975年测制。

上覆地层：**石盒子组彩家段**　含砾石英砂岩

－－－－－－－－ 平行不整合 －－－－－－－－

石盒子组柳塘段	总厚度206.39 m
8. 紫色及黄绿色页岩夹薄层石英砂岩，顶部具一层厚约3 m的灰色铝土矿（A层）	47.63 m
7. 黄绿色中厚层中粒长石石英砂岩	18.96 m
6. 黄绿色及紫色薄层粉砂岩夹灰白色薄层细粒石英砂岩	18.47 m
5. 黄绿色厚层铝土矿，质纯，细腻，具有鲕状结构（B层）	4.33 m
4. 紫色薄层粉砂岩	1.11 m
3. 黄灰色中厚层中粒石英砂岩	18.35 m
2. 黄绿色粉砂质页岩夹灰白色薄层细粒石英砂岩	37.42 m
1. 黄绿色中厚层中细粒石英砂岩	60.12 m

———————— 整　合 ————————

下伏地层：**山西组**　灰色页岩夹碳质页岩

【地质特征及区域变化】　该段在蚂蚁村沟剖面上岩性为灰色砂岩与黄绿色、黄色、紫色等杂色页岩、粉砂质页岩互层，纵向上构成多个韵律，顶部含两层铝土矿层。全段厚206 m。

底以厚层石英砂岩与山西组灰黑色页岩整合分界；顶以紫色、黄绿色含铝土层页岩与彩家段含砾粗砂岩平行不整合接触。

该段主要含植物化石，常见的种属有：*Lepidodendron gaudryi*，*Cordaites principalis*，

Tingia hamaguchii, *Stigmaria ficoides*, *Taeniopteris nystroemii*, *Plagiozamites* sp. 等。

据本段生物特征，其时代属早二叠世晚期。

该段由多个陆源碎屑沉积旋回构成，旋回次数一般随段的厚度增大而增多。本溪牛心台厚 63 m，由两个旋回构成，仅在上部旋回中发育 A 层铝土矿。本溪市蚂蚁村沟厚 206 m，由 4 个旋回构成，B、A 两层铝土矿分别出现于第二和第四旋回的顶部。区域上每一单个旋回的底部一般为砂岩。个别地段如本溪小岭西北沟为含砾砂岩，另外在山城子剖面上，第三旋回顶部还见深褐色铁质岩。

彩家段　P^c　(05-21-3009)

【创名及原始定义】　野田光雄 1938 年创名于本溪市彩屯，始称彩家统。原始定义：指分布于东北南部太子河系上部地层，其上部为杂色砂岩、页岩互层，下部以粗砂岩为主。上部产陆生植物化石。

【沿革】　野田光雄的彩家统以 B 层铝土矿层顶面为底，王钰等（1954）则以 A 层铝土矿层顶面为他的彩家统之底，他们对石盒子组顶界的划分稍有不同。后来的辽宁地层系统多以上石盒子组称这段地层。本书彩家段含义与王钰等（1954）彩家统相同。上石盒子组与本段属同物异名，应停用。

【现在定义】　指辽宁太子河地层小区石盒子组上部地层。岩石组合为灰色或黄绿色砂岩与紫色页岩、粉砂岩互层。以下伏单位铝土质页岩消失，出现厚层含砾砂岩与柳塘段平行不整合分界，顶界以蛤蟆山组巨厚层紫色碎屑岩出现之底为本段顶界。

【层型】　正层型剖面位于本溪市彩屯（123°43′，41°19′），据辽宁区测队 1967 年重新测制。

上覆地层　**蛤蟆山组**　砂质砾岩

——————— 整　合 ———————

石盒子组彩家段	总厚度 1 110.06 m
12. 紫色页岩夹紫色粉砂岩	52.13 m
11. 黄绿色页岩夹紫色页岩	53.11m
10. 黄绿色中厚层细粒石英砂岩夹黄绿色页岩	17.43 m
9. 黄绿色薄层粉砂岩及页岩夹紫色粉砂岩及黄绿色含砾粉砂岩，掩盖，黄绿色薄层粉砂岩及页岩夹紫色粉砂岩及黄绿色含砾粗砂岩	767.11 m
8. 黄绿色中厚层粗粒长石石英砂岩及含砾长石石英砂岩	20.00 m
7. 紫色页岩	17.55 m
6. 掩盖，黄绿色薄层粉砂岩夹灰色微薄层页岩及黄绿色薄层长石石英砂岩	129.26 m
5. 黄绿色中厚层中细粒含长石石英砂岩	15.76 m
4. 灰绿灰紫色砂质页岩夹黄绿色薄层含长石石英砂岩	5.36 m
3. 黄绿色厚层粗粒含砾石英砂岩	4.81 m
2. 黄灰色厚层粗粒含砾石英砂岩	21.27 m
1. 黄绿色中厚层中细粒石英砂岩夹紫色薄层砂岩	6.27 m

－－－－－－－ 平行不整合 －－－－－－－

下伏地层：**石盒子组柳塘段**　紫色薄层粉砂岩

【地质特征及区域变化】　在彩屯剖面上，本段由灰色、黄绿色砂岩与紫色页岩、粉砂岩互层组成，底部为厚层粗粒含砾石英砂岩（俗称王八盖子砂岩）。

本段植物化石丰富，主要见于太子河小区，主要有 *Gigantopteris nicotianaefolia*，*Cladophlebis* sp.，*Plagiozamites* sp.，*Lobatannularia* cf. *heianensis*，*Taeniopteris* sp. 等。

据本段植物组合特征，其时代为晚二叠世早期—晚二叠世中期。

本段厚度变化较多，正层型剖面厚 1 110 m，本溪牛心台厚仅 135 m，本溪山城子厚484 m。

石千峰群 PTŜ (05-21-3012)

【创名及原始定义】 Norin 1922 年创名于山西省太原西山石千峰山一带，始称石千峰系。原始定义："石盒子系以上的巧克力、暗红色砂岩、泥灰岩层。包括 (1) 银杏植物带，(2) 石膏泥灰岩带，(3) 砂岩带三部分。"

【沿革】 辽宁省与石千峰群相当的地层曾先后被称为本溪湖统（坂本峻雄，1926）、本溪湖层（小林贞一，1942）、红砬统（张丽旭，1943）、大峪统（王钰等，1954）、红砬组（李星学，1956）、郑家组（潘广，1959）。辽宁地质局（1976）曾使用石千峰群代表这套地层。但自张武等（1982）将原石千峰群解体，上部称郑家组（或红砬组），下部称石千峰组之后，省内的地层系统均采用张氏的划分方案。本溪湖层、大峪统、红砬统、郑家组与本群同物异名，建议停用。

【现在定义】 指华北地层区石盒子组之上，以鲜红色为特征，由红色泥岩和红色长石砂岩组成的一套内陆干旱盆地河湖相沉积岩系。自下而上包括孙家沟组、刘家沟组、和尚沟组。

下伏地层为石盒子组，上覆地层为二马营子组。

【地质特征及区域变化】 该群分布于辽宁省太子河地层小区及辽西地层小区。内辖两个组，下部是蛤蟆山组，上部是红砬组。其岩性以紫红色砂岩、砾岩、粉砂岩、页（泥）岩组合为特征，普遍含火山物质组分，砂岩中交错层理发育。

该群与上覆和下伏地层接触关系在太子河地层小区，下与石盒子组整合接触，上与林家组平行不整合接触，群内二组为整合接触。在辽西地层小区下与石盒子组，上与后富隆山组均为平行不整合关系，且群内二组亦为平行不整合接触。

该群主体面貌与正层型一致，唯群内组级单位稍有差异，故本省另建蛤蟆山组和红砬组。

该群厚度太子河地层小区郑家屯一带厚 967 m，辽西地层小区大红石砬子剖面厚 557 m，朝阳石灰窑剖面厚 256 m。

本溪湖层、大峪统、红砬统、郑家组与本群同物异名，建议停用。

据本群所含植物及双壳类化石，其沉积时代为晚二叠世晚期至早三叠世早期。

蛤蟆山组 P*h* (05-21-3010)

【创名及原始定义】 松泽勋 1935 年创名于锦西虹螺岘蛤蟆山，始称蛤蟆山统。原始定义：指锦西、南票一带上部灰白色、紫色厚层砂岩，交错层发育，夹薄煤层和碳质页岩，含耐火粘土，厚 110～180 m；中部紫红色粗砂岩和砂质页岩，厚 90～150 m；下部白色粗砂岩和砾岩夹薄层紫色页岩，厚 50～200 m。

【沿革】 松泽勋的蛤蟆山统包含了现石盒子组至后富隆山组的一套地层。野田谆一（1944）将蛤蟆山统与太子河流域彩家统和柳塘统之和对比。小林贞一（1956）认为其仅相当于彩家统底部，李星学（1956）称蛤蟆山群，其含义与现石盒子组一致。辽宁省煤矿管理局地质勘探局（以下简称辽宁煤矿管理局地勘局）(1962) 将此群中部的一层砾岩称蛤蟆山砾岩。

辽宁地研所（1992）又将其顶界上延，称蛤蟆山组。现称的蛤蟆山组含义与其相当，使用于辽西和太子河两小区。

【现在定义】 指整合或平行不整合于石盒子组之上，整合或平行不整合于红砬组之下的一套砾岩、砂岩、泥岩及火山岩组合。

【层型】 该组正层型剖面位于锦西杨家杖子笔架山（120°32′，40°48′），由辽宁区调队1983年测制。

上覆地层：**红砬组** 石英岩质砾岩

——————— 平行不整合 ———————

蛤蟆山组	总厚度 62.79 m
27. 灰、暗灰色薄层岩屑凝灰岩、灰黑色泥岩	24.83 m
26. 灰色薄—中厚层粗砾泥质胶结岩屑杂砂岩	13.48 m
25. 黄灰色厚层中粗砾泥砂质胶结石英岩质砾岩	24.48 m

——————— 平行不整合 ———————

下伏地层：**石盒子组** 粉砂质泥岩

【地质特征及区域变化】 在笔架山剖面上本组厚63 m。剖面自下而上显示由粗至细的陆源碎屑岩半旋回结构，下部为砾岩，中部为粗粒砂岩，上部为凝灰岩夹黑色泥岩。与上覆和下伏地层均为平行不整合接触。

在锦西市大红石砬子剖面含植物化石，主要有 *Fascipteris*（*Ptychocarpus*）*densata*，*F. stena*，*F. sinensis*，*Ullmannia nanpiaoense* 等，据此分析蛤蟆山组时代为晚二叠世晚期。

辽西地层小区本组厚37～63 m，仅出露于锦西、朝阳一带，在锦西一带的下部砾岩为石英岩质砾岩，个体巨大，直径20～40 cm，俗称“人头砾岩”（或蛤蟆山砾岩），磨圆度好，而朝阳一带为凝灰质胶结安山质砾岩。锦西一带的中部、上部的砂岩、页岩为紫灰、暗灰、灰白色，火山凝灰质组分含量高，而在朝阳一带主要为灰绿色。太子河小区本组仅在本溪彩屯发育，厚182 m。岩性为紫色、紫红色厚层砾岩夹砂岩及少量砾岩，砾石成分为石灰岩、石英岩及火山岩等，胶结物为凝灰质，砾径大者可达10 cm。

红砬组 T*h* （05－21－3011）

【创名及原始定义】 张丽旭1943年创名于锦西市南票大红石砬子村，始称红砬统。原始定义：指南票地区位于晚古生代富隆山统之上，含火山物质（火山岩）的中生层之下的一套紫红色砂砾岩沉积。

【沿革】 李星学（1963）将红砬统改称红砬组。辽宁地质局（1976）将李氏的红砬组称石千峰群。张武、董国义（1982）重新厘定了红砬组含义，将下部相当现蛤蟆山组地层划出，称石千峰组，上部称红砬组。本书认为锦西地区的红砬组与太子河地层小区的郑家组岩性特征和地层位置一致，郑家组可用红砬组代之。

【现在定义】 指整合或平行不整合于蛤蟆山组之上的一套由砂岩、粉砂岩及页岩夹砾岩组成的红色岩系，砂岩内发育交错层理，页岩内见干裂，偶夹薄层灰岩或泥灰岩凸镜体。底以紫色厚层砂质砾岩层的底面与蛤蟆山组分界，与上覆后富隆山组或林家组的黄绿色砂岩夹紫色页岩层系呈平行不整合接触。

【层型】 正层型剖面位于锦西南票大红石砬子（120°39′，41°07′），由辽宁区测队1969

年重新测制。

上覆地层：**后富隆山组** 黄色含砾砂岩

——————— 平行不整合 ———————

红砬组	总厚度 520.20 m
9. 紫红色泥质粉砂岩，局部含砾	9.60 m
8. 浅灰紫色砂岩，具交错层理	207.30 m
7. 浅紫色砂岩，夹灰黑、灰绿色中粗粒砂岩	112.90 m
6. 掩盖	41.40 m
5. 灰色砂岩	25.70 m
4. 紫色泥质粉砂岩、夹灰绿色条带状泥质、凝灰质粉砂岩	37.60 m
3. 紫色中粗粒砂岩、底部含砾	17.20 m
2. 紫、灰紫色泥质粉砂岩、底部含砾	58.60 m
1. 灰紫色砾岩	11.70 m

——————— 平行不整合 ———————

下伏地层：**蛤蟆山组** 紫红色含砾砂岩、页岩。

【地质特征及区域变化】 在大红石砬子剖面上，本组上部为具大型交错层理的浅灰紫色砂岩，中部为浅灰紫色砂岩夹灰绿色中粗粒砂岩，下部是由紫色砂岩（或砾岩）—紫色泥质粉砂岩构成的两个旋回，岩石中常含凝灰质组分。本组以大套紫红色岩系为特征区别于上、下地层。

目前在辽西地层小区喀左杨树沟附近共发现植物化石 10 属 11 种，其中主要有 *Eguisteum mougeotii*，*Neuropteridium*? sp.，*Albertia* cf. *speciosa*，*Neocalamites shanxiensis*，*Crematopteris typica*，*Schizoneura*－*Echinostachys paradoxa* 等。

据该组植物化石特征，其地质时代为早三叠世。

该组在辽西地层小区和太子河地层小区呈零星分布。在辽西南票地区由富隆山向东北到沙锅屯，向西南到三家子等地厚度变薄。朝阳石门沟、北票坤头营子一带岩性主要为浅紫色砾岩夹砂岩凸镜体，朝阳林杖子下部为浅红色砾岩夹砂岩凸镜体，上部为浅紫红色交错层砂岩，厚度大于 500 m。朝阳石灰窑子下部砾岩层不发育，为紫色砂岩夹粉砂质页岩，上部为紫色砂岩，厚 215 m。在太子河地层小区本组主要分布在本溪彩屯一带，西部沈阳红阳一带及东部宽甸暖河等地层位不全，仅有零星分布。彩屯剖面本组厚 786 m，以紫色砂岩为主，夹红色泥岩或页岩，顶部偶见含砾砂岩。

该组在辽西地层小区与上覆和下伏地层均为平行不整合接触，太子河地层小区上与林家组平行不整合接触，下与蛤蟆山组整合接触。

林家组 T*l* (05－21－3014)

【创名及原始定义】 小林贞一 1942 年创名于本溪市林家崴子，始称林家层。原始定义：指分布于林家崴子附近，假整合于“本溪湖层”之上，以灰黄色至灰黑色为主夹紫色，主要由砂岩、页岩构成，底部具砾岩的一套岩石组合，称林家层。

【沿革】 王钰等（1954）称林家统，潘广（1959）改称林家组，均与林家层为同一套地层，唯对其时代归属有异。

【现在定义】 指分布于林家崴子以北地区平行不整合于红砬组之上，下部为黄、灰白色长石石英砂岩及砾岩；中上部为黄绿色石英砂岩和页岩夹紫色及黑色页岩等一套陆相沉积岩组合。未直接见上覆地层。

【层型】 正层型剖面位于本溪市林家崴子（123°41′，41°16′），据辽宁区测队1971年重新测制。

林家组	总厚度＞156.50 m
8. 黄绿色页岩，夹灰紫色页岩及黑色页岩。见植物化石碎片（未见顶）	33.80 m
7. 黄绿色中厚层细粒长石石英砂岩，含 *Ginkgoites* sp.，含海绿石	16.00 m
6. 黄绿色中厚层粗粒长石石英砂岩	26.70 m
5. 黄绿色页岩与紫色页岩互层，夹黄色薄层粗粒石英砂岩	21.20 m
4. 黄绿色中厚层细粒石英砂岩，夹黄绿色薄层粉砂岩。交错层理发育，含植物化石碎片	23.40 m
3. 灰白色中厚层中粗粒长石石英砂岩，局部含细石英岩砾石	25.60 m
2. 灰黄色厚层中粗粒含砾长石石英砂岩	7.50 m
1. 黄灰色厚层中粗粒石英岩质砾岩，砾石分选差，磨圆度好	2.30 m

——————— 平行不整合 ———————

下伏地层：**红砬组**　浅红色中厚层中粒含砾石英砂岩

【地质特征及区域变化】 该组下部为黄绿色和灰白色砂岩及砾岩，交错层理发育，含植物化石等；上部为黄绿色页岩，夹紫色、黑色页岩及煤线。本组下部以一层黄绿色中粗砾砂质胶结石英岩质砾岩与石千峰群紫色碎屑岩系平行不整合分界。

林家组含植物、昆虫及鱼类化石，主要为：

植物：*Plauromeia* sp.，*Symopteris zeilleri*，*Todites* cf. *shensiensis*，*Thinnfeldia major*，*Neocalamites meriani*，*Swedenborgia* sp.，*Lobatanularia* cf. *heianensis* 等。

昆虫：*Sogdoblatta linjiaensis* 等。

轮藻：*Stellatochora*? sp. 等。

鱼：仅见褶鳞鱼的鳞片及古鳕鱼的鳍条骨。

据对上述生物组合的研究，目前暂定其地质时代为中三叠世早期。

该组仅分布于太子河小区的本溪林家崴子及其以北地区，唯林家崴子层序相对完整，其他地区零星出露。

后富隆山组　T*hf*　（05-21-3013）

【创名及原始定义】 张武、董国义1982年创名于锦西市南票区大红石砬子村。原始定义：指分布于辽西地区平行不整合于红砬组之上的一套黄、黄绿及灰黑色砾岩、砂岩、粉砂岩及粉砂质泥岩夹灰白色凝灰岩组合。含瓣鳃类及植物等化石。被老虎沟组或侏罗系不整合覆盖。

【沿革】 张丽旭（1943）的红砬统顶部，李星学（1963）的红砬组顶部与本组相当。辽宁地质局在70年代前后一直以中三叠统称这段地层。自本组建立后，一直沿用至今。

【现在定义】 指分布于辽西地层小区平行不整合于红砬组之上的一套黄色复成分砾岩、灰及灰黑色、黄色长石杂砂岩、粉砂岩夹灰色页岩和灰白色凝灰岩组合。含双壳类及植物等化石。被老虎沟组或海房沟组不整合覆盖。

【层型】 正层型剖面位于锦西市南票区大红石砬子村（120°40′，41°07′），据张武、董国义1982测制。

上覆地层：**海房沟组** 黄色砾岩

~~~~~~~~~~ 不 整 合 ~~~~~~~~~~

后富隆山组	总厚度 46.20 m
12. 黄色砂岩	5.80 m
11. 灰白色灰绿色凝灰岩	27.00 m
10. 灰—灰黑色砂岩，夹黄色薄层砂岩	6.70 m
9. 黄色含砾砂岩	6.70 m

——————— 平行不整合 ———————

下伏地层：**红砬组** 紫红色泥质粉砂岩

【地质特征及区域变化】 在正层型剖面上本组厚46.20 m。中部为厚27 m的灰绿色凝灰岩，上、下均为黄色砂岩，底部见有含砾砂岩，与下伏石千峰群紫色岩层平行不整合分界，与上覆侏罗系海房沟组底部的黄色砾岩层不整合接触。

本组所含化石是：

双壳类：主要有*Unio*（?）sp.，*Shaanxiconcha* cf. *subovata*，*Sibireconcha*（?）sp. 等。

植物：主要有*Neocalamites carrerei*，*Hausmannia* sp.，*Ginkgo* sp. 等。

据上述生物组合，本组地质时代为中三叠世晚期。

该组厚3.8～70.4 m，与正层型剖面不远的沙锅屯厚仅3.8 m，且底部复成分砾岩发育，上部粉砂岩中富产双壳类化石。北票东坤头营子是区内本组最厚地方（70.40 m），由黄绿色砂岩组成，含植物茎干碎片，与上覆地层老虎沟组平行不整合接触。

老虎沟组 T*lh* （05－21－3015）

【创名及原始定义】 东北地质科学研究所（以下简称东北地研所）1970年创名于凌源县沟门子乡老虎沟。原始定义：指分布于凌源老虎沟一带，位于石炭、二叠系之上，郭家店组之下的一套以黄绿色含砾粗砂岩、长石砂岩为主，偶夹黑色碳质页岩及煤线的陆相沉积岩层。含动、植物化石。

【沿革】 辽宁区测队于60年代曾将本组称为三叠系，自创名后，老虎沟组一直沿用至今。

【现在定义】 指分布于凌源、朝阳等地区，不整合（或平行不整合）于后富隆山组之上的以黄色长石砂岩、含砾长石砂岩、砾岩、黄绿色及灰黑色砂质页岩、页岩为主，夹粉砂岩、碳质页岩及煤线等一套陆相沉积组合。含动、植物化石。被北票组或其他较新地层不整合覆盖。

【层型】 正层型剖面在凌源县沟门子乡老虎沟（119°11′，40°51′），由辽宁区测队1962年测制。

上覆地层：**义县组** 含砾安山岩

~~~~~~~~~~ 不 整 合 ~~~~~~~~~~

老虎沟组 总厚度 68.10 m

6. 黄色中厚层粗粒长石砂岩，夹灰黑色、灰绿色粉砂质页岩，产双壳类：*Ferganoconcha*? sp. 15.30 m

5. 黑色页岩，中夹一层厚 0.5 m 的黄色长石砂岩，产叶肢介：*Glyptoasmussia* cf. *madygendia*，*Polygrapta* sp. 等 9.00 m

4. 黄色含砾中粗粒砂岩夹煤线 8.10 m

3. 黄色砂岩夹黑色碳质页岩 5.50 m

2. 黄绿、灰绿、灰黑色页岩，产丰富的动植物化石，双壳类：*Unio ningxiaensis*，*Shaanxiconcha longa*，植物：*Equisetitum laohugouensis*，*Neocalamites carrerei*，*Cladophlebis* spp.，*Sinoctenis minor* 等 20.60 m

1. 黄绿色页岩，含砾砂岩夹碳质页岩，产叶肢介及植物碎片 9.60 m

═══════ 断 层 ═══════

邓杖子组 石灰岩质砾岩

【地质特征及区域变化】 老虎沟剖面上本组与邓杖子组断层接触，仅出露 68.1 m 厚的地层。岩性为黄色砂岩与黄绿色页岩或粉砂岩互层，上部页岩中夹煤线。

本组所含化石极为丰富，主要为植物、孢粉和双壳类。

植物：共有 35 属 63 种，其中以真蕨类、银杏类、松柏类占优势，有楴类次之，石松类及本省内苏铁类较少。多数分子在世界各地晚三叠世地层中均有出现。

孢粉：有 54 属，110 种，其中以裸子植物花粉占优势，含量为孢粉总数的 60.60%，化石中晚三叠世的时代信息特征较明显。

双壳类：以 *Unio*? - *Shaanxiconcha longa* 组合为代表，共有 3 属 12 种，其总体面貌明显地具晚三叠世特征。

据上述生物组合，本组地质时代为晚三叠世。

区域上本组在老虎沟剖面上与义县组不整合接触，其他地区与北票组不整合接触，与下覆地层富隆山组在朝阳小房身南沟为不整合接触，朝阳石门沟为平行不整合接触。本组岩性区域上较为一致，惟朝阳小房身一带砾岩夹层或凸镜体较为发育。

第二节 生物地层

一、䗴 类

辽宁省晚古生代䗴化石带自下而上为：

1. *Profusulinella parva* - *Eostaffella subsolana* 共存延限带

该带源于盛金章（1958）所建䗴化石第一带 *Eostaffella subsolana*。范国清（1994）修订为 *Profusulinella parva* - *Eostaffella subsolana* 共存延限带。

该带主要共生分子为：*Eostaffella quasiampla*，*E. intermedia*，*Profusulinella ovata*，*P. rhomboides*，*P. wangyui* 等。

特征：该共存延限带所含属种均显比较原始、低级，旋壁构造一般为三层式，无透明层。多富集在灰岩层中。

分布：此带赋存于太原组下部及新洞沟段上部，以大连地层小区最丰富，向北延至太子河地层小区，其属种数量锐减。在辽宁西部目前尚未发现此带化石。

时代：地质时代属中石炭世早期。

2. *Fusulina* - *Fusulinella* 组合带

本带系盛金章（1958）在太子河流域所建的第二个䗴带。

特征：以 *Fusulina*，*Fusulinella* 二属的种为主要代表，所含䗴化石的旋壁构造主要以具有透明层的四层式为最多。不含 *Eostaffella subsolana* 以及与其共生的其他种属或极为少见。

分布：见于太原组中上部。大连地层小区 *Fusulina*，*Fusulinella* 二属的种基本不见，而仅以 *Pseudostaffella* 属的高级种族为代表，如 *P. sphaeroidea*，*P. cuboides* 等。在辽西，虽经近年多方采集，仍未见到䗴类化石。

时代：中石炭世晚期

Fusulina - *Fusulinella* 组合带自下而上可分二个亚带。

（1）*Fusulina schellwieni* - *Fusulinella provecta* 组合亚带

该组合亚带赋存于蚂蚁石灰岩（上下）层中，小峪石灰岩层和彩北石灰岩层内，与亚带化石共生的属种有 *Fusulina mayienses*，*Pseudostaffella sphaeroidea*，*Hemifusulina bocki* 等。该亚带的䗴类：①个体由中等到较大；②壳体中部凸强；③*Fusulina* 属中，原始的种较多。

（2）*Fusulina cylindrica* - *F. quasicylindrica* 组合亚带

该亚带主要赋存于牛毛岭石灰岩层中，除带化石外，共生的属种有 *Fusulina ulitinensis*，*F. nytvica*，*F. quasicylindrica* var. *compacta*，*F. yangi* 等。该亚带分布于太原组中部，时代应为中石炭世晚期晚时。

该亚带的䗴类特征是：①壳体大，轴率大；②*Fusulina* 属的高级种族发育，低级的种锐减。

3. *Pseudoschwagerina* 延限带

该带主要分子有 *Pseudoschwagrina moller*，*Rugosofusulina taiyuanensis*，*R.* cf. *varita*，*R. praeovia*，*Quasifusulina* cf. *cayeuxi*，*Fusulina* sp.，cf. *Cylindrica* var. *domodedovi* 等。

特征：该延限带以含有苏伯特䗴和希瓦格䗴为特征。䗴个体较大，旋壁二至三层，一般蜂巢层较发育。

分布：辽宁省该带目前仅见于大连地层小区太原组上部。太子河地层小区仅采到 *Schwagerina* cf. *richthofeni*（太原组中部）。

时代：早二叠世早期

讨论：辽宁省䗴类仅 *Fusulina* - *Fusulinella* 组合带研究程度较高；*Pseudoschwagerina* 延限带尚待补充资料或修正；赋存于山西吴家峪灰岩层的 *Triticites simplex* 带成员仅大连地层小区发现一属一种。

二、腕足类

辽宁省晚古生代腕足化石带自下而上为

1. *Linoproductus tenuistriatus* - *Ovatia* cf. *tenuistriata* 组合带

该带系范国清（1994）据前人资料而命名。该带除带化石外，与其共生腕足类有：*Schizophoria resupinata*，*Ovatia kongjiabaonsis*，*Linoproductus minor* 等。

特征：本带主要由 *Linoproductus*，*Ovatia*，*Schizophoria* 属的种组成，以出现大量长身贝类线纹长身贝科的分子为特征。其中许多种为下石炭统维宪阶常见分子，如：*Ovatia tenuistriata*，*Linoproductus corrugatus* 等。共生还有䗴类：*Eostaffella subsolana*，*Profusulinella* sp. 等

化石。

分布：主要见于太子河地层小区的本溪组，大连地层小区虽有该组合带属种，但化石资料不足以建带，辽西地层小区资料贫乏。

时代：属早石炭世晚期—中石炭世早期。

2. *Choristites mosquensis* 延限带

该延限带源于赵亚曾（1926）对华北地层区腕足类的研究，其共生属种产出的丰度及特征颇具延限带性质，故称 *Choristites mosquensis* 延限带。

该带主要共生分子有：*Choristites sowerbyi*，*Brachythyrina strangwaysi*，*Martinia manchuricus* 等。

特征：以石燕超科、长身贝超科的大量出现为特征。

分布：赋存于太原组中上部。太子河地层小区是 *Choristites mosquensis* 延限带的层型所在地，大连地层小区也有此带属种出现，但其数量远不如太子河地层小区，不足建带。

时代：中石炭世。

三、牙形刺

辽宁省晚古生代牙形刺组合特点自下而上为：

1. *Idioganthodus sinuatus* - *I. carrgatus* - *Declinognathodus lateralis* 组合

尚冠雄、汪曾荫（1988）建立。

特征：以 *Idiognathodus sinuatus*，*I. carrgatus*，*Declinognathodus lateralis* 种为代表，与其共生的还有 *Adetognathus lautus* 等。其主要代表分子为美国宾夕法尼亚系最下部一个组莫洛组中上段的重要化石，也见于新疆昆仑山北坡之卡乌拉依组，相当中石炭统的下部；在甘肃则见于产 Namurian（纳缪尔）期菊石的靖远组之上部，与这些牙形刺共生的 *Adetognathus lautus* 也是中石炭世早期的重要化石。与䗴类化石 *Profusulinella*，*Eostaffella* 等共生。

分布：见于本溪组新洞沟段及太原组下部。除复州湾地区较发育外，太子河地层小区也有该组合分子，但数量少。

时代：中石炭世早期。

2. *Idiognathodus magnificus* - *I. lcaviformis* - *Neognathodus roundyi* 组合

尚冠雄、汪曾荫（1988）建立。

特征：该组合有 *Idiognathodus imcurvus*，*I. magnificus*，*Hindeodella* sp.，*Prioniodus* sp. 等。

化石较丰富，和䗴类化石 *Fusulina* - *Fusulinella* 组合带共生。

分布：赋存于太原组中部，以本溪牛毛岭、田师傅等地发育较好。

时代：中石炭世晚期。

四、双壳类

辽宁省晚古生代至三叠纪双壳类组合特点自下而上为：

1. *Shaanxiconcha ellitica* - *Shaanxiconcha longa* 组合

本化石组合由张武、董国义（1983）命名，始称 *Unio*? - *Shaanxiconcha longa* 组合。本书更名为：*Shaanxiconcha elliptica* - *Shaanxiconcha longa* 组合。该组合主要分子有：*Shaanxiconcha longa*，*S. longelliptica* 等。

特征：该组合以长陕西蚌类群、椭圆陕西蚌类群和三角陕西蚌类群最繁盛，但以陕西蚌类群单调、形态较为简单，珠蚌和西伯利亚蚌数量不丰而区别于晚三叠纪双壳组合。

分布：见于辽西地层小区后富隆山组。

时代：该组合与中三叠世晚期铜川组双壳类组合较为接近，因此，这一组合当属中三叠世晚期。

2. *Unio huangbogouensis* - *Sibireconcha shensiensis* 组合

此组合源于张武、董国义（1983）所称的老虎沟组双壳类组合。本书以其代表分子命名。除代表分子外，主要化石有 *Ferganoconcha* spp.，*Shaanxiconcha longa*，*S. fragilis*，*S. triangulata* 等。

特征：该组合双壳类化石极为丰富，以陕西蚌的各大群类为代表，同时也出现有较丰富的 *Unio*，*Sibireconcha*，*Ferganoconcha* 等。

分布：见于辽西地层小区老虎沟组。除凌源老虎沟组外，北票羊草沟、朝阳石门沟、小房身及北票东坤头营子一带也产有该组合分子。

时代：此双壳类组合与我国陕甘宁盆地的晚三叠世延长组双壳类组合完全可以比较，因此，该组合应属晚三叠世中期。

五、植　物

辽宁省晚古生代植物组合自下而上为：

1. *Sublepidodendron* - *Archaeocalamites* 组合带

范国清等（1994）据在太子河地层小区田师傅石炭系下部铁铝岩系顶部层位发现 *Sublepididendron* sp.，*Lepidostrobus grabaui* 等早石炭世晚期植物化石而建。与其共生分子有：*Sublepidodendron bicostae*，*Archaeocalamites scrobiculatus*，*Cardiopteridim spetsbergense* 等。

特征：该组合带以石松纲占优势，次为真蕨纲和种子蕨纲，此外还有少量科达纲、楔叶纲及种子化石。是辽宁省上古生界最早的植物化石组合带。

分布：目前仅在太子河地层小区和大连地层小区本溪组湖田段发现此组合，辽西地层小区尚未见及。

时代：属早石炭世晚期

2. *Neuropteris kaipingiana* - *N. gigantea* 共存延限带

李星学（1963）将原本溪组植物归结为 *Neuropteris gigantea* - *Linopteris brongniartii* 组合，用于华北地层区，本书归纳上述组合在辽宁省地层中称之为 *Neuropteris kaipingiana* - *N. gigantea* 共存延限带。除带化石外，与其共生分子有：*Neuropteris* cf. *kaipingiana*，*Linopteris brongniarti* 等。

特征：该植物带以其属种较单调；鳞木属常见，*Neuropteris* 发育；*Sublepidodendron* 趋于灭绝为特征。

分布：省内各小区均有该带分布。与其共生的岩石地层为本溪组新洞沟段。

时代：中石炭世。

3. *Neuropteris ovata* - *Lepidodendron posthumii* 组合带

该带系李星学（1963）所称"早期华夏植物群"的一部分。

该带主要分子有：*Lepidodendron posthumii*，*L. acutangtun*，*Neuropteris ovata*，*N. plicata*，*Sphenophyllum neuropterides* 等。

特征：该组合鳞木目繁盛，棱鳞木、猫眼鳞木叶座较大，多为纵菱形，出现叶座和叶痕形状相同，大小相近的种，如南票鳞木，为华夏植物群所特有；齿叶属开始出现，为华夏植物群的典型代表之一；楔叶属大量繁盛，叶片大都呈楔形，不分裂或浅裂；蕨纲大量发展，栉羊齿属开始繁盛，小羽片较小，与羽轴几乎垂直；科达纲相当发育，种类虽不多，但均为高大乔木，是造煤植物之一。

分布：该带见于太子河地层小区、辽西地层小区的山西组及大连地层小区太原组内。

时代：石炭世晚期至二叠世早期。

4. *Emplectopteris triangularis* - *Taeniopteris nystroemii* 组合带

该组合带即李星学（1963）所称“中期华夏植物群组合”。除带化石外，与组合带共生的主要属种有：*Lobatannularia sinensis*，*Sphenophyllum emarintum*，*Lepidodendron gaudryi*，*Plagiozamites*，*Tingia hamaguchii* 等。

特征：该植物群虽存在一些晚石炭世的属种，但华夏植物群的分子显著增加，可进一步归纳为如下几个特征：①鳞木目已经衰退，种类及数量渐少；②瓣轮叶属中的中国瓣轮叶已衰退；③带羊齿大量发展；④栉羊齿属更加繁盛，种类、数量均多；⑤楔叶属向多样化发展；⑥芦木类繁盛，如重要的 *Lobatannularia* 是华夏植物群特有的属；⑦苏铁钢是本期新兴的裸子植物，如 *Plagiozamites* 的出现。

分布：该组合带见于太子河地层小区和辽西地层小区石盒子组下部（柳塘段）。

时代：属二叠世早期。

5. *Gigantonodechallei nicotianaefolia* - *Lobatannularia heianensis* 组合带

该组合带为李星学（1963）所称“晚期华夏植物群下部组合”。

除带化石外，与该组合共生的主要属种有：*Gigantonodechallei fukiensis*，*Cladophlebis* sp.，*Plagiozamites* sp.，*Sphenophyllum sino - coreanum* 等。

特征：该植物组合带有如下几点：①大羽羊齿属，尤其是重网脉的出现，是前所未见的，表明此期种子蕨纲已发展到较高级阶段；②楔叶纲属种叶的排列显示多样化，有的三对型叶特别发育，所有的叶形成镶嵌，如：*Sphenophyllum sino - coreanum*；③华夏植物群的特有属、种虽占很大优势，但仍有欧美型植物群的分子，如栉羊齿等。

分布：见于太子河地层小区、辽西地层小区石盒子组上部（彩家段）、石千峰群蛤蟆山组。

时代：属晚二叠世。

6. *Equisetum mougeotii* - *Neocalamites shanxiensis* 组合

该组合根据郑少林、张武（1984）在喀左杨树沟附近的红砬组上部黄绿色砂岩凸镜体中发现的植物化石共 10 属 11 种归纳而成。除组合提名化石外，与其共生的植物化石主要有：*Schizoneura - Echizonostachys paradoxa*，*Pecopteris sulziama*，*Cycadocarpidium pilosum*，*Yuccites vogesiacus* 等。

特征：该组合属、种虽不多，但见有西欧早三叠世 Buntsandstein（斑砂岩）统中的典型分子，如 *Equisetum mougeotii*，*Schizoneura - Echinostachys paradoxa* 等；仍含有晚二叠世的植物化石，如：*Calamites*，*Pecopteris* 等。具早三叠世的植物面貌。其特征是以楔叶纲、真蕨纲及松柏纲为主，次之为种子蕨纲。

分布：目前仅在辽西地层小区喀左杨树沟红砬组内产该组合化石，别处尚未见及。

时代：属早三叠世。

7. *Symopteris* - *Benxiopteris* 组合

该组合来源于张武、郑少林、常绍泉（1983）的“林家植物群”。除组合提名化石外，与其共生分子有：*Hepaticites minutus*，*Lobatannularia* cf. *heianensis*，*Aoterotheca* sp.，*Symopteris zeilleri*，*Thinnfeldia major*，*Pterophyllum* sp.，*Ginkgoites* spp.，*Albertia* cf. *latifolia*，等。

特征：该组合中植物化石属、种较为丰富。其特征如下：①真蕨类及种子蕨构成该植物群的主体，不仅属种成分几乎达总数的一半，且化石数量相当丰富，约占总数的3/5。其次是松柏类和银杏类。有节类及苏铁类比较贫乏，苔藓类及古老的石松类仅个别出现。分类不明的植物及种子化石占有一定比例；②该组合同早三叠世欧美（或欧亚）植物区的中三叠世植物群性质较接近；③残存有少数晚古生代华夏植物群的分子，如 *Lobatannularia* cf. *heianensis*，*Psygmophyllum* cf. *mutipartitum* 等，显示了与华夏植物群的密切关系；④存在有较多迄今常见于晚三叠世属种，反映出它具有以晚古生代向晚三叠世过渡性质；⑤涌现出大量的新种及一个新属，如：*Hepaticites minutus*，*Cladophlebis qiandianziansis* 等，表明它有浓厚的地方色彩；⑥组合中成分略显复杂。

分布：省内仅见于太子河地层小区林家组中。

时代：该组合共计 31 属 49 种，其中大部分为中生代分子，与陕西吴堡及内蒙古准格尔旗五字湾二马营中三叠世植物群较为接近；二马营组植物组合，种子蕨亦是构成该群的主体之一，并有三分之一的成分可和 *Symopteris* - *Benxiopteris* 组合对比，如：*Symopteris zeilleri*，*Todites shanxiensis*，*Cladophlebis* spp. 等属种。并出现非洲布鲁斯基娜、阿根廷等地中三叠世特有的分子如：*Dicroidium*? *allophyllum*，*Yabeiella mareyesica* 和世界各地晚三叠世的分子 *Swedenborgia*；同时也出现少数古生代的分子，如：*Lobatannularia* cf. *neianensis*，*Psygmophyllum* cf. *malfiparitum* 等，这些均反映中三叠世早期一种特殊的植物群面貌（据张武、郑少林 1984 的研究）。

8. *Danaeopsis* - *Cladophlebis* 组合

该组合源于张武等（1982）的“老虎沟植物化石群”。共生分子有：*Thallites* sp.，*Neocalamites carcinoides*，*N. rugosus*，*Annulariopsis yangcaogouensis*，*Danaeopsis* sp. 等。

特征：该组合以真蕨类、银杏类、松柏类占优势，有节类次之，石松类及本内苏铁类较少，共计 35 属 63 种。

分布：除代表剖面凌源老虎沟外，辽西地层小区于朝阳石门沟、北票羊草沟、东坤头营子一带的老虎沟组内均有该组合分子存在。其他地层小区未见。

时代：本组合经张武（1982）、周惠琴（1981）、郑少林、张武（1981）系统研究，指出其中有节类均为中生代早期“延长植物群”重要分子，如：*Neocalamites*，*Equisetites*，*Schizoneura* 等，*Cladophlebis* cf. *gigantea*，*C. gracilis*，*C. kaoiana* 等。*Equisetites multidentatus* 是日本晚三叠世成羽植物群的重要成分，*Podozamites astartensis* 是东格陵兰晚三叠世植物群 *Lepidopteris* 带的成员之一，*Cycadocarpidium erdmani* 是瑞典、东格陵兰、日本、越南上三叠统的重要化石，另外，*Thinnfeldia rhomboidalis* 广布于世界各地的上三叠统。因此，该植物组合，具有比较鲜明的晚三叠世时代特征。

六、孢　粉

辽宁省晚古生代至三叠纪自下而上可建 2 个孢粉化石组合。

1. *Lycospora pusilla* - *Crassispora kosakei* 组合

该组合由范国清（1994）命名。

主要分子有 *Lycospora pusilla*，*Crassispora kosakei*，*Calamospora liquida*，*Murospora parthenopia*，*Waltaispora polita* 等。

特征：该组合共 36 属 75 种，分属于孢子大类的三缝孢类无环三缝孢亚类和有环三缝孢亚类，单缝孢类的无环单缝孢亚类及花粉大类的具囊类单囊亚类。其中以含有三缝孢类的石松属 *Lycospora pusilla* 小孢子占明显优势，有些样品可占孢粉总量的 60%～70%。

该孢粉组合与古植物 *Sublepidodendron* - *Araeocalamites* 组合带共生，辽西凌源其还与叶肢介（5 属 7 种）共生。

分布：孢粉赋存于辽东本溪组湖田段（30 属 58 种）和辽西本溪组湖田段（20 属 32 种）。

时代：该组合以含有高联达（1990）所划分的中国早石炭世孢粉 *Lycospora psuilla* - *Crassispora kosakei* 组合带的分子为特色。因这些孢粉皆采自相同或相当的层位，而归于同一组合。本溪组湖田段在辽东为早石炭世晚期；辽西除凌源一地为早石炭世晚期至中石炭世外，余亦为早石炭世晚期。

2. *Dictyophyllidites* - *Apiculatisporis* - *Laeckisporites triassicas* 组合

典型分子有：*Apiculatisporis*，*Dictyophyllidites* 等。

特征：以裸子植物花粉占优势，其含量为孢粉总数的 60.6%，蕨类植物孢子次之，其中 *Chasmatosporites* 和无口器的 *Granulatasporites* 占有一定的比例。

分布：目前仅见于辽西地层小区凌源北票一带的老虎沟组中。

时代：本组合特征可与吉林北山组及延长组孢粉组合对比，均以裸子植物花粉占优势，次为蕨类孢子，具有晚三叠世的面貌特征。

第三节　年代地层

1. 关于石炭系、二叠系的界线

石炭系和二叠系界线的划分，40 多年来我国一直和国际划分略有差异，即对生物带 *Pseudoschwagerina* 顶底界线厘定上的差异。本书经华北大区统一，据国际地科联（1989）全球地层表，将石炭系与二叠系界线划在 *Pseudoschwagerina* 延限带底面，使我国年代地层界线的划分与世界并轨。

2. 关于二叠系与三叠系的界线

辽宁省二叠系与三叠系界线划分，长期以来因其附近为红色碎屑岩，生物化石稀少而争论不休。郑少林、张武（1984）在喀左杨树沟附近的红砬组采到了植物化石 10 属 11 种，与山西刘家沟组化石面貌相近。自此为辽宁省二叠系和三叠系的界线划分提供了生物地层依据。本书将辽宁省二叠系与三叠系的界线置于红砬组底界。这一划分与华北大区统一的二叠系与三叠系间的界线（即孙家沟组与刘家沟组之间）是相吻合的。

3. 石炭系下统与中统的界线

长期以来东北南部及华北地区是否存有早石炭世的沉积，一直存在争议。至 80 年代末到 90 年代初，辽宁省石炭纪地层的研究随着生物地层资料的不断充实，获得了较大进展，范国清（1988）、米家榕、孙克勤、金建华（1990、1991、1992）、范炳恒（1993）相继报道发现了早石炭世的腕足类化石和植物化石。范国清（1993）又在辽东 4 个点和辽西 2 个点采到早石炭世孢粉化石，并建立植物化石带。因此本书将石炭系下统与中统的界线置于 *Sublepido-*

dendron – *Archaeocalamites* 组合带之顶，与其对应的岩石地层界线在太子河地层小区为湖田段之顶。

4. 石炭系中统与上统的界线

石炭系中统与上统的界线，在辽宁省置于䗴类 *Fusulina* – *Fusulinella* 组合带之顶。界线层型剖面为本溪牛毛岭剖面，相应的岩石地层界线在牛毛岭石灰岩层之顶。

5. 二叠系下统与上统的界线

辽宁省二叠系依然采用二分方案，目前界线置于石盒子组内部，界线层型剖面为本溪彩屯剖面，界线标志为 A 层铝土矿顶面。根据石盒子组所含植物化石带，其下部为 *Emplectopteris triangularis* – *Taeniopteris nystroemii* 组合带，上部为 *Gigantonodechallei nicotianaefolia* – *Lobatannularia heianensis* 组合带，两组合带之间就是 A 层铝土矿。因此，辽宁省二叠系下统和上统的界线置于石盒子组 A 层铝土矿层顶面较为适宜。

6. 三叠系下统与中统的界线

三叠系下统与中统的界线，按辽宁具体情况置于林家组和红砬组之间。依据有如下几点：

1. 林家组的植物组合，即 *Symopteris* – *Benxiopteris* 组合，具中三叠世早期面貌。

2. 红砬组的植物化石组合，即 *Equisetum mougeotii* – *Neocalamites shaanxiensis* 组合，具早三叠世时代特征。

3. 红砬组和林家组之间为平行不整合接触。

因此，辽宁省三叠系下统和中统的界线，置于林家组和红砬组之间较为适宜。

7. 三叠系中统与上统的界线

三叠系中统与上统的界线，置于后富隆山组与老虎沟组之间，依据如下：

1. 后富隆山组和老虎沟组中虽均含双壳类化石组合。即 *Shanxiconcha ellitica* – *Shanxiconcha longa* 组合、*Unio huangbogouensis* – *Sibireconcha shensiensis* 组合，但二组合具明显的生物演化过程，前一组合具有中三叠世晚期面貌，后一组合具有晚三叠世中期面貌。

2. 后富隆山组和老虎沟组间为不整合或平行不整合接触，二者间存在地壳运动。

3. 老虎沟组含有标准的晚三叠世的植物化石组合 *Danaeopsis* – *Cladophlebis* 组合。

综上所述，通过对年代地层单位、生物地层单位和岩石地层单位的讨论，将三个单位之间对比关系列表如表 4 – 2。

表 4－2　辽宁省石炭纪—三叠纪年代地层、岩石地层、生物地层单位对比表

界	系	统	地质年龄(Ma)	岩石地层单位 燕辽地层分区 辽西地层小区	辽东地层分区 太子河小区	辽东地层分区 大连地层小区	蜓类	腕足类	双壳类	牙形刺	植物	孢粉
中生界	侏罗系	中统		羊草沟组								
中生界	三叠系	上统	205	……?…… 老虎沟组					*Unio huangbogouensis*–*Sibireconcha shensiensis* Ass.		*Danaeopsis*–*Cladophlebis* Ass.	*Dictyophyllidites*–*Apiculatisporis*–*Laeckisporites triassicas* Ass.
中生界	三叠系	中统	230	后富隆山组	林家组				*Shaanxiconcha ellitica* *Shaanxiconcha longa* Ass.		*Symopteris*–*Benxiopteris* Ass.	
中生界	三叠系	下统	240	石千峰群 红砬组	红砬组						*Equisetum mougeotii*–*Neocalamites shamxiensis* Ass.	
上古生界	二叠系	上统	250	石千峰群 蛤蟆山组	蛤蟆山组						*Gigantonodechallei nicotianaefolia*–*Lobatannularia heianensis* Ass. Z.	
上古生界	二叠系	上统	260	石盒子组	彩家段							
上古生界	二叠系	下统		月门沟群 山西组	柳塘段 山西组	山西组	*Pseudoschwagerina* R·Z				*Emplectopteris triangularis*–*Taeniopteris nystroemii* Ass. Z.	
上古生界	石炭系	上统	290	月门沟群 太原组	太原组	太原组					*Neuropteris ovata*–*Lepidodendron posthumii* Ass. Z.	
上古生界	石炭系	中统	300	月门沟群 本溪组	本溪组 新洞沟段	本溪组 新洞沟段	F.–Fu. Ass. Z. (2) *F. cylindrica*–*F. quasicylindrica* Subass. (1) *F. schellwieni*–*Fu. provecta* Subass.	*Choristites mosquensis* R. Z.		*I. magnificus*–*I. lcaviformis*–*Neognathodus roundyi* Ass.	*Neuropteris kaipingiana*–*N. gigantea* C. R. Z.	
上古生界	石炭系	中统		湖田段	湖田段	湖田段	*Profusulinella parva*–*Eostaffella subsolana* C. R. Z.	*Linoproductus tenuistriatus*–*Ovatia* cf. *tenuistriata* Ass. Z.		*I. sinuatus*–*I. carrgatus*–*Declinognathodus lateralis* Ass.		
上古生界	石炭系	下统	310								*Sublepidodendron*–*Archaeocalamites* Ass. Z.	*Lycospora pusilla*–*Crassispora kosankei* Ass.
下古生界	奥陶系	中统		马家沟组								

属名缩写　*F* = *Fusulina*　*Fu* = *Fusulinella*　*I* = *Idiognathodus*

第五章
侏罗纪—白垩纪

侏罗纪—白垩纪地层广泛分布于朝阳、锦州、阜新、铁岭、抚顺和本溪等地区。辽南地区有零星分布。主要发育于不同类型的陆相盆地中（图 5-1），局部厚度颇大。

自 19 世纪 80 年代以来，先后有众多中、外地质学家对省域内地层进行了调查、研究，建立起区内地层层序，为本次对比研究工作打下了良好基础。

根据区内地质构造、岩石地层发育及其延伸特征，在综合地层分区的基础上细划为五个地层小区，它们是燕辽地层分区的建昌-朝阳地层小区；锡林浩特-磐石地层分区的平岗小区；辽东地层分区的汎河地层小区、太子河地层小区及大连地层小区。各地层小区岩石地层单位序列见表 1-1。

该时期生物化石丰富，门类多，保存好。据其在地层中的分布和演化而划分出若干生物组合，并依其各组合年代属性而确立在年代地层中的位置。

岩石地层在年代地层单位中的位置主要根据：①岩石地层单位中生物组合的年代属性及其对比。②某些岩石地层单位的同位素测年数据。③构造运动间断面。④古气候条件及其对比。

第一节　岩石地层单位

一、燕辽地层分区建昌-朝阳地层小区

羊草沟组　TJ*y*　（05-21-4001）

【创名及原始定义】　金维静等① 1962 年创名。创名地在北票羊草沟附近。原始定义：指分布于北票羊草沟附近，不整合于震旦系之上，被兴隆河组不整合覆盖，以黄灰色灰白色砂岩、砾岩为主，夹灰绿色黄绿色粉砂岩、页岩、碳质页岩及煤线等一套陆相沉积。含动、植物化石。时代早侏罗世。

① 辽宁省煤炭工业管理局地质勘探公司辽西大队（金维静等），1962，黑城子—王府—上园地区 1∶5 万地质图复查报告说明书（内部资料），P11～30。

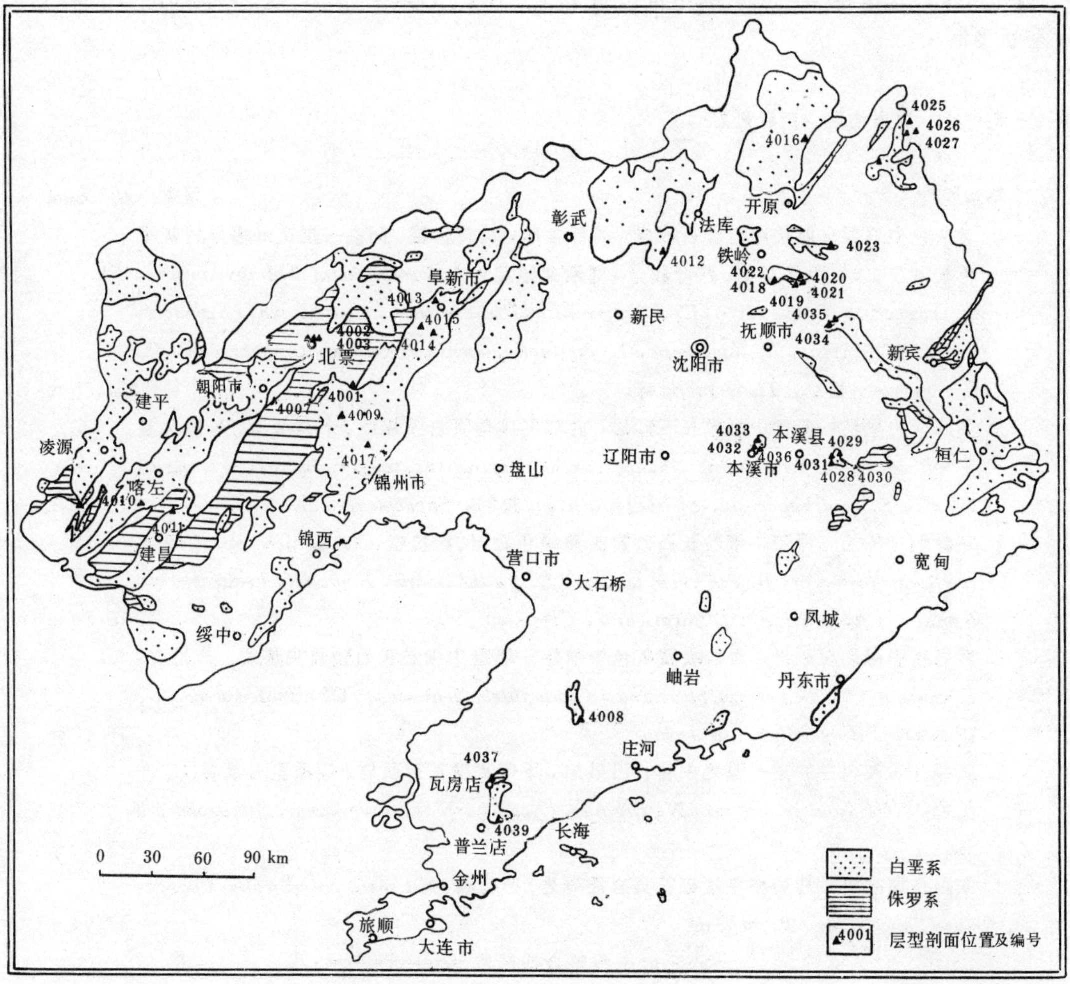

图 5-1　辽宁省侏罗纪—白垩纪地层分布及剖面位置图

【沿革】　该组创名前曾归属于不同地层单位名称之中。如下火山岩（谭锡畴，1926）、兴隆沟层（谭锡畴，1931）、北票火山岩层（松泽勋，1935）等，唯赵宗溥（1959—1960）在朝阳创建石门沟组后，才使该套地层作为一个独立岩石地层单位而出现于地层系统中。但由于石门沟组一名提出后未正式发表，致使长期无人采用。金维静等（1962）创建羊草沟组，取代石门沟组，二者含义完全一致，但使用其名者也寥寥无几。一方面人们仍将其作为一个地层单位的一部分（下部），另一方面各自单独给予名称。如米家榕等（1964）的坤头波罗组、辽宁区测队（1967）的郭家店组、东北地研所（1970）的老虎沟组等。本组除在名称上称呼不一之外，对其时代归属各家意见也颇不一致，常见的有早侏罗世、晚三叠世、晚三叠世—早侏罗世。与本组同物异名者有坤头波罗组、郭家店组。

【现在定义】　指北票、朝阳地区不整合于石盒子组或雾迷山组、高于庄组之上，被兴隆沟组平行不整合（或整合）或被海房沟组不整合覆盖，以黄灰色、黄色、灰白色砂岩、砾岩为主，夹灰绿色、灰色粉砂岩、页岩、碳质页岩、凝灰岩及煤线等一套陆相沉积。含动、植物化石。

【层型】 正层型剖面位于北票常河营子乡羊草沟（121°05′，41°37′），由辽宁区测队 1967 年重新测制。

上覆地层：**海房沟组** 灰色砾岩

～～～～～～ 不 整 合 ～～～～～～

羊草沟组 总厚度 402.60m

6. 黄灰色中厚层—厚层粗粒长石砂岩，局部含砾，具交错层。间夹一层 7 m 多厚的灰绿色粉砂质页岩。含海绿石。产叶肢介（刘淑文鉴定）：*Palaeolimnadia* cf. *lingyuanensis*，*P.* cf. *venusta*，*P.* cf. *parva*，*P.* cf. *intermedia*，*Pseudoestheria* cf. *subovata*，*Loxomicroglypta yixianensis*，*L. liaoxiensis*，*L.* cf. *laohugouensis*，*Ovjurium* cf. *subsanuri*，*O. yixianensis*；植物：*Taeniopteris* sp. 304.70 m
5. 灰绿色中厚层—厚层中细粒长石砂岩，底部夹碳质页岩及煤线。产双壳类（董国义鉴定）：*Unio xuefengchuanensis*，*Shaanxiconcha elliptica* var. *tongchuanensis*，*S. wangdiformis*，*S. yenchuanensis*，*S. subparallela*；植物：*Sphenobaiera* cf. *crassinervis* 15.00 m
4. 灰绿色中厚层—厚层中细粒长石砂岩夹黄绿色页岩。产植物：*Cladophlebis* sp.，*Glossophyllum shensiensis*，*Baiera miiensteriana*，*B. guilhaumatii*，*B. hallei*，*Ixostrobus* cf. *lepidus*，*Pityophyllum* cf. *staratschini*，*Ctenis* sp. 10.20 m
3. 黄绿色中薄层粉砂岩、页岩夹黄灰色中厚层—厚层中细粒长石砂岩夹煤线。产植物：*Equisetum* sp.，*Todites goeppertianus*，*Cladophlebis ichunensis*，*C.* cf. *raciborskii*，*C. kaoiana*，*Pityophyllum staratschini* 16.10 m
2. 黄绿色黄灰色中厚层—厚层中粒长石砂岩，下部夹黄灰色页岩、碳质页岩及煤线。产植物：*Neocalamites carerrei*，*N. rugosus*，*Cycadocarpidium erdmanni*，*Swedenborgia* sp. 13.70 m
1. 灰白色厚层泥砂质胶结中细砾石英岩质砾岩。产植物：*Nilssonia polymorpha*，*Podozamites lanceolatus*，*P. schenki* 42.90 m

～～～～～～ 不整合或断层 ══════

下伏地层：**高于庄组** 灰岩

【地质特征及区域变化】 该组在羊草沟剖面上，下部为石英岩质砾岩、长石砂岩夹粉砂岩、页岩、碳质页岩及煤线，为冲积扇相-河流湖沼相沉积；中上部主要由长石砂岩组成，局部含砾，具交错层理，间夹一层含海绿石粉砂质页岩，以河流相为主，夹湖相沉积。厚 402.6 m。与下伏高于庄组不整合接触，上被海房沟组不整合覆盖。

古生物特点是下部产植物化石，上部产叶肢介和双壳类动物化石。

植物：*Neocalamites carerrei*，*Equisetum* sp.，*Pityophyllum staratschini* 等。

双壳类：*Unio xuefengchuanensis*，*Shaanxiconcha elliptica* var. *tomgchuanensis*，*S. subparallela* 等。

叶肢介：*Palaeolimnadia* cf. *lingyuanensis*，*Ovjurium* cf. *subsanuri*，*Pseudoestheria* cf. *subovota* 等。

据本组所含生物组合，其地质时代为晚三叠世—早侏罗世。

该组在北票、朝阳一带呈局部出露。在北票坤头波罗附近，其不整合于雾迷山组之上。下部岩性、岩相与正层型剖面基本相似，惟夹有凝灰岩层。上部粒度加粗，由石英岩质砾岩组成。在朝阳下扣以西，该组不整合于石盒子组之上，岩性、岩相均与正层型无甚差异。与上覆地层关系在正层型附近，被海房沟组底部砾岩不整合覆盖，其他地区则被兴隆沟组底部安山岩、安山集块岩所披盖。

本组厚度变化较大，正层型剖面为402.6 m，北票坤头波罗附近为119.5 m，而朝阳下扣一带仅25.5 m。

【其他】 以往多从生物角度将本组与老虎沟组对比，但二者无论在岩性或化石及构造属性等方面差异较大。本组与上覆兴隆沟组地层产状一致，似属同构造层。其不整合于中元古代地层之上，对三叠纪地层似无继承关系；而老虎沟组与早、中三叠世地层相伴，与下侏罗统呈不整合接触。故本组层位应高于老虎沟组。

兴隆沟组 J*x* (05-21-4002)

【创名及原始定义】 谭锡畴1931年创名，称兴隆沟层。创名地在北票兴隆沟一带。原始定义：兴隆沟层最发育于朝阳县兴隆沟一带。其下与石英岩层、硅质灰岩层大抵均呈断层接触。以凝灰岩、凝灰砾岩为主，夹火山岩流，多为绿色及棕赤色。其上与“北票系”大体呈整合接触。时代属早侏罗世（?）。

【沿革】 以兴隆沟为词根的地层单位最早见于谭锡畴（1931）的兴隆沟层，其上部与现称的兴隆沟组相当，下部与羊草沟组相当。林朝棨（1942）所称的北票火山岩层与兴隆沟层含义一致。赵宗溥（1959—1960）将兴隆沟层一分为二，上部称兴隆沟火山岩组，下部为石门沟组。北京地质学院（1960）正式称兴隆沟层为兴隆沟组，二者含义一致。金维静等（1960）采用兴隆沟组名称，但含义厘定在原兴隆沟层上部地层。之后这一概念的兴隆沟组被广泛采用。与本组同名的单位是北票火山岩层，应停用。

【现在定义】 指分布于北票、朝阳一带整合于羊草沟组或不整合于其他较老地层之上，以玄武岩、玄武安山岩、安山质角砾岩及集块岩为主，局部具沉积岩夹层的一套中基性火山岩地层。其上为北票组平行不整合覆盖。

【层型】 正层型剖面位于北票三宝四坑兴隆沟（120°48′，41°50′），由辽宁区测队1967年重新测制。

上覆地层：**北票组** 灰色灰紫色复成分砾岩

——————— 平行不整合 ———————

兴隆沟组	总厚度 403.30 m
9. 灰黑色玄武岩	103.20 m
8. 紫红色安山质角砾熔岩	41.80 m
7. 灰紫色橄榄玄武岩	17.30 m
6. 灰紫色安山质熔岩角砾岩	55.10 m
5. 灰绿色辉石安山岩，底部具厚4.2 m紫红色安山质凝灰熔岩	17.00 m
4. 灰紫色玄武岩	74.50 m
3. 灰绿色安山质角砾熔岩	25.80 m
2. 灰绿色玄武安山岩	23.30 m
1. 紫红色安山质熔岩集块岩	45.30 m

~~~~~~~~~~ 不 整 合 ~~~~~~~~~~

下伏地层：**高于庄组** 白云质灰岩
~~~~~~~~~~

【地质特征及区域变化】 该组在四坑剖面上主要由安山质火山碎屑岩和中基性熔岩组成，呈韵律结构。不整合于高于庄组之上，平行不整合于北票组之下。

该组分布于北票、朝阳附近。在朝阳下扣一带整合于羊草沟组之上，厚度减至181.4 m。下部为安山质集块岩，中部为安山质砾岩夹砂页岩，上部为安山岩，顶部被北票组平行不整合覆盖。

据底部安山岩，K－Ar年龄值为191.0±5.7 Ma，Rb－Sr等时线年龄值为198 Ma（王东方，1983）。

北票组 *Jb* （05－21－4003）

【创名及原始定义】 谭锡畴1931年创名，称北票系，因发育于北票煤田而得名。创名地在北票一带。原始定义：指发育于北票盆地大抵整合于兴隆沟层之上的一套砂岩、页岩为主，夹砾岩、粘土岩及煤层的沉积。含植物化石，称北票系。

【沿革】 林朝綮（1942）建北票统，其上部为北票含煤层，与北票系含义相当。长春地质学院（1957）首称北票组，含义与北票系一致，但未公开发表。赵宗溥（1959）发表文章，公开使用北票组，之后这一含义的北票组被广泛采用。金维静等（1962）又在本区另建台吉组，取代北票组。自建组以来，虽众多研究者在北票组的地层划分上较一致，但就其时代归属却持不同意见。以赵宗溥（1959）为代表认为其属早侏罗世，北京地质学院（1960）等认为属早—中侏罗世，而徐仁等（1979）则定其时代为中侏罗世。与本组同物异名的有台吉组、北票系（群），应停用。

【现在定义】 指发育于北票、朝阳地区平行不整合于兴隆沟组之上的以黄褐色长石石英砂岩、长石砂岩和灰色灰黑色页岩为主，夹单成分或复成分砾岩、粘土岩及煤层的一套沉积岩层。含丰富的动、植物化石。其上为海房沟组或其他较新地层不整合覆盖。

【层型】 正层型剖面位于北票东北约4 km的三宝四坑—生甲（120°48′，41°50′），由辽宁区测队1965年重新测制。

上覆地层：**海房沟组** 黄灰色复成分砾岩

～～～～～～ 不 整 合 ～～～～～～

北票组	总厚度 1 332.90 m
13. 黄褐色页岩夹火山岩质砾岩及中粒长石砂岩，页岩中具泥裂	97.30 m
12. 黄褐色薄层—微薄层页岩夹长石砂岩	149.60 m
11. 黄褐色微薄层页岩	141.00 m
10. 黄褐色含砾粗粒长石石英砂岩，中部夹黄褐色泥质页岩	24.30 m
9. 黄褐色微薄层—薄层页岩夹中粒长石砂岩	105.90 m
8. 掩盖	514.20 m
7. 黄褐色细砾石英岩质砾岩，基底式-接触式胶结	13.90 m
6. 黄褐色中—粗粒长石砂岩夹页岩、粉砂岩及煤线	93.90 m
5. 灰色泥质页岩夹煤线	20.00 m
4. 黄褐色泥质页岩、夹黄褐色中粒长石石英杂砂岩及煤线	22.70 m
3. 黄褐色中—粗砾火山岩质砾岩，夹厚约1 m的灰黑色页岩。砾石成分主要为凝灰岩、少量安山岩、玢岩等。基底式胶结	10.60 m
2. 黄褐色中粒长石石英砂岩与灰紫色页岩互层。局部夹厚约0.5～1 m火山岩质砾岩	13.60 m

1. 灰色灰紫色中—粗砾复成分砾岩，夹黄褐色灰色中—细粒岩屑砂岩凸镜体。砾石成分主要有石英岩、凝灰岩、安山岩等。基底式胶结 125.90 m

——————— 平行不整合 ———————

下伏地层：**兴隆沟组** 灰黑色玄武岩

【地质特征及区域变化】 该组在三宝四坑—生甲剖面上，下部由复成分砾岩、黄褐色长石石英砂岩夹灰色、黄褐色页岩及煤线组成；中上部主要由黄褐色页岩夹长石砂岩及煤层（被掩盖）组成，页岩呈微细纹层状。平行不整合于兴隆沟组之上，不整合于海房沟组之下。厚1 332.9 m。

本组主要含植物化石，在北票地区有 *Neocalamites* sp.，*Pterophyllum* sp.，*Thallites pinghsiangensis* 等，据对其植物组合分析，其时代为早侏罗世。

该组与下伏兴隆沟组相伴存在。由正层型向东北延伸，至沙金沟附近，厚度降至857.7 m，其岩性下部与正层型无大差异，仅中部砂岩增多。由正层型向西南延伸，至台吉三坑附近，厚度降至916.7 m。砂岩增多，页岩减少，剖面韵律结构明显。到朝阳下扣一带，厚度降至353 m，主要由页岩、砂岩组成，下部夹煤层及碳质页岩，与北票地区比较，煤层减少，厚度变薄。

该组与下伏地层兴隆沟组玄武岩或安山岩为平行不整合接触。与上覆地层海房沟组（北票地区）或义县组（朝阳地区）均为不整合接触。

【其他】 该组下部为冲积扇相—河流相夹泥沼相，上部为泥沼相—河湖相。

金岭寺群 JJ （05-21-4042）

【创名及原始定义】 西田彰一1943年创名，始称金岭寺统。创名地在北票金岭寺附近。原始定义：金岭寺统是指“北票统”之上，“阜新统”之下的一套火山岩及正常陆源碎屑岩。自下而上分为：①砾岩层，②火山碎屑岩，③赤褐色砂质页岩层，④土城子砾岩，⑤淡绿灰色砂岩层。在土城子砾岩层中，发现恐龙足印化石 *Jeholosauripus*，*S-satoi*。称金岭寺统。

【沿革】 林朝棨（1942）所建的台吉统与阜新统（下部）之和与金岭寺统大致相当。自金岭寺统建名后，又有许多地层名称出现，如森田义人等（1943）的南岭统、北京地质学院（1961）的热河群、赵宗溥（1962）的朝阳群、潘广（1981）的辽西群，它们的含义均与金岭寺统一致。本书改金岭寺统为金岭寺群，含义不变。

【现在定义】 指分布于辽西地区不整合于北票组之上的一套火山-沉积碎屑岩地层。自下而上包括海房沟组、髫髻山组和土城子组。其上被热河群不整合覆盖。

海房沟组 J*h* （05-21-4004）

【创名及原始定义】 室井渡1942年创名，称海房沟砾岩层。创名地在北票海房沟附近。原始定义：指发育于北票海房沟一带的砾岩层。称海房沟砾岩层。

【沿革】 西田彰一（1943）曾将本组称为砾岩层，纳入他的金岭寺统底部，室井渡（1942）首次将本套地层单建单位，以海房沟砾岩层称之。60年代之前以海房沟命名的这部分地层很少见及，与本组相当的一套地层先后有郭家店煤系（长春地质学院，1959）、牛营子煤系（赵宗溥，1959）、丁杖子统（河北区测大队，1959）等。辽宁地研所（1960）正式称海房沟组，但其含义与金岭寺群相当。辽宁煤矿管理局地勘局155队（1962）重新厘定了海房沟组含义，新的海房沟组与原海房沟砾岩层相当，之后被广泛采用，本书沿用这一概念。牛营子煤系、郭家店煤系（组）、丁杖子统、坤头波罗组与本组同物异名，应停用。

【现在定义】 指发育于辽西地区不整合于北票组或其他较老地层之上的灰白色黄灰色复成分砾岩夹黄灰色长石石英砂岩、粉砂岩及页岩，局部夹碳质页岩、煤层及灰色灰绿色流纹质凝灰熔岩、凝灰岩的一套沉积组合。其上为髫髻山组整合或平行不整合覆盖。含动、植物化石。

【层型】 正层型剖面位于北票县五间房乡海房沟村（120°47′，41°50′），由辽宁区测队1965年重新测制。

上覆地层：**髫髻山组** 角砾熔岩

——整 合——

海房沟组	总厚度 269.04 m
12. 黄褐色泥质胶结粗粒长石石英砂岩	22.81 m
11. 黄色薄层泥质页岩	23.33 m
10. 灰色细粒长石石英砂岩夹灰色流纹质凝灰熔岩，产：*Coniopteris tatungensis*，*C.* sp.，*Neocalamites* sp.，*Ferganoconcha subcentralis*	12.44 m
9. 黄褐色石英岩花岗岩质砾岩	12.95 m
8. 黄褐色中—粗粒长石石英砂岩	2.40 m
7. 灰白色复成分砾岩，砾石成分有长石石英砂岩、安山岩、凝灰岩、石英岩等	96.29 m
6. 黄灰色流纹质凝灰岩夹黄灰色岩屑石英砂岩	16.38 m
5. 灰黄色细砾石英岩质砾岩	26.07 m
4. 灰黄色岩屑长石砂岩夹灰绿色流纹质凝灰岩	3.55 m
3. 黄灰色中砾泥砂质胶结火山岩质砾岩	16.45 m
2. 黄灰色岩屑长石砂岩，顶部夹灰白色硅质层	2.72 m
1. 黄灰色粗砾泥砂质胶结花岗岩、变质岩、石英岩质复成分砾岩	33.65 m

～～～不 整 合～～～

下伏地层：**北票组** 黄褐色砂岩、含砾砂岩

【地质特征及区域变化】 该组在正层型剖面上由灰白色、黄灰色复成分砾岩夹长石石英砂岩及流纹质火山碎屑岩组成，顶部夹页岩，呈现韵律结构特点。其不整合于北票组之上，上为髫髻山组整合覆盖。厚269.04 m。含动、植物化石。

该组富产植物化石，含少量双壳类动物化石。

植物：*Coniopteris tatungensis*，*Neocalamites* sp.，*Podozamites lanceolatus*，*Strobilites* sp. 等。

双壳类：*Ferganoconcha subcentralis*，*Sibireconcha* sp. 等。

据组内动、植物组合特点，属中侏罗世。

该组零星分布于北票、南票及凌源以南地区的早中生代盆地中。在南票以西不整合于后富隆山组或红砬组之上，厚度变化在133.7～74 m之间，岩性特征与正层型基本一致，惟不见酸性火山物质夹层，其上被髫髻山组整合或平行不整合覆盖。在西部凌源牛营子—郭家店盆地，不整合于雾迷山组之上，其基本岩性特征与正层型无大差异，但在底部夹碳质页岩及不稳定煤层，厚566.2～915.4 m，顶部被邓杖子组平行不整合覆盖。

髫髻山组 *Jt* （05-21-4006）

【创名及原始定义】 叶良辅1920年创名。创名地在北京市门头沟区刘公沟，原称“髫

髫山层”。原始定义：“较九龙山系尤新，由页岩、砾岩与喷出岩所组成。其最下部夹有扁豆状之无烟煤，砾岩中卵石圆形者多，大小不一，其质为石英岩、石英与红绿色之斑岩等，尤以斑岩为多，粘质中有硅质与土质，尤以斑状物为多。总厚度在 1 500 m 左右”。

【沿革】 50 年代以前，省内的地质工作中一直未将本组从地层系统中单独划出，如常隆庆等（1930）将与本组相当的地层划归他的“锦西煤系上部”。河北区测大队（1959）最早称与本组含义相当的地层为兴隆沟安山岩层。随后，金维静等（1962）又称瓦盖山火山岩。米家榕等（1964）所称的蓝旗组与本组含义相当。辽宁区测队（1967）扩大蓝旗组含义，将与本组相当层位归入其蓝旗组上部，称火山岩段。辽宁地矿局在编写《东北地区区域地层表·辽宁省分册》（1978）和《辽宁省区域地质志》（1989）中采用常征路等（1964）划分方案，即以蓝旗组称呼本组上部地层，中、下部划入海房沟组。郑少林（1981）沿用辽宁区测队（1965）在凌源创建的，但后来长期无人采用的水泉沟组。本书认为无论是水泉沟组还是米家榕等（1964）所称的蓝旗组其特征与河北髫髻山组无异，故将后者引入辽宁。蓝旗组、四海组、瓦盖山组、兴隆沟安山岩均与本组同物异名，应停用。哈只海火山岩层、何家沟凝灰岩层与本组部分层位相当，亦应停用。

【现在定义】 髫髻山组是一套中性粗安质熔岩、角砾凝灰岩等火山喷出岩为主，夹有凝灰质砂岩、凝灰质砾岩等的火山岩地层。与下伏九龙山组火山碎屑沉积岩为不整合或平行不整合接触，而与上覆土城子组则为整合或平行不整合接触。

【层型】 正层型剖面位于北京市门头沟区田庄乡田庄村东南。辽宁省的次层型剖面为：北票县五间房乡海丰西沟剖面（21－4006－4－1）。

【地质特征及区域变化】 该组在辽宁整合于海房沟组之上。自下而上亦可划分三个岩性段：一段为安山质火山碎屑岩和安山岩，二段为杂色凝灰质砾岩及凝灰质砂岩，三段为安山质火山碎屑岩、玄武岩和安山岩。主要分布于北票、朝阳和建昌一带，以金岭寺—羊山盆地最为发育。自北票大水泉至建昌铁杖子，火山碎屑岩及沉积岩夹层减少，熔岩增多，在铁杖子附近夹石英粗面岩，局部夹薄煤层。

该组由北向南逐渐由与海房沟组整合、平行不整合接触变为与红砬组不整合接触，其上均被土城子组平行不整合覆盖。

髫髻山组的沉积厚度表现为北薄南厚特点，北票海丰西沟厚 621 m，大水泉厚 1 315 m，建昌铁杖子厚 1 978 m。

土城子组　Jtĉ　(05－21－4007)

【创名及原始定义】 林朝棨 1942 年创名，称土城子砾岩层。创名地在北票土城子附近。原始定义：指北票地区位于蒙古营子页岩之上，孙家梁火山层之下的砾岩层。厚约 800 m。

【沿革】 该组源于林朝棨（1942）在北票建的土城子砾岩层，但二者含义不同。本组中部的砾岩段与林的土城子砾岩层大致相当。长春地质学院（1957）正式称土城子组，并对其含义进行厘定，本书所称土城子组与其相同。赵宗溥（1957）虽采用土城子组名称，但其含义不包括上部交错层砂岩段，该段砂岩他们称柳条沟组。后来所称的南岭组（辽宁煤矿管理局地勘局，1962），金岭寺组（常征路，1964），后城组（河北区测大队，1974）及凌源组（陈丕基等，1980）均与长春地质学院（1957）土城组含义相同。与本组同物异名者有凌源红色砾岩、后城组。与一段相当或部分相当的名称有蒙古营子页岩层、红石砬组、下府页岩层、马家沟砂岩页岩层；与二段大致相当的名称有金岭寺砾岩层；与三段大致相当的有柳条沟组、四家板绿色砂岩层。上述名称建议停用。

【现在定义】 指分布于辽西、冀北地区平行不整合（或整合）于髫髻山组之上，由紫红色粉砂质页岩夹砂岩、粉砂岩，灰紫色或黄褐色复成分砾岩夹砂岩，灰绿色砂岩、沸石岩、凝灰岩偶夹紫红色砾岩组成的一套沉积序列。局部产动、植物化石。其上被义县组（或张家口组）不整合覆盖。

【层型】 创名人创名时未指定层型，本书指定选层型剖面位于朝阳市长宝营子乡项家杖子（120°32′，41°31′），由辽宁区测队1965年测制。

土城子组	总厚度＞2 619.6 m
三段	厚度＞411.2 m
28. 绿色薄层中粒沸石化凝灰质长石砂岩。大型交错层发育（未见顶）	114.80 m
27. 紫红色细砾复成分砾岩。砾石成分主要有火山岩、石英岩等	28.40 m
26. 绿色细粒沸石化玻屑凝灰岩，具大型交错层，层系底界面具冲刷痕迹。局部见侧蚀现象	30.10 m
25. 紫红色细砾复成分砾岩。砾石成分有安山岩、凝灰岩、石英岩、片麻岩等	20.10 m
24. 绿色薄层细粒沸石岩，上部夹灰绿色、紫红色薄层中—粗粒长石岩屑砂岩。具大型交错层，层系底界面具冲刷现象	157.10 m
23. 灰紫色细砾复成分砾岩，夹灰紫色、绿色凝灰质砂岩	25.10 m
22. 绿色薄层细粒沸石岩	35.60 m
———— 整　合 ————	
二段	厚度 896.30 m
21. 紫红色细砾复成分砾岩。砾石成分有安山岩、凝灰岩、石英岩、变质岩等	232.40 m
20. 灰紫色粉砂质页岩，底部夹紫红色细砾复成分砾岩，砾石成分有石英岩、凝灰岩、安山岩等。顶部间夹紫红色粉砂岩	59.90 m
19. 紫红色细砾复成分砾岩。夹绿色中粒岩屑长石砂岩	40.00 m
18. 灰紫色中—粗粒岩屑长石砂岩	87.20 m
17. 紫红色细砾复成分砾岩。砾石成分主要为安山岩、凝灰岩	83.00 m
16. 灰紫色中—粗粒长石岩屑砂岩，夹灰绿色长石岩屑砂岩，具大型交错层理，层系厚约0.8 m	125.90 m
15. 灰紫色中—细砾复成分砾岩。砾石成分有安山岩、凝灰岩、页岩、石英岩等	45.40 m
14. 灰紫色薄层中粒—粗粒岩屑长石砂岩，近底部夹鲜红色薄层细粒钙质长石杂砂岩	167.00 m
13. 灰紫色中厚层—厚层细砾复成分砾岩，夹灰—灰紫色粗粒岩屑长石砂岩	16.30 m
12. 浅紫红色、灰紫色薄层中粒铁质、泥质胶结长石砂岩。底部为厚1.2 m的细砾岩层。中部夹厚约4 m的鲜红色粉砂质页岩一层。上部夹凝灰质页岩多层	39.20 m
———— 整　合 ————	
一段	厚度 1 312.10 m
花张营子剖面	
11. 紫红色凝灰质粉砂质页岩，夹灰紫色、灰色长石石英砂岩，粉砂岩及钙质长石杂砂岩	239.80 m
10. 紫红色凝灰质页岩，夹粉砂岩及岩屑长石砂岩。中上部页岩页理不发育。在砂岩中见波痕，波峰高约2～3 mm，波长40～50 mm，波峰为直立不对称型	300.90 m
9. 紫色含粉砂凝灰质页岩，夹细粒钙质长石砂岩和长石杂砂岩	89.70 m
8. 紫色凝灰质页岩	50.00 m

7. 紫红色含粉砂凝灰质页岩，夹粉砂岩及含砂假象砂屑灰岩 67.60 m

6. 紫红色凝灰质页岩。顶部夹凝灰质粉砂岩 102.10 m

5. 紫红色薄层含粉砂凝灰质页岩夹粉砂岩及泥灰岩凸镜体 115.20 m

4. 紫色粉砂岩与长石石英砂岩互层，下部砂岩含砾 61.80 m

3. 紫色薄层凝灰质页岩。下部夹含石英碎屑泥灰岩凸镜体。泥灰岩凸镜体大小为5mm×30 mm，呈卵圆形，时而集中成条带 55.70 m

2. 紫红色薄层含粉砂凝灰质页岩，夹砂岩及粉砂岩。上部夹灰白色泥灰岩凸镜体，其大小 20mm×50 mm，有时集中成群形成条带 102.50 m

1. 紫红色中—细砾安山岩质砾岩。砾石略具分选性，下部较粗，上部较细，局部夹砂质页岩 36.80 m

——————— 平行不整合 ———————

下伏地层：髫髻山组　灰紫色安山岩

【地质特征及区域变化】　该组在选层型剖面上平行不整合于髫髻山组之上，可分为三个岩性段：一段由紫红色凝灰质粉砂质页岩夹粉砂岩、砂岩及泥灰岩凸镜体组成，底部具砾岩，厚 1 312.1 m；二段主要为紫红色复成分砾岩与长石砂岩互层，夹粉砂质页岩，厚 900.3 m，局部砂岩中具大型交错层理；三段为绿色凝灰质长石砂岩、沸石岩与紫红色细砾复成分砾岩互层，厚 411.2 m。绿色砂岩常具大型交错层。总厚度达 2 623.6 m。

该组产叶肢介、昆虫、双壳类及爬行类和真蕨类、松柏类等动、植物化石。

叶肢介：*Nestoria reticulata*，*Mesolimnadia jinlingsiensis* 等。

昆虫：*Mesobaetis sibirica*?。

双壳类：*Sphaerium* sp.。

爬行类：*Chaoyoungosaurus*。

植物：*Pityolepis* sp.，*Coniopteris* cf. *burejensis* 等。

据上述生物组合，该组地质时代为中侏罗世至晚侏罗世。

辽宁省内主要分布于朝阳、北票、建昌、凌源等地。金岭寺—羊山盆地最发育。平行不整合于髫髻山组之上。自选层型向西南方向延伸，至朝阳县房身一带，其岩性特征及序列结构与选层型无异，但三个岩性段的厚度有明显变化。一、二段厚度剧减，分别为 88.9 m 和 449.1 m，三段厚度增大，为 1 236.8 m。到建昌铁杖子附近，义县组超覆其上，出露厚度 175.9 m。主要由紫灰色砾岩夹粉砂岩、砂质泥灰岩凸镜体，局部夹砂质条带和泥岩条带组成，下部岩性加粗，不易分段。由选层型向东北延伸，至阜新苑家果附近厚 1 456.1 m，其岩性特征及层序结构亦与选层型一致，但一、二段厚度明显减小。到阜新上两家子附近，厚 736.4 m，只有一、二段，上被义县组不整合覆盖。北票附近，该组特征与选层型极相似，厚 844 m 以上，唯一段夹有粉白色凝灰岩。

邓杖子组　J*dẑ*　(05－21－4008)

【创名及原始定义】　长春地质学院辽西普查大队 1959 年创名。创名地在凌源邓杖子附近。原始定义：指发育于郭家店—牛营子盆地等处的一套石灰岩质砾岩。平行不整合于“郭家店煤系”之上，为大“杖子组”平行不整合覆盖。

【沿革】　创名之初（60 年代）该组在划分和使用上较一致。但由于其仅分布于凌源郭家店—牛营子盆地，后来在进行区域上的划分对比时出现了不同方案。如辽宁地质局（1976）视其为北票组同义语，辽宁区调队（1985），辽宁地矿局（1989）将该地此组归入辽西统一的义县组下部，不再采用其名称，随后又有王五力（1989）将其与土城子组上部层位对比。鉴于该组区域分布特征、岩性及层位等属性，其与义县组或土城子组均有较大差异，故沿用原始名称及含义。

【现在定义】 指凌源郭家店—牛营子盆地内平行不整合于髫髻山组（水泉沟附近）或海房沟组（刀子沟附近）之上的一套灰黄色上部偶见紫红色的石灰岩质砾岩，偶夹黄绿色砂岩、砂质页岩和页岩。含植物化石。未见上覆地层。

【层型】 正层型剖面位于凌源县松岭子乡双庙西山(119°14′,40°56′)，由辽宁区测队1965年重新测制。

亮甲山组 灰色中厚层含燧石结核石灰岩

======= 断层接触 =======

邓杖子组 总厚度＞2 060.95 m

9. 黄灰色、灰色中厚—厚层中—粗砾石灰岩质砾岩 144.51 m

8. 灰色厚—巨厚层中—粗砾石灰岩质砾岩 73.88 m

7. 灰色中厚—厚层中—粗砾石灰岩质砾岩 204.91 m

6. 灰绿色薄层细粒钙质砂岩夹含砂质灰岩。含海绿石 16.39 m

5. 灰色厚—巨厚层中—粗砾石灰岩质砾岩，夹薄层长石砂岩 25.81 m

4. 黄绿色薄层中—细粒长石砂岩。含海绿石 11.71 m

3. 灰色中厚层中—粗砾石灰岩质砾岩。钙质胶结 26.52 m

2. 黄绿色微薄层粉砂质页岩。含化石：*Cladophlebis* sp.，*Equisetites* sp.，*Phoenicopsis* sp. 1.36 m

1. 灰色厚—巨厚层中—粗砾石灰岩质砾岩。基底式胶结，砾石多呈半棱角状—半圆状，局部分选性较好 1 555.86 m

======= 断层接触 =======

下伏地层：常州沟组 灰白色含砾石英砂岩

该组含丰富植物化石，主要有*Cladophlebis* sp.，*Equisetites* sp.，*Phoenicopsis* sp. 等。其地质时代为早侏罗世。

该组岩性特征在其分布范围内无大变化，只是厚度自正层型向盆地南、北两端延伸均有减小。北部老杖子附近厚769 m，南部马杖子附近厚1 222.4 m。均不整合于大红峪组之上。

【其他】 该组以其与下伏岩层的接触关系性质，推定其层位与土城子组大致相当，但二者的岩性特征有明显差别，故未以土城子组代之。

热河群 JK*R* (05-21-4041)

【创名及原始定义】 最早将“热河”一词公开用于地质文献的是葛利普（1923）。原始定义：指热河（今承德、辽西一带）凌源大新房子地区的上、下斑岩间，厚50～100 m，富含鱼动物群的页岩、砂岩及砾岩的沼泽层称热河系。

【沿革】 原热河系含义与现义县组中部大致相当，植田房雄等（1939）扩大热河系含义，其上部热河层、中部热河层、下部热河层之和与现热河群含义一致。大石三郎等（1943）在阜新地区建阜新统代表这套地层。原热河系创名时虽以生物特征作为划分的一个依据，但其岩石地层单位的属性已很明显。在50年代以后的地层工作过分强调其生物地层一面，将岩石地层特征列于次要地位，形成岩石地层单位有名无实，加之热河系所特有的鱼化石仅辽宁西部凌源一带发育，对区域上与其相当的一套岩石地层不再以“热河”二字称之，并且从生物地层出发，扩充“热河系”含义，另建单位，如阜新群（顾知微，1962）、沙河子统（斯行健，1962）、法库群（辽宁省煤炭工业管理局地质勘探公司，1973）、闾西群（潘广，1979）等。陈丕基等（1980）首先使用现含义的热河群，并根据生物内容仅限用于辽西地区西部，东部与其相同的一套岩石组合称阜新群。本书将其使用区域扩展至整个辽西乃至冀北地区，恢复其岩石地层单位含义。

【现在定义】 热河群是指分布于辽西（冀北）地区不整合于金岭寺群土城子组或其他较老地层之上的一套陆相火山-沉积岩夹煤、油页岩地层。含热河生物群化石。自下而上包括沙河子组、义县组、九佛堂组（沙海组）、冰沟组（阜新组）。被孙家湾组（或泉头组）不整合覆盖。

沙河子组　$J\hat{s}h$　(05－21－4012)

【创名及原始定义】 坂口重雄1943年创名。称沙河子夹炭层。创名地在昌图县沙河子（煤田）一带。原始定义：本层的标准地点在沙河子煤田，不整合覆盖在基底岩类之上，主要由砾岩、砂岩、页岩及凝灰岩等组成，具有基底砾岩。

【沿革】 自创名以来很少有人采用，仅斯行健等（1962）将其改称沙河子组，辖于他们的沙河子群之下。辽宁煤矿管理局地勘局（1962）在阜新地区建宫官营子组，在法库地区又先后建周地沟组（1971）、邦牛堡组（1973），其含义均与斯行健（1962）沙河组含义一致。辽宁区测队（1971）根据本组所含生物将其与辽西金刚山组进行对比。郑少林等（1988）将沙河子组一称用于与沙海组相当的一套地层中，而把真正的沙河子组这段地层归入他所建的火石岭组（与现义县组相当）下部。本书沿用斯行健（1962）的沙河子组名称及含义。与本组同物异名或同名异物的地层单位有周地沟组、宫官营子组、邦牛堡子组、沙河子统（群），建议停用。

【现在定义】 指发育于昌图沙河子以北及法库等地，不整合于下二台群变质岩及花岗岩或混合花岗岩之上，由黄褐色黄灰色复成分砾岩、砂砾岩、长石砂岩、粉砂岩、砂质页岩及页岩构成的韵律层组成。局部夹煤层或煤线。含动、植物化石。其上被义县组火山岩整合覆盖。

【层型】 创名人创名时未指定层型，本书确定选层型剖面位于法库县龙山怀—巴尔山屯（123°12′，42°18′），由辽宁区测队1970年测制。

上覆地层：**义县组**　黄绿色安山质熔岩凝灰岩

——————整　合——————

沙河子组　　总厚度 2 333.16 m

14. 灰绿色中厚层含砾粗砂岩夹薄层细砂岩。产化石：*Lycoptera* sp.，*Ferganoconcha* sp.，*F*. cf. *curta*，*F*. *subcentralis*，*F*. *sibirica*，*Eosestheria* sp.，*Sphaerium* sp.，*S*. *pentaconum*，*S*. *anderssoni*　61.24 m
13. 黄绿色薄层粉砂岩夹粉砂质页岩　32.81 m
12. 黄绿色薄层细砂岩夹粉砂质页岩、粗砂岩及黑色页岩　187.95 m
11. 黄褐色、灰白色厚层含砾粗砂岩夹绿色粉砂质页岩、粉砂岩及细砂岩　976.15 m

10. 黄绿色中细砾花岗岩质砾岩夹黄褐色厚层含砾粗砂岩 85.60 m

9. 灰白色中厚层中细粒砂岩夹灰绿色粉砂质页岩 149.33 m

8. 灰褐色粉砂质页岩夹灰白色中厚层细粒砂岩 56.73 m

7. 掩盖 300.30 m

6. 灰绿色灰褐色凝灰质页岩夹灰黑色薄层粉砂岩、细砂岩 112.02 m

5. 灰绿色凝灰质粉砂岩、页岩及灰白色凝灰质砂岩 60.37 m

4. 灰黑色粉砂质页岩。产：*Lycoptera sinensis*，*Eosestheria* sp.，*Czekanowskia rigida*。本层底部有安山岩脉侵入 44.20 m

3. 浅灰色中厚层含砾粗砂岩 111.27 m

2. 浅灰色厚层砂质胶结花岗岩质砾岩 26.73 m

1. 灰黑色含砾凝灰质板岩 128.46 m

～～～～～～～～ 不 整 合 ～～～～～～～～

下伏地层：花岗岩及流纹斑岩

【地质特征及区域变化】 选层型剖面上，该组下部由灰绿色、浅灰色、灰白色含砾凝灰质页岩、含砾砂岩、砂岩、粉砂岩及砾岩组成；上部主要以黄褐色、黄绿色含砾粗砂岩为主，夹粉砂岩及页岩。厚2 032.9 m。含狼鳍鱼、叶肢介、拟蜉蝣、费尔干蚌等化石。为河流相—湖相沉积。底部被花岗岩及流纹斑岩侵入，未见底界。顶部被义县组安山质熔岩凝灰岩整合覆盖。

该组主要含鱼类、双壳类、叶肢介、植物等化石。

鱼类：*Lycoptera sinensis*，*L.* sp. 等。

双壳类：*Ferganoconcha sibirica*，*F.* sp.，*Sphaerium pentaconum*，*S. anderssoni* 等。

植物：*Czekanowskia rigida*。

据上述生物组合，该组地质时代为晚侏罗世。

该组主要发育于昌图、法库、西丰、阜新等地晚中生代盆地边部，延伸不稳定，局部短距离内即可尖灭。

由选层型向东北延伸，在周地沟附近，只见下部层位出露，厚度大于309.5 m，岩性特征与选层型基本一致。其底部与混合花岗岩呈断层接触；至昌图以北，厚度变化较大，局部可减至0～15 m。在上长岭子一带，由砾岩-砂岩-页岩构成韵律层，不整合于花岗岩之上，被义县组玄武岩整合覆盖；在大苇子沟附近，夹煤层（被掩盖）；在阜新宫官营子附近，该组局部出露，由砾岩、凝灰质砂岩、粉砂岩组成，夹煤线。与太古代片麻岩呈断层接触。

义县组 JK*y* (05－21－4009)

【创名及原始定义】 室井渡1940年创名，称义县火山岩类。创名地在义县附近。原始定义：发育于义县附近，由褐色或暗灰色角闪安山岩、辉石安山岩及集块岩、角砾岩、凝灰岩组成。以前者为主，厚度大于2 000 m。不整合在花岗岩之上；其上覆地层为金刚山层。二者整合接触。时代中晚侏罗世。

【沿革】 原义县火山岩类仅与现义县组下部相当。早在1923年葛利普在层型地即将本组地层以下斑岩系、热河系和上斑岩系之和称之。谭锡畴（1926）在昌图地区建纲台层，远藤隆次（1934）在喀左建玄武岩床，林朝綮（1942）在北票称孙家梁火山岩层，皆川弥信（1942）在黑山地区称芳山镇火山岩，与潘广（1959）在义县、锦州所采用的蓝旗组及王五力

(1979) 在阜新用的建昌组均与本组含义相当。由于本组大体由上部火山岩系、中部含化石碎屑岩系、下部火山岩系三部分构成，不同学者在不同地区，根据各部分发育情况分别给以单独命名。上部火山岩地层有如下名称：建昌组（辽宁区测队，1962）、吐呼噜组（辽宁区测队，1967）等；中部地层取名有热河系（葛利普，1923）、九佛堂组（顾知微，1962）、大房身组（任冠政等，1963）、金刚山组（顾知微，1962）等。下部岩系称名有下斑岩系（葛利普，1923）、安山岩流（王竹泉，1929）、斑岩系（森田义人，1939）、义县火山岩类（室井渡，1940）、天德庙组（任冠政等，1963）等。北京地质学院（1960）首称义县组，与现含义一致。随后，辽宁区测队（1967）、辽宁地质局（1978）、郝诒纯等（1982）将义县组含义缩小，限于其下部火山岩地层，代表狭义的义县组。纲台层（组）、孙家梁火山岩层（类、组）、芳山镇火山岩组、榆树沟组与义县组、或部分层位相当，或含义不一；而命名不当、沿用不当的名称有大甸子火山岩类、水泉子组、黑城子火山岩统、镇西堡组、五角湖组、土来沟组、丁家房火山岩类、吐呼噜组、金刚山组、建昌组、大凌河火山岩等，建议停用。

【现在定义】 指发育于辽西（北）和冀北等地区不整合于土城子组（或整合于沙河子组）及其他较老地层之上的以中、基性火山岩、火山碎屑岩为主，局部夹中酸性—酸性和碱性火山岩、火山碎屑岩及沉积岩，底部常具厚度不大的砾岩、砂岩的一套岩石组合。含热河动物群化石。其上被九佛堂组（或沙海组）平行不整合覆盖。

【层型】 正层型剖面位于义县附近马神庙—宋八户(121°00′,41°29′)，由辽宁区调队1983年重新测制。

上覆地层：**沙海组** 黄灰色中厚层含砾长石砂岩

——————— 平行不整合 ———————

义县组	总厚度 2 442.20 m
25. 灰色安山岩	95.80 m
24. 黄灰、绿灰色含砾岩屑砂岩	79.00 m
23. 灰色安山岩	52.20 m
22. 灰色玄武质安山岩	120.60 m
21. 灰色、深灰色安山岩，顶部有 14.9 m 灰色安山质火山集块角砾岩	140.70 m
20. 安山质角砾熔岩，底部有厚 8 m 灰色安山岩	106.10 m
19. 深灰色橄榄玄武岩	32.60 m
18. 灰色安山质集块角砾熔岩	204.50 m
17. 灰色安山质玄武岩	152.60 m
16. 灰色、灰紫色安山玄武质集块角砾熔岩、安山质玄武岩	89.20 m
15. 灰黑色玄武岩	163.80 m
14. 灰黑色玄武质角砾熔岩、橄榄玄武岩	50.80 m
13. 灰黑色玄武岩	61.60 m
12. 深灰色橄榄辉石玄武岩	27.50 m
11. 灰色安山质玄武岩	35.20 m
10. 深灰色橄榄玄武岩，底部有厚 0.4 m 灰黄色细砾岩	57.90 m
9. 灰色杏仁状安山质玄武岩，底部有厚 5.1 m 灰绿色页岩	36.60 m
8. 深灰色橄榄辉石玄武岩	69.50 m
7. 灰黑色橄榄玄武岩	320.00 m
6. 灰黑色玄武岩	132.00 m

5. 灰色碳酸盐化玄武岩	55.20 m
4. 灰黑色玄武岩	105.00 m
3. 深灰色橄榄玄武岩	155.00 m
2. 灰色橄榄辉石玄武岩	35.00 m
1. 黄灰色凝灰质砂岩、含砾粗砂岩与细砾岩互层	60.50 m

～～～～～～～ 不 整 合 ～～～～～～～

下伏地层：**高于庄组** 白云质灰岩

【地质特征及区域变化】 该组在正层型剖面上底部以不整合关系覆于高于庄组白云质灰岩之上。中、下部主要由橄榄辉石玄武岩、橄榄玄武岩、玄武岩等组成，夹玄武质角砾熔岩及沉积岩。上部以安山岩、安山质火山角砾岩为主，具碎屑沉积岩夹层，厚 2 442.4 m。顶部被沙海组底部黄灰色含砾长石砂岩平行不整合覆盖。

该组含有丰富的动、植物化石，一般出现于中部碎屑岩部分中。

鱼类：*Lycoptera muroii*。

叶肢介：*Eosetheria sinensis* 等。

爬行类：*Manchurochelys manchouensis*，*Yabeinosaurus tenuis* 等。

昆虫：*Ephemeropsis* sp.，*Pseudosama rura*，*Karataviella pontoforma* 等。

双壳类：*Ferganoconcha quadrata*，*Sphaeyium jeholense* 等。

介形虫：*Cypridea* spp.，*Mongolianella palmosa* 等。

据上述生物组合，该组地质时代为晚侏罗世至早白垩世。

该组广泛分布于辽西、辽北地区。

在阜新-义县盆地，由正层型向南延伸，至锦州二郎洞一带，该组上部夹流纹岩、流纹质火山碎屑岩、黑曜岩等。由正层型向北，越过大凌河，沿盆地西侧，厚度明显减薄，在清河门以西厚 620 m。其岩性特征与正层型一致。

在紫都台红石砬子一带，该组不整合于土城子组之上，下部为沉积碎屑岩与沉凝灰岩、角砾凝灰岩呈互层；中部为安山质沉积碎屑岩与安山岩呈互层；上部由流纹质、英安质角砾凝灰岩、英安岩夹沉积碎屑岩组成。厚度大于 1 238.2 m。

在朝阳地区，该组不整合于北票组、土城子组或其他较老地层之上。其上被九佛堂组平行不整合覆盖。在下扣附近，仅厚 682.5 m，以基性熔岩及火山碎屑岩为主，夹很薄的砂岩、页岩，底部具砾岩。

在凌源地区，该组不整合于太古代片麻岩之上，大梁前—孟家杖子附近，厚 879.5 m。下部为中性熔岩及火山碎屑岩，中上部为中、酸性熔岩及火山碎屑岩。

在建昌地区，厚度巨大，喇嘛洞沟附近厚达 3 270.8 m 以上。下部为中、基性熔岩与沉积岩呈互层，中部出现中、碱性熔岩，上部为中性、中酸性熔岩及其碎屑岩。

本组在辽西地区常以底砾岩与不同时代地层不整合接触。在法库、昌图一带，以其底部中、基性熔岩或火山碎屑岩与下伏沙河子组整合分界。其顶界，则以该组火山熔岩及火山碎屑岩结束与上覆九佛堂组或沙海组底部的正常碎屑沉积岩平行不整合接触。

【其他】 该组同位素年龄据王东方等（1981）对其底部安山岩、玄武岩全岩 K－Ar 年龄测定为 136.9±3.95 Ma，正层型附近其火山岩全岩 Rb－Sr 年龄为 142.5±4 Ma；刁乃昌等（1983）报道该组玄武岩、安山岩和凝灰岩的全岩 K－Ar 年龄在 104.7～117.1 Ma 之间；辽宁区调队（1985）报道锦州二郎洞附近流纹岩 Rb－Sr 全岩等时线年龄值为 125.3 Ma。上述年龄数据，基本介于晚侏罗世—早白垩世之间。

另外在辽宁西部，该组底部常具沉积砾岩，层位与沙河子组相当，由于厚度不稳定，暂未单独划出。

九佛堂组　K*j*　(05－21－4010)

【创名及原始定义】　远藤隆次 1934 年创名。称九佛堂统。创名地在喀左县九佛堂附近。原始定义：指喀左九佛堂附近由极厚的绿色凝灰质页岩、砂岩组成。分 6 层：a 上部砾岩层，b 上部绿色页岩层，c 上部含油页岩层，d 下部绿色页岩层，e 下部含油页岩层，f 基底砾岩层。下盘：玄武岩床。含 *Lycoptera jeholensis*，*Estheria middendorfi*。时代白垩纪。

【沿革】　原九佛堂统底界不清，顶界为断层。据其剖面描述，推测该统包含了现称的九佛堂组及沙海组；植田房雄等（1937）改统为系，归属于他们的中部热河层之下；北京地质学院（1960）首先使用九佛堂组，将其含义厘定在原九佛堂统底部，与现九佛堂组下部大致相当。随后，九佛堂组一名逐渐被引用于辽宁中生代地层中，但各家划分不一，如顾知微（1962）的九佛堂组是指“上、下火山岩系间的含狼鳍鱼岩系”，为义县组中部地层，与九佛堂组同名异物，王鸿祯、刘本培（1980）通过对辽西中生代系统研究，重新厘定了九佛堂组含义，本书即采用其划分方案。陈丕基等（1982）据生物特征对王鸿祯等（1980）的九佛堂组含义再次修订，扩充其外延，将下伏的义县组中、上部地层也划入其中。与本组同物异名者有：八大股子组、朝阳含化石层、太平沟鱼化石层、七道泉子组。建议停用。

【现在定义】　指发育于辽西朝阳、喀左、建昌等地区，平行不整合于义县组之上，以灰色、灰绿色为主、间夹灰黄、灰白、灰黑等色，偶见紫色，以钙质粉砂质页岩、页岩、粉砂岩为主，夹油页岩、泥灰岩、砂岩和砾岩等一套以湖相沉积为主的沉积岩组合。其上被冰沟组整合覆盖。含热河生物群化石。

【层型】　正层型剖面位于喀左县九佛堂村（119°40′，40°59′），由辽宁区测队 1964 年重新测制。

九佛堂组　　总厚度＞2 118.40 m

21. 灰色钙质粉砂页岩，下部为黄灰色薄层及中厚层粗粒含砾岩屑砂岩。偶夹灰质砾岩凸镜体（未见顶）　26.90 m
20. 掩盖　212.50 m
19. 绿灰色、灰色钙质泥质粉砂页岩，夹黄灰色、灰色薄层钙质泥质粉砂岩　54.17 m
18. 掩盖　23.46 m
17. 灰色钙质粉砂页岩夹绿灰色灰色粉砂岩、页岩及黄灰色中细粒长石砂岩　189.61 m
16. 绿灰色薄层钙质页岩，上部厚 11.66 m 为黄灰色薄层钙质粉砂岩，层面具不对称型浪成波痕　42.59 m
15. 灰色、黄灰色粉砂质页岩夹黄灰色薄层钙质粉砂岩　79.40 m
14. 灰色页岩与黄灰色薄层—微薄层粉砂质泥灰岩互层，顶部夹油页岩及黄褐色巨粗粒灰岩岩屑砂岩　107.98 m
13. 黄绿色微薄层钙质粉砂岩夹含砂泥灰岩及油页岩　40.63 m
12. 绿灰色、灰色页岩夹粉砂质页岩，下部夹黄灰色薄层钙质细砂岩　265.20 m
11. 掩盖　184.66 m
10. 灰色绿灰色页岩夹黄绿色薄层钙质粉砂岩。产化石：*Sphaerium* cf. *hupehense*，

Nakamuranaia chingshanensis, *N. jiufotangensis*, *N. longa* 116.64 m

9. 灰色页岩夹黄褐色砂质泥灰岩及钙质粉砂岩。产化石：*Sphaerium* sp.，*Eosestheria* sp. 240.09 m

8. 绿灰色粉砂质钙质页岩与黄灰色薄层细粒钙质长石砂岩互层，下部构成退积型韵律。产：*Cypridea* sp. 123.53 m

7. 绿灰色含砂质泥灰岩夹薄层细粒砂岩及粉砂岩。夹层粒级由下向上变粗。产：*Sphaerium jeholense*，*S. selenginense* 188.90 m

6. 绿灰色含粉砂泥灰岩夹薄层钙质长石砂岩，顶部有厚 12.45 m 浅灰色薄层细粒凝灰岩屑砂岩 75.25 m

5. 绿灰色粉砂质页岩与褐灰色薄层细粒长石砂岩互层，含鱼化石 23.03 m

4. 浅灰色微薄层粉砂质钙质页岩，局部粒度变细。下部构成小型韵律叠覆 40.51 m

3. 灰白色薄—中厚层中粒长石砂岩及粉砂岩夹薄层页岩。含化石：*Eosestheria* sp. 22.47 m

2. 灰白色薄层泥灰岩与钙质页岩互层。产：*Lycopterocypris* sp.，*Ephemeropsis trisetalis* 40.77 m

1. 黄灰色厚层粗—巨砾安山岩质砾岩，夹黄灰色薄层粗粒长石砂岩、灰绿色粉砂质页岩。下部构成一个退积型韵律。含化石 20.02 m

——————— 平行不整合 ———————

下伏地层：**义县组** 微紫灰色安山岩

【地质特征及区域变化】 该组在九佛堂剖面上，以灰色、绿灰色钙质粉砂质页岩、页岩、粉砂岩和泥灰岩为主，夹砂岩和油页岩，底部具薄层砾岩，与下伏义县组呈平行不整合接触。在下部页岩和粉砂岩中，含双壳类、介形虫、叶肢介、昆虫及鱼化石。厚 2 118.4 m。未见上覆地层。

本组所含化石有：

双壳类：*Nakamuranaia chingshanensis*，*Sphaerium jeholense*，*Ferganoconcha* cf. *subcentralis* 等。

叶肢介：*Eosestheria* sp. 等。

介形虫：*Cypridea* sp.，*Lycopterocypris* sp. 等。

昆虫：*Ephemeropsis trisetalis*。

鱼：*Lycoptera davidi*，*L. longi* 等。

植物：*Equisetites* ? sp.，*Czekanowskia rigida* 等。

据上述生物组合，本组地质时代为早白垩世。

该组主要分布于辽西西部晚中生代盆地中。平行不整合于义县组之上。

建昌地区，自北而南沉积加厚。上胡仙沟附近厚 205.3 m。主要由砂质页岩和砾岩组成，夹砂岩、粉砂岩及泥灰岩、生物碎屑灰岩，局部岩层呈现紫色。含热河动物群化石。其上被冰沟组整合覆盖。较层型剖面，粒度粗；向南延至喇嘛洞附近，顶底接触关系未变，厚度加大至 1 500.4 m，沉积粒度变细，以砂岩、粉砂岩、页岩为主，夹泥灰岩，上部偶夹凝灰岩及煤线。

朝阳地区，该组大部掩盖。七道泉子附近，控制厚度 611.3 m。下部由火山岩质砾岩夹凝灰质砂岩、页岩和油页岩组成。与层型特征一致。化石丰富。

北票黑城子地区，由凝灰质粉砂质页岩、纸片状页岩、油页岩及砾岩、砂岩、粉砂岩组成。岩性与层型相似，但厚度不大，白苍营子附近仅厚 354 m。产动植物化石。

沙海组 $K\hat{s}$ （05－21－4013）

【创名及原始定义】 室井渡1940年创名，称沙海页岩层。创名地在阜新沙海村一带。原始定义：指整合于县城互层之上，又整合伏于阜新夹煤层之下的暗灰色淤泥质黑色页岩夹薄层砂岩、砾岩的含煤地层。厚度大于600 m。含狼鳍鱼、叶肢介等化石。

【沿革】 北京地质学院古生物教研室（1960）将室井渡（1940）的沙海页岩改称沙海组，并将其下的县城互层大部分地层也归入该组。刘世昌等（1964）建清河门组，含义与室井渡（1940）泥河子层（上部沙海页岩和下部县城互层）大致相当。顾知微（1962）的沙海组是将“泥河子层”之下的砾岩也归入其内，底与义县组火山岩整合分界。本书采用该划分方案。与本组同物异名的单位有泥河子层（组）、清河门组。相当于该组一部分的名称有：吐呼噜含化石层、吐呼噜角砾岩（组）、县城互层（组）、黄花山角砾岩（组）。这些名称都应停用。

【现在定义】 指分布于义县、阜新、法库一带平行不整合于义县组之上，或局部不整合超覆于混合花岗岩之上，整合伏于阜新组之下的一套以河、湖相为主，夹冲积扇相及泥沼相的碎屑、泥质沉积。主要由砂岩、页岩夹砾岩或角砾岩组成，局部夹煤层、油页岩及含油砂岩。含动、植物化石。

【层型】 创名人未指定层型，本书确定选层型剖面在阜新市西北郊宫官营子附近（121°37′，42°03′），由王五力等1984年引用综合煤田107队钻孔资料。

上覆地层：阜新组　灰、灰白色砂岩、粉砂岩夹泥岩和煤

——————— 整　合 ———————

沙海组	总厚度 942.11 m
二段	647.30 m
24. 灰黑色泥岩夹深灰、灰绿色粉砂岩	54.60 m
23. 灰黑色泥岩及砂质泥岩	22.60 m
22. 灰白、灰黑、灰绿色砂岩、粉砂岩	56.00 m
21. 灰黑色泥岩及砂质泥岩夹粉砂岩	72.70 m
20. 灰黑色粉砂岩夹泥岩	92.60 m
19. 灰黑色砂质泥岩夹粗砂岩	73.80 m
18. 灰白、灰黑色砂岩、粉砂岩	44.90 m
17. 灰黑、灰绿色泥岩、砂质泥岩	70.90 m
16. 灰黑、灰绿色砂岩、粉砂岩	29.00 m
15. 灰绿、灰色砂砾岩。有软体动物化石	34.70 m
14. 灰黑色砂质泥岩夹灰白、灰绿色砂岩、砂砾岩和砾岩	95.50 m
——————— 整　合 ———————	
13. 灰黑色泥岩、油页岩夹少量灰白、灰绿色细砂岩。（下接八家子剖面）	194.30 m
一段	100.51 m
12. 灰绿色凝灰质砂岩	9.41 m
11. 杂色安山质砾岩或角砾岩和灰黄色砾岩	91.10 m

~~~~~~~~~~ 不 整 合 ~~~~~~~~~~

下伏地层：灰黄色混合花岗岩

【地质特征及区域变化】 选层型剖面上该组自下而上分两个岩性段。一段由杂色、灰黄
~~~~~~~~~~

色安山岩质砾岩或角砾岩及灰绿色凝灰质砂岩组成，厚100.51 m，不整合于太古代混合花岗岩之上；二段以灰黑色泥岩、砂质泥岩与砂岩、粉砂岩互层为主，夹砂砾岩及油页岩。厚841.6 m。全组厚942.11 m。含鱼、叶肢介、介形虫及昆虫化石。其上被阜新组底部灰白色砂岩整合覆盖。

该组所含化石为：

介形虫：*Limnocypridea qinghemenensis*，*Ziziphocypris costata* 等。

双壳类：*Nippononaia sinensis*，*Mengyinaia tugriensis* 等。

腹足类：*Bellamya fengtienensis*，*Probaicalia vitimensis* 等。

鱼：*Lycoptera muroii*。

爬行类：*Manchurochelye manchouensis*，*Yabeinossaurus tenuis* 等。

植物：*Czekanowskia* sp.，*Solenites* sp. 等。

据上述生物组合，该组地质时代为早白垩世。

该组分布于义县、阜新、黑山、彰武、法库一带晚中生代盆地中。

由选层型向西南延伸，厚度加大，到清河门附近，厚达1 486.2 m以上，二段岩性有所变粗，以砂岩、砂质页岩为主，夹多组煤层及含油砂砾岩；至义县城北桑土营子附近，厚度又变薄，为728.8 m，岩性与选层型相似；到义县城南宋八户附近，厚又达1 018.9 m，一段中角砾岩增多，二段粉砂岩加厚。

由阜新向东北延伸，至野马套海、桃花营子一带，沉积颗粒变粗，中上部夹煤层和油页岩；至法库晓明附近，该组趋于尖灭。

冰沟组　K*b*　(05-21-4011)

【创名及原始定义】　陈晋镳等① 1959年创名。创名地在建昌县三家子—冰沟村。原始定义：指建昌冰沟附近一套含薄煤层之砾岩建造而言。不整合覆于张家口组之上。时代属晚侏罗世。

【沿革】　创名者建立冰沟组时认为其与广义九佛堂组相当，即包含了孙家湾组之下，义县组之上的一整套地层。北京地质学院古生物教研室(1960)对冰沟组含义进行重新厘定，仅限于原(广义)九佛堂组上部一段地层，上覆地层为孙家湾组。本书采用此划分方案。后来任冠政等(1962)所采用的冰沟组含义稍有不同，他将九佛堂组整个上部地层均划入其内。辽宁地质局(1978)在《东北地区区域地层表・辽宁省分册》中所称的冰沟组底界与任冠政(1962)相同，而顶界下移至原冰沟组顶部相当“阜新砾岩”层之底。来代沟含煤组、来代沟组、马厂含煤组均与本组同物异名，且命名在后，应停止使用。

【现在定义】　指发育于建昌、朝阳等地区整合于九佛堂组之上的灰白色、褐灰色砾岩夹长石砂岩、粉砂岩、粉砂质页岩、页岩、碳质页岩和煤层(或煤线)的一套沉积地层。上因断层接触，故未见顶。含动、植物化石。区域上被孙家湾组(北票桃花吐以东)不整合覆盖。

【层型】　正层型剖面位于建昌县三家子—冰沟村(119°51′，40°46′)，据辽宁区测队1964年重新测制。

杨庄组　白云质灰岩

① 陈晋镳等，1959，关于燕辽地区中生界问题(摘要)。第一届全国地层会议材料(未刊)，P1—3。

====== 断层接触 ======

冰沟组 总厚度＞485.80 m

18. 褐灰色、褐紫色含粗砾巨砾中细砾石灰岩质砾岩，顶部为中—巨砾砾岩(未见顶) 122.00 m
17. 褐灰色粗—巨砾花岗岩质砾岩与灰绿色、黄色、紫灰色中—粗粒含砾长石砂岩。产化石 48.20 m
16. 灰白色中细砾石灰岩质砾岩，夹粗粒长石砂岩，具斜层理 62.40 m
15. 灰白色、黄绿色中细粒岩屑杂砂岩 18.30 m
14. 灰色灰白色粉砂岩，产化石，底部有厚 2.7 m 的灰白色细砾石英岩质石灰岩质砾岩 26.00 m
13. 灰白色细粒长石砂岩，含淡水动物化石，底部有厚 5.5 m 的灰白色细砾石灰岩质石英岩质砾岩 23.90 m
12. 灰紫红色及微褐色细粒长石砂岩，含动、植物化石 49.90 m
11. 黄白色灰黄色粘土质页岩夹微粉红色粉砂质页岩及细粒长石石英砂岩。产：*Ginkgoites sibiricus* 20.80 m
10. 褐黑色碳质页岩、煤层，夹紫色铁锰质页岩。底部夹深灰色粘土质页岩及灰色含铝土质页岩 17.40 m
9. 灰白色中细砾复成分砾岩，底部夹岩屑杂砂岩 6.40 m
8. 灰色灰黑色页岩与粉砂质页岩夹黑紫色含粉砂质泥灰岩凸镜体及碳质页岩。产介形虫：*Cypridea concina*，*Darwinula* sp. 9.50 m
7. 灰色粉砂质页岩。底部具 1 m 的中细砾石灰岩质石英岩质砾岩。含化石 7.00 m
6. 灰色粘土质页岩与浅黄灰色粉砂质页岩，夹铁质结核凸镜体、铝土质页岩凸镜体及碳质页岩。产：*Cypridea concina* 以下接小冰沟北山剖面 LP52B 9.30 m
5. 黄褐色黄灰色中细砾复成分砾岩与灰褐色黄绿色细粒长石砂岩互层，局部砂岩变细为泥质粉砂岩，含炭化植物碎屑较多 8.90 m
4. 黄灰色中—细砾复成分砾岩 12.10 m
3. 深灰色灰绿色粉砂质页岩，夹黑褐色页岩及碳质页岩，顶部夹有煤线，含动、植物化石碎片，底部有厚 1.3 m 的黄褐色灰白色中细砾复成分砾岩，夹砂质页岩及砂岩。含大量植物化石碎片 13.00 m
2. 绿灰色黄灰色细粒长石砂岩夹灰色页岩及粉砂质页岩，顶部夹煤线，含化石，下部夹黑褐色页岩、碳质页岩 12.30 m
1. 灰白色中细砾复成分砾岩，夹黄绿色薄层细砂岩 17.00 m

———— **整　合** ————

下伏地层：**九佛堂组**　黄灰色浅灰色细粒长石砂岩及粉砂岩

【地质特征及区域变化】　在冰沟村剖面上该组整合覆于九佛堂组之上。下部为灰白色、灰紫色砾岩、砂岩，夹页岩、砂质页岩、粘土质页岩、碳质页岩和煤层。上部由褐灰、灰白色砾岩夹砂岩组成。厚 485.8 m。

该组所含化石有植物 *Ginkgoites sibiricus*。介形虫 *Cypridea concina*，*Darwinula* sp. 等。其地质时代为早白垩世。该组主要沿黑城—朝阳—建昌晚中生代盆地东南缘分布，多受断裂切割。

在建昌冰沟一带，该组由正层型剖面向南北延伸，下部砾岩显著增多，煤层迅速减薄。在朝阳大杖子，该组厚达 2 464.8 m，上粗下细的层序结核与正层型剖面一致，唯整体粒度相应变细，砾岩减少，砂岩、页岩增多，含煤性差（只夹煤线）。北票宝国吐一带厚约 900 m，建平马厂以北地区厚 300 m 以上，其岩性特征与大杖子一带接近，均含可采煤层。

前人曾据本组所含化石，而以沙海组代之，但其层位与阜新组相当，考虑到本组岩性特征，应保留冰沟组名称。

阜新组　K*f*　(05-21-4014)

【创名及原始定义】　王竹泉、黄汲清1929年创名。称阜新煤系。创名地点在阜新一带。原始定义：指阜新煤田不整合于“安山岩流”之上的凝灰质砾岩及含煤沉积。其上被赤色砾岩所覆盖。时代中侏罗世。

【沿革】　原阜新煤系上部与现阜新组相当。森田义人（1939）改称阜新统，中、上部相当阜新组。室井渡（1940）再称阜新夹煤层，其含义接近现阜新组，只是顶部未将“阜新砾岩层”包含在内。北京地质学院古生物教研室（1960）正式称阜新组，自此，阜新组才作为一个地层单位被广泛采用。但其含义不同作者有所区别。原阜新组指包含“阜新砾岩层”在内，现沙海组之上的一套地层。辽宁区测队（1967）所称阜新组下界较原阜新组低。王五力（1979）将阜新组含义缩小至中、下部一段地层，上部又新建半拉山组（或张老公屯组）。潘广（1979）所采用的阜新组含义与室井渡（1940）阜新夹煤层一致。辽宁地质局在编写《东北地区区域地层表·辽宁省分册》（1978）和《辽宁省区域地质志》（1989）时均采用原划分方案。刘世昌等（1964）则以海州组取代阜新组，在黑山一带又建八道壕组，在法库建三台子组。本书沿用原阜新组划分及名称。与本组同物异名或异物同名的有海州组、八道壕煤系、小明安碑组、三台子组、半拉山组（与该组顶部层位相当）、阜新群。

【现在定义】　指分布于义县、阜新、黑山、法库等地整合于沙海组之上，以灰白色砂岩、砾岩为主，夹深灰色泥岩、碳质页岩和多层煤的一套含煤地层。含动、植物化石。其上被孙家湾组不整合或平行不整合覆盖。

【层型】　正层型剖面在阜新市西南郊西北营子（121°38′，41°54′），由辽宁省煤炭工业管理局地质勘探公司107队1974年重新测制。

上覆地层：**孙家湾组**　紫色砾岩，底部20 m厚为灰绿色，砾石以石英岩、花岗岩为主，粒度不均，泥质胶结

—————— 平行不整合 ———————

阜新组　　总厚度551.60 m

12. 灰绿色砾岩与绿色凝灰质粗中砂岩互层，单层厚3.5～7.5 m，砾岩由凝灰质泥质胶结。顶部砂岩、砾岩呈灰白色、灰色，夹粉砂岩　23.76 m
11. 灰绿色中薄层细砂岩及含砾粉砂岩中夹少数薄层砂砾岩　25.00 m
10. 淡灰、灰白色中粗砾砾岩，夹少数灰色、深灰色薄层砂岩、泥岩及碳质泥岩。砾石以花岗岩及片麻岩为主，次为石英岩，泥质及凝灰质胶结　29.05 m
9. 灰白色中厚层中粗粒砂岩及灰色复成分砾岩的不规则互层，夹灰色薄层粉、细砂岩及个别薄层碳质页岩与煤线，砾石以石英、花岗岩及片麻岩为主，砾径一般0.4～7.0 cm，次圆至次棱角状，砂粒以石英及长石为主，均为凝灰质及泥质胶结，中下部一层砂岩中含有腹足类化石：*Zaptychius* sp.，*Z. haldemani*，*Mesocochliopa* aff. *cretacea*，*M. cretacea*，*Gyraulus* sp.，*G. veternus*，*Pseudarinia* sp.　93.20 m
8. 灰色薄层粉、细砂岩及灰黑色深灰色薄层泥岩夹灰白色中粗砂岩及砂砾岩。中部夹复煤层，底部为中厚层砂砾岩　29.20 m
7. 灰色灰黑色薄层粉砂岩、泥岩夹碳质泥岩及煤层，下部7 m为中细砾花岗岩、石英岩

质砾岩 19.85 m

6. 灰色中薄层复成分砾岩、砂砾岩与煤组的多次互层，煤组由灰白色中粗砂岩及灰黑色泥岩、粉砂岩夹煤层组成，砾岩常为一个旋回的底部层 60.04 m

5. 灰白色、灰色中薄层中粗砂岩夹少数薄层砾岩或砂砾岩与煤组的多次互层，煤组由灰色、灰黑色泥岩、碳质泥岩、粉砂岩夹煤层组成 120.48 m

4. 灰白色中粒砂岩。成分以石英为主，分选不良，泥质胶结 22.63 m

3. 灰白色中厚层及薄层中粒砂岩夹灰黑色薄层泥岩及复煤层，底部为中厚层中细砾砾岩 50.87 m

2. 灰白色中粗粒砂岩及灰色砾岩、砂砾岩，中间夹一层黑色碳质泥岩，含煤线 18.09 m

1. 灰色中薄层粉细砂岩、砂砾岩及灰白色中粒砂岩、夹若干煤组。底部由黑色灰黑色泥岩，碳质泥岩及薄煤组成 59.43 m

——————— 整　合 ———————

下伏地层：沙海组　砂岩

【地质特征及区域变化】　正层型剖面上，该组主要为灰色、灰白色砂岩、砾岩，夹粉砂岩、页岩，含多层可采煤层。厚 551.6 m。底部以一层灰色砂砾岩与下伏沙海组砂岩整合接触。其顶部被孙家湾组底部紫色砾岩平行不整合覆盖。

该组含丰富的动、植物化石，主要有：

腹足类：*Zaptychius* sp.，*Mesocochliopa* aff. *cretacea*，*Gyraulus* sp.，*Probaicalia gerassimovi* 等。

双壳类：*Sphaerium jeholense*，*Nippononaia chinensis* 等。

植物：*Elatocladus* sp.，*Coniopteris burejensis* 等。

另外，本组中曾发现有远藤兽 *Endotherium niinomii* 和张北足印 *Changpeipus carbonicus*。

据上述生物组合，该组地质时代为早白垩世。

该组与下伏沙海组整合接触，常相伴出现。分布于晚中生代盆地近中心部位。由正层型向西南延伸，在东梁附近厚度增至 777.7 m，底部砾岩增多，煤层减少变薄；至清河门附近，厚达 1 236.4 m，岩性特征与正层型相近，含煤性较差；至义县以南许家洼子一带，基本无可采煤，孙家湾组紫色砾岩以明显不整合关系覆盖其上。

向东北延伸，在铁法地区比较发育，在晓明沙后所，厚 842.3 m 以上。岩性特征与正层型相似。煤层主要夹于中、上部，下部粗碎屑岩中常含较多炭屑，局部具斜层理。

孙家湾组　Ksj　(05 - 21 - 4015)

【创名及原始定义】　森田义人 1939 年创名。称孙家湾统。创名地在阜新孙家湾村一带。原始定义：指不整合于阜新砾岩之上的一套砾岩、凝灰质砂岩。其下部砂岩呈绿、紫、青色，以色调显明为特征。水平方向砾岩、砂岩递变。厚 1 000～1 500 m。为孙家湾统的最下部层位。时代早白垩世。

【沿革】　王竹泉等（1929）将与本组相当的地层称“红色砾岩”，不整合覆于他们所称的“阜新煤系”之上。森田义人创名孙家湾统时含义不清，地层划分混乱，室井渡（1940）重新厘定孙家湾统，改称孙家湾砾岩层，并将现阜新组顶部的砾岩层（阜新砾岩）纳于其底部。林朝棨（1942）取孙家湾砾岩层之意，在北票又建贝子府层。马子骥（1955）首称孙家湾组，并修订了孙家湾统含义，将阜新砾岩划归阜新组，之后这一概念的孙家湾组被广泛采用。辽宁地质局（1978）在编制《东北地区区域地层表·辽宁省分册》中虽用孙家湾组一名，但含义与孙家湾砾岩层相同。辽宁煤矿管理局地勘局（1962）在北票、朝阳一带再建南天门组，取代马子骥的孙家湾组。本书认为马子骥的孙家湾组符合岩石地层命名原则，故采用之。

【现在定义】 指发育于辽西地区不整合或平行不整合于阜新组或其他较老地层之上以灰紫色局部夹灰黄色复成分砾岩为主，夹杂色砂岩、粉砂岩及砂质页岩的一套碎屑沉积。局部砂、页岩增多并夹泥灰岩。其上被大兴庄组中酸性火山岩平行不整合覆盖（大兴庄附近）。

【层型】 正层型剖面在阜新市细河区宫官营子—上乍木营子（121°40′，41°59′），由王五力等1984年重新测制。

太古代瓦子峪组 片麻岩

＝＝＝＝＝＝＝ 断层接触 ＝＝＝＝＝＝＝

孙家湾组	总厚度＞662.30 m
4. 灰紫色片麻岩质砾岩	5.30 m
3. 灰紫色灰黄色砾岩	512.00 m
2. 灰黄色砾岩夹红色含砾粉砂岩、砂岩	14.50 m
1. 灰紫色砾岩夹薄层状砂岩	130.50 m

——————— 平行不整合 ———————

下伏地层：**阜新组** 灰黄色砾岩夹砂岩凸镜体

【地质特征及区域变化】 正层型上该组主要由灰紫色砾岩组成，夹灰黄色砾岩及红色或杂色砂岩、粉砂岩。厚662.3 m。平行不整合于阜新组之上，其顶被断层切割。

本组所含化石主要有 *Acanthopteris onychioides*，*Ginkgoites* sp.，*Coniopteris* sp. 等。其地质时代为晚白垩世。

该组分布于辽西晚中生代盆地的边部。

在阜新—义县盆地明显受断层控制，自正层型向西南延伸，在义县张老公屯以东，该组以不整合关系覆于阜新组或义县组之上；至锦州附近，厚达1 747 m，上部砂岩增多，其岩性特征与正层型基本一致；自正层型向东北延伸，到务欢池一带，砂岩明显增多，粒径变小。

在黑城子地区，以赵家窝堡一带发育较厚，达1 803 m，仍以紫色砾岩、砂砾岩为主。前铁匠沟一带，砾岩减少，砂质页岩增多，厚378.5 m。

泉头组 Kq (05-21-4016)

【创名及原始定义】 羽田重吉1927年创名。称泉头层。创名地在昌图县泉头附近。原始定义：由赤褐紫等色砾岩、凝灰质砂岩、页岩和底砾岩组成。

【沿革】 坂口重雄（1943）改称泉头统。地质部第二石油普查大队、松辽石油勘探局综合研究大队同时（1959）创名泉头组，三者含义一致。斯行健等（1962）另建纪家岭组取代本组，归于他们所称的泉头群中。泉头组创名后被广泛采用。与本组同物异名和异物同名的有纪家岭组、泉头群。应停用。

【现在定义】 据分布于辽北昌图、康平和西丰以北等地区不整合于阜新组（康平方家屯以西和铁岭镇西堡附近）及其他较老地层之上的以紫色页岩、粉砂岩为主，夹紫、黄、灰绿、灰等杂色砂岩、含砾砂岩、砾岩及砂质灰岩等组成的一套沉积地层。区内未见上覆地层。

【层型】 正层型剖面位于昌图县泉头乡泉头村（124°11′，42°51′），由辽宁区测队1970

年重新测制。

泉头组　　总厚度＞806.72 m

8. 紫色页岩，内含棱角状泥砾及灰质结核夹灰绿色细砂岩（未见顶）　52.62 m

7. 紫色页岩及含砾粉砂岩　95.51 m

6. 紫红色含复成分砾石粗粒长石砂岩及紫色页岩，夹含粉砂质灰岩。本层厚度包括掩盖厚度 68.56 m　99.30 m

5. 黄褐色细砾复成分砾岩　35.10 m

4. 紫色页岩、钙质粉砂岩夹长石砂岩、钙质砂岩及砾岩，页岩中含钙质结核较多。砂岩具交错层理　389.92 m

3. 紫色粉砂岩及页岩与灰色含砾砂岩及砂岩互层　63.43 m

2. 黄色含砾中粗粒长石砂岩。砾石成分为混合岩、花岗岩　16.68 m

1. 紫色页岩及砂岩与黄色、灰绿色、灰色含砾砂岩互层。局部夹细砾岩，砾石成分为混合岩、花岗岩　54.16 m

＝＝＝＝＝＝＝ 断层接触 ＝＝＝＝＝＝＝

下伏地层：义县组　深灰色凝灰质页岩及角砾岩

【地质特征及区域变化】　正层型剖面上该组主要由紫色页岩、粉砂岩夹紫、黄、灰绿等杂色长石砂岩等复成分砾岩构成。厚度大于 806.7 m。

本组产双壳类、介形虫及植物化石。其地质时代属晚白垩世。

该组主要分布于辽北北部，即松辽盆地南缘。由正层型向西至康平一带，砂砾岩增多，砂、页岩减少，具交错层理，厚 692.9 m 以上。由正层型向北，延入吉林境内，在长春岭一登楼库一带，顶、底齐全，可分 4 个岩性段，厚度在 1 500 m 左右，在松基二井厚 2 198.5 m，岩性与正层型差异不大。

大兴庄组　K*dx*　（05－21－4017）

【创名及原始定义】　辽宁省地矿局第四地质大队 1989 年创名。创名地在锦县大兴庄村北山。原始定义：指分布于锦州以北大兴庄、何家屯一带面积 50 km^2 的中酸性火山熔岩和熔岩碎屑岩。平行不整合于孙家湾组或不整合于九佛堂组和义县组之上。未见上覆地层。

【沿革】　辽宁区测队（1972）称大凌河组，辽宁地质局（1976）改称召都巴组。王五力（1989）再称张老公屯组。辽宁地矿局第四大队（1989）认为这套地层在锦西大兴庄出露完整，具代表性，于是，取名大兴庄组，本书采用此划分方案。该组曾被归入大凌河组、召都巴组、张老公屯组。

【现在定义】　指分布于锦州、朝阳地区平行不整合于孙家湾组（大兴庄附近）之上或不整合于沙海组和义县组之上以英安岩或粗安岩为主，底部具同质火山碎屑岩的一套火山岩。未见上覆地层。

【层型】　正层型剖面在锦县余积乡大兴庄北山（121°13′，41°16′），由辽宁地矿局第四地质大队 1989 年测制。

大兴庄组　　总厚度＞120.03 m

2. 黄灰色英安岩（未见顶）　116.10 m

1. 黄灰色英安质角砾熔岩　　3.93 m

～～～～～～～～ 不 整 合 ～～～～～～～～

下伏地层：**沙海组**　灰白色粉砂岩

【地质特征及区域变化】　本组岩性简单，主要由黄灰色英安岩组成，底部具英安质角砾熔岩，厚 120 m。不整合于沙海组灰白色粉砂岩之上。

该组英安岩全岩 K－Ar 年龄值为 80.83～115.16 Ma。其地质时代为晚白垩世。

该组分布于锦州以北大兴庄、大石堡、河家屯一带长约 10 km，宽 2～5 km 的范围内，岩性简单，与正层型无异。以平行不整合或不整合覆于孙家湾组或沙海组和义县组之上。

二、锡林浩特-磐石地层分区平岗地层小区

德仁组　JK*d*　(05－21－4024)

【创名及原始定义】　东北煤田第一勘探局 107 队 1958 年创名，称德仁安山岩段，创名地在吉林省平岗。原始定义：德仁组来源于久大组的下部德仁安山岩段。底部为黄绿色砾岩、砂岩、粉砂岩组成，顶部为灰紫、灰绿、灰黑色安山岩、安山质集块岩、凝灰岩组成。它不整合在花岗岩之上，与上覆久大夹煤层呈整合接触。厚 919～1 300 m。时代晚侏罗世。

【沿革】　该组与森田义人（1943）的西丰夹炭层下部的部分地层相当。东北煤田第一勘探局 107 队（1958）在吉林省创名久大组时，将本组及其以下的现沙海组地层合称德仁安山岩段。吉林省煤炭工业管理局（1963）首称德仁组。之后，辽宁区测队（1971）改称辽西地区的义县组。辽宁地矿局（1989）所称的德仁组含义与前人义县组相同。本书采用德仁组一称，但含义厘定在原德仁安山岩段（或义县组）上部以安山岩为主的一套地层，下部的碎屑岩地层归沙河子组。

【现在定义】　指发育于西丰、平岗和吉林辽源地区整合于沙河子组之上或不整合于华力西期花岗岩之上，由安山岩、火山碎屑岩夹砂、页岩组成的一套火山-沉积地层。其上被久大组平行不整合覆盖。

【层型】　正层型剖面在吉林省平岗地区。省内的次层型剖面为西丰县德榆屯剖面（05－21－4024－4－1）。

【地质特征及区域变化】　该组主要由灰绿色安山岩与凝灰质砂岩、长石砂岩、粉砂质页岩、页岩呈互层组成。与下伏沙河子组整合接触，其上被久大组平行不整合覆盖。

该组由吉林延入辽宁，只分布于西丰地区，出露极差，且厚度较小，厚 520.9 m。与之毗邻的吉林平岗煤田老龙村附近厚度达 1 308.8 m 以上。

平岗组、义县组的一部分与德仁组相当。

组内未获化石，地质时代暂定为晚侏罗世至早白垩世。

久大组　JK*j*　(05－21－4025)

【创名及原始定义】　东北煤田第一勘探局 104 队 1954 年创名，称久大夹煤层。创名地在吉林省东辽县平岗镇附近。由辽宁地矿局（1989）引入省内辽北西丰地区。原始定义：厚 40 m，下部为薄层凝灰质砂砾岩、黑色页岩层，上部为灰色砂页岩、页岩、黄色细砂岩夹煤层。纵横变化大，产动、植物化石。与下伏下部火山岩和上覆中部火山岩呈整合接触。时代

侏罗纪。

【沿革】 东北煤田第一勘探局107队（1958）将东北煤田第一勘探局104队等（1954）所称久大夹煤层改称久大组，其含义自下而上包括："德仁安山岩段"、"久大夹煤层"及"流纹岩段"。辽宁区测队（1971）将"久大夹煤层"单独建组，称"金刚山组"，后（1976）又恢复久大组名称，含义同"金刚山组"。本书即采用此划分方案，金刚山组与本组同物异名，应停用。

【现在定义】 指发育于辽北平岗、吉林辽源盆地内平行不整合（或整合）于德仁组之上，下部以灰黑色页岩和黄色岩屑砂岩为主，夹粉砂岩及薄煤层；上部以黄绿色安山质凝灰岩为主，夹黑色页岩及粉砂岩的一套含煤地层。含动、植物化石。其上被安民组平行不整合（或整合）覆盖。

【层型】 正层型剖面在吉林省辽源市久大附近。省内未测剖面。

【地质特征及区域变化】 该组发育于西丰和吉林东辽地区晚中生代盆地中，省内分布十分局限。一般多被掩盖。岩性与创名剖面无大差异。

据本组所含双壳类、叶肢介、鱼及植物化石，其地质时代为晚侏罗世至早白垩世。

安民组 JK*a* （05-21-4026）

【创名及原始定义】 东北煤田第一勘探局104队1954年创名，称安民夹煤层。创名地吉林省东辽县平岗镇附近。由辽宁地矿局（1989）引入辽北西丰地区。原始定义：厚约30 m。下部由黑色页岩构成，上部由砂质页岩夹煤层组成，煤层分布不稳定。它与上、下火山岩层呈整合关系。时代侏罗纪。

【沿革】 森田义仁（1943）将本地区与之相当的地层称"上部安山岩、煤层及页岩"和"下部安山质熔岩"。东北煤田第一勘探局104队（1954）在本组中部建"安民夹煤层"，上部称"上部火山岩层"，下部为"中部火山岩层"。该局107队（1958）又在"安民夹煤层"基础上建安民组，将其上的"上部火山岩层"也包含其内。吉林省煤田地质公司（1974）再次扩大"安民夹煤层"含义，将原安民组的"中部火山岩层"纳入新厘定的安民组内，即本书采用的划分方案。这套地层辽宁区测队（1971）曾称为吐呼噜组。辽宁地质局（1976）引用辽西建昌组取代本组。之后（1989），又重新起用安民组，含义与吉林煤田地质公司（1974）一致。吐呼噜组、建昌组与本组为同物异名，应停用。

【现在定义】 指发育于辽北平岗、吉林辽源等盆地，平行不整合于久大组之上，下部以灰白色流纹岩、流纹质火山碎屑岩为主，夹黄绿色、黄色砂岩、页岩及煤层等一套中、酸性火山岩夹含煤地层。其上被长安组平行不整合覆盖。

【层型】 正层型剖面在吉林省平岗安民村附近。辽宁省内无代表性剖面。

【地质特征及区域变化】 该组发育于辽北平岗、吉林辽源和东丰等晚中生代盆地内。厚度在500～1 200 m间。辽宁省内分布局限，岩性与创名地基本一致。

据该组所含植物化石，其地质时代为晚侏罗世至早白垩世。

长安组 K$\hat{c}$ （05-21-4027）

【创名及原始定义】 东北煤田第一勘探局104队1954年创名，称长安夹煤层。创名地在吉林省东辽县平岗镇附近。辽宁地矿局1989年引入辽北西丰地区。原始定义：层厚400 m，底部由粗砂岩及砂质页岩构成，煤位于中部，夹于页岩、砂页岩内，有很薄凝灰质砂岩及砂页岩数层，上部为灰黄色长石石英砂岩和黑色页岩相互构成。本层与大营村页岩接触为砾岩。产植物化石。时代晚侏罗世。

【沿革】 森田义人（1943）最初称这套地层为“黑色页岩及煤层”。“长安夹煤层”命名之后，东北煤田第一勘探局107队（1958）将其改称为长安组，并将其上覆的火山岩层也纳入其中。吉林煤田地质公司（1974）仅将与“长安夹炭层”相同的地层称为长安组，即本书所采用的划分方案。辽宁区测队（1971）将本组与辽西地区的九佛堂组、阜新组对比，用此二组之和取代本组。辽宁地矿局（1989）恢复使用原义长安组。九佛堂组-阜新组与该组同物异名，建议在本小区停止使用。

【现在定义】 指发育于西丰、平岗盆地平行不整合于安民组之上，由黄褐色凝灰质砂岩及煤层组成的一套含煤地层。其上被泉头组（或全家屯组）不整合覆盖。

【层型】 正层型剖面在吉林省东辽县平岗地区。辽宁省内未测剖面。

【地质特征及区域变化】 该组主要分布于吉林境内。在辽北只分布于平岗以西约20 km^2的范围内，且多被掩盖。其岩性特征与创名地点无异。

据该组所含的双壳类、腹足类及植物化石，其地质时代为早白垩世。

三、辽东地层分区

（一）汎河地层小区

皆古台组 J*j* （05-21-4018）

【创名及原始定义】 辽宁区测队1976年创名。创名地在铁岭大甸子乡龙王庙附近。原始定义：指发育于大甸子盆地不整合于震旦系景儿峪组之上的一套以灰褐色厚层砾岩夹砂岩为主，中部夹灰褐色粉砂岩、碳质页岩及煤线的沉积地层。其上为前弯岭组不整合覆盖。

【沿革】 地质部第二普查勘探大队1963年称本组为“龙王庙组”，1964年又将其归于他们所称的大宝山组下部。辽宁区调队（1976）认为“龙王庙组”一称与早已命名的滇东寒武系“龙王庙层”重复，故改称皆古台组。辽宁省地质局（1978）引用辽西地区“北票组”取代本组，但后来（1989）又恢复使用皆古台组。本组命名前后虽名称不尽一致，但含义均相同。龙王庙组与本组同名异物，大宝山组下部与本组相当，应停用。

【现在定义】 指发育于大甸子盆地不整合于石门组之上的一套以灰褐色灰色厚层砾岩及砂岩为主，夹粉砂岩、碳质页岩及煤层的沉积地层。其上被前弯岭组不整合覆盖。含植物化石。

【层型】 正层型剖面位于铁岭县大甸子西南约8 km的龙王庙附近（124°03′，42°07′），由辽宁区测队1968年测制。

上覆地层：**前弯岭组** 灰绿色、灰紫色安山岩

~~~~~~~~~~ 不 整 合 ~~~~~~~~~~

皆古台组　　　　总厚度 150.98 m

4. 灰褐色、灰色厚层状中粒石英岩、板岩质砾岩夹黄褐色砂岩及灰褐色粉砂岩　74.04 m
3. 灰色、灰黑色粉砂岩、岩屑砂岩及碳质页岩夹煤线。产：*Cladophlebis* sp.　13.23 m
2. 灰褐色、灰色中粒长石石英砂岩　10.68 m
1. 灰褐色中砾石英岩、板岩质砾岩夹灰紫色、灰色含砾中粗粒岩屑（基底岩石）砂岩　53.03 m

~~~~~~~~~~ 不 整 合 ~~~~~~~~~~

下伏地层：**石门组**　白色细粒石英砂岩

【地质特征及区域变化】　龙王庙剖面上该组以灰褐色复成分砾岩及砂岩为主，夹灰褐色灰色粉砂岩、碳质页岩及煤线。厚151 m。不整合于石门组石英砂岩之上，其上被前弯岭组安山岩不整合覆盖。

该组所含植物为楔叶类、真蕨类，主要有 *Cladophlebis* sp.，*Todites williamsoni*，*Neocalamites carerei* 等。据此，推断本组地质时代为早侏罗世。

前弯岭组　J*q*　(05－21－4019)

【创名及原始定义】　地质部第二普查勘探大队综合研究队1963年创名。创名地在铁岭大甸子前弯岭一带。原始定义：指分布于大甸子盆地，下部为暗紫褐色、紫灰色、黄绿色安山岩、安山集块岩；上部为暗紫红色、灰绿色凝灰岩、凝灰砂砾岩与凝灰质粉砂泥岩并夹有薄层状安山岩、安山质角砾岩的一套地层。与下伏龙王庙组和上覆南康庄组均为整合至不整合接触。

【沿革】　创名人创建本组后，于1964年又改称长贝组，归属于大甸子群底部。辽宁区调队（1976）采用前弯岭组一名，但含义仅限于原义前弯岭组下部的安山岩、安山质凝灰熔岩层，上部的沉积碎屑岩岩层被归于新划的松树沟组。辽宁地质局在编制《东北地区区域地层表·辽宁省分册》(1978）时称蓝旗组，与辽西地区对比，含义仍采用新义的前弯岭组。本书沿用此划分方案。大甸子火山岩类与本组同物异名，应停用。

【现在定义】　指分布于大甸子盆地内不整合于皆古台组之上的一套灰紫色、灰绿色安山岩，局部具杂色安山质凝灰岩、凝灰角砾岩的火山岩地层。与上覆南康庄组呈平行不整合接触。

【层型】　创名人所测正层型剖面位于铁岭县大甸子西南约8 km的龙王庙沟（124°03′，42°07′)，由辽宁区测队1968年重新测制。

上覆地层：**南康庄组**　紫灰色、灰色凝灰质砂岩

——————— 平行不整合 ———————

前弯岭组	总厚度 469.3 m
1. 灰紫色灰绿色安山岩	469.3 m

~~~~~~~~~~ 不 整 合 ~~~~~~~~~~

下伏地层：**皆古台组**　灰褐色灰色中砾石英岩板岩质砾岩

【地质特征及区域变化】　正层型剖面上该组由灰紫色、灰绿色安山岩组成，厚469.3 m。不整合于皆古台组砾岩之上，其上被南康庄组凝灰质砂岩平行不整合覆盖。

据本组在地层序列中出现的位置，其地质时代为中侏罗世。

该组出露于大甸子盆地南缘前弯岭、松树沟等地长约12 km的范围内。岩性简单，以安山岩为主，局部夹安山质集块岩、角砾岩及凝灰岩。

南康庄组　J*n*　(05－21－4020)

【创名及原始定义】　地质部第二普查勘探大队综合研究队1963年创名。创名地在铁岭县大甸子乡南康庄附近。原始定义：本组主要分布于南康庄等地。底部为灰色、灰褐色砾岩、
~~~~~~~~~~

粗砾岩；中部为灰色、黄褐色粉砂质泥岩，灰白色凝灰质砂砾岩，夹含砾粗砂岩、砂岩、角砾岩、凝灰岩、碳质泥岩及薄煤数层；上部为灰色、灰绿色砂质泥岩、砾岩夹砂砾岩和凝灰岩。含动、植物化石。

【沿革】 辽宁区调队（1976）认为原南康组属前弯岭组上部地层，而以新建的“松树组”代之，将南康组含义厘定于“松树组”之上，孤山组火山岩之下的一套碎屑岩地层。辽宁地质局（1978）取与其南康组相同的含义，改称辽西地区的土城子组。郑少林等（1981）认为“松树组”不存在，扩大原南康组含义，指前弯岭组之上，孤山组之下的地层。本书采用原义南康庄组。

【现在定义】 指分布于大甸子盆地平行不整合于前弯岭组之上，下部以黄褐色砾岩，上部以黄褐色、灰白色及黄绿色粉砂质页岩夹含砾粗砂岩、石英砂岩、凝灰质砂岩、页岩及煤线等组成的一套沉积地层。含化石。其上为英树沟组整合覆盖。

【层型】 正层型剖面在铁岭县大甸子南约 6 km 的上松树沟（124°05′，42°07′），由辽宁区测队 1968 年重新测制。

上覆地层：**英树沟组** 紫色粉砂质页岩夹砂岩及泥灰岩

——————整 合——————

南康庄组	总厚度 235.42 m
5. 灰白色黄褐色粉砂质页岩夹含砾凝灰质砂岩、砂岩页岩及煤线。产：*Podozamites* sp.，*P. lanceolatus*，*Coniopteris hymenophylloides*，*C. tatungensis*，*C. burejensis*，*C.* sp.，*Cladophlebis* sp.	80.92 m
4. 黄褐色复成分砾质岩屑长石粗砂岩，砾石成分为混合花岗岩、安山岩等	13.12 m
3. 黄绿色粉砂质页岩及粉砂岩	24.92 m
2. 黄褐色中粒石英砂岩	13.95 m
1. 灰褐色中粗砾安山岩质砾岩	102.51 m

－－－－－－ 平行不整合 －－－－－－

下伏地层：**前弯岭组** 灰绿色安山岩

【地质特征及区域变化】 本组在上松树沟剖面上平行不整合于前弯岭组安山岩之上，下部为灰褐色安山质砾岩，上部为黄褐色、黄绿色粉砂质页岩、砂岩夹含砾砂岩、粉砂岩、页岩及煤线。厚 235.4 m。

本组所含化石主要为真蕨类、松柏类植物化石，有 *Podozamites* sp.，*Cladophlebis* sp.，*Coniopteris burejensis* 等。其地质时代为中侏罗世。

该组仅出露于大甸子盆地南康庄至沟掌一带长 5～6 km 的范围。岩性特征明显，无大变化。

英树沟组 Jy (05-21-4021)

【创名及原始定义】 地质部第二普查勘探大队综合研究队 1963 年创名。创名地在铁岭大甸子乡英树沟一带。原始定义：指南康庄—英树沟一线以北，汎河以南整合于南康庄组之上，以暗紫红色、紫灰色粉砂质泥岩、泥岩、粉砂岩为主，夹灰绿色泥岩、粉砂岩、粉砂质泥岩、泥灰岩、灰岩等一套沉积地层。含动、植物化石。其上为抚安堡组平行不整合覆盖。

【沿革】 创名者 1964 年将原英树沟组顶界上延，新建长贝组，取代本组。辽宁区调队

(1976）不用此称，而将其归为新厘定的南康组下部的一个段，辽宁地质局（1978）的金刚山组也取此意。本书采用英树沟组一名，但含义与原长贝组一致。

【现在定义】 指分布于大甸子盆地整合于南康庄组之上，以紫色粉砂质页岩、页岩、粉砂岩夹长石砂岩及泥灰岩为主，夹黄绿色粉砂质页岩、页岩、砂岩及泥灰岩、灰岩等组成的一套湖相沉积地层。含动、植物化石。其上为黄庄组平行不整合或不整合覆盖（盆地西部）。

【层型】 正层型剖面位于铁岭县大甸子南约 6 km 的上松树沟（124°05′，42°07′)，由辽宁区测队 1968 年重新测制。

英树沟组　　总厚度>1 144.71 m

8. 紫色页岩、粉砂质页岩夹灰紫色黄绿色粉砂岩、泥灰岩，含砾中粒长石砂岩及细粒长石砂岩（未见顶）　　398.17 m

7. 黄绿色页岩夹细粒—粗粒长石砂岩。产：*Podozamites* sp.，*Radicites* sp.　　11.63 m

6. 紫色粉砂质页岩、粉砂岩夹紫灰色泥灰岩、砂岩及黄绿色页岩。产：*Viviparus* sp.，*Sphaerium* sp.，*S. anderssoni*，*S. jeholense*　　173.29 m

5. 黄绿色粉砂质页岩、页岩夹粉砂岩、泥灰岩及灰褐色中细粒长石砂岩。上部页岩中夹有一层厚约 10 mm 的石膏层。产化石：*Ferganoconcha* sp.，*F. sibirica F.* ex gr. *jovekensis*，*Euestheria* sp.，*Viviparus* sp.，*Euestheria rotunde*，*Darwinula* sp.　　66.62 m

4. 紫色粉砂质页岩夹泥灰岩及细粒钙质薄层长石砂岩　　283.68 m

3. 黄绿色粉砂质页岩及页岩。产：*Euestheria haifanggouensis*，*Eu. ziliujingensis*，*Eu. shandanensis*，*Eu. elongata*，*Ginkgo* sp.　　50.31

2. 紫色、灰紫色含白云岩、灰岩砾粉砂质页岩　　14.19 m

1. 紫色粉砂质页岩夹中粒长石岩屑杂砂岩及泥灰岩　　146.82 m

———— 整　合 ————

下伏地层：**南康庄组**　灰白色黄褐色粉砂质页岩

【地质特征及区域变化】 该组在上松树沟剖面上，主要由紫色粉砂质页岩、页岩夹粉砂岩及泥岩组成，夹黄绿色粉砂质页岩及砂岩。厚 1 144.7 m。整合于南康庄组之上。

本组含有如下动、植物化石：

双壳类：*Ferganoconcha* sp.，*Sphaerium* sp.，*S. jeholense* 等。

腹足类：*Viviparus* sp.。

叶肢介：*Euestheria ziliujingensis*。

介形虫：*Darwinula* sp.。

植物：*Ginkgo* sp.，*Podozamites* sp.，*Radicites* sp. 等。

据上述生物组合，本组地质时代为中侏罗世至晚侏罗世。

该组为占据大甸子盆地的主体岩层。以正层型为代表，岩性特征显著，在盆地内变化不大。

其顶部在花豹冲以西以平行不整合或不整合与上覆黄庄组底部红色砾岩层分界。

黄庄组 Jhẑ (05-21-4022)

【创名及原始定义】 地质部第二普查勘探大队 1964 年创名。创名地在铁岭大甸子黄庄一带。原始定义：指分布于黄庄一带，整合—微角度不整合于长贝组之上，下部为紫红色砾岩夹泥岩、钙质粉砂岩；中部为灰绿色泥质粉砂岩与泥岩，夹黑色安山岩，上部为棕红色夹灰绿色砂岩、砾岩夹泥质粉砂岩、粉砂质泥岩及泥岩。含热河动物群化石。

【沿革】 创名者1964年取消其1963年建的抚安堡组，将上部命名为黄庄组，下部归入新建的长贝组上部。辽宁区测队（1971）称九佛堂组，含义同抚安堡组，1976年又划归其扩大了的南康庄组。辽宁地质局（1978）又以金刚山组取代本组，含义与辽宁区调队（1976）南康庄组一致。

【现在定义】 指分布于大甸子盆地西部和下肥地以西地区，平行不整合或不整合于英树沟组之上（花豹冲以西），下部为紫红色砾岩夹泥岩、钙质粉砂岩、灰绿色泥质粉砂岩与泥岩，夹黑色安山岩；上部为棕红色夹绿色砂岩、砾岩夹泥质粉砂岩、粉砂质泥岩及泥岩的一套沉积组合，未见顶底。含热河动物群化石。在下肥地附近，被孤山组平行不整合覆盖。

【层型】 正层型剖面在铁岭县大甸子西南约10 km的上姚家沟（124°00′，42°08′），据地质部第二普查勘探大队1964年测制。

黄庄组	总厚度>1 821.00 m
4. 灰绿色、紫红色泥岩与粉砂质泥岩，夹薄层砂岩及砾岩（未见顶）	297.00 m
3. 棕红色砂岩及砾岩，夹泥质粉砂岩与粉砂质泥岩，含钙质结核	715.00 m
2. 灰绿色泥质粉砂岩与泥岩，夹灰黑色安山岩	435.00 m
1. 紫红色砾岩夹泥质、钙质粉砂岩（未见底）	374.00 m

【地质特征及区域变化】 该组在姚家沟剖面下部为紫红色砾岩、灰绿色粉砂岩、页岩，夹灰黑色安山岩；上部为棕红色砂岩、砾岩、灰绿色泥岩、粉砂质泥岩。未见顶底。厚1 821 m。

本组主要含双壳类、腹足类、叶肢介、鱼等化石。

双壳类：*Ferganoconcha subcentralis*，*Corbicula tetoriensis* 等。

腹足类：*Viviparus* ? *matumotor* 等。

叶肢介：*Eosestheria* cf. *sinensis*。

鱼：*Lycoptera davidi*。

据上述生物组合，该组地质时代为晚侏罗世。

该组主要发育于大甸子盆地西部和下肥地以西地区。分布局限。掩盖较多。其岩性特征无多大变化。在下肥地以北，被孤山组平行不整合覆盖。

孤山组 JK$g\hat{s}$ (05-21-4023)

【创名及原始定义】 辽宁区调队1976年创名。创名地在开原县下肥地北沟。原始定义：指分布于下肥地北沟约2 km² 范围的平行不整合于南康庄组之上的灰绿色气孔状安山岩。未见上覆地层。

【沿革】 辽宁地质局（1978）改称建昌组，与辽西地区对比。郑少林等（1981）用火石岭组取代本组。

【现在定义】 指分布于下肥地北沟约2 km² 内平行不整合于黄庄组之上的一套灰绿色气孔状、杏仁状安山岩夹紫色粉砂质页岩地层。未见直接上覆地层。

【层型】 正层型剖面在开原下肥地北沟（124°21′，42°19′），由辽宁区测队1968年测制。

孤山组　　总厚度>158.02 m

1. 灰绿色气孔状、杏仁状安山岩，中部夹一层厚约 2 m 的紫色粉砂质页岩（未见顶）158.02 m

——————— 平行不整合 ———————

下伏地层：**黄庄组**　紫红色粉砂质页岩夹砂岩、砾岩

【地质特征及区域变化】　该组由灰绿色气孔状、杏仁状安山岩组成，中部夹一层紫红色粉砂质页岩。平行不整合于黄庄组紫红色粉砂质页岩之上。

分布于下肥地北沟一带约 2 km^2 范围内。岩性单一，分布局限，无甚变化。

（二）太子河地层小区

长梁子组　Jĉ　（05－21－4028）

【创名及原始定义】　稻井丰 1934 年创名，称长良子黑色页岩。创名地位于辽宁省本溪县田师傅镇长梁子村一带。原始定义：长良子黑色页岩，分布于本溪田师傅沟煤田，以黑色页岩为主，其次是砂质页岩的一套陆相沉积地层。时代为二叠纪—三叠纪。

【沿革】　王钰等（1954）将长良子黑色页岩改称长梁子统，被大堡统不整合覆盖，时代置早侏罗世。斯行健、周志炎（1962）将长梁子统改称长梁子群；顾知微（1962）以长梁子组代替长梁子统。辽宁省煤矿管理局地质勘探公司（1962）于赛马盆地另建一套地层单位，将该套地层划分成三个组，自下而上分别为：①北庙火山岩组、②新开组、③邵家组。辽宁区测队（1967）在进行 1∶20 万宽甸幅区调时，将长梁子组底部的紫红色页岩夹含砾砂岩划入北庙组。《中国的侏罗系》(1985)、《辽宁省区域地质志》(1989) 均采用长梁子组一名，其含义相当于王钰等（1954）的长梁子统。

【现在定义】　长梁子组，分布于本溪田师傅、赛马盆地及其边缘地区。不整合于古生界及更老的地层之上，以灰黑色、灰绿色页岩为主，夹泥质粉砂岩、粉砂岩、砂岩等组成的一套含煤地层。含动、植物化石。其上被转山子组不整合覆盖。

【层型】　正层型剖面位于本溪县田师傅长梁子村（124°17′，41°13′），由辽宁区测队 1964 年重新测制。

上覆地层：**转山子组**　砾岩夹砂岩

～～～～～～ 不 整 合 ～～～～～～

长梁子组　　总厚度 413.98 m

7. 灰黑色、灰色页岩　　17.58 m

6. 黄绿色泥质粉砂岩，夹一层厚约 50 mm 的石英砂岩　　7.65 m

5. 灰绿色、灰黑色页岩，夹粉砂岩和 2～3 层厚 10～20 cm 的砂岩。产：*Tutuella* cf. *crassa*，*T. minima*，*T. crassa*，*T.* cf. *rotunda*，*T.* cf. *trapetzoidalis*，*T.* sp.，*Cladophlebis* sp.，*Baiera* sp.，*Sphenobaiera* sp.，*Ginkgoites* sp.　　119.06 m

4. 灰绿色灰黑色页岩，夹泥灰岩凸镜体。产：*Pseudocardinia* sp.　　90.74 m

3. 掩盖　　105.00 m

2. 灰黑色页岩。产：*Pseudocardinia* sp.，*P. lingyuanensis*，*P. tyiangulata*，*P.* sp.，*Tutuella* cf. *trapezoidalis*，*T.* cf. *minima*，*T.* sp.，*Ferganoconcha* sp.，*F. estheriaeformis*，*F. curta* 和植物化石碎片　　60.32 m

1. 黑灰色云母质页岩，底部有一层砂岩，厚约 1 m　　13.63 m

～～～～～～ 不 整 合 ～～～～～～

下伏地层：**石盒子组** 紫色黄色页岩、砂岩

【地质特征及区域变化】 该组岩性以灰黑色、灰绿色页岩为主，夹粉砂岩、泥质粉砂岩、石英砂岩及泥灰岩凸镜体。在长梁子村一带，本组底部有一层厚约1 m的砂岩，与石盒子组顶部紫色、黄色页岩间的不整合面为分界面；其顶界均为灰黑色、灰绿色页岩夹粉砂岩，与上覆转山子组底部的浅灰色砾岩之间的不整合面为分界标志。

产丰富的双壳类、及植物化石。

双壳类：*Pseudocardinia lingyuanensis*，*P.* sp.，*P. triangulata*，*Ferganoconcha* sp.，*F. estheriaeformis* 等。

植物：*Cladophlebis* sp.，*Dictyophyllum* sp.，*Baiera* sp.，*Podozamites* sp.，*Neocalamites* sp.，*Sphenobaiera* sp.，*Ginkgotes* sp. 等。

根据上述生物组合，该组的地质时代为早侏罗世。

该组主要分布于本溪田师傅盆地、风城赛马—叆阳盆地以及上八里甸子、大葫芦套和边沟等地。在田师傅及赛马—叆阳盆地，其岩性可分为上下两部分：下部以砂岩为主夹页岩和煤层，近底部出现紫色页岩及粉砂岩；上部以页岩为主夹砂岩、粉砂岩。在上八里甸子、大葫芦套等地，下部砂岩减少，缺失煤层或仅有煤线；上部砂岩增多。在大偏岭一带，厚度470 m。在顾家堡子一带厚1 320.8 m。在唐家沟一带厚153.3 m。

【其他】 煤是本组所赋存的主要矿产。

转山子组 J$\hat{z}$ (05-21-4029)

【创名及原始定义】 稻井丰1934年创名，称转山子砾岩。创名地位于本溪田师傅转山子。原始定义：转山子砾岩指本溪田师傅地区，大堡页岩与长良子黑色页岩之间的砾岩层。时代为侏罗纪。

【沿革】 王钰等（1954）将转山子砾岩归入大堡统，视其为底砾岩，时代为中侏罗世。辽宁区测队（1967）在进行1∶20万宽甸幅地质测量中，认为“转山子砾岩”与其下伏长梁子组呈不整合接触，与大堡组之间存在平行不整合界面，并发现其中尚含有火山碎屑岩，故单独划出，改建转山子组。辽宁省地矿局编写的《辽宁省区域地质志》（1989）采用此意见。《东北地区区域地层表·辽宁省分册》（1978）、《中国的侏罗系》（1985）等文献则采用王钰等（1954）的划分意见，将转山子组视为大堡组底部砾岩层。

【现在定义】 转山子组，主要分布于田师傅盆地、赛马—叆阳盆地，不整合于长梁子组之上的灰色和黄绿色长石石英砂岩、长石砂岩与页岩、粉砂质页岩互层，夹煤层，下部发育中细砾岩的岩石组合局部地区中部夹凝灰岩。含丰富的植物化石。与上覆大堡组呈平行不整合或整合接触。

【层型】 正层型剖面位于本溪县田师傅镇大堡村东南0.5 km（124°21′，41°15′），由辽宁区测队1964年重新测制，郑少林等1990年补充。

上覆地层：**大堡组** 灰色中砾石英岩质砾岩

——————— 平行不整合 ———————

转山子组 总厚度219.1 m

11. 黄绿色深灰色页岩，夹泥质粉砂岩。产植物化石：*Equisetum* sp.，*Coniopteris simplex*，

Pterophyllum angustum, *Lindleycladus lanceolatus* 8.7 m

10. 黄绿色、灰色中细粒长石砂岩，偶含砾、夹页岩、煤线和一层砾岩 38.9 m

9. 灰绿色页岩，夹粉砂岩和煤层。产植物化石：*Equisetum beani*, *Neocalamites hoexensis* *Coniopteris simplex*, *Cladophlebis* sp., *Czekanowskia* sp. 31.4 m

8. 黄灰色中细粒长石砂岩 18.0 m

7. 灰色粉砂质页岩夹灰黑色页岩及煤层。产植物化石：*Equisetum beani*, *E. laterale*, *Marattiopsis hoerensis*, *Todites williamsoni*, *Neocalamites carrerei*, *Clathropteris bekingensis*, *Coniopteris simplex*, *Dicksonia kendalli*, *Eboracia lobifolis*, *Cladophlebis asiatica*, *C.* cf. *fukienensis*, *Pterophyllum angustum*, *P. mentougouense*, *Tyrmia grandifolia*, *Anomozamites* sp., *Nilssonia tenuinevis*, *Czekanowskia rigida*, *Sphenarion latifolia* 22.2 m

6. 灰白色灰黄色凝灰质粉砂岩、凝灰岩 5.0 m

5. 灰黄、灰绿色页岩，局部夹暗灰色粉砂质页岩。产植物化石：*Neocalamites carrerei*, *Todites williamsoni*, *T. denticulata*, *Coniopteris simplex*, *Eboracia lobifolia*, *Ctenis kaneharai*, *Baiera* sp., *Phoenicopsis* sp., *Carpolithus* sp. 20.0 m

4. 灰色中细粒长石砂岩 11.5 m

3. 灰色中砾石英岩质砾岩，含少量花岗岩、细晶岩、砂岩、页岩等砾石，夹灰色中细粒长石石英砂岩 23.4 m

2. 灰色中细粒长石石英砂岩夹灰黑色页岩。产植物化石：*Coniopteris simplex*, *Cladophlebis* sp., *Pterophyllum angustum*, *Ginkgo sibirica* 17.5 m

1. 灰色中粗砾石英岩质砾岩，夹灰色中细粒长石石英砂岩。底部具含砾砂质页岩、碳质页岩夹煤线。砾石呈圆状、排列具方向性，分选较好。产植物化石：*Coniopteris simplex* 22.5 m

~~~~~~~~~~ 不 整 合 ~~~~~~~~~~

下伏地层：**长梁子组** 灰色、灰黑色页岩夹灰色细粒长石石英砂岩及煤层

【地质特征及区域变化】 该组上述剖面出露较好。岩性基本可分为上、下两部分：下部为灰色石英岩质砾岩为主夹长石石英砂岩、长石砂岩及页岩；上部为灰绿色、灰黑色页岩、黄灰色、黄绿色长石砂岩夹凝灰质粉砂岩、凝灰岩、砾岩及煤层。自下而上岩石粒度由粗变细。其顶部以黄绿色、深灰色页岩与上覆大堡组底部灰色石英岩质砾岩间的平行不整合面为界；在其他地区则以灰色长石石英砂岩，或灰绿色页岩与大堡组底部的灰绿色粉砂质页岩，或灰色石英岩质砾岩分界。

底界多以灰色、浅灰色砾岩与下伏长梁子组灰黑色、灰绿色页岩间的不整合面为界，个别地区底部砾岩直接不整合超覆在古生界之上。

该组产较丰富的植物化石。主要有：*Coniopteris simplex*, *C. tatungensis*, *Equisetum* sp., *E. laterale phillips*, *Cladophlebis* sp., *Biaiera* sp., *B. furcata*, *B.* cf. *minima*, *Neocalamites* sp., *N.* cf. *boerensis*, *N.* cf. *carrerei*, *Phoenicopsis* sp., *Ginkgo sibirica*, *Pterophyllum mentougouense* 等。

根据上述植物组合，该组的地质时代应为中侏罗世。

该组主要分布于本溪东部及凤城东北部。田师傅盆地内，大部地区岩性、岩相与正层型剖面基本一致，厚度变化不大，惟在长梁子附近厚度显著减薄，仅 52.57 m。南部赛马—叆阳盆地岩性、岩相及厚度与田师傅盆地有较大差异，下部粗碎屑沉积物增厚；大偏岭一带以石英岩质砾岩为主，厚 224.64 m。向东至顾家堡子则相变为以含砾石英砂岩为主，近顶部出现
~~~~~~~~~~

粉砂质页岩与石英砂岩夹煤层，厚达490.74 m。东部八河川、大葫芦套一带，下部砾岩增厚，上部为长石石英砂岩夹砾岩及页岩，厚度为433.69 m。

本组上部含可采煤层。

大堡组　*Jd*　(05-21-4030)

【创名及原始定义】　稻井丰1934年创名，称大堡页岩。创名地位于本溪县田师傅镇大堡村附近。原始定义：大堡页岩，指分布于本溪太子河流域，以页岩为主的一套沉积岩。其下为转山子砾岩，其上为大汪夹炭层。时代置侏罗纪。

【沿革】　木原敏夫(1943)将大汪夹炭层与大堡页岩合称大堡夹炭层，其下为转山子砾岩，其上为三个岭砾岩，时代置侏罗纪。王钰等(1954)将转山子砾岩与木原敏夫(1943)所指的大堡夹炭层合并，统称大堡统，其含义包括稻井丰(1934)的转山子砾岩、大堡页岩、大汪夹炭层三部分，其下为长梁子统，其上为三个岭统，时代置中侏罗世。斯行健、周志炎及顾知微(1962)采用王钰等(1954)的大堡统地层含义，将大堡统改称大堡组。辽宁区测队(1967)在进行1∶20万宽甸幅区域地质测量中，发现前人所称之“大堡夹炭层”与“转山子砾岩”之间确有一平行不整合界面存在，二者应属两个不同的地层单位。因此，他们所称大堡组含义与木原敏夫(1943)的大堡夹炭层相当，其下转山子砾岩改称转山子组。这一意见被《辽宁省区域地质志》(1989)等文献采用。

【现在定义】　分布于辽东太子河地区的中生代盆地内，平行不整合或整合于转山子组之上，以灰色、灰绿色长石砂岩、页岩、粉砂岩为主，夹煤层，下部常发育中细砾岩的一套河流相—湖沼相沉积。与上覆三个岭组呈整合接触。含丰富的植物化石。

【层型】　正层型剖面位于本溪县田师傅镇大堡村东南0.5 km(124°21′，41°15′)，由辽宁区测队1964年重新测制，郑少林等1990年补充。

上覆地层：三个岭组　灰色中砾石英岩质砾岩

——————整　合——————

大堡组　　总厚度426.52 m

11. 灰色、灰绿色细粒长石砂岩夹灰色、灰黑色页岩及碳质页岩和煤层。产植物化石：*Equisetum beani*，*E. laterale*，*Neocalamites hoerensis*，*Eboracia lobifolia*，*Clathropteris pekingensis*，*Cladophlebis asiatica*，*Pterophyllum propinguum*，*Williamsoniella buracovae*，*W. minima*，*W. dabuensis*，*Nilssonia tenuineruis*，*Ginkgo concinna*，*Baiera gracilis*，*Sphenobaiera gyron*，*Phoenicopsis angustifolia*，*Sphenarion latifolia*，“*Elatides*” *chinensis*，*Storgaardia mentoukouensis*，*Lindleyclatus laneeolatus*　39.2 m

10. 绿灰色中粒长石石英砂岩　56.53 m

9. 灰色褐灰色粉砂质页岩与灰黑色页岩互层，夹灰色灰绿色中细粒长石砂岩，顶部为黑色页岩及煤层。含植物化石：*Coniopteris simplex*，*Cladophlebis* sp.，*Ginkgo* sp.，*Czekanowskia* sp.，“*Elatides*” *chinensis*　42.67 m

8. 灰色、灰黄色中细粒长石砂岩与粉砂岩互层，夹灰黑色页岩。含植物化石：*Coniopteris simplex*，*Pterophyllum* sp.，*Carpolithus* sp.　13.18 m

7. 绿灰色深灰色页岩与灰色、灰褐色含粉砂页岩互层。顶部夹煤层　32.74 m

6. 灰色中粒长石砂岩。局部具斜层理。含植物茎干碎片　9.35 m

5. 灰绿色深灰色页岩、粉砂质页岩夹灰色细粒长石砂岩及凝灰质粉砂岩，夹碳质页岩及煤层。产植物化石：*Equisetum beani*，*Neocalamites hoerensis*，*Todites williamsoni*，*Dick-*

sonia concinna, *Eboracia lobifolia*, *Cladophlebis* sp., *Pterophyllum angustum*, *Ctenis kaneharai*, *Baiera furcata*, *Sphenarion latifolia*, "*Elatides*" *chinensis* 28.6 m

4. 灰色、绿灰色粉砂岩与绿色中细粒长石砂岩互层，底部为灰黄色中细砾石英岩质砾岩 25.32 m

3. 灰色、绿灰色中细粒长石砂岩夹粉砂岩及粉砂质页岩。产植物化石：*Neocalamites hoerensis*, *Coniopteris simplex*, *Cladophlebis* sp., *Raticites* sp. 118.57 m

2. 灰色中砾石英岩质砾岩，夹绿灰色细粒长石砂岩 60.36 m

——————— 平行不整合 ———————

下伏地层：**转山子组** 黄绿色、深灰色页岩

【地质特征及区域变化】 该组上述剖面连续，出露较好。平行不整合于转山子组之上。岩性大致可分为上、下两部分：下部以灰色石英岩质砾岩，灰色、绿灰色长石砂岩为主，夹粉砂岩、粉砂质页岩；上部为灰色、绿灰色长石石英砂岩、长石砂岩，灰绿色、灰黑色页岩夹粉砂岩、粉砂质页岩及煤层。含较丰富的植物化石。由下而上岩石粒度由粗变细，反映由河流相间湖沼相的演化。

其顶界以灰绿色长石砂岩与上覆三个岭组底部灰色中砾石英岩质砾岩的整合接触面为界。底部多以石英岩质砾岩，个别地区以粉砂质页岩夹粉砂岩与下伏转山子组顶部深灰色页岩或长石砂岩夹黑色页岩呈平行不整合（或整合）接触。

该组含较丰富的植物化石，主要有：*Coniopteris*sp.，*C. tatungensis*，*C. simplex*，*Cladophlebis* sp.，*Neocalamites* sp.，*Pterophyllum* sp.，*Willamsoniclla buracovae*，*Czekanowskia* sp.，*Nilssonia tenuinervis*，*Ginkgo* sp.，*Baiera gracilis*，*B. furcata*，*Lindleyclatus lanceolatus*，*Carpolithus* sp.，*Equisetum* sp. 等。

根据上述植物组合，该组地质时代应为中侏罗世。

该组主要分布于本溪田师傅、新宾马架子及凤城赛马—叆阳一带。出露较好。

在田师傅盆地，该组岩性、岩相基本稳定，与正层型剖面基本一致，惟厚度有所变化，在转山子附近厚118.08 m，大堡—魏家堡子一带厚426.52 m。在庙沟附近厚为263.99 m。

向东延伸至新宾马架子一带，岩性组合与正层型剖面基本相同，但厚度变薄。徐家大沟厚约172.9 m。西老营沟厚度为85.7 m。

南部赛马—叆阳盆地较田师傅盆地，岩性有所差异，石英砂岩和石英岩质砾岩增多，厚度变薄，为108.6～209.4 m。河流相沉积物比例加大。

在八河川一带，下部以粉砂质页岩、碳质页岩为主，夹长石石英砂岩。上部以长石石英砂岩为主夹碳质页岩。厚度为227.2 m。

【其他】 本组赋存的主要矿产是煤，为含磷、硫量低，灰分高的焦煤、无烟煤。

三个岭组 J*s* （05-21-4031）

【创名及原始定义】 稻井丰1934年创名，称三个岭砾岩。创名地位于本溪田师傅三个岭一带。原始定义：三个岭砾岩指发育于本溪田师傅三个岭一带的一套以砾岩为主夹少许页岩及粗砂岩。以不整合覆于大汪夹炭层之上。时代不详。

【沿革】 木原敏夫（1943）将三个岭砾岩解体，称其中下部为三个岭砾岩，上部为平台子夹炭层。时代为侏罗纪。王钰等（1954）将原三个岭砾岩改称三个岭统。斯行健、周志炎及顾知微（1962）同时将三个岭统改称三个岭组。辽宁煤矿管理局地勘局（1962）将分布于

田师傅盆地的该套地层称平台子组，分布于凤城赛马盆地的这套地层称湾沟组。

【现在定义】 三个岭组，分布于辽东太子河地区，整合于大堡组之上，以灰色、深灰色石英岩质砾岩为主，夹灰色、灰绿色石英砂岩、长石石英砂岩或粉砂质页岩和煤层的一套沉积岩组合，含植物化石。与上覆小东沟组紫灰色砾岩呈整合接触。

【层型】 正层型剖面位于本溪县田师傅镇全家堡子南 300 m（124°18′，41°14′），由辽宁区测队 1964 年重新测制。

三个岭组　　　　　　　　　　　　　　　　　　　　　　　　　总厚度＞295.17 m

4. 黄灰色绿灰色中细粒长石石英砂岩，夹含砾长石石英砂岩及灰色、灰黑色粉砂质页岩和煤层。未见顶。产植物化石：*Equisetum* sp.，*Todites williamsoni*，*Coniopteris simplex*，*Cladophlebis* sp.，*Pterophyllum* sp.，*Ctenis* sp.，*Czekanowskia rigida*，*Podozamites* sp.　82.73 m

3. 深灰色中粗砾石英岩质砾岩，夹褐灰色含砾长石石英砂岩及灰黄色中粗粒长石石英砂岩　43.41 m

2. 灰绿色泥质粉砂岩夹长石砂岩。短距离内相变为砾岩　28.45 m

1. 深灰色中细砾石英岩质砾岩，夹黄灰色长石石英砂岩及长石砂岩　140.58 m

——————整　合——————

下伏地层：**大堡组**　灰色、灰绿色细粒长石砂岩

【地质特征及区域变化】 该组上述剖面整合于大堡组之上。其岩性：下部以深灰色中细砾石英岩质砾岩为主，夹黄灰色长石石英砂岩及长石砂岩；上部为深灰色中细砾石英岩质砾岩、绿灰色长石石英砂岩与泥质粉砂岩，夹长石砂岩、粉砂质页岩和煤层。含植物化石。上未见顶，厚度大于 295.17 m。底部以一层较厚的石英岩质砾岩夹长石石英砂岩与下伏大堡组顶部灰色、灰绿色长石砂岩整合分界。

该组富含植物化石，主要有：*Cladophlebis* sp.，*Coniopteris simplex*，*Pterophyllum* sp.，*Equisetum* sp.，*Ctenis* sp.，*Czekanowskia rigida*，*Podozamites* sp.，*P. lanceolatus*，*Todites williamsoni*，*Nilssonia* sp.，*Elatocladus* sp.，*Pityophyllum* sp.，*Dictyophyllum* sp.，*Anomozamites* sp.。

据上述化石组合，该组时代为中侏罗世。

该组主要分布于本溪田师傅、新宾大四平马架子及凤城赛马一带。一般出露较好，多未见顶。

该组在田师傅盆地与赛马盆地，沉积特征与正层型剖面基本类似，厚度变化在 233.5～463.5 m 之间，赛马盆地较厚。在新宾马架子一带，相变为石英岩质砾岩和花岗岩质砾岩，不含煤，以灰色中粗砾含石英岩砾石、花岗岩质砾岩与上覆小东沟组底部灰紫色中细砾石灰岩质砾岩呈整合接触。

田师傅地区上部地层赋存有煤，局部可采。

小东沟组　J*xd*　（05－21－4032）

【创名及原始定义】 王钰等 1954 年创名，称小东沟层，创名地位于本溪市小东沟一带。原始定义：小东沟层，分布于太子河流域，以紫色砾岩和紫色及黄绿色页岩为主，偶夹泥质灰岩的凸镜体。底部常有石灰岩质砾岩的一套岩石组合。在太子河南岸，下部有黑色斑状安

山岩一层及少许玄武岩和火山砾岩。以不整合覆于二叠系彩家统之上，被小岭火山岩层所覆盖。时代为早白垩世。

【沿革】 1959年全国地层会议正式定名为小东沟组。该组以往曾因对化石发掘程度不同和对接触关系认识不一，而对其层位产生争论。王钰等（1954）曾依据少量化石定其时代为早白垩世；顾知微（1962）则以软体动物将该组年代改定为中侏罗世晚期。辽宁区测队（1967）认为该组与下伏三个岭组为不整合接触，划为晚侏罗世，与上覆小岭组划为同构造序列。吉林省地质局区调队（1977），在1∶20万通化幅地质调查中，将分布于新宾、苏子河流域及桓仁一带的小东沟组划归侯家屯组。时代隶属中侏罗世。范国清（1982）曾认为：本溪地区及新宾地区的小东沟组应为“小岭组一段”，而出露于本溪东营坊地区的小东沟组改称东营坊组，于1989年，将分布于整个辽东地区的小东沟组地层均以“东营坊组”代替。东营房组与本组同物异名，建议停用。

【现在定义】 小东沟组，分布于辽东地区，整合于三个岭组之上或不整合于其他较老地层之上，以紫灰色为主色调，由砾岩、砂岩、粉砂岩或页岩等组成，局部夹泥灰岩凸镜体的一套河湖相沉积。含动、植物化石。被小岭组以平行不整合或不整合覆盖。

【层型】 正层型剖面位于本溪市工字楼东凹口之北（123°45′，41°18′），由王钰等1954年测制。

上覆地层：**小岭组**　流纹岩

——————— 平行不整合 ———————

小东沟组	总厚度 218 m
11. 红紫色页岩	40 m
10. 浅绿色砂岩	4 m
9. 绿色页岩	12 m
8. 灰紫色细砂岩及砂质页岩，偶夹泥灰岩凸镜体	42 m
7. 绿灰色砾质砂岩	3 m
6. 黄绿色页岩，夹少许砂质页岩及细砂岩	16 m
5. 黄绿色页岩，夹砾岩，砾石大小不一，以安山岩为主	24 m
4. 紫灰色页岩	17 m
3. 绿色凝灰质细砂岩，风化后色变黄	7 m
2. 灰紫色砂质页岩	18 m
1. 石灰岩质砾岩、砾石以石灰岩为主，胶结物为红色砂岩	35 m

~~~~~~~~~~ 不 整 合 ~~~~~~~~~~

下伏地层：**石盒子组**　砂岩

【地质特征及区域变化】 该组上述剖面岩性以紫色、黄绿色页岩为主，夹灰紫色砂质页岩、细砂岩和砾岩。中上部夹有泥灰岩凸镜体，底部为一层35 m厚的石灰岩质砾岩，不整合于二叠系石盒子组砂岩之上，上与小岭组火山岩平行不整合接触。

本组富含动、植物化石。主要有植物：*Cladophlebis* sp.，*Czekanowskia rigida*，*Pagiophyllum* sp.，*Coniopteris* sp.，*Brachyphyllum* sp.，*Nilssonia pecten*。

叶肢介：*Euestheria* sp.。

双壳类：*Ferganoconcha* sp.，*Tutuella rotunda*。
~~~~~~~~~~

鱼类：*Palaeoniscoidei* sp.，*Ptycholepidae* sp.。

昆虫：*Cupeditis* sp.，*Mesoleuetra* sp.，*Archaeoculicus* sp.，*Mesobaetis* sp.，*Xinbinia actinoidis*，*Samaroblateula xinbinensis*。

依据上述化石组合，该组时代应为中侏罗世。

该组主要分布于本溪、新宾、宽甸及桓仁等地，自层型剖面向外延伸，各地岩性及厚度有一定差异。但均以紫色间夹黄绿色的碎屑沉积为特征。

在本溪东营坊一带，砾岩增加，下部以石英岩质砾岩为主；上部砂岩、页岩及粉砂岩中也夹砾岩层，显示河流相沉积增多，厚度大于 1 002.84 m。

在新宾大四平一带，以灰紫色砾岩与下伏三个岭组顶部灰色中粗砾含石英岩砾石、花岗岩质砾岩间呈整合接触。下部为灰质砾岩夹石英砂岩，上部为石英岩质砾岩、长石石英砂岩。厚 218.96 m。

向东北至新宾东昌台，相变为以粉砂岩为主，夹少量页岩和长石砂岩，并夹泥灰岩凸镜体。含丰富的动、植物化石。上被小岭组杂色砾岩不整合覆盖。厚 377.94 m。

小岭组　JK*x*　(05－21－4033)

【创名及原始定义】　王钰等 1954 年创名，称小岭火山岩层。创名地位于本溪市太子河北岸小岭一带。原始定义：本溪太子河两岸直接覆盖在小东沟层上面的黄绿色流纹岩、安山岩及浅蓝色凝灰岩。在太子河北岸小岭地区发育最好。时代为早白垩世。

【沿革】　第一次全国地层会议（1959）将小岭火山岩层改称小岭组，但时代为中侏罗世。后人一直采用小岭组一名。但对其时代看法不一。辽宁煤矿管理局地勘局（1962）将分布于桓仁凤鸣村一带的这套火山岩称“凤鸣村火山岩组”，时代为早侏罗世—中侏罗世；分布于桓仁东老台和偏石哈达一带的该套火山岩命名为“东老台火山岩组”，时代为晚侏罗世；将分布于凤城赛马老虎砬子一带的火山岩命名为“老虎砬子火山岩组”，时代为晚侏罗世。辽宁省地质研究所（1963）在进行 1∶100 万沈阳幅地质图编制时，将出露于桓仁一带的这套地层划分三个组，自下而上为：影壁山组、闹枝子组、桓仁组，时代为晚侏罗世。郑少林、张武（1981）在对辽宁中生代植物群研究以后，虽沿用小岭组一名，但扩大了小岭组的地层含义。他们所指的小岭组包括了小岭火山岩层之下的小东沟组。时代为晚侏罗世。范国清（1982）将分布于辽东地区小岭组之上的梨树沟组、小岭组之下的小东沟组均归并为小岭组。梨树沟组作为小岭组三段，原义小岭组为二段，小东沟组作为小岭组一段，时代为晚侏罗世。与本组同物异名的有：凤鸣村火山岩组、东老虎台火山岩组、老虎砬子火山岩组，建议停用。

【现在定义】　分布于辽东地区，以平行不整合或不整合于小东沟组或其他较老地层之上的以中—酸性熔岩、火山碎屑岩为主夹沉积岩，偶含基性熔岩的一套火山岩系。被梨树沟组整合（或平行不整合）或其他较新地层不整合覆盖。其沉积岩夹层中含动、植物化石。

【层型】　选层型剖面位于本溪市大明山沟（123°47′，41°20′），由辽宁省地质局第一区域地质测量队二分队 1975 年重新测制。

上覆地层：第四系　砂砾石

～～～～～～～ 不 整 合 ～～～～～～～

小岭组	总厚度 916.29 m
7. 灰绿色安山质熔岩角砾岩	17.24 m

6. 紫色安山岩。局部含角砾	38.67 m
5. 暗紫色砂质页岩	51.09 m
4. 紫灰色斑状流纹安山岩，顶部夹凝灰岩	240.96 m
3. 黄灰色流纹岩	108.44 m
2. 紫灰色安山质火山角砾岩	96.88 m
1. 黄灰色流纹岩，局部夹安山岩及沸石化流纹质凝灰岩	363.01 m

——————— 平行不整合 ———————

下伏地层：**小东沟组** 紫灰色砂质页岩夹泥灰岩

【地质特征及区域变化】 本组上述剖面地层连续，不整合或平行不整合于小东沟组之上，下部以黄灰色流纹岩为主，夹紫灰色安山质火山角砾岩及安山岩；上部为斑状流纹安山岩、安山岩、安山质火山角砾岩夹凝灰岩及暗紫色砂质页岩。整个剖面反映出由溢流—爆发，或由溢流—爆发—沉积间歇的韵律结构。厚度大于 916.29 m

在小东沟组发育的地区，多以底部的流纹岩或安山质火山碎屑岩与小东沟组顶部的紫色砂质页岩或粉砂质页岩分界。在无小东沟组的地区，底部多发育底砾岩或含砾砂岩，以此与下伏不同时代的地层呈不整合接触。

该组于沉积岩夹层中含动、植物化石。李杰儒等（1987）于新宾丘家堡子附近采得介形虫：*Limnocypridea* sp.，*Cypridea* sp.，*C. vitimensis*，*Yumenia* sp.；鱼类：*Lycoptera* ? sp.；植物：*Pityophyllum* sp.，辽宁区调队一分队（1993）于桓仁地区采得双壳类化石。

根据该组所含生物化石组合，其时代应为晚侏罗世—早白垩世。

该组广泛分布于辽东地区，尤以桓仁、新宾一带最为发育。各地岩性、厚度与选层型相比，差异较大。

桓仁盆地内，该组不整合在古生界及更老的地层之上。在东岔一带，底部有底砾岩，下部及上部以安山岩及安山质火山碎屑岩为主；中部大量发育流纹岩及流纹质凝灰熔岩，夹安山岩。在中部的安山岩夹层及上部的安山岩层中，含四层玄武岩。自下而上反映出 6 个由溢流—爆发的喷发韵律。厚 1 739 m。在滚土岭一带，相变为以安山岩和安山质火山碎屑岩为主，仅在中上部夹一层流纹质凝灰岩。下部及中上部夹粉砂岩和粉砂质页岩。底部为一层百余米厚的安山质砾岩，厚度大于 1 158.93 m。至桓仁镇附近，则以流纹质凝灰岩为主，夹流纹岩及安山质火山碎屑岩和 4 层沉积岩。以爆发相为主。厚度大于 1 958.53 m。

在新宾丘家堡子一带，该组平行不整合于小东沟组之上，以安山岩、含角砾安山质凝灰熔岩、凝灰岩为主，夹玄武岩及粉砂质页岩。无明显的韵律性，上与梨树沟组为平行不整合接触。厚 2 220.0 m。

梨树沟组　K*l*　(05-21-4034)

【创名及原始定义】 辽宁区调队（1975b）创名。创名地位于新宾县南杂木乡梨树沟一带。原始定义：梨树沟组，分布于苏子河盆地，平行不整合于小岭组之上的一套层凝灰岩夹含砾砂岩及页岩地层。含狼鳍鱼。被聂尔库组整合覆盖。时代为晚侏罗世。

【沿革】 梨树沟组自创名以来，被《东北地区区域地层表·辽宁省分册》(1978)、王思恩等（1985）的《中国的侏罗系》等文献所采用。郑少林、张武（1981）、李杰儒（1988）及《辽宁省区域地质志》(1989）虽沿用梨树沟组一名，但根据梨树沟组所含生物化石，将其时代置于早白垩世。范国清（1982）认为该套地层为小岭组三段，时代为晚侏罗世。

【现在定义】 分布于苏子河盆地及桓仁一带，整合或平行不整合于小岭组火山岩之上，以灰黑色、灰色页岩为主，夹灰黄色细砂岩、粉砂岩及岩屑砂岩，局部夹层凝灰岩及火山碎屑岩的一套沉积岩组合。含动、植物化石。上与聂尔库组整合接触。

【层型】 选层型剖面位于新宾县南杂木乡丘家堡子—上大堡（124°21′，41°54′），由辽宁省地质局第一区域地质测量队四分队1970年测制。

上覆地层：**聂尔库组** 黑色页岩夹黄灰色长石砂岩

—————— 整 合 ——————

梨树沟组	总厚度 522.61 m
2. 灰黄色层凝灰岩夹页岩。产：*Lycoptera* sp.	225.88 m
1. 黄褐—黄绿色层凝灰岩及灰黄色中粗粒层凝灰岩夹灰绿色页岩及含砾砂岩	296.73 m

－－－－－－ 平行不整合 －－－－－－

下伏地层：**小岭组** 灰绿、灰紫色安山岩

【地质特征及区域变化】 该组平行不整合于小岭组火山岩之上。岩性以黄褐色、灰黄色层凝灰岩为主，夹灰绿色页岩及含砾砂岩；上部地层含：*Lycoptera*。与上覆聂尔库组黑色页岩整合接触。

该组含较丰富的动、植物化石。其中有鱼类：*Lycoptera* sp.；叶肢介：*Eosestheria* ? sp.，*Yanjiestheria long*，*Y. yumenensis*；介形虫：*Darwinula* sp.；双壳类：*Nakamuranaia* sp.，*N. jinfotangensis*，*N. chingshanensis*，*Sphaerium* sp.，*S. orbiculatum*，*S. jeholense*，*S. hupense*，*S. orbitrigonum* 等。腹足类：*Viviparus* sp.；植物：*Pityophyllum* sp.，*Pityospermum* sp.，*Coniopteris* sp.，*Ginkgo digitata*，*Podozamites* sp. 等。

根据上述化石组合，该组时代为早白垩世。

该组主要分布于新宾苏子河盆地及桓仁地区，抚顺地区有零星分布。一般出露较好。

在苏子河盆地，自层型剖面外延至朝阳沟里附近，岩性相变为以灰黑色页岩为主，夹细砂岩，底部为灰黄色细砂岩及粉砂岩。细砂岩略有硅化。厚350.55 m。

在桓仁地区，该组岩性、岩相及厚度与苏子河盆地相比，差异较大，与小岭组火山岩以断层接触。岩性以粉砂岩、砂岩、粉砂质页岩及粘土岩为主，夹砾岩、流纹质火山碎屑岩及层凝灰岩。无上覆地层。厚度大于4 039 m。

在抚顺地区，岩性为灰绿色夹灰紫色砂岩、页岩，局部夹沥青质页岩。

聂尔库组 K*n* (05-21-4035)

【创名及原始定义】 辽宁区调队（1975b）创名。创名地位于新宾县南杂木乡聂尔库一带。原始定义：聂尔库组，分布于苏子河盆地，整合于梨树沟组之上，为湖沼相含煤碎屑建造。下部为砾岩、砂岩、页岩夹煤线，生物化石丰富。上部为页岩、粉砂质页岩及粉砂岩。时代为晚侏罗世晚期。

【沿革】 该组自创名以来，后人均沿用此地层名称及含义，只是在时代划分上意见有分歧。郑少林、张武（1981）及《辽宁省区域地质志》（1989）等将其时代置于早白垩世。

【现在定义】 分布于苏子河流域及新宾红庙子一带，整合于梨树沟组之上，以灰黑色、黑色为主，其次为灰黄色、黄绿色，油页岩、粉砂质页岩为主夹砂岩、粉砂岩及煤线等组成，局部地区常发育油页岩、底砾岩的一套湖沼相沉积地层。含动、植物化石。与大峪组为不整

合接触。

【层型】 正层型剖面位于新宾县南杂木乡丘家堡子—上大堡村（124°21′，41°54′），由辽宁省地质局第一区域地质测量队四分队1970年测制。

上覆地层：**大峪组** 黄灰色中砾石英岩质砾岩

～～～～～～～～ 不 整 合 ～～～～～～～～

聂尔库组	总厚度 1 402.95 m
8. 灰黑色、黄绿色页岩，局部夹黄色粉砂质页岩	267.91 m
7. 灰色、灰黑色、灰绿色粉砂质页岩，夹粉砂岩及灰黄色石英砂岩	156.62 m
6. 灰黄色中—粗粒岩屑石英砂岩夹黑色页岩及煤线，底部见含砾长石岩屑砂岩。产：*Nakamuranaia chingshanensis*，*Bithynia* cf. *tidata*，*Ginkgoites* sp.，*Baiera* sp.，*Podozamites* sp.，*Pityophyllum* sp.	223.60 m
5. 黑色页岩	86.80 m
4. 灰黑、灰绿色粉砂质页岩及页岩。具角岩化	102.11 m
3. 灰黑色页岩夹碳质页岩及灰黄色砂岩	368.49 m
2. 黄灰色粉砂岩与页岩互层，夹黄色中细粒长石石英砂岩。底部为黑色页岩夹黄灰色中粒岩屑长石砂岩。砂岩局部含砾	197.42 m

———————— 整 合 ————————

下伏地层：**梨树沟组** 灰黄色层凝灰岩夹页岩

【地质特征及区域变化】 该组岩性以灰黑色、灰绿色页岩为主，夹粉砂岩、砂岩、碳质页岩及粉砂质页岩。中部有一层厚200余米的岩屑石英砂岩夹页岩及煤线。上与大峪组底部的黄灰色中砾石英岩质砾岩呈不整合接触。

该组含较丰富的动、植物化石。主要有昆虫：*Unicielaterus nanzamuensis*，*Mesoblattinia* cf. *vitimica*。

鱼：? *Lycoptera longicephalus*。

介形虫：*Derwinula* sp.，*Djungarica* sp.，*Mongolianella* cf. *zerussata*，*Limnocypridea* sp.，*Cypridea* sp.，*Protocyprina* sp.。

叶肢介：*Orthestheria xinbinensis*，*O.* cf. *tongfosiensis*，*Yanjietheria longa*，*Neodiestheria xinbinensis*。

双壳类：*Tetoria* (*Paracorbicula*) *yosbimoensis*，*Corbicula* sp.，*Nakamuranaia chingshanensis*，*Sphaerium jeholense*。

腹足类：*Bithynia* cf. *tidata*，*Viviparus* sp.。

植物：*Czekanowskia rigida*，*Podozamites* ? sp.，*Ginkgoites* sp.，*Pagiophyllum*? sp.，*Pityospermum* sp.，*Brachyphyllum* sp.，*Elatochadus*? sp.。

根据上述化石组合，该组时代应为早白垩世。

该组仅分布于新宾南杂木聂尔库及红庙子一带。自层型剖面外延，在新宾红庙子一带，下部为黑色碳质页岩，中部—上部则以灰绿色、浅灰色粉砂岩为主，夹黑色页岩、碳质页岩和油页岩。厚度大于658.3 m。

【其他】 于红庙子盆地，该组上部赋存油页岩。

大峪组　*Kd*　（05－21－4036）

【创名及原始定义】　王钰等 1954 年创名，称大峪统。创名地位于辽宁本溪以东的大峪堡子一带。原始定义：大峪统，分布在本溪以东大峪堡子周围及本溪煤田南部郑家屯至林家崴子一带的一套红色碎屑沉积岩。按岩性可分上下两部分：下部为紫色凝灰质砂岩夹少许红色砂岩；上部为砖红色砂岩。与下伏地层呈不整合接触。

【沿革】　斯行健、周志炎（1962）将大峪统改称大峪群，不整合于大明山群之上。同年，顾知微将大峪统改称大峪组。洪友崇等（1974）将分布于抚顺地区不整合于鞍山群花岗片麻岩之上，不整合伏于第三系老虎台组之下的这套地层，命名为龙凤坎组。辽宁第一区测队（1975）在进行 1：20 万营盘幅地质调查中，将分布于清原县打石沟附近的一套粗粒碎屑岩建造命名为打石沟组，不整合于聂尔库组之上。吉林省地质局区调队（1977）在进行 1：20 万通化幅地质调查中，将分布于新宾长岭子一带的该套地层，归属黑崴子组，不整合于亨通山组之上。本书将分布于整个辽东地区的该套地层统称大峪组。龙凤坎组、打石沟组与本组同物异名，建议停用。

【现在定义】　分布于辽东地区，以紫色为主，局部为灰色或灰黄色，由火山岩质砾岩、粉砂质页岩为主，夹凝灰质页岩及砂岩等组成的一套河湖相沉积。正层型底部与下伏小岭组为断层接触。区域上不整合覆于聂尔库组、小岭组或小东沟组之上。上未见顶。

【层型】　正层型剖面位于辽宁本溪市东郊立新区张家街—大峪堡子（123°47′，41°17′），由辽宁区测队 1971 年重新测制。

上覆地层：**第四系**　砂砾石

～～～～～～ 不 整 合 ～～～～～～

大峪组	总厚度＞1 259.16 m
7. 暗紫色粉砂质页岩夹砂质页岩及泥质粉砂岩。含海绿石	158.04 m
6. 紫灰色薄—中厚层含砾长石石英砂岩夹砂质页岩	73.36 m
5. 灰紫色粉砂质页岩夹灰色、灰绿色砂质页岩及砂岩。含植物化石：*Frenelopsis* sp.	196.51 m
4. 紫色凝灰砂质页岩夹紫灰色中厚层中细砾中酸性火山岩质砾岩。夹 5 层砾岩，各层厚多在 3 m 左右。本层尚夹褐红色长石砂岩，含海绿石	238.36 m
3. 紫灰色中厚层中细砾火山岩质砾岩与紫红色凝灰砂质页岩互层。夹褐绿—褐红色粉砂质粉屑灰岩	205.43 m
2. 灰色中厚层中细砾火山岩质砾岩。偶夹凝灰砂质页岩及含砾砂岩。砾岩略具分选性	357.03 m
══════ 断　层 ══════	
1. 紫红色凝灰粉砂质页岩	30.43 m
══════ 断　层 ══════	

下伏地层：**小岭组**　暗灰绿色杏仁状玄武岩

【地质特征及区域变化】　该组与其下伏的小岭组火山岩以断层接触。按岩性可分为上、下两部分：下部以灰色、紫灰色中细砾火山岩质砾岩为主，夹粉砂质或砂质页岩、含砾砂岩及粉砂质粉屑灰岩；上部以紫色砂质及粉砂质页岩为主，夹砾岩、砂岩。含海绿石。显示河湖相沉积特征。在聂尔库组发育的地区，以底部的黄灰色石英岩质砾岩或紫色砾岩与聂尔库组顶部的灰黑色页岩不整合接触。其上多被第四纪地层不整合覆盖。厚度大于 1 259.16 m。

该组化石稀少，只在大峪堡子发现一松柏类化石：*Frenelopsis* sp.。

该组时代为晚白垩世。

该组零散分布于本溪市、新宾、清原、岫岩等地。自正层型剖面外延，各地岩性、岩相及厚度均有一定差异。

在岫岩黄花甸子一带，该组以暗紫色含凝灰粉砂质页岩与下伏小岭组火山岩呈不整合接触。下部以紫灰色含凝灰粉砂质页岩为主，夹安山岩质砾岩；上部以灰色砾岩为主，夹紫红色含凝灰粉砂质页岩。显示由细—粗的沉积结构。厚864 m。

在清原打石沟一带，以黄灰色中细砾石英岩质砾岩与其下伏聂尔库组顶部的灰黑色页岩不整合接触。岩性以黄灰色、灰黑色砾岩为主，夹砂岩。厚1 551.95 m。

在新宾长岭子一带，不整合于聂尔库组之上。下部以砾岩为主，上部则以粉砂岩为主。出现由粗—细多次沉积韵律。厚266.64 m。

在本溪市振武山附近，与下伏地层小东沟组为不整合接触。

【其他】 龙凤坎组、打石沟组与该组为同物异名，应停用。

（三）大连地层小区

瓦房店组 *Jw* （05－21－4037）

【创名及原始定义】 森田义人1939年创名。称瓦房店层。创名地位于瓦房店市一带。原始定义：瓦房店层，指分布于瓦房店、碎子窑附近的一套含煤地层。自下而上可分为两部分：下部为灰黄色砂岩及砾岩夹泥岩及煤层；上部为砂岩、砾岩夹泥岩、煤层及煤线。

【沿革】 斋藤林次（1940）于碎子窑地区将该套含煤地层命名为碎窑夹炭层。地质部第二普查大队（1964）将瓦房店层改称瓦房店组。地层含义与前人相同。山东省地质局地研所、长春地质学院（1965）在进行1：100万旅大幅地质测量中，将该套地层以碎窑组称之。《1：20万复州幅区域地质报告》（1972）、《辽宁省区域地质志》（1989）等文献沿用碎窑组地层名称。《东北地区区域地层表·辽宁省分册》编写组（1978）根据地层名称命名原则，恢复瓦房店组一名。陆忠文（1992）将分布于岗子店一带的这套含煤地层称瓦房店组，时代为早侏罗世；将分布于碎窑地区的这套地层称碎窑组，时代为中侏罗世。本书按照地层名称命名原则，采用瓦房店组一名。碎窑组与本组同物异名，应停用。

【现在定义】 瓦房店组，分布于辽南地区，以灰黑色、青灰色为主，少量灰白色，由细砂岩、粉砂岩及中粗粒砂岩夹板状石灰岩、泥岩及薄煤层组成的一套湖沼相沉积地层。与下伏古生界地层呈不整合或断层接触。与上覆桂云花组呈断层接触。

【层型】 正层型剖面位于瓦房店市碎子窑（122°01′，39°36′），由辽宁煤田地质勘探公司103队1970年钻孔资料补充。

上覆地层：**桂云花组** 安山岩

══════ 断　层 ══════

瓦房店组　　　　　　　　　　　　　　　　总厚度＞314.32 m

29. 灰白、灰绿色细砂岩，粉砂岩及泥岩，含植物化石　　4.57 m

28. 以灰色中粗砂岩为主的砂岩及泥岩构成的反韵律层，含少量植物化石　　8.77 m

27. 由灰黑色泥岩、粉砂岩及细砂岩组成的反韵律层，含植物碎片　　7.79 m

26. 青灰色细砂岩，底部为薄层粗砂岩，并含炭屑，产植物化石　　9.43 m

25. 青灰、灰黑色细砂岩、粉砂岩互层，具水平层理，含植物化石。底部为黑色碳质泥

岩夹薄煤层 8.75 m

24. 灰、深灰色中细砂岩、细砂岩及粉砂岩组成正韵律层，具水平层理。含双壳类及植物碎片 29.64 m

23. 灰色细砂岩，顶部为薄层泥岩，具水平层理 5.94 m

22. 青灰、灰黑色中、粗砂岩及细砂岩，顶部有少许泥岩，具水平层理，含双壳类化石 14.54 m

21. 青灰、灰黑色中细砂岩互层，顶部有少许粉砂岩，底部为薄层中粗砂岩，含泥质包体，具水平层理，含少量双壳类及植物碎片 20.87 m

20. 灰黑色细砂岩。致密坚硬 10.03 m

19. 青灰、灰黑色中细砂岩，具薄层状水平层理 26.07 m

18. 灰黑色细砂岩，上部有薄层粉砂岩，岩层破碎 6.83 m

17. 青灰、灰黑色中细砂岩，具薄层状水平层理 11.64 m

16. 上部为灰黑色细砂岩。中部有少许粉砂岩。下部为灰黑色泥岩、粉砂质泥岩及碳质泥岩，含少量双壳类化石 11.94 m

15. 青灰色厚层状粉砂岩，具水平层理 7.78 m

14. 浅灰、青灰色粗砂岩、中砂岩及细砂岩构成正韵律层 5.76 m

13. 灰黑色粗—细砂岩与粉砂岩互层，具水平层理，含双壳类化石 19.06 m

12. 上部为青灰色板状石灰岩，具水平层理。中下部为灰黑色粉砂岩及泥岩 9.81 m

11. 上部为黑色碳质泥岩，含粉砂岩碎块。下部为灰黑色含砾砂岩、细砂岩夹薄层粉砂岩 8.15 m

10. 灰色中细砂岩 7.89 m

9. 青灰色复成分砾岩，砂泥质胶结，砾径 0.2～5 mm，砾石滚圆至次棱角状，成分复杂，有泥岩、砂岩、灰岩、石英及火成岩 8.38 m

8. 青灰、灰黑色砂砾岩、中—细砂岩，正韵律层 7.20 m

7. 灰黑色粉砂岩夹细砂岩和少许泥岩，具水平层理 6.54 m

6. 灰黑色粉砂质泥岩，脆而破碎，具滑动面 12.86 m

5. 青灰、灰黑色中细砂岩，致密坚硬 7.55 m

4. 黑色粉砂质泥岩夹灰岩凸镜体 11.85 m

3. 灰黑色细砂岩，具水平层理 4.35 m

2. 灰黑色粉砂岩夹泥岩及细砂岩 6.35 m

1. 黑色泥岩，含双壳类及植物化石，底部有辉绿岩贯入 13.98 m

══════ 断　层 ══════

下伏地层：**寒武系**　石灰岩

【地质特征及区域变化】　该组由灰、灰黑色砾岩、含砾砂岩、砂岩、粉砂岩、泥岩及薄煤层组成，偶夹灰岩或泥灰岩凸镜体。主要为河流-湖沼相沉积。与上下地层间均以断层接触。个别地区底部以灰色和杂色砾岩与古生界灰岩不整合接触。

该组含少量植物化石或植物碎片。产丰富的孢粉、双壳类及古脊椎动物等化石。双壳类：*Pseudocardinia* cf. *ovalis*，*Psilunio* sp.，*Tutuella chaohlovi*；腹足类：*Bithynia* sp. 等。植物：*Equisetum* sp.，*Cladophlebis* sp.，*Ptilophyllum* sp.，*Pterophyllum* sp.，*Ctenis* sp.，*Ginkgo sibirica*，*Baiera* sp.，*Sphenobaiera* sp.，*Phoenicopsis angustifolia*，*Czekanowskia rigida*，*Pityophyllum nordenskioldi*，*Elatocladus* sp. 等。

另据森田义人（1939）记载，该组中产有原始哺乳动物：*Manchurodon simplieidens* 及许多硬鳞鱼类的鳞片化石。

根据上述生物组合，该组的地质时代应为早侏罗世—中侏罗世。

该组主要分布于瓦房店市碓子窑、岗子店和普兰店市前元台子一带。由于受断裂构造破坏及第四纪地层掩盖，出露甚少。

在铁路以西的岗子店地区，岩性及厚度与正层型剖面相比，略有差异。从钻孔柱面上看，岩性大体可分为两部分：上部为灰色、灰白色中粒砂岩，夹煤层、泥岩及粉砂岩；下部为灰黑色、灰色砂岩、粉砂岩、泥岩、碳质泥岩互层，夹薄煤层及泥灰岩。底部为一层厚20余米的灰色及杂色砾岩，与其下伏的古生界灰岩呈不整合接触。厚度193.74 m。

桂云花组　JK*g*　(05-21-4038)

【创名及原始定义】　辽宁区测队1973年创名。创名地位于辽宁省庄河市桂云花一带。原始定义：桂云花组，分布于庄河桂云花、瓦房店孙屯一带，尤以桂云花一带最发育，主要为中性熔岩—火山碎屑岩夹砂页岩。时代为晚侏罗世。

【沿革】　该组自创名以来，许多文献均沿用其地层名称及其含义。只是对其时代划分有所争议。姜家炉组与本组同物异名，建议停用。

【现在定义】　分布于辽南地区，以灰紫色、黄绿色中性熔岩及火山碎屑岩为主，夹凝灰质粉砂岩、砂岩及页岩的一套火山—沉积地层。与下伏张夏组或更老地层等呈不整合接触，被普兰店组整合覆盖。

【层型】　正层型剖面位于庄河市桂云花乡跃纪—林家屯（122°36′，39°56′），由辽宁区测队1971年测制。

桂云花组	总厚度>2 783.73 m
18. 灰紫色安山岩（未见顶）	147.80 m
17. 黄绿色中厚层凝灰质砂岩夹灰绿色凝灰质粉砂岩及火山角砾岩	64.01 m
16. 灰紫色安山质凝灰岩	77.94 m
15. 灰紫色安山岩	178.90 m
14. 灰紫色火山角砾岩夹凝灰质粉砂岩	161.95 m
13. 灰紫色安山岩	103.86 m
12. 灰紫色安山质熔岩角砾岩	110.29 m
═══ 断　层 ═══	
11. 灰紫色安山质角砾熔岩夹安山岩、凝灰质粉砂岩、层凝灰岩	373.24 m
10. 灰紫色角闪石安山岩、火山角砾岩、凝灰岩夹凝灰质砂岩	366.55 m
9. 灰白色变质砂岩质砾岩	132.37 m
═══ 断　层 ═══	
8. 灰紫色含火山角砾凝灰岩夹灰紫色页岩	119.86 m
安山岩脉侵入	
7. 灰紫色安山岩夹灰绿色角砾凝灰熔岩	260.06 m
6. 黄绿色凝灰岩夹安山岩、安山质火山角砾凝灰岩，底部为黄绿色粉砂岩及黑色页岩	99.08 m
5. 灰紫色安山岩及凝灰熔岩、火山角砾岩	190.25 m
花岗闪长斑岩侵入	
4. 黄绿色、灰紫色凝灰质粉砂岩。含化石：*Eosestheria* sp.，*E. jingangshanensis*，*Ginkgoites* sp.，*Podozamites* sp.，*Pityophyllum* sp.，*P. lingstroemi*，*Coniopteris burejensis*，*Carpolithus* sp.	157.07 m

═══════ 断 层 ═══════

3. 灰紫色、灰绿色中细砾火山角砾岩	119.19 m
2. 灰紫色含火山角砾凝灰岩	79.58 m
1. 浅灰色含砾英安岩	41.73 m

~~~~~~~~ 不 整 合 ~~~~~~~~

下伏地层：**永宁组** 灰色中细粒变质砂岩

副层型剖面位于瓦房店市孙屯（122°03′，39°37′），由辽宁区测队 1971 年测制。

上覆地层：**普兰店组** 紫色厚层砂质胶结砾岩

——————— 整 合 ———————

桂云花组	总厚度 492.09 m
12. 紫色火山角砾岩	103.57 m
11. 紫色辉石安山岩	10.87 m
10. 紫色火山角砾岩	80.40 m
9. 紫色辉石安山岩	4.20 m
8. 紫色火山角砾岩	18.77 m
7. 紫色凝灰质粉砂岩	7.02 m
6. 紫色安山质火山角砾岩夹凝灰岩	26.30 m
5. 紫色黄绿色粉砂岩夹页岩及砂岩	14.73 m
4. 灰紫色安山岩	30.81 m
3. 灰紫色气孔状安山岩	114.76 m
2. 紫色气孔状粗面安山岩夹凝灰岩	34.34 m
1. 黄绿色灰紫色安山岩与凝灰岩互层	46.14 m

~~~~~~~~ 不 整 合 ~~~~~~~~

下伏地层：**张夏组** 碎屑灰岩

【地质特征及区域变化】 该组在正层型剖面上虽被断层切割甚多，但底部却清晰可见不整合于永宁组变质砂岩之上。其岩性主要为安山岩、火山角砾岩、凝灰熔岩及凝灰岩，夹粉砂岩和页岩。整个剖面反映出由溢流—爆发—沉积间歇的多次韵律结构。无上覆地层。厚度大于 2 783.73 m。

该组于沉积岩夹层中产叶肢介：*Eosetheria* sp.，*E. jingangshanensis*。植物：*Ginkgoites* sp.，*Podozamites* sp.，*Pityophyllum* sp.，*P. lindstroem*，*Coniopteris burejensis*，*Carpolithus* sp. 等。

根据上述生物组合，该组时代应为晚侏罗世—早白垩世。

该组主要分布于庄河桂云花、瓦房店孙屯、华铜、旅顺石灰窑子等地。岩性及厚度与层型相比均有较大差异。

在瓦房店市孙屯一带，该组以灰紫色、黄绿色安山岩不整合于张夏组之上。其岩性：下部以灰紫色安山岩为主，夹火山碎屑岩；上部为火山角砾岩夹辉石安山岩。中部夹粉砂岩、页岩及砂岩。自下而上反映出由溢流—沉积间歇—爆发的韵律结构。其上与普兰店组紫红色复成分砾岩整合接触。厚度为 491.9 m。

在旅顺石灰窑子一带，不整合于元古代营城子组灰岩之上。岩性以火山碎屑岩、安山岩为主，夹凝灰质砂岩、页岩。自下而上反映出由沉积-爆发-溢流的多次喷发韵律。厚466.32 m。

该组在桂云花一带，其火山岩及沉积岩夹层多发生轻微的变质作用。

普兰店组　K*p*　（05－21－4039）

【创名及原始定义】　森田义人1939年创名，称普兰店层。创名地位于普兰店市附近。原始定义：普兰店层，是指主要分布于新金县普兰店至复县瓦房店一带，下部以暗紫色夹黄绿色砾岩、粉砂岩为主，夹砂岩；上部为黄绿色粉砂岩、页岩、砂砾岩及砾岩。时代为早白垩世。

【沿革】　顾知微（1962）将普兰店层改称普兰店群；斯行健、周志炎（1962）称普兰店组。1965年山东省地质局地研所、长春地质学院（1965）在进行1∶100万旅大幅地质图测量中，创立了沙河组一名代替本组，覆于姜家炉组火山岩之上。沙河组与本组为同物异名，中科院贵阳地球化学研究所（1977）在普兰店市泡子，将普兰店组一名用于早全新世地层，属同名异物，二者均应停用。

【现在定义】　分布于辽南地区，整合于桂云花组火山岩或不整合于钓鱼台组等较老地层之上，由暗紫色、黄绿色及灰紫色砾岩、粉砂岩、含砾粗砂岩，夹粉砂质页岩及页岩等组成的一套河湖相沉积地层。上未见顶。

【层型】　正层型剖面位于瓦房店市云台山—普兰店市罗屯（122°07′，39°26′），由辽宁区测队1971年重新测制。

普兰店组　　总厚度＞2 840.64 m

11. 黄绿色粉砂岩与粉砂质页岩互层（未见顶）　340.92 m
10. 黄绿色粉砂岩夹中细砾石英岩质砾岩　330.05 m
9. 黄绿色、灰紫色粗粒砂岩与含砾砂岩、细砾岩互层　312.10 m
8. 黄绿色粉砂岩夹灰紫色含砾粗砂岩及石英岩质砾岩　215.48 m
7. 黄绿色粉砂岩夹页岩及含砾粗砂岩。含植物化石碎片　350.88 m

═══════ 断　层 ═══════

6. 黄绿色粉砂岩与页岩互层　56.95 m
5. 黄绿色粉砂岩夹石英岩质砾岩及紫色粉砂岩。含化石　102.26 m
4. 黄绿色粉砂岩夹页岩及紫色粉砂岩。含植物化石 *Coniopteris* sp. 及硅化木　123.75 m
3. 黄绿色粉砂岩夹灰紫色粉砂岩及黄绿色含砾粗砂岩，底部有一层黄绿色砾岩。含硅化木　105.88 m
2. 暗紫色粉砂岩夹黄绿色粉砂岩及灰质砾岩。上部砾岩夹层递变为含砾粗砂岩　479.97 m
1. 暗紫色粗砾石英岩质砾岩夹复成分砾岩、含砾粗砂岩、粉砂岩及页岩。页岩内含松柏类植物化石碎片　422.4 m

～～～～～～ 不 整 合 ～～～～～～

下伏地层：**钓鱼台组**　浅紫色长石石英砂岩

【地质特征及区域变化】　正层型剖面，部分被掩盖及断层切割。不整合于钓鱼台组砂岩之上。其岩性：下部以暗紫色、黄绿色砾岩、粉砂岩为主，夹砂岩；上部为黄绿色粉砂岩、含砾砂岩、砾岩、页岩互层。未见上覆地层。在发育桂云花组的地区，以底部的紫色含砾粗砂岩与桂云花组顶部的灰紫色火山碎屑岩整合接触。其他地区，底部多发育砾岩，以此与下伏较老地层不整合接触。

该组含较丰富的动植物化石。产双壳类、叶肢介、介形虫、腹足类、轮藻、植物等。

双壳类：*Plicatounio naktongensis*，*Sphaerium* sp. 等。

腹足类：*Viviparus talatzensis*，*Galba* cf. *meikiensis*，*Probaicalia vitimensis*，*Zaptychius quanshengxigouensis* 等。

叶肢介：*Orthestheria* cf. *minor*，*Loxomegaglypta pulanduanensis* 等。

介形虫：*Ziziphocypris simakori*，*Lycopterocypris* sp.，*Darwinula* sp.，(*Pseudocypridina*) sp. 等。

轮藻：*Mesochara symmetrica*，*Maedlerisphaera ellipsoidalis*

植物：*Onychiopsis elongata*，*Cupressinocladus gracilis*，*Pityolepis* sp.，*Otozamites* sp.，*Dictyozamites* sp. 等。

根据上述生物组合，该组地质时代应为早白垩世。

该组主要分布于普兰店—瓦房店一带，庄河、城子坝、金州等地亦有出露。呈南北或北东向狭带状展布。自正层型剖面外延，各地岩性及厚度有所差异。

在庄河龙王庙一带，整合于桂云花组火山岩之上，岩性为紫色含砾粗砂岩、岩屑砂岩夹粉砂岩、粉砂质页岩。厚 635.41 m。

在庄河大姜屯一带，以灰紫色、灰绿色页岩、粉砂岩为主夹砂岩。含叶肢介、双壳类及介形类化石。显示湖相沉积特征。厚 249 m。

第二节 生物地层

一、双壳类

辽宁省中生代双壳类组合自下而上为：

1. *Shaanxiconcha wangdiformis* - *Unio xuefengchuanensis* 组合

本次对比研究创名。标准地点在辽西北票地区羊草沟。

该化石组合种类较为单调，以陕西蚌类为主，含少量的珠蚌。主要分子有：*Shaanxiconcha elliptica* var. *tongchuanensis*，*S. wangdiformis*，*S. yenchuanensis*，*S. subparallela*，*S. wangsoweni* 等。

该组合分布于辽西地区羊草沟组。时代为晚三叠世。

本组合与辽西老虎沟组所含双壳类相似，与陕西延长组的双壳类也很接近，但后两者化石种类及数量丰富，都含有丰富的 *Sibireconcha*。老虎沟组还产有少量的 *Ferganoconcha*。

2. *Pseudocardinia* - *Tutuella* 组合

本组合相当于辽宁地矿局（1989）所定的 *Pseudocardinia* - *Tutuella* - *Ferganoconcha* 组合，是对该组合的修订。标准地点在本溪田师傅地区长梁子。

该化石组合属种单调，以小型蚌类为主，共有 4 属 20 余种，其中以 *Pseudocardinia* 占绝对优势，*Tutuella* 和 *Ferganoconcha* 次之。主要分子有：*Ferganoconcha anodontoides*，*F. minor*，*Pseudocardinia submagna*，*P. turufanensis*，*P. carimata*，*P. sibiriensis*，*P. elliptica*，*P. curta*，*Tutuella altiformis*，*T.* cf. *rotunda*，*T. fabulaformis*，*Psilunio* aff. *chaoi* 等。

该组合分布于辽东地区长梁子组及辽南地区瓦房店组。时代为早侏罗世。

3. *Ferganoconcha elongata* - *F. haifanggouensis* 组合

本次对比研究创名。标准地点在辽西北票海房沟。

该组合仅见 *Ferganoconcha* 一属。该属壳体以圆四边形为主，铰边长直。主要分子有：*Ferganoconcha sibirica*，*F. elongata*，*F. haifanggouensis*，*F.* aff. *hurejensis*，*F. subcentalis* 等。

该组合分布辽西海房沟组。时代为中侏罗世。

4. *Ferganoconcha quadrata*-*Sphaerium jeholense* 组合

顾知微（1976）创名，始称 *Ferganoconcha quadrata*-*Sphaerium jeholense* 动物群。1982 年，顾氏结合中国东部地区相当于热河群层位的双壳类化石研究，将其改称为 *F. quadrata*-*Soleniaia mengyinense* 化石群，并划分早、中、晚三期组合。标准地点在辽西地区的凌源、喀左、朝阳、阜新等地。

该化石组合以方形 *Ferganoconcha* 和小个体圆形 *Sphaerium* 为主，伴有少量的 *Mengyinaia*，*Nippononaia*，*Nakamurania* 和 *Niomiodon* 等。主要分子有：*Ferganoconcha curta*，*F. quadrata*，*F. sibirica*，*F. jorekensis*，*Sphaerium jeholense*，*S. subplanum*，*S. elenginense*，*S. anderssoni*，*Mengyinaia? mengyinensis*，*M.? tugrigensis*，*Nippononaia sinensis*，*N. jianchangensis*，*Nakamuranaia chingshanensis*，*N. elongata*，*Niomiodon? volselliformis*，*N.? yixianensis* 等。该组合依据纵向变化划分三个亚组合，与顾知微（1982）划分的早、中、晚三期组合相当。此三个亚组合自下而上分别是：

1）*Ferganoconcha lingyuanensis*-*Sphaerium jeholensis* 亚组合

于菁珊等（1989）创名，始称 *F. lingyuanensis*-*S. jeholensis* 组合。标准地点在辽西凌源、喀左地区。化石数量不多，类型单调，以 *Ferganoconcha* 和 *Sphaerium* 两属为主，代表分子有 *Sphaerium jeholense*，*S. selenginense*，*Ferganoconcha lingyuanensis*，*F. sibirica* 等。该亚组合分布于辽西地区义县组，冀北地区西瓜园组。

2）*Mengyinaia? tugrigensis*-*Sphaerium subplanum* 亚组合

于菁珊等（1987）建立，始称 *M.? tugrigense*-*S. subplanum* 组合。标准地点在辽西朝阳地区。除从下伏亚组合中延续上来的 *Sphaerium jeholense*，*Ferganoconcha sibirica* 等分子外，还出现了个体较大的蚌类，*TPN* 动物群的早期分子；*Sphaerium subplanum*，*Neomiodon?* 等大量繁衍。然而，典型 *TPN* 动物群的 *Trigoniodes* 却未出现。主要属种有：*Mengyinaia? tugrigensis*，*M.?* cf. *mengyinensis*，*M.? chifoensis*，*Nippononaia sinensis*，*N. jianchangensis*，*Nakamuranaia chingshanensis*，*N. elongata*，*Sphaerium subplnum*，*Niomiodon? volselliformis*，*N.? yixianensis* 等。该亚组合分布于辽西地区九佛堂组、沙海组、冰沟组。时代为早白垩世。

3）*Ferganoconcha liaoxiensis*-*Sphaerium anderssoni* 亚组合

于菁珊等（1987）建立，始称 *F. liaoxiensis*-*S. anderssoni* 组合。标准地点在阜新地区。由以上两亚组合的后延分子组成，属种单调，化石稀少，以 *Ferganoconcha* 和 *Sphaerium* 两属为主要成分，含少量的 *Nippononaia*。主要分子有：*Ferganoconcha liaoxiensis*，*F. quadrata*，*F. lingyuanensis*，*Sphaerium anderssoni* 等。该亚组合分布于辽西阜新、义县等地的阜新组。时代为早白垩世。

二、叶肢介

辽宁省中生代叶肢介化石组合自下而上分别是：

1. *Palaeolimnadia*-*Pseudestheria* 组合

本次对比研究创名。标准地点在辽西北票羊草沟。

该组合叶肢介个体较大、属种较多，保存普遍较差。主要属种有 *Palaeolimnadia* cf. *lingyuanensis*，*P.* cf. *venusta*，*P.* cf. *parva*，*Pseudestheria* cf. *subovata*，*Loxomicroglypta liaoxiensis*，*L.* cf. *laohugouensis*，*Ovjurium yixianensis* 和 *O.* cf. *ubsanuri* 等。其中以大个体的 *Pseudestheria* 和 *Loxomicroglypta* 占主要地位。

该组合分布于辽西北票地区羊草沟组。时代为早侏罗世。

2. *Euestheria haifanggouensis* - *E. ziliujingensis* 组合

本次对比研究创名。相当于陈丕基等（1985）的 *Euestheria ziliujingensis* 群。标准地点在辽西北票海房沟。

该组合属种单调，以个体较小，壳瓣呈圆形或椭圆形、生长带具有小网状装饰的*Euestheria*为主，伴有少量的？*Paranestonia* 及 *Lioestheria*。主要分子有：*Euestheria ziliujingensis*，*E. haifanggouensis*，*E. complanta*，*E. shandanensis*，?*Paranestoria* sp.，*Lioestheria haifanggouensis* 等。

该组合分布于辽西地区海房沟组及辽东地区小东沟组。时代为中侏罗世。

3. *Prosentestheria* - *Mesolimnadia* 组合

本次对比研究创名。标准地点在辽西北票金岭寺。

该化石组合以小个体者居多，属种单调，但数量较为丰富。主要分子有：*Diplograpta lamprosa*，*D. orbita*，*D. ovata*，*Beipiaoestheria caijiagouensis*，*Prosentestheria jinlingsiensis*，*P. regia*，*Mesolimnadia jinlingsiensis*，*Sinograpta beisijiaziensis*，*S. xiwopuensis* 等。

该组合分布于辽西、冀北地区土城子组。时代为中—晚侏罗世。

4. *Eosestheria jingangshanensis* - *E. fuxinensis* 组合

本次对比研究创名。相当于陈丕基等（1985）的 *Eosestheria* 群。标准地点在辽西朝阳建昌。

该化石组合以线网装饰类型为主体，伴有线脊装饰和网格装饰类型，其中以 *Eosestheria* 含量最高，数量和类型最为丰富，主要分子有：*Eosestheria jingangshanensis*，*E. changshanensis*，*E. ovaliformis*，*E. fuxinensis*，*Clithrograpta lingyuanensis*，*C. ovata*，*Filigrapta equilateralis*，*F. produta*，*Dongbeiestheria fuxingtunensis*，*Diformograpta* aff. *middendorfii*，*D. triformis*，*Diestheria yixianensis*，*D. longingua*。该组合与 *Lycoptera* 组合共生，是热河生物群的重要分子。

该组合分布于东亚地区与义县组、九佛堂组相当层位。时代为晚侏罗世—早白垩世。

5. *Yanjiestheria* - *Orthestheria* 组合

陈丕基等（1985）创名，始称 *Yanjiestheria* - *Orthestheria* 群。标准地点在阜新地区。

该组合以 *Yanjiestheria*，*Pseudestherites*，*Orthestheria* 和 *Orthestheriopsis* 为首要分子，伴有少量的 *Paraliograpta* 及 *Neimongolestheria*。主要分子有：*Yanjiestheria vasiformis*，*Y. venusta*，*Y. andornada*，*Y. binggouensis*，*Orthestheria intemedia*，*O. orbiculata*，*Orthestheriopsis chaoyangtunensis*，*Pseudestherites jianchangensis*，*P. qinghemenensis*，*Neimongolestheria yangliutunensis*，*N. shangqitunensis* 等。该组合是阜新生物群的重要组成部分。

该组合分布于辽西地区沙海组上部、冰沟组，辽东地区梨树沟组、聂尔库组。时代为早白垩世。

三、昆　虫

辽宁省中生代昆虫化石组合自下而上是：

1. *Euryblattula fabelliformis* - *Lepidoscytina miaobaoensis* 组合

本次对比研究创名。标准地点在辽东本溪田师傅。

该组合属种数量少，由 *Euryblattula fabelliformis*，*Palaeocupes firmus*，*Flexilicoleus thallosus*，*Stegosyne dongfangensis*，*Lepidoscytina miaobaoensis*，*Palysitum spinocle* 等组成。

该组合分布于辽东长梁子组。时代为早侏罗世。

2. *Sinoplecia liaoningensis* - *Mesoneta antiqua* 组合

本次对比研究创名。相当于洪友崇（1983）建立的海房沟组合。标准地点在辽西北票于家沟。

该组合属种丰富，共有60余种，其中以小型毛蚊类占统治地位。主要属种有：*Sunoplecia liaoningensis*，*Arcus ovatas*，*Mesoneta antiqua*，*Mesobaëtis sibirica*，*Samarura gigantea*，*Platypera platypoda* 等。

该组合分布于辽西地区海房沟组及东北诸省与其相当层位。时代为中侏罗世。

3. *Ephemeropsis trisetatis* - *Coptoclava longipoda* 组合

本次对比研究创名。标准地点在辽西朝阳建昌地区。

该组合以热带分子为主，主要属种有：*Ephemeropsis trisetatis*，*Coptoclava longipoda*，*Mesoblattina pawcivenose*，*Chronomaptera gregaria*，*Cypostemma xyphidle*，*Sinaeschnidia hechankowensis*，*Mesolygaeus haiyangensis* 等，其中 *Ephemeropsis trisetatis* 层位稳定、分布最广。

该组合分布于我国黄河流域以北直至蒙古国、俄罗斯外贝加尔等地相当于义县组、九佛堂组层位地层中。时代为晚侏罗世至早白垩世。

四、鱼　类

1. *Lycoptera* - *Peipiaosteus* 组合

本次对比研究创名。相当于刘宪亭等（1975）*Lycoptera* 群。标准地点在辽西朝阳、建昌等地。

该组合以 *Lycoptera* 数量及类型最为丰富，层位最稳定、分布最广，同时伴有少量的 *Peipiaosteus*，*Sinamia* 等。主要代表分子有：*Lycoptera davidi*，*L. muroii*，*L. tokunagai*，*L. longicephalus*，*Peipiaosteus pani*，*Sinamia* sp.。是热河生物群的典型代表之一。

该组合分布于辽西、冀北地区义县组、九佛堂组以及沙海组下部、辽北西丰地区久大组。时代为晚侏罗世至早白垩世。

五、腹足类

辽宁省中生代腹足类化石自下而上分别是：

1. *Viviparus*? cf. *matumotoi* - *Probaicalia vitimensis* - *Bithynia haizhouensis* 组合

于希汉（1987）建立。标准地点在辽西朝阳、建昌、阜新等地。

该化石组合以壳体较大的腹足目（Mesogastropoda）、田螺科（Viviparidae）和豆螺科（Bithyniidae）占绝对优势，而壳体较小的基眼目（Bosommatophora）、耳螺科（Ellobiidae）仅有少数属种可见。主要属种有：*Viviparus* cf. *matumotoi*，*lioplacodes*，*Bellamya*，*Bithynia*，*Amnicola*，*Fuxinia*，*Probaicalia*，*Galba minuta*，*Eozaptychius*，*Campeloma* 等。其中*V*. cf. ? *matumotoi* 为本区所特有。该组合自下而上可进一步划分三个亚组合：

1）*Galba* aff. *pseudopalustris*－*G. minuta* 亚组合

于希汉（1987）建立。标准地点在辽西阜新地区。属种单调，数量较少，以 *Viviparus*，*Probaicalia* 和 *Galba* 三属为主。主要分子有 *Viviparus*? cf. *matumotoi*，*Probaicalia vitimensis*，*P. gerassimovi* (Reis)，*Bethynia haizhouensis*，*Galba* aff. *pseudopalustris*，*G. minuta* 等。大量繁盛于早白垩世的 *Zaptychius* 和 *Hippeutis* 等属也零星出现。该亚组合分布于辽西地区义县组。时代为晚侏罗世—早白垩世。

2）*Eozaptychius fusoides*－*Campeloma tulongshanensis* 亚组合

于希汉（1987）建立。标准地点在辽西地区。内容较下伏亚组合丰富，但类型仍很单调。主要成分为个体较大的 *Viviparus*，*Lioplacodes*，*Campeloma*，*Bellamya* 和 *Bithynia* 及个体较小的 *Amnicola*，*Eozaptychius* 等属的种类。其中绝大部分类型在本亚组合首次出现，只有少量种类为下部层位延续而来。如 *Viviparus*? *matumotoi*，*Bithynia haizhouensis*，*Probaicalia vitimensis*，*P. gerassimovi* 等。主要分子有：*Viviparus liaoxiensis*，*V. ganzhaoensis*，*Bellamya fengtianensis*，*Amnicola chaoyangensis*，*A. gilloides*，*A. minuta*，*Bithynia jujiagouensis*，*Eozaptychius fusoides*，*E. inflatus*，*Eocryphispira basicostotus* 等。该亚组合分布辽西地区九佛堂组及沙海组下部。时代为早白垩世。

3）*Campeloma liaoningensis*－*Campeloma tani* 亚组合

于希汉（1987）建立。标准地点在阜新地区。种类和数量均相当丰富，共15属近60余种，主要以 *Viviparus*，*Bellamya*，*Campeloma*，*Lioplacodes*，*Bithynia*，*Amnicola*，*Probaicalia*，*Galba* 等属为主。组合中除部分是由下部层位上延的分子外，大部分为其特有种类，如 *Campeloma tani*，*C. liaoningensis*，*C. liaoxiensis*，*Viviparus* cf. *onogoensis*，*Bellamya clavilithiformis*，*B. clavilithiformis conroformis*，*B. parva*，*Probaicalia prinadae*，*Bithynia mengyinense*，*Galba obrustchewi*，*Lioplacodes yixianensis*，*L. conoides* 等。该亚组合分布于辽西沙海组上部及阜新组中、下部。时代为早白垩世。

该亚组合除 *Zaptychius*，*Hippeutis*，*Gyraulus* 及 *Physa* 等少数分子延续到较高层位外，绝大多数属种限定在义县组至阜新组中下部。大致与浙江劳村组、寿昌组；皖南岩塘组、蝌蚪山组；山东的蒙阴组；内蒙古的大青山组、李三沟组和固阳组下部相似，在大的类别上可以对比。

2. *Auristoma fuxinensis*－*Eosuccinea liaoningensis*－*Tulotomoides* cf. *talatzensis* 组合

于希汉（1987）建立。标准地点在阜新地区半拉山。

该组合内属种丰富，已发现25属近70余种。大多数壳体较小，以基眼目（Basommotophora）、耳螺科（Ellobiidae）、椎实螺科（Lymnaeidae）、扁卷螺科（Planorbiidae）为主，其次为中腹足目（Mesogastropoda）、圆螺科（Cyclaphoridae）和河边螺科（Amnicolidae）。主要分子有：*Viviparus* cf. *onogoensis*，*Tulotomoides* cf. *talatzensis*，*Pseudarinia wangyingensis*，*P. maerospira*，*Mesocochliopa cretacea*，*Auristoma fuxinensis*，*Hippeutis discotus*，*Zaptychius* (*Zaptychius*) *yixianensis*，*Z.* (*Comozaptychius*) *quanshanxigouensis*，*Eozaptychius* aff. *clathratus*，*Physa liaoxiensis*，*Eosuccinea liaoningensis*，*E. reticulata* 等。下伏组合常见的 *Viviparus*，*Campeloma*，*Lioplacodes*，*Bithynia*，*Amnicola* 和 *Probaicalia* 等属分子在本组合极少见，而含

量较少的 *Zaptychius*, *Hippeutis*, *Gyraulus* 及 *Physa* 等属，在本组合中则颇为繁盛。

该组合分布于阜新地区阜新组上部。时代为早白垩世。

该组合与吉林东部大拉子组、内蒙古西部地区固阳组有许多共同分子，大体可以对比。

六、介形虫

辽宁省中生代介形虫化石组合自下而上可划分为：

1. *Cypridea* (*Cypridea*) *liaoningensis* - *C.* (*Ulwellia*) *muriculata* - *Djungarica camarata* 组合

张立君（1985）建立。标准地点在辽西地区。

该组合化石数量少，以 *Cypridea* 属的代表占重要地位，其中 *C.* (*C*) 亚属的分子最多，伴有 *C.* (*Ulwellia*) 亚属的成员。*Damonella* 属占一定地位，其他各属的种类均不多。*Cypridea* 个体多为中等大小，壳面普遍具蜂窝状装饰，绝大部分种不同程度发育壳刺或结节，壳喙中等或略小，凹痕短而浅。主要属种有 *Cypridea* (*Cypridea*) *liaoningensis liaoningensis*, *C.* (*C.*) *liaoningensis biventricostata*, *C.* (*C.*) *ganzhaoensis*, *C.* (*C.*) *venustata*, *C.* (*Ulwellia*) *muriculata*, *Mongolianella subtrapezoidea*, *Djungarica procurva*, *Lycopterocypris infantilis*, *Damonella circulata*, *D. extenda*, *Timiriasevia jianshangouensis* 等。

该组合分布于辽西地区义县组中部。时代为早白垩世。

2. *Cypridea* (*Cypridea*) *veridica arquata* - *C.* (*C.*) *jingangshanensis* - *C.* (*C.*) *zaocishanensis* 组合

张立君（1985）建立。标准地点在阜新地区。

该组合以 *Cypridea* (*Cypridea*) 亚属的成员居优势，个体数量多，但类型较少，分布局限，是上、下组合之间的过渡组合。主要属种有：*Cypridea* (*Cypridea*) *jingangshanensis*, *C.* (*C.*) *zaocishanensis zaocishanensis*, *C.* (*C.*) *veridica arquata*, *Lycopterocypris infantilis* 等。

该组合分布于辽西地区沙海组下部及九佛堂组底部。时代为早白垩世 Berriasian（贝利阿斯）期。

3. *Cypridea* (*Cypridea*) *veridica* - *C.* (*C.*) *trispinosa* - *C.* (*yumenia*) *acutiuscula* 组合

张立君（1985）建立。标准地点在阜新、义县。

该化石组合类型不多，典型分子有：*Cypridea* (*Cypridea*) *veridica veridica*, *C.* (*C.*) *trispinosa*, *C.* (*C.*) *dorsobispina*, *C.* (*C.*) *rostella*, *C.* (*C.*) *yumenensis*, *C.* (*yumenia*) *acutiuscula* 等。该组合仍以 *Cypridea* (*Cypridea*) 亚属的代表居首位。伴有 *C.* (*Yumenia*) 亚属，*Limnocypridea*, *Candona* 和 *Candoniella* 等属的少量分子以及 *Ziziphocypris costata* 等。

该组合分布于辽西沙海组下部、九佛堂组下部。时代为早白垩世 Valanginian（凡兰吟）早中期。

4. *Cypridea* (*Ulwellia*) *koskylensis* - *C.* (*Yumenia*) *costa* - *Limnocypridea obscondida* - *Djungarica* 组合

张立君（1985）建立。标准地点在辽西朝阳、建昌等地。

该组合属种数量及类型多样，共有 19 属 70 余种，其中 *Cypridea* 有 20 多种，近于组合总数二分之一。组合中壳面具小刺或钝刺的和壳面呈蜂窝状或光滑的 *Cypridea* (*Cypridea*) 亚属成员构成组合中的优势种；*Cypridea* (*Ulwellia*) 个体数量较多，占有重要地位；*C.* (*Yumenia*) 达到空前繁盛。主要属种有 *Cypridea* (*Cypridea*) *vitimensis*, *C.* (*C.*) *delnovi*, *C.* (*C.*) *unicostata*,

C. (*Ulwellia*) *kaskulensis*, *C.* (*U.*) *regia*, *C.* (*U.*) *subelogata*, *C.* (*Yumenia*) *casta*, *C.* (*Y.*) *tecunda*, *C.* (*Pseudocypridina*) *ellipselloides*, *C.* (*P.*) *jianchangensis*, *Limnocypridea abscondida*, *Djungarica circulitriangula*, *D. yixianensis*, *Pinnocypridea ganzhaoensis* 等。

该组合分布于辽西地区九佛堂组上部、沙海组中部。时代为早白垩世 Valanginian (凡兰吟) 中期至 Barremian (巴列姆) 初期。

5. *Cypridea* (*Ulwellia*) *ihsienensis* - *Limnocypridea qinghemenensis* - *Protocypretta subglobosa* 组合

张立君 (1985) 建立。标准地点在阜新、义县等地。

该组合属种较为丰富，仍以 *Cypridea* 属的代表居优势地位。*C.* (*Cypridea*) 亚属的类型较下伏组合显著减少，新出现了 *C.* (*C.*) *elegantulla* 和 *C.* (*C.*) *yabulaiensis* 等。*C.* (*Ulwellia*) *ihsienensis* 广泛分布，且层位稳定。*C.* (*Pseudocypridina*) *yangliutunensis* 最繁盛，并与 *C.* (*U.*) *ihsienensis* 或 *C.* (*U.*) *justa* 共生是本组合的重要标志之一。*C.* (*Yumenia*) 和 *Djungarica* 均未进入本组合。*Limnocypridea* 属的成员很少，类型小，数量较多，多数个体具网状装饰。主要分子有：*Cypridea* (*Cypridea*) *elegantulla*, *C.* (*C.*) *prognanata*, *C.* (*C.*) *yabulaiensis*, *C.* (*Ulwellia*) *ihsienensis*, *C.* (*U.*) *justa*, *C.* (*Pseudocypridina*) *yangliutunensis*, *Limnocypridea qinghemenensis*, *L. subreticulata*, *Timiriasevia ventriflata*, *Rhinocypris echinata* 等。

该组合分布于辽西地区沙海组上部及冰沟组。时代为早白垩世 Barremian (巴列姆) 早期。

6. *Cypridea* (*Cypridea*) *tumidiuscula* - *Pinnocypridea dictyodroma* - *Mantelliana papulosa* 组合

张立君 (1985) 建立。标准地点在阜新地区。

该组合属种数量较少。*Cypridea* 类型趋于单调，只有少量的 *Cypridea* (*Cypridea*) 和 *C.* (*Pseudocypridina*) 两亚属的代表，其中 *C.* (*C.*) *unicostata* 个体数量较多，但已发生变异，个体变小且略偏长；*C.* (*C.*) *yabulaiensis* 的个体数量较下伏组合多；*C.* (*C.*) *tumidiuscula* 个体小，略膨胀，壳面只具蜂窝状装饰，与 *Martelliana* 和 *Pinnocypridea* 共生，并伴有延续时间较长的分子是本组合显著特点。主要分子有：*C.* (*C.*) *unicostata*, *C.* (*C.*) *yabulaiensis*, *C.* (*C.*) *tumidiuscula*, *C.* (*Pseudocypridina*) *globra*, *Pinnocypridea dictyodroma*, *Lycopterocypris infantilis*, *Mantelliana pustulosu*, *M. papulosa*, *Timiriasevia pusilla* 等。

该组合分布于阜新—义县地区阜新组中下部。时代为早白垩世 Barremian (巴列姆) 晚期。

7. *Cypridea* (*Pseudocypridina*) *globra* - *Candona*? *dongliangensis* - *Eoparacandona* 组合

张立君 (1985) 建立。标准地点在阜新地区。

该组合属种较下伏组合丰富，*Cypridea* 代表分子明显减少，而 *Candona* 和 *Candoniella* 的分子显著增多构成本组合特点。主要属种有：*Cypridea* (*Pseudocypridina*) *globra*, *Rhinocypris pluscula*, *Mongolianella palmosa*, *Lycopterocypris infantilis*, *Candon*? *dongliangensis*, *C. rectangulata lubrica*, *C. postrirecta*, *Candoniella simplica*, *C. bitruncata*, *Ziziphocypris costata*, *Z. simakavi*, *Timiriasevia pusilla*, *T. liaoxiensis* 等。

该组合分布于阜新、义县地区阜新组上部。时代为早白垩世 Aptian (阿普第) 早期。

8. *Cypridea* (*Pseudocypridina*) *limpida* - *C.* (*Bisulcocypridea*) *spinellosa* - *Triangulicypris* 组合

张立君 (1985) 建立。标准地点在阜新东梁。

该化石组合属种数量少，仅发现12属15种。其中以*Cypridea*占主要地位，但下伏组合中该属的种类基本未延续到本组合。而出现了*C.*（*Cypridea*）和*C.*（*Pseudocypridina*）亚属的一些新成员，尤为明显的是*C.*（*Bisulcocypridea*）的分子较发育。有一定数量*Triangulicypris*属的分子，并与少量的*Cyclocypris*及*Candona*或*Candoniella*属的代表共生，构成了与下伏组合的明显区别。主要属种有：*Cypridea*（*C.*）*cralgiechinata*，*C.*（*Pseudocypridina*）*limpida*，*C.*（*Bisulcocypridea*）*edentula tumidula*，*Triangulicypris maxima*，*T. longishima*，*Candona praevara*，*Candoniella* sp.，*Cyclocypris invalida*，*Mantelliana*等。

该组合分布于阜新地区阜新组顶部。时代为早白垩世Aptian（阿普第）晚期。

七、爬行类

辽宁省中生代爬行类化石组合自下而上可划分为：

1. *Chaoyoungosaurus*－*Jeholosauripus*组合

除组合的代表化石外，还见有蜥脚类Sauropoda的前足化石。该组合分布于朝阳、北票等地的土城子组。时代暂置于中—晚侏罗世。

2. *Manchurochelys manchouensis*－*Yabeinosaurus tenuis*组合

该组合分布于辽西义县组。时代为晚侏罗世—早白垩世。

3. *Rhynchosaurus orientalis*－*Psittacosaurus chaoyoungi*组合

除组合的代表分子外，还见有Sauropoda及Megalosauridae和?Coeduridae科中的分子。该组合分布于朝阳、阜新等地的九佛堂组。时代为早白垩世。

4. *Changpeipus carbonicus*－*Endotherium minomi*组合

该组合分布于阜新地区阜新组。时代为早白垩世。

八、植　物

辽宁省中生代植物组合自下而上可划分为：

1. *Glossophyllum shensiense*－*Cycadocarpidium*组合

本次对比研究创名。相当于周志炎、李佩娟（1980）建立的*Hausmannia ussuriensis*－*Cycadocarpidium*组合。标准地点在辽西北票羊草沟。

该组合已发现17属20余种化石，以银杏类和松柏类居首位。银杏类以*Baiera*和*Glossophyllum*较繁盛，松柏类以*Podozamites*，*Cycadocoarpidium*及*Pityophyllum*种类繁多，占主要地位；真蕨类仅次于以上两大类，其中分类位置不明的*Cladophlebis*相当发育。有节类*Neocalamites*较常见。苏铁类贫乏，仅见*Nilssonia polymorpha*及*Pterophyllum*两属。主要分子有*Neocalamites carcinoides*，*N. carrerei*，*Todites* cf. *goeppertianus*，*Cladophlebis* cf. *raciborskii*，*C. gracilis*，*Baiera muensteriana*，*Glossophyllum shensiense*，*Podozamites laoceolatus*，*Cycadocarpidium erdmanni*及*Taeniopteris obligua*等。

该组合分布于辽西地区羊草沟组及老虎沟组。时代为晚三叠世。

本组合与吉林汪清马鹿沟组及托盘沟组上部所产植物组合有许多相同属种，两者的*Cycadocarpidium*均较繁盛，主要区别在于本组合中的双扇蕨科不发育，松柏类未见*Nagatostrobus*，*Ferganiella*及*Stachyotaxus*等。另外此组合与陕西延长组上部所产植物化石也有许多相同属种，主要区别后者无双扇蕨科及准苏铁果的代表，而种子蕨较繁盛。

2. *Coniopteris*－*Phoenicopsis*组合

斯行健（1962）建立，始称 *Coniopteris*－*Phoenicopsis* 植物系，当时指发育我国北方早—中侏罗系曾繁衍的植被类型。标准地点在朝阳、北票等地。

本组合指发育于辽宁地区早—中侏罗世地层中，以真蕨类和银杏类为主并包括苏铁类、松柏类及有节类各大类群在内的植物群体。自下而上可进一步划分三个亚组合：

1）*Neocalamites carrerei*－*Dictyophyllum nathorsti* 亚组合

本次对比研究创名。相当于周志炎、李佩娟（1980）*Coniopteris*－*Phoenicopsis* 植物群的早期组合。标准地点在辽西北票地区。共有化石约 23 属 50 余种，以真蕨类及银杏类属种较多，其次为松柏类及苏铁类，有节类少而单调。真蕨类以合囊蕨科的 *Marattia*，紫萁科的 *Todites* 较为繁盛，蚌壳蕨科以 *Coniopteris hymenophylloides* 为主，双扇蕨科以 *Dictyophyllum nathorsti* 及 *Thaumatopteris* 为代表，*Cladophlebis* 种类繁多，小羽片均较宽大；银杏类以 *Ginkgo* 和 *Baiera* 较为丰富；苏铁类仅见 *Nilssonia* 一属；有节类以 *Neocalamites* 为主。主要分子有：*Neocalamites carrerei*，*N. hoerensis*，*Marattia muensteri*，*Todites williamsoni*，*Coniopteris hymenophylloides*，*Taumatopteris pusilla*，*Cladophlebis raciborskii*，*Ginkgo sibirica Baiera gracilis*，*Phoenicopsis speciosa* 等。该亚组合分布于辽西北票组及辽东本溪长梁子组。与内蒙古的红旗组、吉林太阳岭组、义和组、京西窑坡组、山西大同永定组等所含植物组合相当。时代为早侏罗世。

2）*Coniopteris*－*Eboracia* 亚组合

本次对比研究创名。标准地点在北票海房沟。共有 48 属 120 余种，与下伏 *N. carrerei*－*D. nathorsti* 亚组合相比有节类、真蕨类、苏铁类、银杏类、松柏类在属种及数量上皆有增加。其中苏铁类居首位，而且本内苏铁目略多于苏铁目，苏铁类中尤以 *Ctenis* 最繁盛，分布最广，出现频率最高，特别是具有宽大的羽片和裂片的 *C. lingyuanensis* 发育最好；另外常见的还有 *Pterophyllum*，*Anomozamites*，*Nilssonia* 等。真蕨类居第二位，以蚌壳蕨科的 *Coniopteris*，*Eboracia* 最常见，*Cladophlebis* 及 *Coniopteris* 类型较下伏组合大增，并首次出现了较为年轻的蕨科代表 *Pteriopsis shajingouensis*。银杏类居第三位，计有 7 属 20 种，其中 *Phoenicopsis* 占有 4 种。松柏类次于银杏类，以针叶状及宽叶型为多，鳞片状小叶型极少，在辽西地区出现了杉科植物 *Yanliaoa sinensis*。有节类主要以 *Equisetum* 及 *Neocalamites* 为主；石松类以 *Selaginellites* 及 *Lycopodites* 为代表，其中 *Selaginellites* 数量及类型相当丰富。主要代表分子有：*Selaginellites asiatica*，*S. chaoyangensis*，*Neocalamites carrerei*，*Coniopteris burejensis*，*Eboracia lobifolia*，*Cladophlebis asiatica*，*Anomozamites angulatus*，*Nilssonia liaoningensis*，*Baiera gracilis*，*Phoenicopsis angustissima*，*P. manohurica*，*Yanliaoa sinensis* 等。该亚组合以 *Anomozamites*，*Ctenis*，*Selaginellites* 及 *Eboracia lobifolia* 相当繁盛，新出现了 *Pteriopsis shajingouensis*，未见 *Taumatopteris*，*Dictyophyllum* 及 *Cycadocarpidium* 等区别于下伏组合。此亚组合分布于辽西地区海房沟组，辽东地区本溪、宽甸一带的转山子组、大堡组及三个岭组。时代为中侏罗世。

3）*Zamites*－*Williamsonia* 亚组合

本次对比研究创名。标准地点在北票地区。最显著的特点是苏铁类特别繁盛，几乎占所有种类的一半以上，并出现了许多新属如 *Zamites*，*Zamiophyllum*，*Williamsonia* 等，其中以 *Ctenis*，*Nilssonia*，*Tyrmia* 和 *Anomozamites*，*Zamites* 较为丰富，真蕨类居第二位，其中蚌壳蕨科 *Coniopteris* 十分繁盛，双扇蕨科仅剩 *Hausmannia* 的一个种，标本较丰富。银杏类除了 *Ginkgo* 一属仍较丰富外，*Sphenobaiera*，*Phoenicopsis* 大量减少，而 *Baiera* 及 *Czekanowskia* 已很少见及。松柏类在组合中所起的作用不大，但 *Yuccites* 为本亚组合所特有。有节类 *Neocalamites haifanggouensis* 相当丰富。主要属种有 *Neocalamites haifanggouensis*，*Zamites gigans*，*Zamiophyllum buchianum*，*Anomozamites angulata*，*Tyrmia pachyphyllus*，*Williamsoniella sinensis*，*Ginkgo tasiakouensis*，*Yuccites decus* 等。以出现 *Zamites*，*Zamiophyllum*，*Williamsonia* 及 *Yuccites* 等区别于下伏亚组合。该亚组合分布于辽西地区髫髻山组。时代为中侏罗世。

3. *Acanthopteris* - *Ruffordia* 组合

本次对比研究创名。相当于前人的 *Acanthopteris* 植物群或 *Onychiopsis* - *Ruffordia* 植物群。标准地点在辽西阜新地区。

该组合以真蕨类和松柏类最为繁盛，其次为银杏类和苏铁类。主要属种有 *Acanthopteris gothani*，*Coniopteris setacea*，*C. silapensis*，*Nilssonia sinensis*，*Chilinia elegans*，*C. robusta*，*Neozamites lebedewii* 等。依据纵向变化可划分两个亚组合。

1）*Coniopteris silapensis* - *Nilssonia sinensis* 亚组合

本次对比研究创名。标准地点在辽西阜新地区。属种类型极为丰富，以真蕨类和松柏类最为繁盛，并出现许多现代属种。真蕨类以 *Acanthopteris* 和 *Coniopteris* 两属最为丰富，其次为 *Osmunda*，*Dicksonia* 及 *Cladophlebis* 等；松柏类以 *Podozamites* 最为常见，银杏类以 *Ginkgoites*，*Phoenicopsis* 等属出现的频率较高。主要分子有：*Ruffordia goeppertis*，*Acanthopteris gothani*，*Osmunda cretacea*，*Dicksonia silapensis*，*Coniopteris setacea*，*Nilssonia sinensis*，*Nilssoniopteris beyrichi*，*Acrostichopteris interpinula*，*Pterophyllum laoningensis*，*Ginkgo manchurica*，*Podozamites gracilis*，*Elatocladus manchurica*，*Phoenicopsis angustifolia* 等。本亚组合分布于阜新、义县地区沙海组及阜新组中、下部。时代为早白垩世。

2）*Chilinia* - *Neozamites* 亚组合

本次对比研究创名。标准地点在阜新地区。属种类型及数量较少，真蕨类已不占绝对优势，苏铁类和松柏类比重有所增加。*C. selepensis* - *Nilssonia sinensis* 亚组合中非常繁盛的分子如 *A. gothani*，*Coniopteris silapensis* 等已很少见，而出现了 *Ctenis lyrota*，*Chilinia elegans*，*C. robusta*，*Cladophlebis shangsunensis* 等以及早白垩世常见的重要分子 *Neocalamites lebedewii*，*Cephalotaxopsis asiatica*，*Rhipidocladus flabellatus* 等。该亚组合分布于辽西阜新地区阜新组上部。时代为早白垩世。

九、孢子花粉

辽宁省中生代孢子花粉组合自下而上可划分为：

1. *Dictyophyllidites* - *Cycadopites* - *Taeniaesporites* 组合

曲立范、蒲荣干（1982）建立。标准地点在辽西北票羊草沟。

该组合内裸子植物花粉占 60.6%，蕨类植物孢子占 39.4%。裸子植物花粉以 *Cycadopites* 最为繁盛(27.4%)，其中尤以个体大，具纹饰的类型为主，如 *Cycadopites magnus*，*C. subgranulosus*，*C. lobrosu* 等；个体小，表面光滑的 *C. nitidus* 相对较少。松柏类无肋双囊粉占 11.3%，具肋双囊粉仅为 3.1%；具有地层意义的有 *Chordasporites australiensis*，*C. scitulus*，*Chordasporites* spp.，*Taeniaesporites rhaeticus*，*T.* spp. 等。蕨类植物孢子中以 *Dictyophyllidtes*（9.9%），*Duplexisporites*（6.2%），*Densoisporites*（6.8%）等属占绝对优势，其次为 *Osmundacidites*(3.6%)，*Annulispora*(2.3%)，*Deltoidospora*(2.1%)，*Granulatisporites*(1.2%)，

Apiculatisporis（1.2%）等。另外，*Chasmatosporites*（6.4%）和无口器粉 *Granulatasporites*（4.1%）在组合中占有相当比例。

该组合分布于北票地区羊草沟组下部。时代为晚三叠世。

2. *Cyathidites - Chasmatosporites - Chordasporites* 组合

吴洪章、张心丽（1983）建立。标准地点在北票冠山及三宝地区。

该组合内裸子植物花粉占73.8%，蕨类孢子仅占26.2%。蕨类植物孢子以 *Cyathidites* 和 *Deltoidospora* 为主，其次为 *Duplexisporites*, *Zycopodiumsporites*, *Apiculatisporites*, *Osmundacidites* 等。裸子植物花粉以出现大量的具囊花粉为特征，其中个体很大的古老类型占据相当大的比例，如 *Pseudowalchia*，*Paleoconiferus*，*Pseudopicea* 等。本内苏铁和苏铁类比较繁盛，而个体巨大的本内苏铁型花粉更为丰富，如 *Chosmatosporites*，*Classopollis*，*Araucariacites*，*Quadraeculina* 等。具肋双囊粉 *Taeniaosporites* 和 *Chordosporites* 稀少。

该组合分布于北票地区北票组。时代为早侏罗世。

3. *Cyathidites - Asseretospora - Osmundacidites* 组合

蒲荣干、吴洪章（1985）建立。标准地点在朝阳良图沟。

该组合内蕨类植物孢子比裸子植物花粉略占优势。蕨类孢子以桫椤科的 *Cyathidites* 和 *Deltoidospora* 最为丰富占25%；*Asseretospora*，*Crassitudisporites* 及紫萁科的 *Osmundacidites* 含量均为10.9%；*Verrucosisporites*，*Converrucosisporites venitus*，*Lycopodiumsporites*，*Cibotiumspora*，*Granulatisporites* 等常见。裸子植物花粉以松柏类双囊粉最繁盛，其中气囊与本体分化完善（新型）及不完善的（古型）近等，均为18%左右；未发现具肋双囊粉；*Classopollis* 较下伏组合常见，*Callialasporites*，*Cerebropollenites*，*Perinopollenites* 等出现频繁。组合中 *Cycadopites*，*Araucariacites*，*Psophosphaera* 等稀少。与下伏组合相比，个体巨大的本内苏铁类和古型双囊粉显著减少，而个体较小的银杏、苏铁类和新型双囊粉则大量增加。

该组合分布于辽西地区海房沟组。时代为中侏罗世。

4. *Osmundacidites - Asseretospora - Classopollis* 组合

蒲荣干、吴洪章（1985）建立。标准地点在北票巴图营南。

该组合蕨类孢子与裸子植物花粉近等。蕨类植物孢子中*Osmundacidites*最丰富（21.4%），其次为 *Asseretospora*，*Crassitudisporites*，*Cyathidites*，和 *Deltoidospora*。下伏组合中常见的 *Converrucosisporites* 含量显著增加，而 *Verrucosisporites*，*Cibotiumspora*，*Granulatisporites* 等明显减少。新出现了 *Foveosporites* 和 *Klukisporites* 等。裸子植物花粉仍未发现具肋双囊粉，松柏类双囊粉仍占优势，但新型明显多于古型（9.1%）；*Classopollis* 花粉较下伏组合含量大大增加，平均可达15.4%左右。*Quadraeculina* 仍较常见。组合中 *Dictyophyllidites*，*Neoraistrickia* 等时代色彩较老的分子很少或不存在。

该组合分布于辽西地区髫髻山组。时代为中侏罗世。

5. *Classopollis - Psophosphaera - Spheripollenites* 组合

蒲荣干、吴洪章（1982）建立。标准地点在辽西北票、朝阳地区。

该组合属种类型十分单调，以裸子植物花粉占绝对优势（可达95%左右），其中尤以 *Classopollis* 最为繁盛，占孢粉总数的86.2%，主要由 *C. annulatus* 和 *C. parvus* 组成，*C.* cf. *classoides*，*C. triangulus* 稀少；其他常见的有双囊粉、皱球粉（*Psophosphaera*）、球形粉（*Spheripollenites*）和南美杉粉（*Araucariopollenites elatoides*）及 *Ephedripites* 等。蕨类孢子极为贫乏，不超过5%，仅发现少量的 *Deltoidospora*，*Biretisporites*，*Cyclogranisporites*，*Punctatisporites*，

Sphagnumsporites 等类型。本组合与河北土城子组（原后城组）孢粉组合十分接近（见张平望，1989），均以高含量的 *Classopollis* 为主，伴有少量的双气囊的松柏类，蕨类孢子的含量比较稀少。本组合以 *Classopollis* 含量较高，早、中侏罗世未见（或极少）达到极盛的 *Cyathidites* 和 *Deltoidospora* 而区别于下伏组合。

该组合分布于辽西及冀北地区土城子组。时代为中至晚侏罗世。

6. *Denisoisporites* - *Cicatricosisporites* - *Aequitriradites* 组合

蒲荣干、吴洪章（1985）建立。标准地点在辽西朝阳、义县等地。

该组合裸子植物花粉占优势，含量为69.8%，其中松柏类双囊粉占优势，并且气囊与本体分化较差的古型占较大比例；其他裸子植物花粉如 *Cycadopites*，*Inaperturopollenites*，*Psophosphaera* 等含量不多；*Classopollis* 花粉含量很低。蕨类植物孢子中与卷柏科有关的 *Densoisporites*，*Hsuisporites*，*Rusatispora* 等最丰富，分布最为普遍；与海金砂科有关的孢子以 *Cicatricosisporites* 含量最高。出现了少量的具有重要地层意义的 *Aequitriradites spinulosus*，*A. veerucosus*，*Couperisporites complexus*，*Tripordetes reticulatus*，*Fixsporites tortus* 等分类位置不明的分子。

该组合分布于辽西地区义县组。时代为早白垩世 Berriasian（贝利阿斯）期。

7. *Piceoepollenites* - *Cicatricosisporites* - *Concavissimisporites* 组合

蒲荣干、吴洪章（1985）建立。标准地点在朝阳、建昌等地。

该组合以裸子植物占绝对优势，平均含量为84.9%，蕨类孢子平均为15%。裸子植物中松柏类双囊粉十分繁盛，其中 *Piceaepollenites* 为主，次为 *Classopolis anulatus* 蕨类植物孢子以海金沙科的 *Concavissimisporites*，*Cicatricosisporites* 为主，下伏组合中繁盛的 *Densoisporites* 显著减少。*Aequitriradites*，*Tripordetes* 等重要成分仍很稀少。本组合以 *Piceaepollenites* 十分丰富，*Concavissimisporites* 明显增多，*Cicatricosisporites* 为主要成分而区别于下伏组合。

该组合分布于辽西地区九佛堂组、沙海组下部。时代为早白垩世 Valanginian（凡兰吟）期。

8. *Liaoxisporis* - *Pilosisporites* - *Classopollis* 组合

蒲荣干、吴洪章（1985）建立。标准地点在阜新清河门。

该组合蕨类孢子明显增加，约占组合 1/3 左右，裸子植物花粉约占 2/3。蕨类孢子中仍以海金沙科占优势地位，*Cicatricosisporites* 较常见，*Pilosisporites* 明显增多，*Appendicisporites*，*Contignisporites*，*Dongbeispora*，*Liaoxisporis* 以及水龙骨科的 *Laevigatosporites* 等在本组合开始出现。裸子植物花粉中双囊粉仍占统治地位（58.2%），主要以松科和罗汉松科为主。古型双囊粉显著减少，*Classopollis* 普遍发育，平均含量为7.1%左右。本组合以 *Cicatricosisporites* 含量及类型增多，*Densoisporites*，*Hsuisporites*，*Scizaeoisporites*，*Aequitriradites*，*Triporoletes* 等重要成分仍不多，出现了许多新类型如 *Dongbeispora*，*Liaoxisporis*，*Appendicisporites* 等区别于下伏组合。

该组合分布于辽西阜新地区沙海组中部、冰沟组。时代为早白垩世 Hauterivian（豪特里维）期—Barremian（巴列姆）早期。

9. *Pilosisporites* - *Appendicisporites* - *Triporoletes* 组合

蒲荣干、吴洪章（1985）建立。标准地点在阜新地区。

该组合蕨类孢子与裸子植物花粉各占一半。蕨类孢子以海金沙科较发育，仍以 *Cicatricosisporites* 居首位；*Appendicisporites* 含量和类型急剧增加，*Pilosisporites* 含量较高；分类位置不明的 *Triporoletes pinguis* 较发育；*Aequitriradites*，*Foramihisporis*，*Fovensporites*，*Polycingu-*

latisporites 均较其他各组合丰富多样。裸子植物花粉以新型双囊粉为主，尤以 *Piceaepollenites* 最多，*Pinuspollenites* 居次，*Podocarpidites* 较少；*Classopollis* 普遍少见。藻类 *Schizosporis* 发育。本组合以 *Appendicisporites*，*Triporoletes* 和 *Pilosisporites* 含量显著增加区别于下伏组合。

该组合分布于阜新地区阜新组中下部。时代为早白垩世 Barremian（巴列姆）期—Aptian（阿普第）早期。

10. *Deltoidospora - Cicatricosisporites - Appendicisporites* 组合

蒲荣干、吴洪章（1985）建立。标准地点在阜新地区。

该组合蕨类孢子占绝对优势，平均为 75.6%，裸子植物花粉为 24.3%。蕨类植物孢子以 *Cyathidites minor* 和 *Deltoidospora triangularis* 居统治地位。两者共占 2.5%～50.2%；*Cicatricosisporites* 和 *Appendicisporites* 较下伏组合含量高。*Concavissimisporites*，*Lygodiumsporites* 常见，*Laevigatosporites ovatus* 较发育。裸子植物花粉以 *Inaperturopollenites* 和 *Classopollis* 为主，松科和罗汉松科花粉居第二位；古型双囊粉罕见，*Psophosphaera* 和 *Cycadopites* 较常见。组合中以蕨类孢子占绝对优势，*Cicatricosisporites*，*Appendicisporites* 丰富，*Deltoidospora* 等小型孢子繁盛，*Classopollis* 常见等区别于下伏组合。

该组合分布于阜新地区阜新组上部。时代为早白垩世 Aptian（阿普第）早、中期。

11. *Cicatricosisporites - Schizaeoisporites - Ephedripites* 组合

蒲荣干、吴洪章（1985）建立。标准地点在阜新地区东梁。

该组合以蕨类孢子占绝对优势（79.3%～97.5%），小个体 *Deltoidospora tringularis*，*Cyathidites minor* 及 *Cicatricosisporites* 较下伏组合增加，*Appendicisporites* 显著减少，*Schizaeoisporites* 较下伏组合分布广，含量高、类型多。裸子植物花粉仍以松科和罗汉松科为主，古型双囊粉基本消失；具有少量的 *Ephedripites*（*Distachyapites*）；*Classopollis* 较为发育，平均含量 8.0%左右。组合中以 *Cicatricosisporites* 持续增长，莎草蕨科的 *Schizaeoisporites* 开始兴起，脊肋间具弯曲线的麻黄粉少量出现，*Classopollis* 较为发育为其突出特征区别于下伏组合。

该组合分布于辽西阜新地区阜新组顶部。时代为早白垩世 Aptian（阿普第）期—Albian（阿尔布）期。

第三节　年代地层

1. 关于三叠系与侏罗系界线

三叠系与侏罗系界线的划分，在辽西地区目前存在两种意见。

一种意见是将这一界线划在羊草沟组与兴隆沟组之间。这种意见认为，羊草沟组的双壳类化石组合属晚三叠世（董国义，1982）；植物化石多数为晚三叠世分子，其组合面貌与伊列克河中游晚三叠世植物群相似（米家榕，1980；周惠琴，1981；张武等，1982）；孢粉组合亦显示晚三叠世组合面貌（曲立范等，1982）。而兴隆沟组，其火山岩 K - Ar 年龄值为 191.0±5.7 Ma，Rb - Sr 全岩等时线年龄值为 198 Ma（王东方等，1983），均属早侏罗世年龄区，逐将三叠系与侏罗系界线置于二组之间。

另一种意见是将这一界线划在羊草沟组之中。持这种意见者认为，羊草沟组所产叶肢介，属 *Palaeolimnadia - Pseudestheria* 组合，这一组合介于 *Euestheria* 与 *Palaeolimnadiopsis* 二组合之间，与四川下侏罗统白田坝组与上三叠统须家河组所见者相似，而与辽西上三叠统老虎沟组的叶肢介不能对比，其面貌更相似于早侏罗世叶肢介化石组合（刘淑文，1987；王五力等，1987）。

从羊草沟组层型剖面的化石分布来看，叶肢介化石出现于中上部，双壳类和主要植物化石位于下部，存在上下关系，显示不同时代色彩。

在区域分布上，羊草沟组常与其上覆兴隆沟组相伴发育，产状一致，应为同构造期产物；与下伏地层，则以不整合关系超覆于二叠系或更老地层之上。而与上三叠统老虎沟组的分布关系并不密切，二者之间可能存在一个不整合面。

据李之彤等（1985）报道，王东方等（1983）对兴隆沟组底部安山岩、玄武岩的年龄测试，其 K－Ar 年龄值为 191.0±5.7 Ma，Rb－Sr 等时线年龄值为 198 Ma。它们大致反映兴隆沟组的底界年龄值，与侏罗系底界年龄值之间尚有一段时间间隔。

根据上述资料分析，我们认为，三叠系与侏罗系的界线应从兴隆沟组底界下移，将这一界线暂置于羊草沟之中是比较合适的。

在辽东地区，对三叠系与侏罗系的界线划分无甚争议，均置于长梁子组与林家组之间。林家组植物组合处于羽羊齿-伏脂杉植物群晚期并向拟丹蕨-贝尔脑蕨植物群早期组合演替的过渡阶段，时代为中三叠世早期，孢粉组合面貌亦显示三叠纪早中期特点，因此该组的年代地层位置处于中三叠统。长梁子组植物组合与辽西北票组植物组合相似，双壳类亦显示早侏罗世面貌，长梁子组的年代地层位置宜置于下侏罗统上部。可以看出，林家组与长梁子组之间，存在一个较长时间间隔，在这一间隔内，目前尚未发现有地层纪录，因此，辽东地区三叠系与侏罗系界线反映的是一个构造间断面。

2. 关于侏罗系与白垩系的界线

辽宁侏罗系与白垩系界线划分，涉及我国北方广大地区，目前仍存在许多分歧。其焦点是对热河生物群年代认识问题。

以顾知微（1962，1982，1985）、李子舜等（1982）、于菁珊等（1984，1989）为代表，从对热河生物群的研究，特别是对双壳类群的研究，认为热河群的地质年代不应晚于晚侏罗世；于希汉（1987）以腹足类化石特征为依据将侏罗系与白垩系界线划在阜新组上部；陈丕基等（1985）、王思恩（1985，1989）、王五力等（1989）以其东方叶肢介群属晚侏罗世，延吉叶肢介群属早白垩世为由，将侏罗系与白垩系界线置于九佛堂组顶界。研究古植物的学者对侏罗系与白垩系界线的放置，意见亦不尽一致。米家榕（1982）将辽西侏罗系与白垩系界线置于阜新含煤段与其上部砾岩段之间。周志炎、李佩娟（1980）、张志诚（1987）等均将白垩系的底界面置于沙海组下部。曹正尧等（1982）、叶美娜等（1982），则将该界线划在沙海组与阜新组（海州组）之间。郝诒纯等（1982）和苏德英等（1982）认为热河生物群的一些种在俄罗斯远东地区和蒙古国早白垩世地层中均有发现，某些介形虫在西伯利亚和黑海地区的海陆交互相 Hautervian（蒙特里维）期—Barremian（巴列姆）期陆相夹层中亦有出现，故将热河群的大部分地层划入白垩系下统，至于确切的界线在热河群下部或底部，留待进一步研究。刘宪亭等（1979，1987）以含狼鳍鱼群地层的时代为晚侏罗世，将白垩系的底界置于阜新组底界；洪友崇（1985）对热河生物群中的昆虫类化石研究后，认为暂以九佛堂组之顶面作为侏罗系与白垩系的分界；蒲荣干、吴洪章（1985）从孢粉组合特征分析，认为辽西侏罗系—白垩系的界线应置于义县组与土城子组之间。

由上可见，许多以从事双壳类、腹足类、叶肢介、鱼类、昆虫门类化石的研究者，将侏罗系与白垩系界线，划在热河群的上部或顶界；而从事介形类、孢粉门类化石的研究人员据生物特征将这一界线划在热河群的下部或底界面。这一状况，反映了各家对不同生物门类化石的时间演化进程认识上的不同。

前人曾依据同位素测年资料讨论这一界线。王东方、刁乃昌（1981，1984）曾经报道义县组底部安山岩与玄武岩全岩K-Ar等时线年龄值为136.9±3.95 Ma和义县组正层型附近火山岩全岩Rb-Sr等时线年龄值为142.5±4 Ma，将侏罗系与白垩系的界线划在义县组底界面。辽宁地矿局区调队（1985）对锦州以北二郎洞附近义县组上部流纹岩测定其全岩Rb-Sr等时线年龄值为125.3 Ma，亦认为义县组应划为下白垩统。王五力等（1989）引王公肃等（1984）大凌河以北原榆树沟组火山岩K-Ar等时线年龄值为123.9～143.9 Ma，认为榆树沟组即义县组，划为上侏罗统。辽宁地矿局（1989）、李佩贤等（1994）根据生物化石、测年数据、古地磁特征等，将侏罗系与白垩系界线亦置于义县组底面。

鉴于上述，目前尚难对侏罗系与白垩系确定一个为众人所公认的明确界线。本书依据义县火山岩下部的同位素年龄值介于晚侏罗世至早白垩世之间，暂将侏罗系与白垩系界线划在义县组之中。这一界线大体在介形虫*Cyprides* (*Cyprides*) *liaoningensis*-*C.* (*Ulwellia*) *muriculata*-*Djungarica camarata*组合的底界上。

在辽东地区，小岭组、桂云花组所含化石与义县组可以对比，其年代地层位置基本相同，亦将侏罗系与白垩系的界线置于这两组之中。

3. 关于下、中侏罗统的界线

在辽西，下、中侏罗统的界线，以生物化石为依据，参照同位素年龄数据，均划在北票组与海房沟组之间，即以二组之间的不整合构造面的界线标志。在辽东，这一界线亦无分歧，划在长梁子组与转山子组之间，也以二组之间的不整合面作为界线标志。

4. 关于中、上侏罗统的界线

辽宁中、上侏罗统的界线划分，亦存在争议。在辽西，以往存在两种意见，张文堂等（1976）、王五力等（1980，1989）根据叶肢介组合及演化特征，将这一界线划在土城子组与义县组之间，以二组之间的区域不整合面为界线标志；赵喜进（1985）、程政武（1985）、辽宁地矿局（1989）以土城子组所产朝阳龙属鹦鹉嘴龙的祖先类型，将这一界线置于土城子组与下伏髫髻山组之间，以二组之间的平行不整合面为界线标志；蒲荣干、吴洪章（1982）以土城子组孢粉组合属晚侏罗世早期，也持这一意见。

本书认为，辽西地区中、上侏罗统的界线是一个尚待研究的问题，目前还难于确定一个具体界线位置，暂将土城子组作为中、上侏罗统的界线层。其依据如下：

(1) 土城子组叶肢介化石，主要产于下部，其组合面貌，具浓厚的中侏罗世中晚期时代色彩。

(2) 土城子组所产热河龙足印和朝阳龙化石其年代属性目前认识尚不一致，前者属Rhaetian（瑞替）期-Lias（里阿斯）世；后者属晚侏罗世，从而显示新、老交替特征。

(3) 土城子组与下伏髫髻山组为平行不整合接触，产状一致，为同构造期产物。髫髻山组古生物及同位素测年数据，均指示其年代为中侏罗世中晚期，尚不能反映该组处于中侏罗统顶部。

(4) 从古气候条件对比分析，在辽东和辽北，由小东沟组或英树沟组（含自流井真叶肢介群）—黄庄组（含东方叶肢介群）组成的红色建造，大致反映在Bathonian（巴通）期—Kimmeridgian（启末里支）期（?）之间，存在一个干热气候环境，辽西土城子组红色建造，也应大致属这一时期内的产物。

在辽东，中、上侏罗统的界线，以往曾因对小东沟组的化石材料发掘程度不同，或对层位认识有误，因而对这一界线的放置意见不一。辽宁区调队（1976）、《东北地区区域地层表·辽宁省分册》编写组（1978）、郑少林（1981）、辽宁地矿局（1989）均将这一界线置于小东沟组与下伏三个岭组之间；吉林区测队（1971）将新宾东昌台一带的小东沟组（原称侯家屯组），以其丰富的动、植物化石定为中侏罗世，将中、上侏罗统界线置于该组顶界；辽宁区调队（1990）在本溪东营坊小东沟组采到自流井真叶肢介群及相伴的双壳类、昆虫等化石，遂将中、上侏罗统的界线划在小东沟组顶界。

本书认为，辽东地区小东沟组化石面貌具中侏罗世时代特征，与下伏三个岭组呈整合接触，古生物演化连续，理应归入中侏罗统。不整合于小东沟组之上的小岭组，含热河动物群分子，不能早于晚侏罗世，因此，将中、上侏罗统的界线置于小东沟组与小岭组之间是比较合适的，二组之间的不整合面为其界线标志。

在辽北汎河地区，中、上侏罗统的界线则置于英树沟组与黄庄组之间。

5. 关于下、上白垩统的界线

白垩纪晚期地层，生物化石资料贫乏，其年代地层划分对比具一定推断性。以往顾知微（1962）和斯行健、周志炎（1962）均认为，辽西地区无确凿的上白垩统。在辽东地区，则将下、上白垩统界线置于普兰店群与大峪组之间；辽宁第一区测队（1971，1972）、《东北地区区域地层表·辽宁省分册》编写组（1978）曾将下、上白垩统界线置于孙家湾组和大峪组的顶界面；辽宁地矿局（1989）以白垩系三分观点，将下、中白垩统的界线，在辽西划在阜新组与孙家湾组之间，在辽东划在聂尔库组与大峪组之间。

本书暂将辽宁地矿局（1989）的下、中白垩统界线改划为下、上白垩统界线，即以孙家湾组和大峪组的底界面——不整合或局部平行不整合面为其界线标志。其依据如下：

（1）阜新组叶肢介、腹足类、鱼类、植物和孢粉化石，主要显示早白垩世面貌。产于该组上部的孢粉组合，属早白垩世晚期。该组年代地层位置，应为下白垩统；产于聂尔库组的叶肢介、腹足类、介形虫、昆虫等化石，亦皆显示早白垩世中晚期，聂尔库组的年代地层位置亦应属下白垩统。

（2）覆于聂尔库组之上的大峪组，产 *Salvina* 和 *Frenlopsis* 化石，时代面貌具一定晚白垩世色彩。

（3）大兴庄组与孙家湾组为平行不整合接触，产状一致，为同构造期产物，而与下伏阜新组则呈不整合（或局部平行不整合）接触，应为不同时期产物。大兴庄组火山岩全岩K-Ar等时线年龄值在80.83～115.16 Ma之间，基本显示晚白垩世的年龄特征。因此，将大兴庄组、孙家湾组的年代地层位置确定为上白垩统是比较适宜的。

综上所述，省内侏罗系至白垩系地层对比研究后划分出26个组级岩石地层单位，52个生物地层单位（其中双壳类7个、叶肢介5个、昆虫3个、鱼类1个、腹足类5个、介形虫8个、爬行类4个、植物8个、孢粉11个）。确定了它们在年代地层中的位置。如表5-1、表1-1所示。

由于侏罗纪至白垩纪地壳活动性较强，岩石地层单位在时间柱面上局部表现出不连续性，它们在年代地层单位中的位置，主要依据如下几点加以确定：

（1）岩石地层单位中生物组合的年代属性及其对比。

（2）某些岩石地层单位的同位素年龄值。

（3）构造运动间断面。

（4）古气候条件及其对比。

表 5-1　辽宁省侏罗纪—白垩纪年代地层单位与生物地层单位划分对比

<table>
<tr><th colspan="3">年代地层单位</th><th colspan="12">生物地层</th></tr>
<tr><th>界</th><th>系</th><th>统</th><th colspan="2">双壳类</th><th>叶肢介</th><th>昆虫</th><th>鱼</th><th colspan="2">腹足类</th><th>介形虫</th><th>爬行类</th><th colspan="2">植物</th><th>孢粉</th></tr>
<tr><td rowspan="13">中生界</td><td rowspan="8">白垩系</td><td rowspan="8">下统</td><td rowspan="8">F. quadrata–S. jeholense Ass.</td><td rowspan="3">F. liaoxiensis–S. anderssoni Subass</td><td rowspan="3"></td><td rowspan="4"></td><td rowspan="8">Lycoptera–Peipiaosteus Ass.</td><td colspan="2">A. fuxinensis–E. liaoningensis–T. cf. talatzensis Ass.</td><td>C.(P.) limpida–C.(B.) spinellosa–Triangulicypris Ass.</td><td rowspan="3">C. carbonicus–E. minomi Ass.</td><td rowspan="4">Acanthopteris–Ruffordia Ass.</td><td>Chilinia–Neozamites Subass.</td><td>C.–S.–E. Ass.</td></tr>
<tr><td rowspan="7">V.? cf. matumotoi–P. vitimensis–B. haizhouensis Ass.</td><td rowspan="3">C. liaoningensis–C. taeni Subass.</td><td>C. (P.) globra–C.? dongliangensis–Eoparacandona Ass.</td><td rowspan="3">C. silapensis–N. sinensis Subass.</td><td>D.–C.–A. Ass.</td></tr>
<tr><td>C. (C.) tumidiuscula–P. dictyodroma–M. papulosa Ass.</td><td>P.–A.–T. Ass.</td></tr>
<tr><td rowspan="3">M.? tugrigensis–S. subplanum Subass.</td><td>Yanjiestheria–Orthestheria Ass.</td><td>C. (U.) ihsienensis–L. qinghemenensis–P subglobosa Ass.</td><td></td><td>L.–P.–C. Ass.</td></tr>
<tr><td rowspan="4">E. jingangshanensis–E. fuxinensis Ass.</td><td rowspan="4">E. trisetalis–C. longipoda Ass.</td><td rowspan="2">Eo. fusoides–C. tulong–shanensis Subass.</td><td>C. (U.) koskulensis–C. (Y.) costa–L. obscondida–D. Ass.</td><td rowspan="2">R. orientalis–P. chaoyoungi Ass.</td><td colspan="2" rowspan="5"></td><td rowspan="2">P.–C.–C. Ass.</td></tr>
<tr><td>C.(C.) veridica–C.(C.) trispinosa–C.(Y.) acutiuscula Ass.</td></tr>
<tr><td rowspan="2">F. lingyuanensis–S. jeholensis Subass.</td><td rowspan="2">G. aff. pseudopalustris–G. minuta Subass.</td><td>C. (C.) V. arquata–C. (C.) jingangshanensis–C.(C.) zaocishanensis Ass.</td><td rowspan="2">M. manchouensis–Y. tenuis Ass.</td><td rowspan="2">D.–C.–A. Ass.</td></tr>
<tr><td>C. (C.) liaoningensis–C. (U.) muriculata–D. camarata Ass.</td></tr>
<tr><td rowspan="4">侏罗系</td><td>上统</td><td colspan="2" rowspan="2"></td><td>Prosentestheria–Mesolimnadia Ass.</td><td rowspan="2"></td><td rowspan="5"></td><td colspan="2" rowspan="5"></td><td rowspan="5"></td><td>Chaoyangosaurus–Jeholosauripus Ass.</td><td>C.–P.–S. Ass.</td></tr>
<tr><td rowspan="2">中统</td><td></td><td rowspan="4"></td><td rowspan="3">Coniopteris–Phoenicopsis Ass.</td><td>Zamites–Williamsonia Subass.</td><td>O.–A.–C. Ass.</td></tr>
<tr><td colspan="2">F. elongata–F. haifanggouensis Ass.</td><td>E. haifanggouensis–E. ziliujingensis Ass.</td><td>S. liaoningensis–M. antiqua Ass.</td><td>Coniopteris–Eboracia Subass.</td><td>C.–A.–O. Ass.</td></tr>
<tr><td>下统</td><td colspan="2">Pseudocardinia–Tutuella Ass.</td><td>Palaeolimnadia–Pseudestheria Ass.</td><td>E. fabelliformis–L. miaobaoensis Ass.</td><td>N. carrerei–D. nathorsti Subass.</td><td>C.–C.–C. Ass.</td></tr>
<tr><td>三叠系</td><td>上统</td><td colspan="2">S. wangdiformis–U. xuefengchuanensis Ass.</td><td></td><td></td><td colspan="2">G. shensiense–Cycadocarpidium Ass.</td><td>D.–C.–T. Ass.</td></tr>
</table>

第四节 侏罗纪—白垩纪岩石地层发育特征

一、侏罗纪

侏罗纪以来，辽宁濒临于环太平洋活动带西缘，构造、岩浆活动强烈，生成一系列大小不等的内陆火山沉积盆地。形成比较复杂的火山-沉积建造。

侏罗纪盆地，是在印支运动形成的构造格局的基础上发育起来的，为燕山旋回早期产物。早侏罗世盆地，多呈北东东向小型盆地，具有坳陷与断陷的双重特征。它一方面继承了印支构造的基本格架，显示了继承性；另一方面，又超出其格架范围，显示新生性。该期盆地沉积分两种类型，一是沉积-火山沉积型，另一是沉积型。中晚侏罗世盆地，多呈北东向，是在早侏罗世盆地基础上发育的，其盆地规模和范围，均较早期盆地有所扩大，亦具有继承与新生的双重特征。其盆地沉积与早侏罗世盆地一样具有两种类型。侏罗纪岩石地层基本发育特征如图 5-2、图 5-3 所示。

1. 早侏罗世盆地沉积特征

在燕辽地层分区，早侏罗世沉积主要发育于朝阳-北票盆地。自下而上由羊草沟组、兴隆沟组和北票组组成。分布局限，相伴产出，为同一构造变形体。羊草沟组主要由冲积扇相—河流相砂砾岩建造构成，为盆地早期产物。该组下部层位的时代，可能属于晚三叠世晚期。与下伏地层接触关系不清。兴隆沟组整合覆盖于羊草沟组之上，为一套由火山爆发相和喷溢相物质组成的中、基性火山岩建造。其上覆的北票组，与之呈平行不整合接触，主要由河流—湖泊相砂、页岩建造为主，夹沼泽相含煤建造构成。是辽西侏罗系主要含煤层。

在辽东地层分区，早侏罗世盆地沉积，发育于田师傅-赛马盆地、瓦房店盆地和大甸子盆地。分别为长梁子组、瓦房店组和皆古台组。不整合于古生界及其以前地层之上。长梁子组和瓦房店组，主要以湖相页岩建造为主，夹河流相砂页岩建造及含煤建造，皆古台组则以冲积扇相砂砾岩建造为主，夹河流、沼泽相沉积，含煤层。

2. 早侏罗世盆地沉积区域变化特征

燕辽地层分区，早侏罗世盆地沉积，较为局限。以沉积-火山沉积-沉积为特征的沉积结构区域分布比较稳定。下部的羊草沟组岩性、岩相变化不大，但其厚度变化较迅速，以羊草沟一带最厚，达 400 m，而北票和朝阳一带则较薄，且有尖灭现象。兴隆沟组和北票组，区域岩性特征稳定，但厚度显示东厚西薄的特点。其北票组的煤层发育状况，也以北票地区最佳。

辽东地层分区，早侏罗世盆地，未见火山沉积。长梁子组在区域上，其总体岩性特征变化不大，但其下部层位，有从湖相页岩建造变为河湖相砂页岩建造的变化趋势。瓦房店组和皆古台组，均为局部存在，延伸有限，无甚变化。

3. 中晚侏罗世盆地沉积特征

在燕辽地层分区，中晚侏罗世盆地沉积主要发育于金岭寺-羊山盆地、北票-哈尔脑盆地、凌源三十家子盆地和牛营子-郭家店盆地，称金岭寺群，自下而上包括海房沟组、髫髻山组和土城子组，为同一构造变形体，以不整合覆于北票组及其它较老地层之上。这一界面为燕山旋回第一幕构造面。海房沟组，主要由冲积扇相砂砾岩建造构成，夹河湖相，局部夹沼泽相及酸性火山爆发相沉积。整合覆于其上的髫髻山组，为一套中、基性火山岩建造。以火山喷溢相和爆发相沉积为主，夹冲积扇相及浅湖相沉积，局部夹含煤建造。土城子组平行不整合

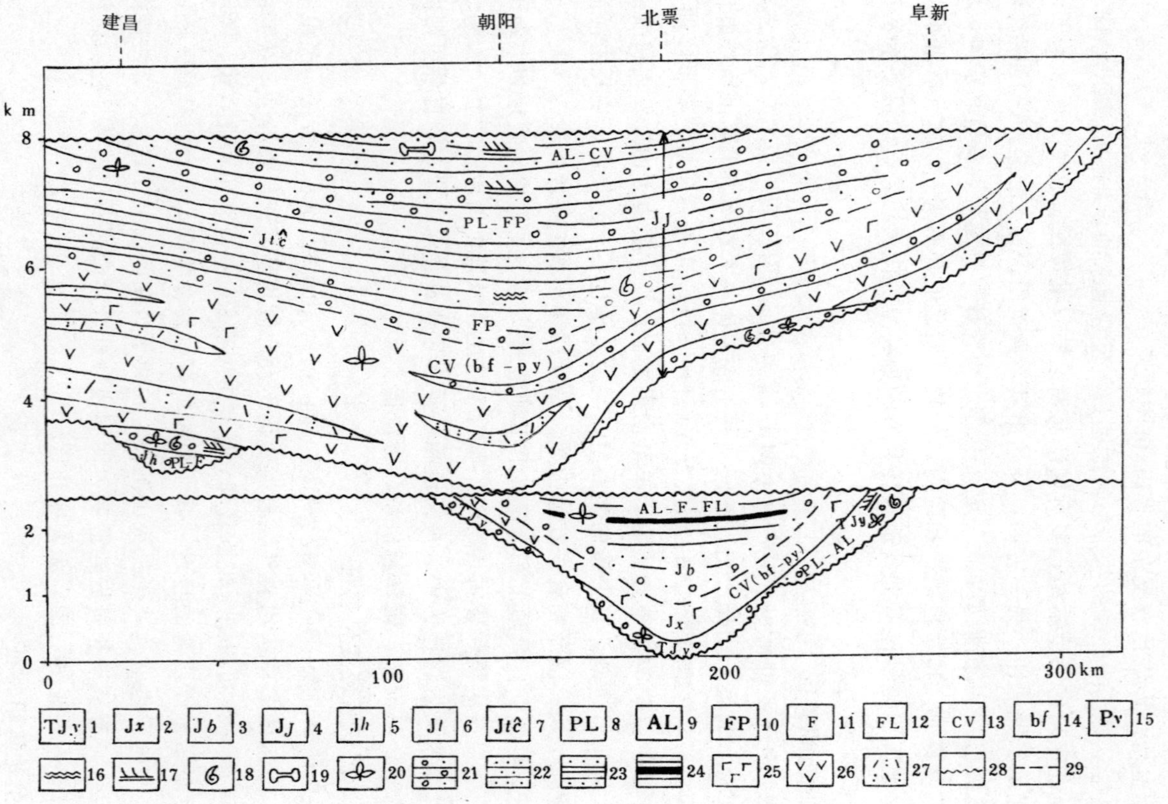

图 5-2　辽西燕辽地层分区侏罗纪岩石地层基本格架

1. 羊草沟组；2. 兴隆沟组；3. 北票组；4. 金岭寺群；5. 海房沟组；6. 髫髻山组；7. 土城子组；8. 洪积相；9. 河流冲积相；10. 河漫滩相；11. 沼泽相；12. 淡水湖泊相；13. 陆上火山沉积相；14. 火山爆发相；15. 火山喷溢相；16. 波痕；17. 交错层；18. 无脊椎动物化石；19. 脊椎动物化石；20. 植物化石；21. 砂砾岩建造；22. 砂岩建造；23. 砂页岩建造；24. 含煤建造；25. 基性火山岩建造；26. 中性火山岩建造；27. 火山碎屑岩建造；28. 不整合面；29. 平行不整合面

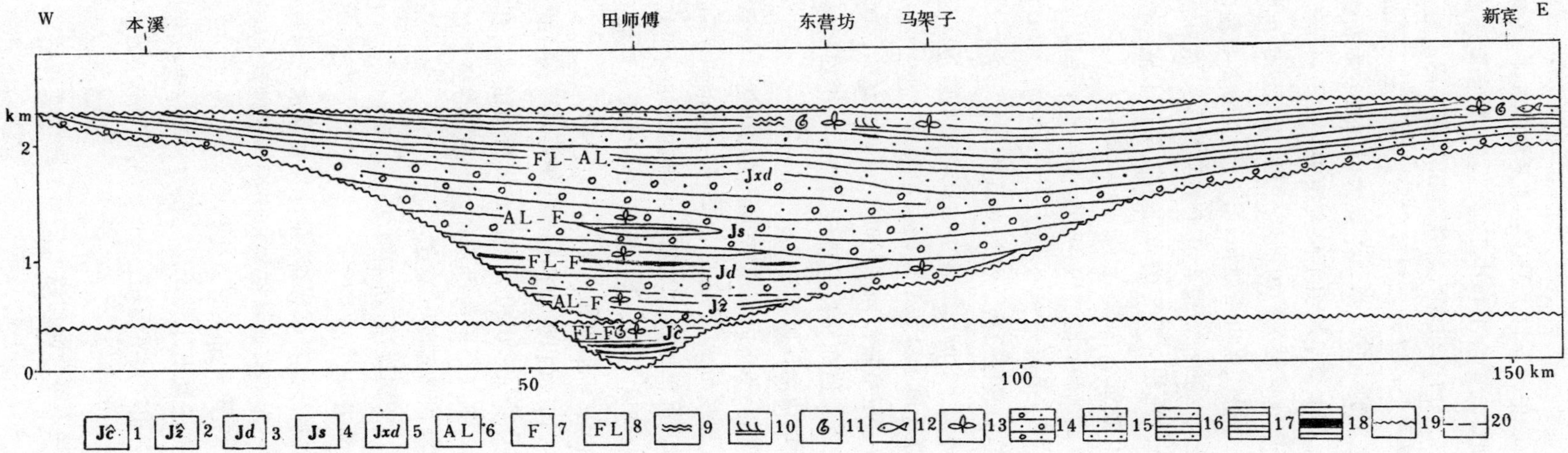

图 5-3 辽东地层分区侏罗纪岩石地层基本格架

1. 长梁子组；2. 转山子组；3. 大堡组；4. 三个岭组；5. 小东沟组；6. 河流冲积相；7. 沼泽相；8. 淡水湖泊相；9. 波痕；10. 交错层；11. 无脊椎动物化石；12. 鱼化石；13. 植物化石；14. 砂砾岩建造；15. 砂岩建造；16. 砂页岩建造；17. 页岩建造；18. 含煤建造；19. 不整合面；20. 平行不整合面

于髫髻山组之上，为一套红色建造。主要由河流相夹冲积扇相砂砾岩组成，夹酸性火山岩相沉积。其上被义县组不整合覆盖。

辽东地层分区，太子河地层小区的中侏罗世沉积，主要发育于田师傅-赛马盆地和苏子河盆地。自下而上为转山子组、大堡组、三个岭组和小东沟组，不整合覆于长梁子组或其它较老地层之上。转山子组和大堡组，主要以河流相砂砾岩建造和滨湖—沼泽相含煤建造为主，含可采煤层；三个岭组整合覆于大堡组之上，以河流相砂砾岩建造为主，局部夹滨湖相—沼泽相含煤建造。以整合覆于三个岭组之上的小东沟组，主要为以湖相砂页岩建造为主，夹河流相及冲积扇砂砾岩的一套红色建造。其上被小岭组不整合覆盖。

在汎河地层小区的大甸子盆地，中侏罗世沉积由前弯岭组、南康庄组和英树沟组组成。前弯岭组不整合于皆古台组之上，主要为中性火山岩建造；平行不整合于该组之上的南康庄组，为一套冲积扇相—河流相砂砾岩建造，含化石；整合其上的英树沟组亦为红色建造，以湖相砂页岩建造为主，夹少量河流相砂砾岩沉积。其上为黄庄组以平行不整合或不整合覆盖。

4. 中晚侏罗世盆地沉积区域变化特征

燕辽地层分区各盆地的中晚侏罗世沉积，以沉积-火山-沉积的结构型式延伸，分布广泛，大大超出早侏罗世盆地范围。下部的海房沟组发育不稳定，时有尖灭，含煤性亦变化很大，在牛营子-郭家店盆地含可采煤层；中部的髫髻山组，区域延伸性良好，岩性比较稳定，然其厚度则有明显差异，建昌、朝阳一带，厚达 1 800 m 以上，而北票—阜新地区则仅 600 余米。土城子组，以金岭寺-羊山盆地为例，以盆地中部朝阳以南沉积最厚，达 2 600 余米，向东北延伸，下部红色砂页岩建造，迅速变薄，至阜新以西即尖灭；向西南延伸，则逐渐减薄；中部的红色砂砾岩建造，区域分布比较稳定，但在建昌一带砂岩增多；上部的绿色和红色砂岩建造，以朝阳、北票一带最发育，而盆地两端，则不见出现。

辽东地层分区，中侏罗世盆地沉积，基本无火山物质。转山子组、大堡组、三个岭组仅限于田师傅-赛马盆地。以田师傅附近厚度最大，向东部马架子一带延伸，下部二组明显减薄，甚至尖灭。三个岭组厚度则有所增加，沉积物粒度加粗。上部的小东沟组红色建造，沉积范围显著扩大，在本溪地区和苏子河盆地均以不整合直接超覆在古生代地层或古老花岗岩之上。其岩性、岩相特征基本稳定，在马架子一带厚度最大。

大甸子盆地的中侏罗世沉积，以火山-沉积型结构局部发育，具有燕辽地层分区和辽东地层分区沉积结构的过渡性特征，其前弯岭组火山相沉积，与髫髻山组的岩性、岩相近似；南康庄组和英树沟组的岩性、岩相特征，则与小东沟组及其以下的中侏罗世沉积颇为相像。

综上所述，辽宁侏罗纪陆相盆地沉积具有以下特点：

(1) 侏罗纪盆地分为早、晚两期，均属坳陷-断陷型盆地。其规模多为中小型。

(2) 盆地沉积演化型式基本为两种类型：

①燕辽地层分区，两期盆地均属沉积-火山-沉积型。早侏罗世盆地表现为冲积扇相—火山相—河湖相（夹沼泽相）的演化程式，为主要成煤盆地；中晚侏罗世盆地，表现为冲积扇相（夹湖沼相）-火山相-干旱河流相（夹冲积扇相）的演化程式。

②辽东地层分区，两期盆地除大甸子盆地外，均属沉积型。早侏罗世盆地，基本表现为单相型；中侏罗世盆地，则表现为河湖相（夹沼泽相）-干旱湖泊河流相的演化程式。两期盆地均为成煤盆地。

(3) 两期盆地沉积，分别由区域性不整合面加以限制。为燕山旋回第一、二构造幕的产物。

二、晚侏罗世—白垩纪

晚侏罗世—白垩纪地层是在燕山旋回第二幕形成的构造格局的基础上发育的，是燕山旋回晚期产物。它以显著的不整合关系超覆于侏罗纪地层及其以前地层或岩体之上，构成一系列新生断陷盆地沉积。其辽西地区基本岩石地层发育特征如图 5－4 和图 5－5 所示。

晚侏罗世—白垩纪盆地，在燕辽地层分区和辽东地层分区排布方向不同。燕辽地层分区呈北北东向雁行式排列；辽东地层分区多呈北西向、北东向或近南北向雁行式排列。

1. 晚侏罗世—早白垩世盆地沉积特征

燕辽地层分区，晚侏罗世—早白垩世沉积，称热河群。自下而上包括沙河子组、义县组、九佛堂组（沙海组）、冰沟组（阜新组）。呈沉积-火山-沉积型序列沉积结构。沙河子组主要发育于辽北各盆地底部，为河湖相砂砾岩建造夹泥炭沼泽相含煤沉积，含热河生物群化石。其与下伏地层间的不整合面，为燕山旋回的主构造面。义县组整合覆于沙河子组之上，或以显著不整合超覆于土城子组或其它较老地层之上，为中、基性火山爆发-喷溢相沉积，局部发育中酸性、酸性和碱性火山沉积，夹不稳定河、湖相沉积夹层。含热河生物群化石。为晚侏罗世晚期—白垩纪早期强烈而复杂的火山活动产物。九佛堂组和沙海组平行不整合于义县组之上，前者以湖相页岩建造为主，含油页岩；后者以河湖相夹沼泽相沉积为主，含油页岩及可采煤层。均含热河生物群化石。冰沟组整合于九佛堂组之上，为冲积扇相砂砾岩建造为主夹河流、沼泽相含煤沉积。阜新组整合于沙海组之上，以河流相为主，夹湖泊、沼泽相沉积，含煤性好，为主要含煤地层。是早白垩世盆地演化的晚期产物。

辽东地层分区，早白垩世盆地分布零散，在太子河地层小区为小岭组、梨树沟组和聂尔库组。呈火山-沉积型序列沉积结构。小岭组以不整合超覆于小东沟组或其它较老地层之上，为中、酸性局部夹基性火山沉积，间夹湖相砂、页岩沉积。含动、植物化石。平行不整合其上的梨树沟组，为淡水湖泊相，局部发育河流相夹远火山口相沉积。整合覆于该组之上的聂尔库组，以淡水湖泊相砂页岩建造为主，局部夹河流相和沼泽相沉积，含油页岩及煤线。在大连地层小区，下部桂云花组，由中性火山岩建造构成，夹湖相碎屑沉积，不整合于古生代及以前地层之上。整合其上的普兰店组，则为一套河湖相砂砾岩沉积，主要为红色建造。汎河地层小区，呈沉积—火山型序列沉积结构。下部的黄庄组平行不整合或不整合覆盖在英树沟组之上，以河流—湖泊相砂页岩建造为主，夹冲积扇相及中性火山岩沉积，含热河生物群化石，为一套红色建造。上覆的孤山组，为中性火山喷溢相产物。在平岗地层小区，德仁组、久大组、安民组和长安组组成一套中性火山沉积-河湖沼泽沉积-中、酸性火山沉积-河湖相夹泥沼相沉积序列，含可采煤层。各组间均呈平行不整合接触关系。泉头组为砂砾岩建造，以不整合覆盖其上。

2. 晚侏罗世—早白垩世沉积区域变化特征

热河群在区域上发育不太均衡。下部的沙河子组，只发育于阜新以东地区，以法库一带沉积最厚，达 2 000 m 以上，显示盆地早期断陷强烈的堆积特点。

义县组火山沉积，厚度变化较大，以建昌盆地、阜新-义县盆地和彰武-法库盆地沉积厚度较大，最厚处均达 2 000 m 以上。而朝阳地区、北票黑城子地区则厚度较小，仅有数百米。在不同盆地，其岩性及岩浆演化均有一定差异（见表 5－2）。总体看来，义县组火山岩，构成一个由中酸性-中性-基性-中性（碱性）-中酸性的较为完整的演化旋回。西部建昌、宁城地区火山沉积出现较早，且以中酸性火山岩类开始；东部的阜新—义县、紫都台地区，火山沉积出

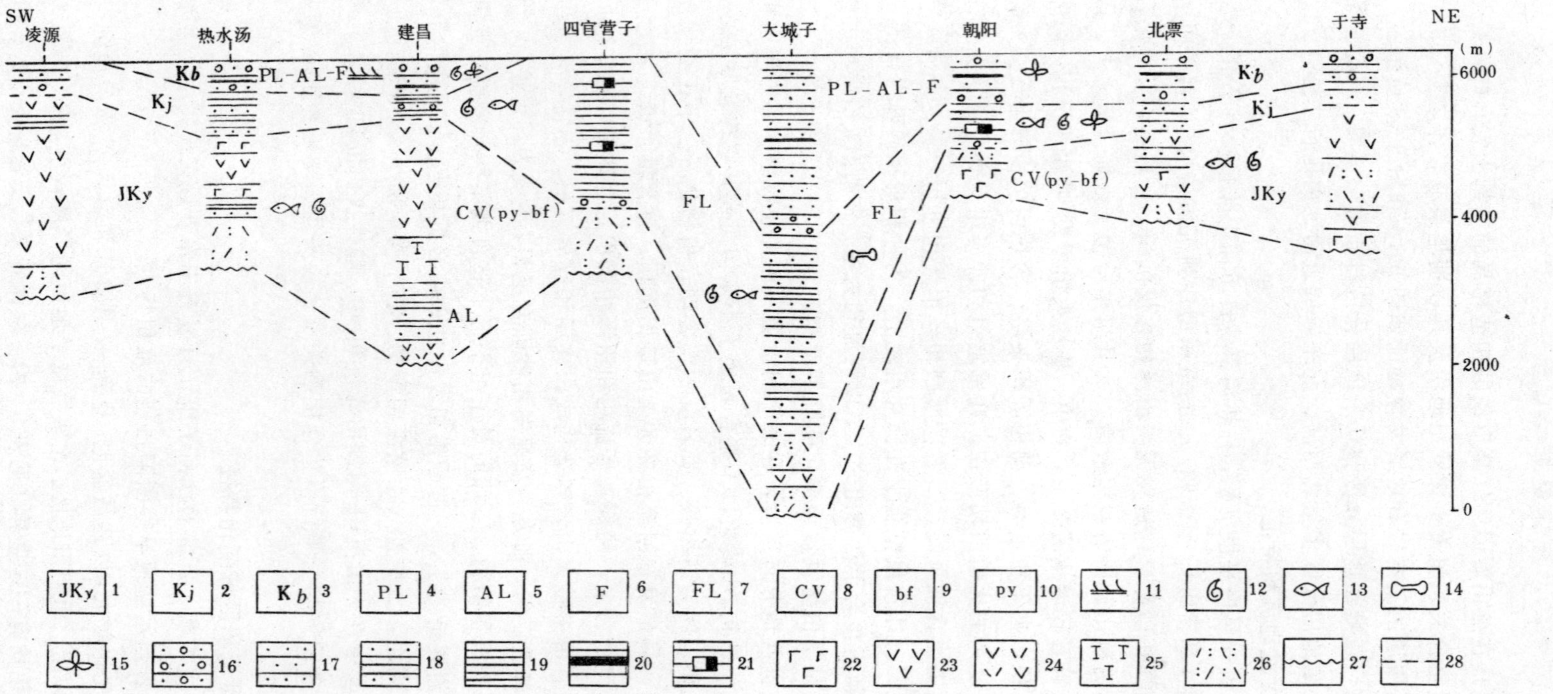

图 5-4　辽西建昌—朝阳地层小区晚侏罗世—早白垩世岩石地层柱状对比

1. 义县组；2. 九佛堂组；3. 冰沟组；4. 洪积相；5. 河流冲积相；6. 沼泽相；7. 淡水湖泊相；8. 陆上火山沉积相；9. 火山爆发相；10. 火山喷溢相；11. 交错层；12. 无脊椎动物化石；13. 鱼化石；14. 脊椎动物化石；15. 植物化石；16. 砂砾岩建造；17. 砂岩建造；18. 砂页岩建造；19. 页岩建造；20. 含煤建造；21. 含油页岩建造；22. 基性火山岩建造；23. 中性火山岩建造；24. 中酸性火山岩建造；25. 碱性火山岩建造；26. 火山碎屑岩建造；27. 不整合面；28. 平行不整合面

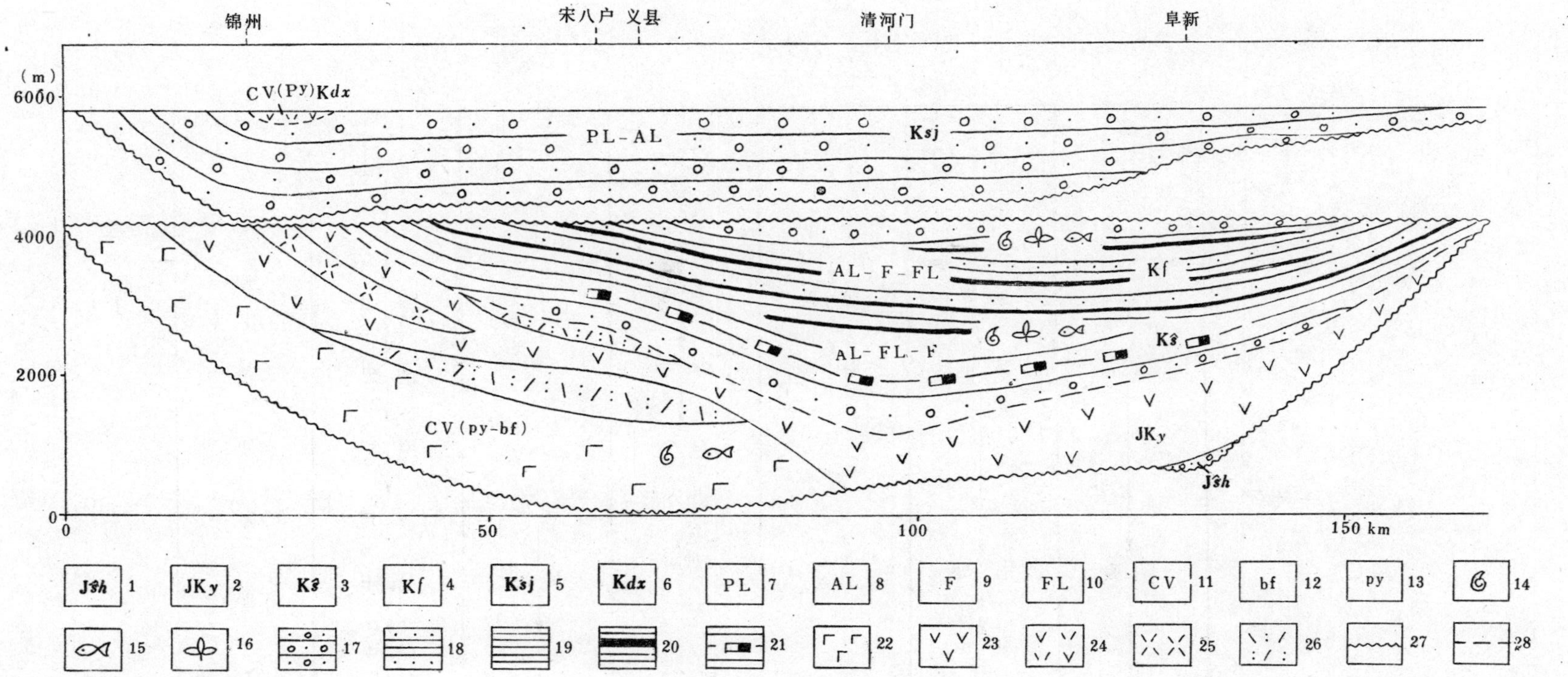

图 5-5　阜新—义县盆地晚侏罗世—白垩纪岩石地层格架

1. 沙河子组；2. 义县组；3. 沙海组；4. 阜新组；5. 孙家湾组；6. 大兴庄组；7. 洪积相；8. 河流冲积相；9. 沼泽相；10. 淡水湖泊相；11. 陆上火山冲积相；12. 火山爆发相；13. 火山喷溢相；14. 无脊椎动物化石；15. 鱼化石；16. 植物化石；17. 砂砾岩建造；18. 砂页岩建造；19. 页岩建造；20. 含煤建造；21. 含油页岩建造；22. 基性火山岩建造；23. 中性火山岩建造；24. 中酸性火山岩建造；25. 酸性火山岩建造；26. 火山碎屑建造；27. 不整合面；28. 平行不整合面

表 5-2　义县组火山岩岩浆演化序列比较

岩浆演化序列	建　昌	热　水　汤	宁　城	朝　阳	义县—阜新	紫　都　台
义县火山旋回	…… 中酸性 | 中　性 ↑ 中酸性 | 中　性 ↑ 碱　性 ↑ 中　性 ↑ 基　性 ↑ 中酸性	中酸性 ↑ 酸　性 ↑ 中　性 ↑ 酸　性 ↑ 中　性	基　性 ↑ 中　性 ↑ 基　性 ↑ 中　性 ↑ 中酸性	中　性 ↑ 基　性 ↑ 中　性	中　性 ↑ 酸　性 ↑ 中　性 ↑ 基　性	中酸性 ↑ 酸　性 ↑ 中　性

现相对较晚，以基性或中性火山岩类开始。不同岩类之间，无明显间歇。其火山韵律结构由喷溢-爆发-间歇型式构成。

九佛堂组在不同地区的展布，具有中心部位厚，侧向变薄，由深湖相页岩建造过渡为滨浅湖相砂页岩建造的变化特点。在区域上，建昌、喀左地区沉积较厚达2 000 m以上，朝阳、黑城子地区沉积较薄。发育于辽西东部的沙海组，与九佛堂组层位相当，以阜新-义县盆地最为发育，厚近千米，向东延至彰武西部，沉积物粒度变粗，在法库以东，趋于尖灭。

冰沟组的岩性、岩相区域变化不大，但含煤不稳定，沉积厚度有从建昌地区向朝阳地区加厚之势。与九佛堂组沉积厚度，似有互为消长关系。与之层位相当的阜新组，发育于阜新-义县盆地及以东各盆地中。它较之冰沟组沉积物总体较细，煤层发育。其岩性、岩相区域延伸较为稳定。

辽东地层分区的晚侏罗世—早白垩世沉积，分布比较零散，不同盆地的沉积特点也有明显差异。以太子河地层小区比较发育。

小岭组火山岩主要发育于本溪、新宾、桓仁一带，沉积厚度可由西部本溪地区的近千米加厚到东部桓仁附近的3 000 m以上。以中酸性火山沉积为主的区域岩性特征变化不大，只在苏子河盆地出现基性岩。西部以熔岩为主，东部则以火山碎屑岩为主，夹多层碎屑沉积岩。发育于大连地层小区的桂云花组，其岩性与小岭组近似，其层位与之相当。

梨树沟组常与小岭组相伴发育，但其分布范围远较小岭组局限，主要发育于苏子河盆地和桓仁盆地。其沉积厚度和岩性特征均有显著变化。在苏子河盆地，主要以湖相页岩建造为主，厚500余米；在桓仁盆地，则以湖相-河流相砂岩、页岩建造为主，夹多层远火山口相碎屑沉积。厚达4 000 m。

聂尔库组，主要发育于苏子河盆地，以湖相砂页岩建造为主的区域岩性特征比较稳定。丘家堡子一带厚度最大，达1 400 m以上。而在新宾一带则显著减薄。

发育于大连地层小区的普兰店组，其层位与梨树沟组和聂尔库组大致相当，但其岩性特征与之迥然不同，它代表一个以强氧化条件为主的半干旱河湖相沉积环境。

汎河地层小区的晚侏罗世—早白垩世沉积，区域分布局限。下部的黄庄组，其层位及所含化石属种与沙河子组相当，但二者岩性特征有别。上部的孤山组，分布范围很小，其岩性大致相当小岭组上部。

平岗盆地的德仁组、久大组、安民组和长安组，省内延伸有限，岩性、岩相均无明显变化。其前三个组之和，大致与义县组层位相当，长安组层位大致相当于阜新组。

综上所述，辽宁晚侏罗世—早白垩世盆地沉积，具有以下特点：

(1) 盆地类型为断陷型。其规模，多属中小型盆地。

(2) 该期盆地均伴有火山沉积，属火山活动型盆地。

(3) 盆地沉积演化型式有三种不同类型：

①沉积-火山-沉积型。燕辽地层分区各盆地属此类型。表现为河湖相-火山相-湖泊河流相的演化程式。为主要成煤盆地。

②火山-沉积型。辽东地层分区、抚顺断裂以南各盆地，属此类型。表现为火山相—湖相（河湖相）的演化程式。

③沉积-火山型。以大甸子盆地为代表，反映河湖相—火山相的演化程式。

(4) 该期盆地沉积，其下由显著不整合面予以限制；其上由不整合面或局部为平行不整合面限制。为燕山旋回第三构造幕的产物。

(5) 该期盆地沉积，在辽宁介于上、下两套红色建造之间。其沉积物为一套可燃性有机岩成矿建造。

3. 晚白垩世盆地沉积特征

晚白垩世盆地沉积，在辽宁各个盆地普遍为一套红色建造沉积。局部发育火山岩。

在燕辽地层分区称孙家湾组和大兴庄组。孙家湾组以不整合或局部平行不整合覆于热河群或其它地层之上，由冲积扇相—河流相砂砾岩组成，特征显著。以平行不整合覆于其上的大兴庄组，为中酸性火山沉积。

在辽北，与孙家湾组层位相当的泉头组，主要为河流相—湖泊相砂页岩夹砂砾岩沉积。不整合于热河群或古生代地层之上，在省内未见直接上覆地层。

在辽东地层分区，晚白垩世红色建造称大峪组。它以不整合覆于聂尔库组及其它地层之上，为河湖相—冲积扇相砂砾岩和砂页岩沉积。

4. 晚白垩世沉积区域变化特征

晚白垩世盆地，大多继承早白垩世盆地格架发育，受盆地一侧同构造断裂控制，多构成断裂盆地。其沉积范围较早白垩世盆地明显收缩，但又不完全受早白垩世盆地格局的限制，局部显示清楚的斜跨新生性质。

孙家湾组在阜新-义县盆地和八道壕盆地，沉积物粒度较粗，分选差，主要为冲积扇相砂砾岩为主；在黑城子盆地和务欢池盆地，沉积物粒度较细，以河流相砂岩夹砾岩为主。其厚度以阜新一带较厚，北票、朝阳一带较薄。

泉头组主要分布于辽北康平、昌图一带，即松辽盆地南缘。自昌图附近向康平延伸，其沉积物颗粒变粗，由河湖相砂页岩沉积变为河流相砂岩和砂砾岩沉积。

大兴庄组局限于锦州以北及北票东北部，为小规模中酸性或中碱性火山机构。

大峪组的岩性及厚度区域上有一定变化，在本溪附近，厚逾千米，呈下粗上细的河湖相砂砾岩及砂页岩沉积；在苏子河盆地，厚达 1 500 m 以上，呈粗碎屑为主的河流—冲积扇相沉积；在黄花甸子盆地，厚度 800 m 以上，呈粗细相间的湖泊—冲积扇相沉积。

综合上述，辽宁晚白垩世盆地沉积，具以下特点：

(1) 盆地类型，除松辽盆地为断陷盆地外，多为断裂盆地。盆地规模多为小型。

(2) 该期盆地，除阜新-义县盆地和北票黑城子盆地外，均无火山沉积。

(3) 盆地沉积建造类型，为红色建造。

(4) 盆地演化型式，主要为沉积型。较早白垩世盆地，具收缩特点。

(5) 该期盆地沉积，其下由不整合面，局部为平行不整合面控制。

第六章
第三纪

省内第三纪地层仅分布于下辽河平原及其边缘的沈北地区和浑河断陷的抚顺地区，三者属三种不同成因类型的陆相沉积，分属三个不同地层小区，即下辽河地层小区、沈北地层小区和太子河地层小区。前两者属华北平原地层分区，后者划属于辽东地层分区。各地层小区的地层分布及层型剖面位置如图6-1。

下辽河地层小区由东、西凹陷及大民屯凹陷组成，地层发育完整，由古新世至上新世堆积了一套多种成因类型的夹有火山岩的巨厚层含油岩系，沈北地层小区和太子河地层小区则均为火山—沉积含煤岩系，太子河地层小区缺失上第三系沉积。各小区岩石地层单位序列见表1-1。

第一节 岩石地层单位

一、辽东地层分区太子河地层小区

抚顺群 E*F* (05-21-5016)

【创名及原始定义】 远藤隆次1949年创名，始称抚顺统。创名地在抚顺市西露天矿附近。原始定义：指不整合覆盖于花岗片麻岩及白垩纪（?）的褐色页岩、砂岩层之上，与上覆的第四系不整合接触的一套岩系。分上、下两部层，上部层自上而下为绿色石灰质页岩层、油页岩层、主煤层；下部层由砾岩、凝灰岩、砂岩及页岩组成，夹2～3层煤。时代为第三纪。

【沿革】 《中国区域地层表（草案）》(1956)肯定了抚顺统，并对下部层的岩性补充说明了夹三层以上玄武岩这一重要岩性特征。全国地层会议(1959)，将抚顺统改称抚顺组，含义未变，其时代置于古新世—始新世。洪友崇等(1974)将抚顺组又提升为抚顺群，并划分出三个组，即古城子组、栗子沟组、老虎台组，其中古城子组相当于远藤隆次的上部层，栗子沟组、老虎台组相当于下部层。1980年，洪友崇等将原古城子组的含义缩小，仅包括主煤层，其上的褐色油页岩及绿色泥岩分别建计军屯组和西露天组，并将老虎台矿区西露天组之

图 6-1 辽宁省第三纪地层分布及剖面位置图

上发现的褐色页岩层称为耿家街组，同时依据孢粉化石将抚顺群时代置于古新世—始新世。辽宁地矿局（1989）沿用洪友崇等（1980）组的划分，改时代为古新世—渐新世。

【现在定义】 抚顺群指发育于抚顺地区，不整合于大峪组或太古宇花岗片麻岩之上，由玄武岩、玄武质火山碎屑岩、凝灰岩、煤系、油页岩、泥岩和泥灰岩组成。含植物、昆虫、叶肢介、介形虫、鱼、龟及孢粉等化石。与上覆的第四系不整合接触。该群自下而上包括老虎台组、栗子沟组、古城子组、计军屯组、西露天组及耿家街组 6 个组级岩石地层单位。

老虎台组 El （05-21-5001）

【创名及原始定义】 洪友崇等 1974 年创名。创名地在抚顺市东露天矿东 8600 线。原始定义：指发育于抚顺盆地，以灰绿色辉石玄武岩为主，其中夹 1～4 层煤（B 组煤）和多层灰绿色、褐色、灰黑色页岩、细砂岩和凝灰岩等。自下而上分三层：1. 玄武岩层；2. 玄武岩夹 B 组煤；3. 玄武岩夹凝灰岩层。时代置于始新世。

【沿革】 洪友崇等（1980）在 1974 年工作的基础上，依据孢粉分析资料，提出本组时代为古新世。

【现在定义】 指发育抚顺地区，直接覆于大峪组侵蚀面上或不整合超覆于太古界花岗片麻岩之上，以灰黑色、灰绿色橄榄玄武岩为主，夹煤层、页岩、碳质页岩、粗砂岩等。含孢粉化石。与上覆栗子沟组呈平行不整合接触。

【层型】 该组正层型剖面位于抚顺市东露天矿东8600线（123°59′00″，41°50′06″），由洪友崇等1980年重新测制。

上覆地层：**栗子沟组** 浅灰绿色凝灰岩，风化后呈灰白色砂泥土

——————— 平行不整合 ———————

老虎台组 总厚度123.40 m

10. 橄榄玄武岩。致密块状，主要成分为辉石、长石等，节理发育，风化后沿节理破碎，层面呈灰黄色 75.00 m
9. 灰黄色含砾粗砂岩，泥质胶结，风化后呈砂和砾 0.90 m
8. 碳质页岩夹煤线 0.20 m
7. 灰黄色含砾粗砂岩，泥质胶结 0.70 m
6. 浅灰色泥岩，块状，风化后呈灰黄色泥土 1.60 m
5. 黑色薄层页岩 6.00 m
4. 煤层、碳质页岩及黑色页岩。煤层中含孢粉化石：*Laevigatosporites albertensis*，*Podocarpidites andiniformis*，*Engelhardtioipollenites fushunensis*，*Alnipollenites verus*，*Betulaepollenites plicoides*，*B. infregence*，*Betulaceoipollenites prominens*，*Moipites coryloides*，*Paraalnipollenites confusus*，*P. orthocostatus* 等 6.00 m
3. 灰黑色玄武岩 8.00 m
2. 碳质页岩夹煤线和黑色页岩。碳质页岩中含孢粉化石：*Laevigatosporites albertensis*，*Podocarpidites andiniformis*，*Engelhardtioipollenites fushunensis*，*Alnipollenites verus*，*Betulaepollenites plicoides*，*B. infregence*，*Betulaceoipollenites prominens*，*Moipites coryloides*，*Paraalnipollenites confusus*，*P. orthocostatus* 等 5.00 m
1. 灰黑色玄武岩 20.00 m

～～～～～～ 不 整 合 ～～～～～～

下伏地层：**太古宇** 浅红色花岗片麻岩

【地质特征及区域变化】 老虎台组分布于抚顺盆地内，仅出露于抚顺煤田之南部，形成煤田南部高山区。在东露天矿东8600线剖面上该组岩层出露完整，主要为玄武岩夹少量的砂岩、页岩、碳质页岩及煤层（B组）。该组底界与太古宇花岗片麻岩呈不整合接触，顶界与栗子沟组灰绿色凝灰岩呈平行不整合接触。

该组分布稳定。所夹的B组煤层呈凸镜状，8600线剖面最厚达6 m，向盆地边缘变薄并逐渐相变为碳质页岩或消失。

依据本组所含的孢粉化石 *Betulaepollenites-Paraalnipollenites* 组合及玄武岩K－Ar等时线年龄值66.2±2Ma（王东方等，1982），其时代为古新世。

【其他】 该组为火山溢流相及沼泽-河流相沉积，产可采煤层。

栗子沟组 *Elz* （05－21－5002）

【创名及原始定义】 洪友崇等1974年创名。创名地在抚顺市东露天矿东8600线。原始定义：指发育于抚顺煤田，以灰绿色凝灰岩为主，夹灰黑色、灰黄色薄层凝灰质角砾岩、凝

灰质砂岩、黑色页岩及A组煤层的岩层序列。与上覆古城子组之主煤层呈整合接触。时代置于始新世。

【沿革】 栗子沟组创名以来，含义未有改变。

【现在定义】 指发育于抚顺地区，平行不整合于老虎台组之上，以灰绿色凝灰岩为主，夹灰黑色、灰黄色薄层凝灰角砾岩和薄层凝灰质砂岩、黑色页岩及A组煤层。含孢粉化石。与上覆古城子组呈整合接触。

【层型】 该组正层型剖面位于抚顺市东露天矿东8600线（123°59′00″，41°50′06″），由洪友崇等1980年重新测制。

上覆地层：**古城子组** 主煤层

——————整 合——————

栗子沟组 总厚度 90.00 m

4. 浅灰绿色凝灰岩。块状、层理不清，新鲜面为浅灰色，风化后呈白色 15.00 m

3. A组煤层。煤层及顶、底板中均夹有黑色页岩及碳质页岩。含孢粉化石：*Podocarpidites* sp.，*Taxodiaceaepollenites hiatus*，*Comptonia sibirica*，*Engelhardtioidites fushunensis*，*Betulaepollenites plicoides*，*Monipites coryloiodes*，*Paraalnipollenites* spp.，*Ulmipollenites* spp.，*Quercoidites microhenrici*，*Gothanipollis* sp. 等 3.00 m

2. 浅灰绿色凝灰岩。坚硬、块状，层理不清，风化后呈灰白色砂泥土 72.00 m

——————— 平行不整合 ———————

下伏地层：**老虎台组** 橄榄玄武岩

【地质特征及区域变化】 在东露天矿东8600线剖面岩层出露完整，为一套浅灰绿色凝灰岩，中上部夹A组煤层；其顶界与古城子组黑色页岩或煤层整合接触，底界与老虎台组灰黑色橄榄玄武岩呈平行不整合接触。该组在抚顺煤田内断续分布，由东向西逐渐变厚，A组煤亦有相应增厚趋势，岩性也有变化，正层型剖面为浅灰绿色凝灰岩，厚90 m；西露天矿区南昌矿74008号钻孔为黑灰色凝灰岩夹火山角砾岩，厚96 m；胜利矿57-2号钻孔为杂色凝灰岩，厚度仅22 m，煤层已消失。

依据该组所含孢粉化石 *Betulaepollenites*-*Paraalnipollenites* 组合，其时代为古新世，晚于老虎台组。

【其他】 本组为火山爆发相夹沼泽相沉积，产可采煤层。

古城子组 Eg （05-21-5003）

【创名及原始定义】 洪友崇等1974年创名。创名地在抚顺市东露天矿东8600线。原始定义：指发育于抚顺盆地，覆于栗子沟组之上的一套由主煤层、褐色油页岩和绿色泥岩组成的岩层序列。与下伏栗子沟组整合接触，与上覆第四系呈不整合接触。时代置于始新世。

【沿革】 洪友崇等1974年建组时，古城子组包括三个岩层，由下至上为主煤层、褐色油页岩层和绿色泥岩层。1980年，洪友崇等在1974年工作的基础上将本组的含义缩小至仅限于下部的主煤层，其上的褐色油页岩层及绿色泥岩层分别建组称计军屯组和西露天组。本书沿用洪友崇等（1980）定义的古城子组。

【现在定义】 古城子组发育于抚顺地区，整合于栗子沟组之上，是抚顺煤田主要含煤地层，即主煤层。煤层中夹黑色页岩、碳质页岩、琥珀、灰黑色砂岩、粉砂岩等。煤层顶、底板一般为黑色页岩和碳质页岩。含丰富的昆虫、植物及孢粉化石。与上覆计军屯组整合接触。

【层型】 该组正层型剖面位于抚顺市 8600 线（123°59′00″，41°50′06″），由洪友崇等 1980 年重新测制。

上覆地层：**计军屯组** 褐色油页岩，底部含大量植物、鱼鳞和少量的昆虫等化石

——————整 合——————

古城子组 总厚度 50.00 m

1. 主煤层。煤层中夹有黑色页岩和碳质页岩，煤层顶、底板由黑色页岩和碳质页岩组成。含琥珀，有时集中呈薄层状。产昆虫化石：*Chironomus minimus*，*Eosciophila microtrichodis*，*Eomyremex guchengziensis*；植物化石：*Metaseguoia disticha*，*Seguoia chinensis*，*Osmunda lignitum* 等；孢粉：*Deltoidospora* sp.，*Laevigatosporites* sp.，*Podocarpidites adiniformis*，*Cedripites eocenicus*，*Ephedripites* sp. 等 50.00 m

——————整 合——————

下伏地层：**栗子沟组** 浅灰绿色凝灰岩

【地质特征及区域变化】 古城子组在 8600 线正层型剖面上为巨厚的煤层沉积，夹黑色页岩及碳质页岩。顶界与上覆计军屯组褐色油页岩整合接触，底界与栗子沟组浅灰绿色凝灰岩整合接触，该凝灰岩风化后呈白色与煤层形成明显界线。

该组厚度变化较大（0～195 m），在盆地内由东向西厚度逐渐变薄，甚至消失，中部 2400 剖面厚 45 m，西部胜利矿 57-2 号钻孔厚 21 m，其中下部为 6 m 厚的碳质页岩，煤层已变得很薄。属盆地沼泽相沉积。

依据所含昆虫化石 *Fushuntendipes*-*Lycoria* 组合及孢粉化石 *Alnipollenites*-*Pisitillipollenites*-*Quercoidites* 组合，其地质时代应属始新世早期。

计军屯组 E*j* （05-21-5004）

【创名及原始定义】 洪友崇等 1974 年创名。创名地在抚顺市东露天矿东 8600 线附近。原始定义：指抚顺地区古城子组上覆的一套褐色油页岩。时代置于始新世。

【沿革】 计军屯组原属于洪友崇等（1974）古城子组的一个岩性段，1980 年洪友崇等将其划分出来建立了计军屯组，本书沿用计军屯组含义。

【现在定义】 指发育于抚顺地区，整合于古城子组之上，由浅褐色、暗褐色中至薄层状油页岩夹碳质页岩、泥岩及少量的砂岩组成。含大量的植物、孢粉及少量的昆虫化石。与上覆西露天组呈整合接触。

【层型】 该组正层型剖面位于抚顺市东露天矿东 8600 线（123°59′00″，41°50′06″），由洪友崇等 1980 年重新测制。

上覆地层：**西露天组** 绿色泥岩夹薄层至中层状褐色页岩和绿色薄层泥灰岩

——————整 合——————

计军屯组 总厚度 150.00 m

1. 褐色油页岩。底部含有大量的植物、孢粉化石及少量的昆虫化石。植物有：*Lygodium raulfussii*，*Ginkgo adiantoides*，*Glyptostrobus europpaeus*，*Metaseguoia disticha*，*Seguoia chinensis*，*Torreya* cf. *jackii*，*Keteleeria* sp.，*Salvinia* sp.，*Pinus* sp. 等；昆虫：*Lacibibo*

fushunensis；孢粉：*Quercoidites henrici*，*Q. microhenrici*，*Q. asper*，*Q. minor*，*Ulmipollenites* sp.，*Cupuliferoipollenites pusillus*，*Caryapollenites* sp.，*Tricolporopollenites minutus*，*Taxodiaceaepollenites* sp. 等　150.00 m

———— 整　合 ————

下伏地层：**古城子组**　主煤层

【地质特征及区域变化】　计军屯组多被覆盖，出露较少。在正层型剖面上岩性单一，为一套褐色油页岩，底部产有大量的植物、鱼鳞及少量的昆虫化石。顶底分别与西露天组绿色泥岩和古城子组黑色页岩或碳质页岩整合接触。

该组岩性变化不大，厚度变化在 67～150 m 之间。

依据孢粉化石 *Ulmipollenites* - *Caryapollenites* - *Cupuliferoipollenites* 组合和植物化石 *Metaseguoia disticha* - *Seguoia sinensis* 组合，该组地质时代为始新世中期。

【其他】　该组产油页岩。属深水湖泊相沉积。

西露天组　E*x*　（05-21-5005）

【创名及原始定义】　洪友崇等 1974 年创名。创名地在抚顺市东露天矿东 8600 线。原始定义：指发育于抚顺地区以绿色块状泥岩为主，夹褐色薄至中层状页岩和浅绿色泥灰岩，三者互层出现，韵律清晰。与下伏计军屯组和上覆耿家街组均呈整合接触。时代为始新世。

【沿革】　西露天组由洪友崇等 1974 年提出，1980 年正式发表。

【现在定义】　西露天组分布于抚顺地区，整合于计军屯组之上，以绿色泥岩为主，并夹褐色薄层至中层状页岩和浅绿色泥灰岩，三者互层出现，韵律清晰，含介形虫、腹足类、昆虫、叶肢介、植物及孢粉等化石，与上覆耿家街组整合接触，或与第四系呈不整合接触。

【层型】　该组正层型剖面位于抚顺市东露天矿东 8600 线（123°59′00″，41°50′06″），由洪友崇等 1980 年重新测制。

上覆地层：**第四系**　灰色砂砾石及粘土

~~~~~~ 不整合 ~~~~~~

西露天组　总厚度 450.00 m

1. 绿色泥岩夹薄层至中层状褐色页岩和绿色薄层泥灰岩。产介形虫：*Cypris subgrobosa*，*Cyprinotus formalis*，*Schneider*，*C. novellus*，*Bodina*，*Hemicyprinotus* sp.，*Limnocythere fushunensis* 等；叶肢介：*Fushunograpa ovata*，*F. brachysellipsa*，*F. subcyclaris*；孢粉：*Cedripites eocenicus*，*C. oligocaenicus*，*Juglanspollenites* sp.，*Cupuliferoi pollenites* sp.，*C. pusillus*，*Quercoidites henrici*，*Q. microhenrici*，*Q. minor*，*Ulmipollenites* sp.，*U. undalosus*，*Tricolporopollenites minutus*，*Tricolpollenites parmularis* 等　450.00 m

———— 整　合 ————

下伏地层：**计军屯组**　褐色油页岩

【地质特征及区域变化】　该组在正层型剖面上以绿色泥岩为主，夹褐色页岩、绿色泥灰岩，顶界与第四系砂砾石不整合接触，底界与计军屯组褐色油页岩接触，在耿家街老 55-12 号钻孔，顶界与耿家街组褐色页岩整合接触。

西露天组岩性较稳定，厚度变化较大（102～600 m），在 2400 剖面及正层型剖面厚 450 m 左右，老虎台矿 56-25 号钻孔为 228 m，胜利矿 57-2 号钻孔为 136 m，基本上呈现出由东
~~~~~~

向西逐渐变薄趋势。

依据该组所含化石组合，其时代应属始新世中晚期。

耿家街组 E*gj* （05－21－5006）

【创名及原始定义】 洪友崇等1974年创名。创名地在抚顺市老虎台矿区耿家街。原始定义：指分布于抚顺市耿家街地区，岩性为一套厚层褐色页岩夹少量的杂色薄层砂岩、细砂岩、页岩和薄层绿色泥岩。下界与西露天组连续沉积，上界与第四系不整合接触。时代为始新世中晚期。

【沿革】 创名后，含义无变化。

【现在定义】 指分布于抚顺市耿家街地区，整合于西露天组之上，由厚层褐色页岩夹少量薄层砂岩、细砂岩、绿色泥岩、泥灰岩组成，与上覆的第四系不整合接触。

【层型】 该组正层型剖面位于老虎台耿家街老55－11号钻孔（124°51′42″，41°51′36″），由洪友崇等1980年重新测制。

上覆地层：**第四系** 砂、砾石及表土

～～～～～～ 不整合 ～～～～～～

耿家街组	总厚度 300.74 m
5. 褐色页岩	5.24 m
4. 灰白色细砂岩	0.08 m
3. 褐色页岩	217.50 m
2. 褐色页岩夹灰色薄层硅质细砂岩	11.90 m
1. 褐色页岩	66.02 m

———————— 整 合 ————————

下伏地层：**西露天组** 绿色泥岩夹薄层褐色页岩和绿色泥灰岩

【地质特征及区域变化】 该组普遍被剥蚀。仅在耿家街附近隐伏地下，保存较完整。由钻孔揭示，在正层型剖面（55－11号钻孔）上本组为一套褐色页岩夹少量的薄层细砂岩，与西露天组绿色泥岩整合接触，顶界与第四系砂、砾石及表土不整合接触，厚300.52 m；在耿家街（老55－12号钻孔）岩性为褐色页岩夹薄层绿色泥岩，仅厚111.40 m。

耿家街组目前尚未见到可靠的生物化石资料，但据《辽宁地层典》(1985）称：辽河石油勘探局（1983）在抚顺市耿家街组曾做孢粉分析，孢粉中栎粉属（*Quercoidites*）占绝对优势（60%～70%），其次为榆粉（*Ulmipollenites*）和胡桃粉（*Juglanspollenites*）等。故此将时代暂置于渐新世。

二、华北平原地层分区

（一）沈北地层小区

木梳屯组 E*m* （05－21－5007）

【创名】 地质部第二普查大队1964年创名。创名地在沈阳市新城子区财落堡乡木梳屯。

【原始定义】 木梳屯组指分布于沈北地区，不整合于中生代地层之上的一套灰白色石英砂岩及细砾岩、绿黑色玄武岩夹砂岩及紫红色泥岩序列。与上覆的杨连屯组平行不整合接触。

时代为始新世。

【沿革】 创名后含义无变化。

【现在定义】 木梳屯组分布于沈北地区，不整合超覆于太古宇花岗片麻岩或孙家湾组之上，上部以黑绿色玄武岩为主夹有砂岩及紫红色薄层页岩；下部由白色粉砂岩或细砂岩及石英细砾岩组成。与上覆杨连屯组呈平行不整合接触。

【层型】 选层型为沈阳市清水台综合柱状剖面（123°23′36″，41°57′24″），由地质部第二普查大队1964年测制。

上覆地层：**杨连屯组** 紫红色页岩及砂质页岩，含少量云母，底部为凝灰岩

——————— 平行不整合 ———————

木梳屯组	总厚度 303.80 m
2. 黑绿色玄武岩，下部夹有砂岩及紫红色薄层页岩	250.00 m
1. 白色粉砂岩或细砂岩及石英细砾岩	53.80 m

~~~~~~~~~~ 不 整 合 ~~~~~~~~~~

下伏地层：**太古宇** 花岗片麻岩

【地质特征及区域变化】 该组大部分埋藏于地下，只在三岔子想龙山和蒲河等地出露玄武岩层。在选层型剖面，上部为玄武岩夹少量砂岩及薄层页岩，下部为粉砂岩、细砂岩及细砾岩。顶界与杨连屯组凝灰岩平行不整合接触，底界与太古宇花岗片麻岩不整合接触。

由于该组位于煤层之下，钻遇较少，其分布及变化情况不详。

该组缺乏生物资料，依据岩性及上、下接触关系，将时代置于古新世。

杨连屯组 E*y* （05－21－5008）

【创名及原始定义】 辽宁省区域地层表编写组（1978）在《东北地区区域地层表·辽宁省分册》介绍。辽宁省煤矿管理局地质勘探公司103队1958年创名①。创名地点在沈阳市北郊新城子前杨连屯。原始定义：指分布于沈北地区，平行不整合覆于中生代玄武岩之上，上部为黑色页岩，中部为煤层及黑色页岩，下部为凝灰岩的一套岩层序列，与上覆洋河组呈平行不整合接触。时代为下第三纪。

【沿革】 煤田101队（1974）曾扩大其含义，将上覆洋河组归入本组称洋河段，原杨连屯组称为大桥段。本书采用原含义的杨连屯组。

【现在定义】 指分布于沈北地区，平行不整合于木梳屯组之上，从下至上为紫红色、灰绿色凝灰岩、黑色页岩及砂岩夹铝土质泥岩、油页岩、菱铁矿层及煤层。含介形虫、腹足类、植物及孢粉化石。与上覆洋河组呈平行不整合接触。

【层型】 选层型剖面位于沈北虎石台（071号钻孔）（123°31′56″，41°59′40″），由地质部第二普查大队1964年测制。

上覆地层：**洋河组** 灰绿色、褐灰色泥岩、泥质粉砂岩、细砾岩

——————— 平行不整合 ———————

杨连屯组 总厚度 195.83 m

① 辽宁省煤矿管理局地质勘探公司103队，1958，沈北煤田普查报告。
~~~~~~~~~~

5. 灰黑色页岩夹数层褐黄色、浅黄色薄层菱铁质泥岩。含丰富的介形虫及少量腹足类化石、鱼化石碎片及种子化石 145.00 m

4. 灰褐色油页岩，从上至下油页岩渐变为泥岩，含油率很低 17.00 m

3. 上部为黑色煤层夹深灰色泥岩，下部为黑色碳质页岩、煤，暗灰色、褐灰色泥岩互层 20.00 m

2. 浅灰、褐灰色铝土质泥岩，含石英小颗粒 6.40 m

1. 紫红色、灰绿色凝灰岩 7.43 m

——————— 平行不整合 ———————

下伏地层：**木梳屯组** 黑色玄武岩

【地质特征及区域变化】 在选层型剖面上，底部为一层凝灰岩，下部由黑色碳质页岩、铝土质页岩、褐色页岩、煤层及含油率较低的褐色油页岩组成；中上部以灰黑色页岩为主，夹数层薄层菱铁质泥岩。底界与木梳屯组黑色玄武岩平行不整合接触，顶界与洋河组灰绿色泥岩、粉砂岩及细砾岩平行不整合接触。

该组凝灰岩分布稳定（可作标志层），以紫红色为主，具暗绿色及灰色斑块，多为凝灰质泥岩及层凝灰岩，由南向北厚度变薄，粒度变细，一般厚 20～40 m；煤层由东向西逐渐尖灭，铝土质页岩则东薄西厚，两者互为消长。

本组含有介形虫：*Cypris*（极多，但种属单调）；腹足类：*Sinoplanorbis sinensis*，*S.* sp.，*Valvata* sp.，*Baicalia* sp.；植物：*Carpinus mialari*，*Tilia mioheryha*，*Seguoia* sp.，*Schienmis* sp.，*Zizyphus miojujuba* 等。依据上述化石组合，该组时代应为始新世。

洋河组 E*yh* (05-21-5009)

【创名及原始定义】 辽宁省区域地层表编写组（1978）在《东北地区区域地层表·辽宁省分册》介绍。辽宁省煤田管理局辽北大队 1963 年创名①。创名地在沈阳市新城子区蒲河。原始定义：指发育于沈北地区，由灰绿色砂砾岩、砂岩夹煤线及黑灰色页岩组成，与下伏杨连屯组及上覆邱家屯组分别呈平行不整合和不整合接触，时代为始新统。

【沿革】 该组自命名以来，对其划分及时代归属分歧较大。地质部第二普查大队（1964）将本套地层称为驾掌寺组，时代置于新第三纪；煤田 101 队（1974）将原洋河组降为洋河段，划归杨连屯组，时代置于渐新世；辽宁省区域地层表编写组（1978），将该套地层划归邱家屯组，时代置于新第三纪；辽宁地矿局（1989）沿用原洋河组含义，时代置于渐新世。本书沿用洋河组。驾掌寺组与本组为同物异名，应停用。

【现在定义】 指分布于沈北地区，平行不整合于杨连屯组之上，由灰绿色砂砾岩、砂岩及少量灰褐色、暗灰色砂岩、砂砾岩夹灰黑色页岩、泥岩及煤线组成，韵律层发育。含动、植物化石。与上覆邱家屯组呈不整合接触。

【层型】 选层型剖面位于沈阳市虎石台（071 号钻孔深部柱面）(123°31′30″，41°59′40″)，据地质部第二普查大队 1964 年资料。

上覆地层：**邱家屯组** 紫红色泥岩、细砂岩和砾岩

~~~~~~~~~~~不整合 ~~~~~~~~~~~

① 辽宁省煤田管理局辽北大队，1963，沈北煤田蒲河二井地质工作总结。
~~~~~~~~~~~

洋河组 总厚度 198.05 m

8. 灰绿色泥岩、泥质粉砂岩、细砂岩及砾岩组成，韵律层理发育	26.93 m
7. 灰绿色泥质粉砂岩、泥质粗砂岩、中砾岩组成，韵律层发育	33.77 m
6. 绿色泥岩、泥质粉砂岩、灰色中砾岩组成，韵律层发育	24.34 m
5. 灰绿色泥质粉砂岩、泥质砂岩、砂砾岩，顶部为泥岩	34.60 m
4. 灰绿色泥岩、泥质粉砂岩、泥质砂岩和灰白色含砾砂岩，韵律层发育	21.86 m
3. 灰绿色泥岩、泥质粉砂岩和砂砾岩组成，韵律层发育	18.10 m
2. 褐绿色泥岩、泥质粉砂岩、粉砂质泥岩，粉砂岩薄层	19.55 m
1. 灰绿色、褐绿色泥岩、泥质粉砂岩及细砾岩	18.94 m

——————— 平行不整合 ———————

下伏地层：**杨连屯组** 灰绿色泥岩夹数层褐黄色、浅黄色薄层菱铁质泥岩

【地质特征及区域变化】 该组在上述剖面由多个灰绿色泥岩、泥质粉砂岩、砂岩及砂砾岩及砾岩组成的韵律层构成，韵律层理明显，单一韵律层一般厚 5～10 m。底界与杨连屯组灰绿色泥岩呈平行不整合接触，顶界与邱家屯组紫褐色砂砾岩呈不整合接触。

该组含植物：*Castanea* sp.，*Catapa* sp.，*Tilia* sp.；腹足类：*Gyraulua chiliensis*，*Pupilla micra*，*Baliminus cautari* 等化石，其时代特征不明显，仅据上下地层接触关系，将时代暂置于渐新世。

洋河组岩性横向变化较大，从南向北由粗变细，南部 096、093 号钻孔以砂砾岩为主夹砂岩及少量的页岩，北部 073、071 号钻孔以粉砂岩、泥质页岩为主夹含砾砂岩、砾岩，两地均具明显的韵律结构；厚度自南向北，自西向东由厚变薄直至尖灭。在盆地的中心部位，本组中下部含 1～2 层煤（均不可采）。总厚度在 153～320 m 之间。

邱家屯组 N*q* （05-21-5010）

【创名及原始定义】 辽宁省区域地层表编写组（1978）在《东北地区区域地层表·辽宁省分册》中介绍。辽宁省煤矿管理局地质勘探公司 103 队 1958 年创名[①]。创名地在沈阳市新民县兴隆台乡后邱屯。原始定义：指发育于沈北地区的紫红色泥岩与灰色砂岩互层的一套岩系，与下伏洋河组及上覆第四系均呈不整合接触。时代为下第三纪。

【沿革】 辽宁煤矿管理局地勘局（1962）及辽宁省区域地层表编写组（1978）扩大原邱家屯组含义，将下伏洋河组划归本组。地质部第二普查大队（1964）将其称为三台子组。本书沿用原邱家屯组含义。三台子组与本组为同物异名，建议停用。

【现在定义】 指分布于沈北地区，以紫褐色砾岩、砂砾岩为主夹灰色砂岩及泥岩，韵律层发育。与上覆第四系及下伏洋河组均呈不整合接触。

【层型】 选层型为沈阳市新城子区蒲河黄泥河 096 号钻孔（123°31′06″，41°58′48″），据辽宁地矿局 1989 年资料。

上覆地层：**第四系** 青灰色、杂色砂砾石层

～～～～～～ 不整合 ～～～～～～

邱家屯组 总厚度 516.10 m

12. 褐紫色粗砂岩	14.80 m
11. 褐紫、褐红色含砾砂岩、砂砾岩及砂岩	79.00 m
10. 紫红、绿色砂砾岩	2.70 m

9. 褐紫、红色砂砾岩	39.00 m
8. 褐紫色砂砾岩、巨粒、粗粒砂岩	107.50 m
7. 紫褐色砂砾岩、砾岩	68.50 m
6. 紫褐色砂质页岩	0.50 m
5. 紫褐色含砾砂岩、砾岩	11.20 m
4. 紫褐色页岩	0.40 m
3. 紫褐色含砾砂岩、砾岩	127.90 m
2. 杂色砾岩、砂砾岩	57.00 m
1. 紫褐色砂岩	6.50 m

~~~~~~~~~~不整合~~~~~~~~~~

下伏地层：**洋河组**　绿色砂砾岩、砂岩

【地质特征及区域变化】　该组在上述剖面以紫褐色砂砾岩为主夹薄层砂岩、砂质页岩及页岩，顶底各有一层砂岩。其底界与下伏洋河组灰绿色泥岩或砂砾岩不整合接触，顶界与第四系砂砾石不整合接触。

该组未见生物化石，依据上下地层接触关系，暂将时代置于新第三纪。

该组岩性及厚度横向变化较大，096号钻孔及093号孔以紫褐色砂砾岩为主夹薄层砂页岩，厚516 m左右；新城子128号孔以紫色砂岩与泥岩互层为主夹灰色砂岩及泥岩，厚203.90 m；新城子区虎石台071号钻孔由紫红色泥质砂岩、浅灰绿色含砾砂质泥岩和砂砾岩组成，厚107.70 m。各钻孔岩性均具有明显的韵律层理。

（二）下辽河地层小区

房身泡组　E*f*　(05-21-5011)

【创名及原始定义】　孙镇城等[①] 1990年创名，创名地在辽中县青龙台。原始定义：指分布于辽河断陷，不整合于中生代地层之上的喷发式玄武岩。上段几乎全部为玄武岩，很少有沉积夹层；下段以夹有较多的砂岩、泥岩、碳质泥岩和煤层为特征。与上覆的沙河街组平行不整合接触，时代为古新世—始新世早期。

【沿革】　该套地层原划入沙河街组下部，申绍文（1980）称可疑沙四段；梁鸿德等（1981）称孔店组；孙镇城等（1990）[①]将其正式命名为房身泡组。

【现在定义】　指分布于辽河断陷，不整合于中生代孙家湾组之上，由玄武岩夹少量沉积岩组成。分上下两段：上段为玄武岩夹少量沉积岩；下段为玄武岩夹多层砂岩、泥岩、碳质泥岩和煤层，含孢粉化石。与上覆沙河街组平行不整合接触。

【层型】　正层型位于辽中县青龙台龙一井综合柱状剖面（122°45′00″，41°18′30″），据孙镇城等1990年资料。

上覆地层：**沙河街组**　深灰、灰黑、褐灰色巨厚层泥岩

－－－－－－－ 平行不整合 －－－－－－－

房身泡组	总厚度 400.00 m
2. 暗紫红色玄武岩夹暗紫红色、绿灰色泥岩	290.00 m

① 孙镇城等，1990，辽河断陷第三系，辽河石油局（内部资料）。
~~~~~~~~~~

1. 黑色玄武岩、暗紫红色玄武岩、凝灰岩、夹暗紫红色泥岩　110.00 m

～～～～～～～～ 不整合 ～～～～～～～～

下伏地层：**孙家湾组**　棕红色泥岩

【地质特征及区域变化】　该组地层深埋于下辽河断陷之下，钻孔很少钻透，几乎无完整剖面，在辽中县青龙台较为完整：上段为暗紫红色玄武岩夹暗紫红色、绿灰色泥岩；下段为黑色、暗紫红色玄武岩、凝灰岩夹暗紫红色泥岩。顶界与沙河街组深灰色泥岩平行不整合接触，底界与孙家湾组棕红色泥岩及砂砾岩不整合接触。

依据所含孢粉 *Paraalnipollenites - Betulaepollenites* 组合及上段页岩 K - Ar 等时线年龄值 46.4 Ma，下段页岩 k-Ar 等时线年龄值 56.4 - 63 Ma（据孙镇城等 1990），其时代应为古新世—始新世。

该组主要分布于下辽河断陷东部凹陷的中部茨榆坨至三界泡一带和西部凹陷西斜坡中；在大民屯凹陷北部和西部、中央凸起带的边缘地区也有少量该组的玄武岩分布；在盆地边缘则相变为以褐红色、棕红色砂砾岩、泥岩沉积为主。厚度变化较大，盆地边缘地区较薄，中心部位较厚。最大揭示厚度 1 024 m（未穿），地震解释厚度大于 1 500 m。

沙河街组　Eŝ　(05 - 21 - 5012)

【创名及原始定义】　该组是华北石油勘探处 1960 年在山东省商河县沙河乡进行石油普查时建立的。原始定义：指东营组之下的一套棕红色、灰绿色、灰色砂岩、泥岩组合。第一段以棕红色砂岩为主；第二段为灰绿色夹棕红色砂泥岩；第三段以灰色、灰黑色泥岩为主。上两段斜层理发育，第三段具水平层理，富含生物化石。第四段以灰色泥岩为主夹油页岩和石膏矿层。

【沿革】　地质部第一普查大队（1966）依据钻孔资料在下辽河地区建立了辽中群（代表上第三系）、下辽河群（代表下第三系）。下辽河群自上而下又进一步划分为田庄台组、沙岭组和热河台组。燃化部（1971—1972）组织渤海湾地区有关单位地层古生物工作者，对整个渤海湾地区的第三纪地层做了统一划分对比，确定下部两个组统一使用沙岭组和热河台组。燃化部（1972）① 将沙岭组与热河台组合称沙河街组。申绍文（1980）② 将沙河街组的含义缩小，只限于沙岭组以及热河台组上部的由砂、泥岩组成的地层，将热河台组下部的基性火山岩划出暂称可疑沙四段，后者即本书的房身泡组。本书采用申绍文新义沙河街组。沙岭组、热河台组与本组为同物异名，应停用。

【现在定义】　指平行不整合于房身泡组之上，整合于东营组之下一套以灰色泥岩为主，次为粉砂岩、细砂岩、油页岩、碳酸盐岩沉积。分四段：四段以含油页岩和含石膏的灰色泥岩为主夹粉砂岩、砂砾岩；三段为灰色泥岩夹砂岩，含石油；二段为紫红、灰绿色泥岩夹砂岩、砂砾岩，含石油；一段为灰色、灰绿色泥岩夹油页岩。

【层型】　该组正层型剖面在山东省商河县沙河乡。我省主要次层型剖面为：下辽河地区西部凹陷兴 34 井剖面（21 - 5012 - 4 - 1）。

【地质特征及区域变化】　该组在兴 34 井剖面上四分明显，四段上部为褐灰色泥岩夹浅灰色泥岩，偶夹灰色薄层砂岩及白云岩，下部为褐灰色油页岩与深灰色泥岩互层夹细砂岩及

---

① 燃化部石油勘探开发组，1972，渤海沿岸地区第三系地层系统。
② 申绍文，1980，辽宁断陷西部凹陷第三系区域地层划分意见。

褐灰色白云岩，含油，厚193 m；二段为褐灰色、深灰色泥岩、含泥砾岩、砂砾岩，含油，厚606 m；三段由棕褐色、肉红色砂砾岩、含砾砂岩（俗称高粮米砂岩）夹深灰色泥岩及浅灰色粉砂岩，底部夹含钙砂岩及紫红色泥岩，厚76 m，与三段平行不整合接触；一段由深灰色、浅灰色、灰色泥岩夹砂岩、砂砾岩组成，中部夹薄层灰黑色碳质页岩及褐灰色油页岩，底部含钙质页岩及白云岩，含油，厚384 m。本组顶界与东营组底部砾岩平行不整合接触，底界与房身泡组玄武岩平行不整合接触。

依据孢粉、腹足类及介形类化石组合特征，其时代应属始新世—渐新世早期。

四段沉积主要分布于西部凹陷及大民屯凹陷，东部凹陷缺失，在盆地中心为大量的深湖相暗色泥岩沉积，腹足类稀少，深水介形类较为丰富；盆地边缘岩性较粗，由扇三角洲相、泛滥平原相含砾砂岩、砂岩、泥砂岩组成，*Sinophanoribis sinensis*，*Hepeiella spaciosa*，*Austrocypris*，*Zlyocypris* 等浅水类型生物发育。三段沉积东部凹陷早期为深湖相暗色沉积，*Heibeinia*，*Candona* 等深水介形类大量发育，中晚期以滨湖相及平原沼泽相的砂泥岩夹油页岩、碳质泥岩为主，*Tutomoides terrassa*，*Valvata* (*Cincinna*) *applanata* 浅水生物类发育；西部凹陷以深湖相暗色泥岩为主，中部夹有湖底扇相砂砾岩，深水介形类大量发育。大民屯凹陷则为滨湖浅湖、曲流河到泛滥平原相的砂泥岩夹油页岩、碳质页岩及砂砾岩沉积，发育大量浅水类型的沼泽拟星介。二段沉积以西部凹陷兴隆台为典型发育区，由三组河流—三角洲平原相砂砾岩组成，上砂组以砂岩、砂砾岩为主夹多层泥岩；中砂组则以厚层状砂砾岩为主，下砂组为砂泥岩互层为主，砂砾岩成分为花岗岩，欲称“高粮米砂岩”，一般厚150～200 m，浅水类型 *Fluminicola huamxilingensis*，*Camavocypris elliptica* 较为丰富。东部凹陷只在黄于热和牛居有小范围分布，但砂砾岩成分发生变化，失去“高粮米”特征。北部大民屯凹陷因抬升而缺失。一段以扇三角洲相沉积为主，东部凹陷以砂泥岩互层夹油页岩为主，并夹玄武岩；西部凹陷早期为钙质页岩夹泥岩及油页岩，晚期以砂泥岩为主；大民屯凹陷则为泛滥盆地和沼泽相砂泥岩、砂砾岩夹碳质页岩沉积；全区浅水类型的腹足类及介形类均很丰富，主要类型有介形类的 *Phacocypris vulgata*，*Pseudocandona deplanata*，*Xiyingia* sp.，*Guangbenia* sp. 等；腹足类的 *Valvata*(*Cincinna*) *rehetaiensis*，*Bohaispira supracarinota*，*B. spirdifera*，*Gangetia brevirata* 等。

【其他】 该组产丰富的油页岩、煤及石油等矿产。

东营组 E*d* （05-21-5013）

【创名及原始定义】 该组由华北石油勘探处1961年创名。创名地在山东省东营市。原始定义：指沙河街组之上一套棕色、棕红色及灰绿色泥岩、粉砂质泥岩与灰绿色砂岩组成的韵律型沉积。向下颗粒粗，为浅灰色、棕红色砾状粗砂—细砾岩，棕红色者居多。向上颗粒细，灰绿色者占相当大比例。由下至上岩性由粗变细，颜色由浅变深。获得工业性油流。

【沿革】 地质部第一普查大队（1966）将省内相当东营组的沉积称为田庄台组。燃化部(1972)组织渤海湾地区的统一分层对比工作后，采用华北平原地区的东营组代替了田庄台组，并一直沿用至今。田庄台组与本组为同物异名，应停用。

【现在定义】 东营组分布于华北平原及下辽河地区，为平行不整合于沙河街组之上，不整合于馆陶组之下的一套砂岩、泥岩的交互沉积。三分性明显，上部为灰绿、灰白色砂岩、细砂岩及泥岩，以砂岩为主；中部为棕红色泥岩、细砾岩，以泥岩为主；下部为灰白、灰绿色砂砾岩、细砾岩、细砂岩及泥岩，以砂砾岩为主。上、下部颗粒较粗，中部较细。含丰富的介形类、腹足类、孢粉及藻类化石。

【层型】 该组正层型为山东省东营市华8井钻孔剖面。本省次层型剖面为盘锦市兴隆台下辽河地区西部凹陷兴1井剖面（21-5013-4-1）。

【地质特征及区域变化】 该组在兴1井剖面上以绿色、灰绿色泥岩、粉砂岩为主夹灰白色长石砂岩，底部有一层砾岩。底界与沙河街组浅灰色泥岩平行不整合接触，顶界与馆陶组灰白色、浅灰色砂砾岩不整合接触。

依据该组所含腹足类、介形类、孢粉及藻类化石组合，其时代应属渐新世晚期。

东营组时期，下辽河地区东、西凹陷及大民屯凹陷连成一体，中部及北部以巨厚的灰绿色、粒度较粗的泛滥平原相砂泥岩沉积为主，在南部为粒度较细的砂泥岩夹厚层暗色泥岩，由盆地中心向边缘逐渐相变为砂砾岩。南部地区含有丰富的介形类及腹足类化石。

【其他】 该组赋存丰富的石油及泥炭资源。

馆陶组　Ng　（05-21-5014）

【创名及原始定义】 该组由贾中惠、马在田、帅德福等1961年创名。创名地在河北省馆陶县华3井。原始定义：指一套灰白色砾状砂岩、细砾岩、灰绿色细砂岩和棕红色泥岩的间互沉积。上段为砂岩、泥岩的互层；下段是厚层—块状砂砾岩夹泥岩，局部地区为泥岩夹砂岩。不整合于东营组之上，整合于明化镇组之下。

【沿革】 地质部第一普查大队（1966）将省内与馆陶组相当的地层称为驾掌寺组。燃化部（1972）组织了渤海湾地区的统一分层对比工作，确定使用华北平原区的馆陶组来代替驾掌寺组。驾掌寺组与本组为同物异名，建议停用。

【现在定义】 不整合于东营组或沙河街组之上，整合于明化镇组之下的一套灰白色砂砾状砂岩、细砂岩、灰绿色细砂岩和棕红色泥岩的间互沉积。上段为含砾砂岩、砂岩与泥岩互层，下段为厚层—块状砂砾岩夹泥岩，底部为含石英、黑色燧石的砂砾岩，砾状砂岩，局部为玄武岩。

【层型】 该组正层型位于河北省馆陶县华3井。本省次层型剖面为盘锦市兴隆台附近的下辽河地区西部凹陷兴1井柱状剖面（21-5014-4-1）。

【地质特征及区域变化】 该组在省内主要次层型剖面上，由一套浅灰色、灰白色砂砾岩、砾岩、含砾砂岩、绿灰色泥岩、粉砂质泥岩组成，分段不明显，厚212 m。东部凹陷厚度较小，一般在120 m左右，南部地层顶部夹玄武岩及玄武质凝灰岩，北部为巨厚的砂砾岩，西部凹陷以浅灰白色砂砾岩为主夹泥岩及粉砂岩，厚210 m左右。

该组岩电特征为箱状电阻的厚层砂砾岩，与上覆高电阻的明化镇组砂砾岩相区别，底部砂砾岩与东营组砂泥岩平行不整合接触。

依据本组所含的孢粉化石 *Piceaepollenites*-*Betulaepollenites* 组合，时代应属中新世。

明化镇组　Nm　（05-21-5015）

【创名及原始定义】 该组由贾中惠、马在田、帅德福1961年创名。创名地在河北省明化镇村。原始定义：主要由土黄、棕红色泥岩、砂质泥岩与灰白色砂岩组成，分上、下两段。

【沿革】 地质部第一普查大队（1966）将省内相当明化镇组的地层称为三台子组。燃化部（1972）组织渤海湾地区的统一分层对比工作，确定统一使用华北平原的明化镇组代替三台子组。三台子组与本组为同物异名，建议停用。

【现在定义】 整合于馆陶组之上，不整合于第四纪砂砾石之下主要由土黄、棕红色泥岩、砂质泥岩与灰白色砂岩组成之岩层。上段粒度较粗，颜色浅，含锰质、灰质结核；下段粒度较细、颜色深。

【层型】 该组正层型位于河北省明化镇村。本省次层型及参考剖面为盘锦市兴隆台下辽河地区兴1井柱状剖面（21－5014－4－1）。

【地质特征及区域变化】 该组在省内主要次层型剖面上岩性以灰白色砂岩、砂砾岩与灰绿色泥岩、粉砂质泥岩互层为特征，二分性不明显，厚541 m。区内岩性变化不大，主要为砂砾岩夹泥岩沉积。由南向北粒度由粗变细，厚度加大，一般在211～720.50 m之间。时代属上新世。该组在区内岩电特征为高电阻砂砾岩，底与馆陶组箱状电阻砂砾岩整合接触，顶与第四系松散的砂砾石及粘土不整合接触。

第二节 生物地层

一、腹足类

辽宁省第三纪腹足类化石组合自下而上可划分为：

1. *Sinopolanorbis sinensis* 组合

石油化学工业部规划设计院（以下简称石化部规划院）、中国科学院南京地质古生物研究所（以下简称中科院南古所）（1978）建立。标准地点在山东省北部平原。

该组合以肺螺亚纲占主导地位，其中扁卷螺科种类最多，有3属7种，常见分子有：*Sinoplanorbis sinensis*，*S. bintermedio*，*S. conjungens*，*Helisoma* sp.，*Hepeiella speciosa*，*Valvata* (*Cincinna*) *applanata*，*Micropyrgus simplus*，*Hydrobia liuqiaoensis*，*Baivalia* (*Gerstfedtia*) *shenyangensis* 等。属淡水螺群。

该组合在省内分布于下辽河地区西部及大民屯凹陷沙河街组四段，沈北地区杨连屯组中部。时代为始新世中期。辽宁省内该组合与典型的 *Sinoplanorbis sinensis* 组合相比，*Hepeiella* sp.，*Lanistes depressus*，*Bithynia* cf. *hebeiensis* 相对较少，*Sinoplanorbis sinensis*，*S. bintermedia* 等极丰富。

2. *Valvata*（*Cincinna*）*applanata* 组合

孙镇城等（1990）建立[①]。标准地点在下辽河地区西部凹陷。

该组合以盘螺科、扁卷螺科、田螺科的分子为主，其中 *V.*（*C.*）*applanata* 最发育。该组合早期出现了 *Prososthenia gaoshengensis*，*Amerianna angularis*，*Campeloma orientalis*，*C. qijiaensis* 等分子；中期 *Liratina tuozhuangensis* 大量繁盛；晚期以出现 *Tulotomoides terrassa*，*Gyromelania conica*，*Pytgula*? *tricarnata*，*Stenothyra paucilineata* 为特征。

该组合分布于下辽河地区沙河街组三段。时代为始新世晚期。

3. *Fluminicola huanxilingensis* 组合

孙镇城等（1990）建立。标准地点在下辽河地区西部凹陷。

该组合是由 *Valvata* (*Cincinna*) *applanata* 组合延续而来，但不含 *V.*（*C.*）*applanata* 种。*Tulotomoides terrassa* 较下伏组合明显减少，*Fluminicola huanxilingensis* 极为繁盛。主要属种

① 孙镇城等，1990，辽河断陷第三系。辽河石油勘探局勘探开发研究院科学技术报告。

有 *T. terrassa*，*F. huanxilingensis*，*Melanoides aspera*，*M. glypta*，*Micromelania* sp.，*Namaturella* sp.，*Suceinea dawaensis* 等。

该组合分布于下辽河地区西部凹陷沙河街组二段。时代为渐新世早期。

4. *Bohaispira supracarinata* - *Gangetia brevirota* 组合

石化部规划院、中科院南古所（1978）建立。标准地点在下辽河地区及山东省北部平原。

该组合属种极为丰富，壳体较小，出现了具底脊和脐脊类型，其中以前鳃亚纲占绝对优势，狭口螺科和渤海螺科最为繁盛。主要属种有：*Valvata* (*Cincinna*) *rehetaiensis*，*Aphanotylus*?*lumerata*，*Nematurella panjinensis*，*Gangetia brevirota*，*G. minys*，*G.* sp.，*Bitynia shalingensis*，*B. damintunensis*，*Bohaispira bella*，*B. shalingensis*，*B. serrata*，*B. alta*，*Stenothyra jinxianensis* 等。淡水螺类的田螺科、扁卷螺科绝迹，属微咸—半咸水螺群。

该组合分布于省内下辽河地区沙河街组一段中、下部。时代为渐新世中期。

5. *Bohaispira spiralifera* 组合

石化部规划院、中科院南古所 1978 年建立。标准地点在下辽河地区。

该组合大部分属种是由下伏 *B. supercarinata*-*G. brevirota* 组合延续而来，特有属种有：*Nannopyrgula raris*，*Stenothyra* (*Basilirata*) *nodilirata*，*S.* (*B.*) *spiralis*，*Bohaispira spiralifera*，*Liratina qikouensis*，*Pyrgula macra* 等，并出现少量的 *Viviparus xinglongtaiensis*。属微咸—淡水螺群。

该组合分布于下辽河地区西部及东部凹陷沙河街组一段上部。时代为渐新世中期。

6. *Viviparus xinglongtaiensis* 组合

石化部规划院、中科院南古所（1978）建立。标准地点在下辽河地区。

该组合与 *B. spiralifera* 组合关系密切，所含种类几乎相同。它以大量的壳体大、壳质厚的 *Viviparus xinglongtaiensis* 占绝对优势为特征，新出现了 *Tianjinospira monostichophyma*，*Stenothyra* (*Basilirata*) *turrita* 等化石，属淡水螺群。

该组合分布于下辽河地区东营组三段。时代为渐新世晚期。

7. *Haihenia zhanhuaensis* 组合

孙镇城等（1990）建立。标准地点在下辽河地区西部凹陷。

该组合属种类型繁多，数量丰富，装饰复杂，具瘤、脊者多，其中具脐脊、底脊占多数。主要属种有 *Haihenia zhanhuaensis*，*H. ovata*，*Atropidina pileiformis*，*Pachydrobia huangjindaiensis*，*Stenothyra subtriangularis*，*S.*? *eversilabia*，*S. carinohumeralis*，*Sinostenothyra globula*，*Nodilirata truncatellata*，*Tianjinospira ditichophyma*，*Hebeispira hebeiensis* 等，属淡水—微咸水组合。

该组合分布于下辽河地区西部凹陷东营组二段。时代为渐新世晚期。

二、介形虫

辽宁省介形虫化石组合自下而上可划分为：

1. *Austrocypris levis* 组合

石化部规划院、中科院南古所（1978）建立。标准地点在下辽河及华北平原地区。

该组合以南星介为主，伴有：*Cyprinotus*，*Cypris*，*Candona*，*Ilyocypris* 等。个体一般中等大小，壳饰简单，多数壳面光滑。主要属种有 *Austrocypris levis*，*A. posticandata*，*Candona aclivis*，*Cypris postilonga*，*C. bella*，*Cyprinotus suguangensis*，*C. altilis*，*C. shandongensis*，*Ily-*

ocypris liuqiaoensis，*I. subliuqiaoensis* 等。

该组合分布于下辽河西部及大民屯凹陷沙河街组四段。时代为始新世中期。

2. *Huabeinia chinensis* 组合

石化部规划院、中科院南古所（1978）建立。标准地点在下辽河及华北平原地区。

该组合属种繁多，个体数量丰富，大多数类型属于渤海沿岸地区特殊介形类。*Huabeinia* 及深水类型的 *Candona* 相当发育，而淡水类型的 *Austrocypris*，*Ilyocypris* 已经绝迹。主要属种有 *Huabeinia chinensis*，*H. huidongensis*，*H. costatispinata*，*H. vantricostata*，*H. obscura*，*H. triangulata*，*Camarocypris ovata*，*Candona postabsciss*，*C. compta*，*C. posticoncava*，*C. adulta*，*Fusucandona xinglongtaiensis* 及 *Chinocythere huiminensis* 等。

该组合分布于下辽河地区沙河街组三段，抚顺西露天组及沈北地区杨连屯组。时代为始新世晚期。

3. *Camarocypris elliptica* 组合

石化部规划院、中科院南古所（1978）建立。标准地点在下辽河及华北平原地区。

该组合除 *Camarocypris* 壳体大，壁厚外，其余均为中、小型壳体，壳壁较薄。多数属种壳面光滑。主要属种有 *Camorocypris elliptica*，*Candonopsis recta*，*Pseudocandona boxingensis*，*Eucypris faviformis* 等。属浅水类型组合。

该组合分布于下辽河地区西部凹陷兴隆台以南、东部凹陷黄金带至热河台沙河街组二段。时代为渐新世早期。

4. *Phacocypris huiminensis* 组合

石化部规划院、中科院南古所（1978）建立。标准地点在下辽河及华北平原地区。

该组合属种繁多，其中 *Phacocypris huiminensis*，*Xiyingia*，*Guangbeinia* 为本组合所特有。组合中 *Limnocythere*，*Chinocythere* 趋于繁盛，*Camarocypris elliptica* 已绝迹。主要属种有 *Xiyingia magna*，*X. luminosa*，*Eucypris faviformis*，*E. lelingensis*，*Phacocypris huiminensis*，*P. vulgata*，*Guangbeinia xinzhenensis*，*G. bijiaensis*，*Pseudocandona deplanata*，*Limnocythere variabilis* 等。

该组合分布于下辽河地区沙河街组一段。时代为渐新世中期。

5. *Chinocythere unicuspinata* 组合

石化部规划院、中科院南古所（1978）建立。标准地点在下辽河地区。

该组合属种个体小，壳饰简单，以光滑和蜂窝状装饰为主，少数具瘤脊。*Dongyingia*，*Berocypris*，*Hebeinia* 等属始于本组合，在 *Phacocypris huiminensis* 组合中繁盛的 *Xiyingia* 及大多数种类基本绝迹。主要属种有 *Chinocythere unicuspinata*，*C. shangheensis*，*Limnocythere posthicliva*，*Dongyingia ventrispinata*，*D. bispinata*，*D. spongiformis*，*D. dorsinodosa*，*Hebeinia arca* 等。

该组合分布于下辽河地区西部凹陷兴隆台以南及东部凹陷桃园至荣兴屯一带东营组三段。时代为渐新世晚期。

6. *Dongyingia inflexicostata* 组合

石化部规划院、中科院南古所（1978）建立。标准地点在下辽河及华北平原地区。

该组合属种丰富，有 13 属 40 余种。组合中 *Dongyingia* 达到极盛时期，壳饰变得异常发育，以粗瘤、脊装饰为特征。主要属种有 *Dongyingia inflexicostata*，*D. labiaticostata*，*D. biglobicostata*，*D. florinodosa*，*D. floricostata*，*D. impolita*，*Berocypris striata*，*Phacocypris guangraoensis*，*Candonopsis liaoningensis*，*Candona laevigata*，*Candoniella extensa*，*Chinocythere cornuta*，*C. exquisita* 等。

该组合分布于下辽河地区兴隆台、欧利坨子以南的东营组二段。时代为渐新世晚期。

三、昆　虫

Fushuntendipes - Lycoria 组合

本次对比研究（1994）创名。标准地点在抚顺市煤田。

该组合属种数量丰富，已发现 24 属 50 余种，其中以双翅目蚊类、蝇类、虻类为主，常见有蜂类和蚁类、蜚蠊、鞘翅类等。主要属种有：*Chironomus minimus*，*Eosciophila microtrichodis*，*Macrocera melanopoda*，*Lycoria succinea*，*L. bicalor*，*L. brachyeeroidis*，*L. enropteroidis*，*L. fushunensis*，*Fushuntendipes eocenicus*，*F. labotes*，*F. trichodes*，*Microt melainus*，*Sinobracon specisus*，*Eomyrmex guchengziensis* 等。

该组合分布于抚顺地区古城子组。时代为始新世早期。

四、植　物

辽宁省第三纪植物化石组合为：

Metasequoia disticha - Sequoia chinensis 组合

本次对比研究（1994）创名。标准地点在抚顺地区。

该组合种类丰富，多为落叶阔叶植物，混生有少量热带地区的常绿阔叶植物。主要属种有 *Metasequoia disticha*，*Sequoia chinensis*，*Glyptostrobus europaeus*，*Taxodium tinajorum*，*Ginkgo adiantoides*，*Alnus corylina*，*A. luxuriosa*，*Betula fushunensis*，*B. dissecta*，*Dryophyllum dewalquii* 等。该组合属温和湿润、多雨气候植被类型。

该组合分布于抚顺地区计军屯组。时代为始新世中期。

五、叶肢介

Fushunograpta ovata - F. brachysellipsa 组合

本次对比研究（1994）创名，与 *Fushunograpta changzhouensis* 动物群相当。标准地点在抚顺地区。该组合仅见抚顺雕饰叶肢介一属。常见分子有 *F. ovata*，*F. brachysellipsa*，*F. subcyclaris* 等。

该组合分布于抚顺地区西露天组。时代为始新世晚期。

六、孢粉类

辽宁省第三纪孢粉化石组合自下而上为：

1. *Betulaepollenites - Paraalnipollenites* 组合

刘牧灵（1990）建立。标准地点在抚顺地区。

该组合被子植物花粉占绝对优势（80%～90%），裸子植物花粉次之（10%～20%），孢子很少（0%～10%）。被子植物花粉以与桦科、榆科、胡桃科有关的三孔类型花粉占优势，三沟，三孔沟类型花粉较少为特征；三孔类型花粉中以 *Betulaepollenites policoides*，*Paraalnipollenites confusus*，*P. rothocostatus*，*Ulmoideipites tricostatus*，*Momipites* sp. 等常见；后期 *Quercoidites* 增多，并有少量的 *Comptonia sibirica*，*Triporopollenites polanulatus* 等。裸子植物

花粉以 *Taxodiceapollenites hiatus* 占优势。蕨类孢子以 *Polypodiaceaesporites*，*Deltoidospora* 较常见。

该组合分布于抚顺地区老虎台组、栗子沟组；下辽河地区房身泡组下段。时代为古新世。

2. *Alnipollenites* - *Pistillipollenites* - *Quercoidites* 组合

本次对比研究（1994）创名，系对刘牧灵（1990）*Quercoidites* - *Pistillipollenites* 组合的修订。标准地点在抚顺地区。

该组合被子植物花粉占绝对优势，裸子植物花粉及蕨类孢子较少。被子植物中以 *Quercoidites microhenrici*，*Q. minor* 等栎属分子占优势。*Alnipollenites*，*Pistillipollenites macgregorii* 含量较丰富。三孔类型除 *Momipites coryloides* 含量较高外，其他类型明显减少，尤其 *Paraalnipollenites*，*Betulaepollenites*，*Comptonia* 等含量极少。出现了 *Tricolporopollenites hoshyamaensis*，*Ludwigia trilobapollenites*，*Rutaeoipollenites*，*Tricolpopollenites parmularis* 等新分子。裸子植物以 *Taxodiaceaepollenites hiatus*，*Cedripites* 较常见。蕨类孢子以 *Polypodiaceaesporites* 为主，见少量的 *Schizaeoisporites*，*Cicatricosisporites*，*Gleicheniidites* 等。该组合以 *Alnipollenites*，*Pistillipollenites macgregorii* 含量较高区别于其他组合。

该组合分布于抚顺地区古城子组。时代为始新世早期。

3. *Ulmipollenites* - *Caryapollenites* - *Cupuliferoipollenites* 组合

本次对比研究（1994）创名。标准地点在抚顺地区。

该组合以被子花粉占优势，裸子植物花粉次之，蕨类孢子含量少。被子植物以三沟的 *Quercoidites* 占优势，*Q. microhenrici* 和 *Q. minor* 含量较高。*Ulmipollenites* 和山毛榉科的 *Cupuliferoipollenites* 含量增加，*Alnipollenites* 和 *Momipites coryloides* 相对减少。下伏 *Alnipollenites* - *Pistillipollenites* - *Quericoides* 组合中的特征分子 *Pistillipollenites macgregorii*，*Tricolporopollenites hoshyamaensis* 等已不存在。裸子植物花粉以 *Taxodiaceaepollenites*，*Cedripites*，*Pinuspollenites* 为主。蕨类孢子仅见少量的 *Schizaoisporites*，*Schizosporis* 及 *Laevigatosporites*。

该组合分布于抚顺地区计军屯组、西露天组，下辽河地区沙河街组四段、三段。时代为始新世中晚期。

4. *Ephedripites* - *Rutaceoipollis* 组合

孙镇城等（1990）建立。标准地点在下辽河地区。

被子植物花粉占优势，裸子植物次之，蕨类孢子含量较少。被子植物花粉以 *Quercoidites* 含量较高，其次为 *Ulmipollenites*，*Ulmoideipites* 等；桦科，胡桃科的 *Meliaceoidites*，*Rutaceoipollis* 含量较少。裸子植物花粉以松科、杉科的 *Ephedripides* 含量偏高。蕨类孢子常见有 *Sphagnumsporites*，*Polypodiaceaesporites*，*Lycopodiumsporites* 等。本组合以 *Meliaceoidites* 连续出现，松科 *Ephedripites* 等高含量区别于上、下组合。

该组合分布于下辽河地区沙河街组二段。时代为渐新世。

5. *Quercoidites* - *Meliacoidites rhomboiporus* 组合

孙镇城等（1990）建立。标准地点在下辽河地区。

该组合被子植物花粉占优势，裸子植物花粉次之，蕨类孢子含量很少。被子植物花粉以 *Quercoidites*，*Ulmoideipites* 含量最高，胡桃科、桦科、草本 *Labitri colpites* 有一定含量，*Meliaceoidites rhomboiporus* 及 *Rutaceoipollis* 含量较少。裸子植物花粉以 *Pinuspollenites* 为主，*Taxodiaceaepollenites*，*Ephedripites* 明显减少。蕨类孢子以 *Polycodiaceoisporites*，*Pterisisporites*，*Deltoidospora regularis* 较常见。该组合以 *Ephedripites* 及 *Taxodiaceae* 含量少，连续

出现少量的 *Maliaceoidites rhomboiporus* 等区别于 *Ephedripites* - *Rutaceoipollis* 组合。

该组合分布于下辽河地区沙河街组一段。时代为渐新世。

6. *Ulmipollenites undulosus* - *Proteacidites verruciformis* 组合

孙镇城等（1990）建立。标准地点在下辽河地区。

该组合以被子植物花粉占优势，裸子植物花粉与蕨类孢子含量近等，约占16%左右。被子植物花粉以 *Ulmipollenites* 含量最高，*U. undulosus* 最发育，次为 *Quercoidites*, *Salixipollenites*, *Caryapollenites*, *Juglanspollenites verus*, *Alnipollenites* 等。出现了典型的 *Proteacidites verruciformis* 及水生草本 *Corisimipollenites triangulus*, *Lemna*, *Magnolipollis* 及 *Potomogeton* 等。裸子植物花粉以 *Pinuspollenites*, *Piceaepollenites*, *Taxodiaceae* 等含量较高。蕨类孢子以 *Polypodiaceaesporites*, *Deltcidospora regularis*, *Pphypodiaceoisporites*, *Saviniaspora natanoides*, *Lycopodiumsporites*, *Sphagnumsporites* 等均有一定含量。该组合以 *Ulmipollenites* 高含量，出现典型的 *Proteacidites verruciformis* 及蕨类孢子含量增高而区别于 *Quercoidites* - *Meliaceoidites rhomhoiporus* 组合。

该组合分布于下辽河地区东营组中、下部。时代为渐新世。

7. *Polypodiaceaesporites* - *Pinuspollenites* - *Juglandaceae* 组合

孙镇城等（1990）建立。标准地点在下辽河地区。

该组合中被子、裸子植物花粉以及蕨类植物孢子含量近等。被子植物花粉以 *Ulmipollenites* 含量较高，胡桃科 *Juglanspollenites*, *Caryapollenites*，桦科 *Alnipollenites*，椴科 *Tiliaepollenites indubitabilis* 等有一定含量，草本植物花粉经常出现。裸子植物花粉以 *Pinuspollenites* 含量最高，*Tsugaepollenites*, *Taxodiaceaepollenites*, *Cycadopites* 均有一定含量。蕨类孢子以 *Polypodiaceaesporites* 占统治地位，*Salviniaspora natanoides*, *Leiotriletes*, *Alsophilidites* 常见。该组合以 *Polypodiaceaesporites*, *Pinuspollenites* 及 *Juglandaceae* 含量较高，草本植物花粉经常出现而区别于下伏组合。

该组合分布于下辽河地区东营组一段。时代为渐新世。

8. *Piceaepollenites* - *Betulaepollenites* 组合

孙镇城等（1990）建立。标准地点在下辽河地区。

该组合被子花粉仍占优势地位，裸子植物花粉与蕨类孢子近等。被子植物花粉 *Anipollenites*, *Betulaepollenites*, *Momipites coryoides*, *Carpinipites*, *Betulaceoipollenites* 等经常出现，含量高于下、上组合；草本植物花粉 *Potamogeton*, *Lemna*, *Sporotrapoidites minor*, *Fupingopollenites* 出现频繁。裸子植物花粉以双气囊花粉占优势，*Pinuspollenites*, *Piceaepollenites* 经常出现，含量较高。蕨类植物孢子 *Polypodiaceaesporites* 含量仍居首位，*Salviniaspora natanoides*, *Lepitolepidites*, *Osmundacidites* 有一定含量。本组合以桦科花粉、*Piceaepollenites* 含量偏高，*Osmundacidites* 有一定含量而区别于下伏组合。

该组合分布于下辽河地区馆陶组。时代为中新世。

9. *Magnastriatites* - *Sporatrapidites* 组合

孙镇城等（1990）建立。标准地点在下辽河地区。该组合以被子植物花粉占绝对优势，裸子植物花粉及蕨类孢子含量较少。被子植物花粉中的 *Sporotrapoidites* 含量较高，在组合中占重要位置；草本植物 *Labitricolpites*, *Artemisiaepollenites*, *Persicariopollis*, *Graminidites*, *Chenopodipollis* 等含量偏高。*Quercoidites*, *Ulmipollenites* 及桦科花粉仍有一定含量。裸子植物花粉以 *Pinuspollenites* 为主。蕨类植物孢子 *Magnastriatites* 连续出现，*Polypodiaceaesporites*

含量较高。该组合以 *Sporotropoidites* 高含量，*Magnastratites* 连续出现及数量较多的草本植物花粉而区别于 *Piceaepollenites - Betulaepollenites* 组合。

该组合分布于下辽河地区明化镇组。时代为上新世。

七、藻

辽宁省第三纪藻化石组合自下而上划分为：

1. *Bohaidina primitivus - Leiosphaeridia* 组合

孙镇城等（1990）建立。标准地点在下辽河地区。

该组合疑源类 *Leiospaeridina*，*Grandiscus* 占优势地位。首次出现少量的具两腰褶的贴近式囊孢的 *Bohaidina* 分子，个别样品中出现了典型的淡水藻类 *Compenia*。主要属种有 *Bohaidina primitivus*，*B. laevigata* subsp. minor，*Granodiscus*，*Laiosphaeridina hyalina*，*L. taxodiaforma*，*Comasphaeridium*，*Psiloschizosporis parvus*，*Compenia* 等。

该组合分布于下辽河地区沙河街组四段。时代为始新世中期。

2. Bohaidina 组合

孙镇城等（1990）建立。标准地点在下辽河地区。

该组合沟鞭藻类发育，疑源类含量较高，绿藻化石仅在大民屯凹陷发现。按纵向变化规律自下而上划分三个亚组合：

1）*Bohaidina granulata - Bosedinia* 亚组合

该亚组合 *Bohaidinia* 以颗粒粗的 *B. granulata* 最发育，缺乏网状纹饰类型。疑源类出现了具棒状突起的 *Baltisphaeridium huanxilingensis*，*B. cirugosum* 等。特殊类型的 *Bosedina laevigata*，*B. reticulata*，*Canningia micibaculata*，*Liaohea obovàta*，*Dinogymnium amphidoxosum* 含量偏高。另外还发现少量的 *Ovoidites scabratus*，*Psiloschizosporia parvus*

2）*Angularia - Bohaidina microreticulata - Dictyotidium microriticulatum* 亚组合

该亚组合以 *Angularia*，*Dictyotidium microreticulatum*，*Menbranilarnacia fibrosa*，*Lyclonephelium variatum*，*Bipolaribucina pusilla* 发育，疑源类 *Baltisphaeridium huanxilingensis* 有一定含量，*Bohaidina laevigata* 非常发育为特征。以 *Horologinalla bicovexa*，*Bohaidina microreticulata* 的出现为重要标志。

3）*Conicoidium granonigosum - Bohaidina retirugosa - Bipolaribucina tianjinensis* 亚组合

该亚组合以 *Conicoidium granonigosum*，*Bohaidinia retirugosa* 发育为主要特征；具棒状突起的 *Filisphaeridium aspersum* 异常发育，并伴有各种 *Hystrichosphaeridium* 及 *Cleistosphaeridium centrocarpum*，*Valenoiella unducata* 的收缩式囊孢；*Granodiscus staplinii*，*Leiosphaeridia* cf. *similis*，*L. panjinensis* 常见，*Bipolaribucina tianjinensis*，*B. huanghuaensis*，*Dinogymnium granulatum*，*Horoginella minuta* 含量不多，但层位稳定。

该组合分布于下辽河地区沙河街组三段。始新世晚期。

3. *Sentusidinium - Rhombodella* 组合

孙镇城等（1990）建立。标准地点在下辽河地区。

该组合 *Sentusidinium*，*Rhombodella* 极为发育。按纵向变化自下而上划分出两个亚组合。

1）*Sentusidinium - Rhombodella tubiforma - Paucibucina* 亚组合

该亚组合以具管状和棒状突起的小个体收缩式沟鞭藻囊孢及 *Sentusidinium biornatum*，*Rbombobella tubiforma*，*Paucibucina* 和 *Oligosphaeridium* 最发育，*Fillixsphaeridium bacula-*

tum 等小个体疑源类分子常见；*Granodiscus*，*Leiosphaeridia* 在较多层位出现为特征。

2）*Xaliptea granulata* - *Sentusidinium bifidis* - *Rhombodella variabilis* 亚组合

该亚组合以具管状突起的收缩式囊孢含量下降，棒状突起的 *Rhombodella varibilis*，*Sentueidinium bifidis*，*Cleistosphaeridium panshanensis* 相对增多；出现典型的 *Kalyptea granulata* 为特征。*Filispaeridium baculatum*，*Granodiscus*，*Leiosphaeridia* 虽然继续发育，但数量减少。

该组合分布于下辽河地区沙河街组一段。时代为渐新世。

4. *Prominangularia* - *Conyaulacyata* - *Comasphaeridium* 组合

孙镇城等（1990）建立。标准地点在下辽河地区。

该组合 *Prominargularia* 最繁盛，*Comasphaeridium*，*Granodiscus*，*Leiosphaeridia* 比较发育，*Psiloschizosporis*，*Pediastrum* 有一定含量。按纵向变化自下而上可划分两个亚组合。

1）*Comasphaeridium* - *Pediastrum* 亚组合

该亚组合以沟鞭藻仅见 *Prominangularia* 属 ；*Comasphaeridium*，*Granodiscus*，*Leiosphaeridia* 比较发育；*Conentricystis*，*Filisphaeridium baculatum* 较少；淡水 *Pediastrum*，*Psilochizosporis* 在少数层位中出现为特征。

2）*Prominangularia* - *Conyulacyata tianjiaensis* 亚组合

该亚组合为 *Prominangularia* 繁盛期，含量高达 30%。疑源类 *Leiosphaeridia*，*Granodiscus* 等属继续发育，*Baltisphaeridium laxispinosum*，*Dictyotidium*，*Rugasphaera* 开始出现。*Pediastrum*，*Psiloschizosporis* 较下伏亚组合含量减少。

该组合分布于下辽河地区东营组三段。时代为渐新世。

5. *Granoreticella* - *Dictyotidium* - *Baltisphaeridium* 组合

孙镇城等（1990）建立。标准地点在下辽河地区。

该组合以 *Baltisphaeridium laxisphinosum*，*B. reticuloidium*，*Granoreticella* 繁盛，*Dictyotidium*，*Granodiscus*，*Leiosphaeridia* 相对发育为特征。按纵向分布规律自下而上划分两个亚组合。

1）*Dictyotidium* - *Baltisphaeridium laxispinosum*

该亚组合以 *Baltisphaeridium laxispinosum*，*B. reticuloidium* 极度繁盛，*Dictyctidium* 有一定含量。*Dinogymnium* 不发育，*Lacumodinium* 相对较多为特征。

2）*Granoreticella* - *Palaeohystrichodinium* 亚组合

该亚组合以 *Granoreticella* 较繁盛，*Rugasphaera*，*Dictyotidium*，*Granodiscus*，*Leiosphaeridia* 相对发育，*Palaeohystrichodinium* 较为常见为特征。

该组合分布于下辽河地区东营组二段。时代为渐新世。

6. *Comasphaeridium spinatum* - *Pediastrum* 组合

孙镇城等（1990）建立。标准地点在下辽河地区。

该组合中疑源类占优势，绿藻次之，沟鞭藻最少，毛球藻中的 *Comasphaeridium pinatum* 含量最高，*Pediastrum* 在个别层位含量偏高。该组合以 *Comasphaeridium spinatum*，*Pediastrum* 含量高区别于下伏 *Granoreticella* - *Dictyotidium* - *Baltisphaeridium* 组合。

该组合分布于下辽河地区东营组一段。时代为渐新世。

第三节 年代地层

1. 关于白垩系与第三系界线

在下辽河地层小区，第三系与白垩系界线置于房身泡组与孙家湾组之间，即以二组之间的不整合面为界线标志。房身泡组孢粉组合以 *Betulaceoipollenites*，*Paraalnipollenites*，*Betulaepollenites*，*Ulmoideipites*，*Quercoidites* 及 *Ephedripites* 等老第三纪早期常见分子为主，只出现少量的晚白垩世的鹰粉（*Aquilapolis*）、山龙眼粉（*Proteacidites*），显示浓厚的新生代色彩，而孙家湾组至今尚无可靠的生物资料报道。另据火山岩同位素年龄资料分析，房身泡组下段火山岩 K－Ar 等时线年龄值为 56.4～63 Ma（据孙镇城等 1990 年），而平行不整合覆于孙家湾组之上的大兴庄组火山岩全岩 K－Ar 年龄值在 80.83～115.16Ma（辽宁地矿局第四地质大队，1989）之间。可见孙家湾组与房身泡组之间存在较大的时间间隔。因此，将白垩系与第三系界线置于两者之间的不整合面是合适的。

在太子河地层小区，第三系与白垩系界线划在老虎台组与大峪组之间，以二组之间不整合面为界线标志。老虎台组孢粉组合与房身泡组相同，均属于 *Betulaepollenites*－*Paraalnipollenites* 组合；而大峪组孢粉组合则以 *Schizaeoisporites*，*Cicatricosisporites*，*Classopollis*，*Pinus*，*Ginkgo* 等为主，显示出浓厚的晚白垩世色彩。另据王东方等（1982）报道，老虎台组同位素 K－Ar 年龄值为 66.2±2Ma，故此，白垩系与第三系界线划在大峪组与老虎台组之间，以二组之间的不整合面为标志也是适宜的。

在沈北地层小区，第三系木梳屯组之下尚未见到白垩系。木梳屯组与抚顺地区老虎台组及下辽河地区房身泡组均为玄武岩夹沉积岩组合，应属同期沉积，其年代地层位置基本相同。故此，将第三系与白垩系界线置于木梳屯组底界面。

2. 关于第三系与第四系界线

省内第三系与第四系界线地层发育完整的是在下辽河地层小区，第三系与第四系界线置于明化镇组与田庄台组之间。明化镇组为固结较好的砂砾岩夹砂泥岩，所含孢粉化石主要有木本类的 *Ulmus*，*Juglans*，*Quercus* 和草本类的 *Polygonaceae*，*Chenopodiaceae*，*Gramieae* 等科的分子，属较为典型的上新世孢粉组合；而田庄台组为未成岩的松散的黄褐色砂砾石，由于受冰川影响，出现了温—寒带植物，孢粉以草本类 *Artenisia*，*Chenopopiaceae* 为主，显示出更新世色彩。另外，明化镇组与第四系田庄台组之间为平行不整合接触，因此将第三系与第四系界线置于明化镇组与田庄台组之间，以二者的平行不整合面为界线标志是合适的。

3. 关于下第三系与上第三系界线

省内下第三系与上第三系的界线，在下辽河地层小区，置于东营组与馆陶组之间，以二组之间的不整合面为界线标志，其依据如下：

1）东营组所含腹足类、介形类及孢粉、藻类化石组合均具渐新世晚期色彩，东营组置于下第三系顶部当无问题。馆陶组仅含孢粉化石，其时代面貌属中新世。

2）东营组与馆陶组之间为一构造不整合面分隔。东营组及其下伏岩层化石丰富，反映出一个生物繁盛期；而上覆馆陶组化石稀少。表明二组分属不同的构造运动期，并存在一个明显的生物演化界线。

鉴于上述将下第三系与上第三系的界线划在东营组与馆陶组之间，以二者不整合面为界线标志。

在沈北地层小区，下第三系与上第三系的界线划在洋河组与邱家屯组之间，也以二者间不整合面为界线标志。

4. 关于古新统与始新统界线

太子河地层小区，古新统与始新统界线置于栗子沟组与古城子组之间。栗子沟组含孢粉化石 *Betulaepollenites - Paraalnipollenites* 组合，其时代属古新世；古城子组含孢粉化石 *Alnipollenites - Pistillipollenites - Quercoidites* 组合具有浓厚的始新世早期色彩，昆虫组合属始新世（洪友崇 1981）无疑，故此将古新统与渐新统界线置于栗子沟组与古城子组之间，以二者之间的接触面为界线标志。

下辽河地层小区，古新统与始新统界线划在房身泡组上、下段之间。房身泡组下段火山岩 K - Ar 等时线年龄值为 56.4～63 Ma，所含孢粉 *Betulaepllenites - Paraalnipollenites* 组合时代属古新世无疑；而上段火山岩 K - Ar 等时线年龄值仅为 46.4 Ma，应属始新世。故此，将古新统与始新统界线置于房身泡组上、下段之间，以二者的接触面为界线标志。

沈北地层小区，古新统与始新统界线划在木梳屯组与杨连屯组之间。木梳屯组与老虎台组为同期沉积，时代相同，而杨连屯组含典型的腹足类化石 *Sinoplanorbis sinensis* 组合分子，其时代属始新世无疑。故此，古新统与始新统界线划在木梳屯组与杨连屯组之间，以二组间的平行不整合面为界线标志。

5. 关于始新统与渐新统界线

辽宁省内始新统与渐新统的界线，在太子河地层小区存在两种不同意见，一是认为无渐新统（洪友崇等 1974，1980）；二是认为存在渐新世地层，将耿家街组划归渐新统（辽宁区域地层表编写组，1978；辽宁地矿局，1989）。本书采纳后者意见，并将始新统与渐新统界线置于西露天组与耿家街组之间，以二者的接触面为界线标志。

沈北地层小区，始新统与渐新统界线置于杨连屯组与洋河组之间，以二组之间的平行不整合面为界线标志。

下辽河地层小区，始新统与渐新统界线亦存在两种意见：一是将其置于沙河街组三段与四段之间；二是将该界线置于沙河街组三段与二段之间。根据以往资料，三段与四段生物组合面貌相似，两者岩性序列反映出属同一沉积旋回。三段火山岩 K - Ar 等时线年龄值在 42.4～39.5 Ma 之间（孙镇城等 1990），当属始新世；而二段的砂砾岩与一段的砂泥岩属同一旋回沉积，所含腹足类、介形类、孢粉及藻类组合均显示渐新世早、中期色彩。此外三段与二段之间存在一平行不整合面。故此，认为始新统与渐新统的界线应划在沙河街组三段与二段之间，以二者之间的平行不整合面为界线标志。

6. 关于中新统与上新统界线

在下辽河地层小区，中新统与上新统界线置于馆陶组与明化镇组之间。馆陶组与明化镇组整合接触，前者为具有箱状电阻的厚层状砂砾岩为主夹泥岩，含孢粉 *Piceaepollenites - Betulaepollenites* 组合，属中新世；后者为高电阻的厚层状砂砾岩夹泥岩，含孢粉 *Magnastriatites - Sporatrapoidites* 组合，属上新世。故此，将中新统与上新统的界线置于馆陶组与明化镇组之间，以二者之间的箱状电阻与高电阻的岩电界面为界线标志是适宜的。

在沈北地层小区，新第三纪邱家屯组为一套紫红色砂砾岩为主的粗碎屑沉积，岩性单一，厚度较小，工作程度低，中新世与上新世未分，统称上第三系。

辽宁省内第三纪岩石地层单位在年代地层单位中的位置主要依据岩石地层单位中生物化石组合的年代属性、同位素测年数据、构造运动间断面等确定的。兹将辽宁省第三纪岩石地层、生物地层在年代地层单位中的位置列如表 6 - 1。

表 6-1 辽宁省第三纪年代地层与岩石地层及生物地层划分对比

界	系	统	地质年龄(Ma)	华北平原地层分区 下辽河地层小区	华北平原地层分区 沈北地层小区	辽东地层分区 太子河地层小区	腹足	介形虫	昆虫叶肢介植物	孢子花粉	藻
	第四系			第四系	第四系	第四系					
			1.6								
	上第三系	上新统		明化镇组	邱家屯组					Mag.-Spor.Ass.	
			5.3								
	上第三系	中新统		馆陶组	邱家屯组					Pic.-Bet.Ass.	
			23								
新生界	下第三系	渐新统		东营组	洋河组	耿家街组	H. zhanhuaensis Ass	D. inflexicostata Ass.		Poly.-Pin-Jtq.Ass.	C. spinatum-Ped.Ass.
新生界	下第三系	渐新统		东营组	洋河组	耿家街组	V. xinglongtaiensis Ass.	Ch. unicuspinata Ass.		Ul. undulosus-Pro. Ass.	Gran.-Dicty.-Bal.Ass. Pra.-Con.-Com.Ass
新生界	下第三系	渐新统		沙河街组 一段	洋河组	耿家街组	B. spiralifera Ass.	P. huiminensis Ass.		Qu.-M. rhomboiporus Ass.	Sent.-Rho.Ass.
新生界	下第三系	渐新统		沙河街组 一段	洋河组	耿家街组	B. supracainata-G. brevirota Ass.	P. huiminensis Ass.		Qu.-M. rhomboiporus Ass.	Sent.-Rho.Ass.
新生界	下第三系	渐新统		沙河街组 二段	洋河组	耿家街组	F. huanxilingensis Ass.	C. elliptica Ass.		Eph.-Ru.Ass.	
			36.5								
新生界	下第三系	始新统		沙河街组 三段	杨连屯组	西露天组	V.(C.) applanata Ass.	H. chinensis Ass.	F. ovata F. brachysellipsa Ass.	Ul.-Car.-Cup. Ass.	Bohaidina Ass.
新生界	下第三系	始新统		沙河街组 四段	杨连屯组	计军屯组	S. sinensis Ass.	A. levis Ass.	M. distcha-S. chinensis Ass.		B. primittvus-Leio.Ass.
新生界	下第三系	始新统		房身泡组 上段	杨连屯组	古城子组			Fu.-Lycoria Ass.	Al.-Pis.-Qu. Ass.	
			53								
新生界	下第三系	古新统		房身泡组 下段	木梳屯组	栗子沟组 老虎台组				Bet.-Para.Ass.	
			65								
中生界	白垩系	上统		孙家湾组		大峪组					

第七章 结 语

辽宁地矿局1975年编制了《辽宁地质矿产概况》，对以往省内地层工作进行了系统总结，确定了省内地层系统基本框架。1978年又在此基础上编制了《东北地区区域地层表·辽宁省分册》，做了有意义的地层区划工作。

第二届全国地层会议（1979）之后，辽宁的地层学研究取得许多新的进展。1985年，《辽宁地层典》问世，对1983年以前可搜集到的中外地质学者在辽宁境内命名的地层单位，进行了一次颇有意义的考证和整理；1989年，《辽宁省区域地质志》正式出版，对辽宁各断代地层进行了更为系统的研究和总结。本书是在前人工作的基础上，按现代地层学理论，对中元古代—第三纪地层进行了多重划分对比研究，这一工作，标志着辽宁的地层学研究已经跨入了一个新的阶段。

一、主要研究进展

（一）在以往综合地层分区的基础上，进一步从岩石地层角度进行了地层区划研究。在Ⅰ、Ⅱ级地层区划的基础上，划为5个Ⅲ级地层分区（赤峰地层分区古生代为地槽型沉积，本次对比研究未讨论），按断代划分了Ⅳ级地层小区。

（二）按地层区划建立了岩石地层序列，确定建议使用的“群”级地层单位11个，“组”级地层单位110个，正式“段”级地层单位10个，正式“层”级单位5个。其中新建“段”级地层单位1个。建议不采用的地层单位450个。

（三）重新厘定和对比研究的岩石地层，影响较大的有以下诸项：

（1）根据岩石组合、序列的差异，辽北汎河地层小区的中—晚元古代地层，不再沿用辽西地层小区的岩石地层单位名称，重新厘定的本小区的岩石地层名称及其序列，计三个“群”级单位，12个“组”级单位。

（2）对辽西兴城附近大红峪组的划分重新进行了修订，并查明该组夹中性火山岩。

（3）重新恢复了馒头组的岩石地层含义，在辽宁省域细划为三个正式“段”级地层单位。其中，大后海段为新建，石桥段和当十段为重新厘定单位。

（4）辽东地层分区崮山组延伸不甚稳定，在大连地层小区金州一带缺失。

（5）根据岩石组合特征，原划分的下马家沟组与上马家沟组合并，统称马家沟组。

(6) 恢复炒米店组的岩石地层含义，并引入辽宁地层序列中。停用长山组和凤山组名称。

(7) 重新厘定了本溪组含义，并按岩石地层延伸对比原则，对省内太原组和山西组的界线重新进行了修订。

(8) 根据华北地区对比研究，省内原划分的下石盒子组和上石盒子组予以合并，称石盒子组。

(9) 重新明确了晚二叠世—早三叠世蛤蟆山组和红砬组含义。根据岩性特征，辽东太子河地层小区和辽西地层小区皆用红砬组，停用郑家组。

(10) 按照避免重名的原则，在燕辽地层分区，重新明确使用金岭寺群，自下而上包括海房沟组、髫髻山组、土城子组。停用南岭群一名。

(11) 根据中侏罗世火山岩的区域延伸对比，在燕辽地层分区停用蓝旗组名称，统一称髫髻山组。

(12) 重新明确了九佛堂组与沙海组，冰沟组与阜新组的横向对比关系。根据岩石地层划分原则，在阜新-义县盆地统一了沙海组的含义，将以往在该盆地内所称的九佛堂组并入沙海组。以该盆地地层延伸对比，确立了与铁岭盆地的地层对比关系，统一了岩石地层单位名称。

(13) 恢复并重新明确了沙河子组的原始定义及其层序位置，清理了以往在沿用该组时将其层位上提的错误对比。

(14) 重新确定了大甸子盆地中、晚侏罗世岩石地层序列，恢复了南康庄组、英树沟组和黄庄组的含义，根据叶肢介等化石资料，将南康庄组、英树沟组划归中侏罗统，将黄庄组划归上侏罗统。

(15)在辽东地层分区，确定了小东沟组呈整合覆于三个岭组之上的层序位置及接触关系。依据叶肢介及其他类别化石，澄清了以往对这一地层单位在延伸对比和年代地层归属上的混乱状况。

(16) 重新厘定了梨树沟组与小岭组的界线，遵循陆相火山—沉积岩的划分原则，将原划入梨树沟组底部的酸性火山碎屑熔岩等一段火山地层，划归小岭组顶部，使二者的含义和划分标准更趋明确。

(四) 通过对比研究，划分了各类生物地层单位共145个。其中，新建生物地层单位25个。中—晚元古代16个；早古生代40个，新建1个；晚古生代—晚三叠世晚期17个，新建4个；晚三叠世末期—白垩纪41个，新建16个；第三纪31个，新建4个。比较系统地建立起本省生物地层序列。

(五) 在综合分析研究古生物、同位素测年、构造运动和古气候等方面资料的基础上，深入讨论了系、统两级年代地层单位界线，确定了生物地层单位、岩石地层单位在年代地层柱中的位置，对比划分了界、系、统三级年代地层单位序列及其与生物单位和岩石地层单位的对比关系。

(六)重点研究了辽宁中—晚元古代地层格架，总结了侏罗纪不同世代盆地地层发育特征。

二、遗留问题

(一) 本次对比研究，未涉及太古宙—早元古代地层。其主要原因是可搜集到的资料基本反映的是统一地层学的观点，近年开展的1∶5万区调，涉及太古宙—早元古代地层的范围也很局限，对太古宙表壳岩石的划分，尚难确立有代表性的区域岩石组合系列；早元古代地层以往建立的岩石组合序列，划分方案不一，争论颇多。因此，太古宙—早元古代地层，此次未予对比研究。

第四纪地层，由于以往工作程度较低，目前不具对比研究条件。

有些岩石地层问题有待进一步工作后解决。

(1) 庄河步云山、旅顺老铁山和桓仁普乐堡地区的永宁组，其岩性特征与层型比较，差异较大，有待今后研究解决；

(2) 晚侏罗世黄庄组，其正层型底界被掩盖，与下伏英树沟组的接触关系未能检验，有待以后查明；

(3) 一些参考剖面的碳酸盐岩岩石定名比较陈旧，此次工作，因限于多种原因未能全部核查修订；

辽西建昌—锦西一带的杨庄组，“红”色调不强，“薄层—微薄层”构造不发育，与蓟县层型有一定差异，辽宁区调队（1989）曾另名“大屯组”。

(二) 此次研究建立的生物地层单位，多未明确层型和界线，研究程度相对滞后，建议今后加强这方面工作。

(三) 某些年代地层界线及划分，尚存争议，如辽南震旦系底界的厘定。汎河地层小区中—晚元古代年代地层的对比划分；

三叠系与侏罗系的界线、侏罗系与白垩系的界线、中侏罗统与上侏罗统的界线，意见仍未最后统一。

(四) 葛屯组与大林子组的时代归属尚缺少可靠的生物资料，目前将寒武系与震旦系界线划在葛屯组底部与兴民村组之间的平行不整合面上只是一种暂时处理方案，界线的正确厘定还有待今后生物和同位素等资料的搜集和研究。

参考文献

北京地质学院地史教研室，1961，地史学教程。北京：中国工业出版社。

北京地质学院古生物教研室古植物组，1974，辽宁阜新盆地阜新组植物群的特征及其时代讨论。地质科技资料，(5) 61—80。

曹瑞骥、梁玉左，1974，从藻类化石和叠层石论中国震旦系划分和对比。中国科学院南京地质古生物研究所集刊，(5) 1—26。

曹正尧、厉宝贤、郭双兴，1982，中国白垩纪含植物化石地层。中国各纪地层对比表及说明书。北京：科学出版社。

常绍泉等，1980，辽东半岛南部晚前寒武纪地层划分和对比。中国地质科学院天津地质矿产研究所主编，中国震旦亚界。天津：天津科学技术出版社。

常绍泉、南润善、王国祯、金中奎，1980，辽东半岛南部中、下寒武统研究。中国地质科学院沈阳地质矿产研究所所刊，1 (1) 115～130。

陈芬、杨关秀、周惠琴，1981，辽宁阜新盆地早白垩世植物群。地球科学，(20) 39～51。

陈芬等，1988，辽宁阜新和铁法盆地早白垩世植物群及含煤地层。北京：地质出版社。

陈均远，1984，辽宁太子河流域奥陶系新观察兼论寒武—奥陶系分界。地层学杂志，8 (2) 92。

陈丕基、文世宣、周志炎、厉宝贤、林启彬、张璐瑾、黎文本、刘兆生、李再平，1980，辽宁西部晚中生代陆相地层的研究。中国科学院南京地质古生物研究所丛刊，1 号。

陈丕基等，1982，中国侏罗—白垩纪化石群序列。中国科学，B 集 (6)。

陈丕基、沈炎彬，1985，叶肢介化石。北京：科学出版社。

陈丕基，1988，热河动物群的分布与迁移。古生物学报，27 (6)。

程政武，1985，陆相侏罗系生物地层界线。王思恩等著，中国的侏罗系。北京：地质出版社。

刁乃昌等，1983，辽西地区中生代火山岩 K-Ar 同位素地质年龄的确定。辽宁地质学报，(1)。

地质部第二普查勘探大队综合研究队，1963，铁岭地区中生代地层的初步研究报告，3～28。

董国义，1987，对阜新-义县盆地晚中生代地层层序及时代的探讨。辽宁地质学报，(2)。

段威武，1982，辽东地区北部中侏罗世—早白垩世叶肢介。古生物学报，21 (4) 497～503。

范国清，1982，辽东半岛中生代地层划分问题。辽宁地质学报，(1)。

范国清、王洪战、丁杰等，1988，辽南复州湾本溪组的䗴。辽宁地质学报，(2)。

范国清，1989，关于小东沟组。辽宁地质，(3)。

范国清，1990，中朝板块东部石炭纪沉积特征及其构造、古地理。岩相古地理，第 3 辑。

方如恒等，1978，关于辽东半岛震旦系的划分与对比。地质科技，(4)。

方如恒，1993，论辽河群层序的有序性。辽宁地质，(2)。

傅杰浦、江克一，1957，本溪地区震旦纪地层。东北工学院院报，(4)。

高振西、熊永先、高平，1934，中国北部震旦纪地层。中国地质学会志，13。

顾知微，1962，中国的侏罗系和白垩系。第一届全国地层会议学术报告汇编。北京：科学出版社。

顾知微，1982，中国非海相中生代双壳类与地层的分布及发展。中国科学，B 集 (1)。

顾知微，1982，论我国非海相侏罗系与白垩系的分界和白垩纪中事件。地层学杂志，6 (4)。

顾知微，1985，侏罗纪的非海相瓣鳃类动物群。王思恩等著，中国的侏罗系。北京：地质出版社。

郭鸿俊、安素兰，1982，辽宁本溪地区早寒武世三叶虫。古生物学报，21 (6)。

郭鸿俊、段吉业、安素兰，1983，中国华北地台区寒武系与奥陶系的分界并简述有关三叶虫。长春地质学院学报，(3)。

郝诒纯、苏德英、余静贤等，1982，论中国非海相白垩系的划分及侏罗—白垩系的分界。地质学报。56 (3)。

赫德伯格 H.D.，1976，国际地层指南。张守信译，1979，北京：科学出版社。

洪友崇、阳自强、王士涛、王思恩、李友桂、孙孟蓉、孙湘君、杜乃秋，1974，辽宁抚顺煤田地层及古生物群的初步研究。地质学报，(2) 113～123。

洪友崇、阳自强、王士涛、李友桂、孙湘君、杜乃秋、孙孟蓉，1980，辽宁抚顺煤田地层及其古生物群研究。北京：科学出版社。

洪友崇，1981，琥珀中的昆虫化石。北京：地质出版社。

洪友崇，1983，北方中侏罗世昆虫化石。北京：地质出版社。

洪友崇，1985，侏罗纪的昆虫。王思恩等著，中国的侏罗系。北京：地质出版社。
洪作民、黄振福、刘效良，1991，辽东半岛南部上前寒武系地质。北京：地质出版社。
胡寿永，1963，辽宁阜新的肉食恐龙化石。古脊椎动物与古人类，7（2）。
黄本宏，1990，辽宁省西部和南部石炭二叠系及其植物群。沈阳地质矿产研究所所刊，20号。
吉林省地层表编写组，1978，东北地区区域地层表·吉林省分册。北京：地质出版社。
吉林省地质矿产局，1989，吉林省区域地质志。北京：地质出版社。
姜春潮，1957，东北南部震旦纪地层。地质学报，37（1）。
金建华，1991，辽宁桓仁早石炭世植物群之发现及地层意义。长春地质学院学报，青年地质工作者论文集。
金建华，1992，辽东太子河流域早石炭世植物群。长春地质学院学报，博士论文集。
赖才根等，1982，中国的奥陶系。北京：地质出版社。
李超英，1988，辽东苏子河盆地叶肢介化石。辽宁地质，（1）。
李超英，1990，从叶肢介化石讨论田师傅东营坊组的时代。辽宁地质，（1）。
李杰儒，1983，锦西后富隆山地区侏罗纪植物群研究。辽宁地质学报，（1）。
李杰儒，1988，苏子河盆地中生代生物地层研究。辽宁地质，（2）。
李佩贤等，1994，狼鳍鱼（*Lycoptera*）岩层的时代归属。地质学报，68（1）。
李四光、赵亚曾，1926，中国北部古生代含煤系之分层及其关系。中国地质学会志，5（2）。
李星学，1964，中国晚古生代陆相地层。北京：科学出版社。
李云通等，1984，中国的第三系。北京：地质出版社。
李之彤、赵春荆，1985，东北地区的印支运动。地质科学，（3）。
李子舜、王思恩、于菁珊、黄怀曾、郑少林、于希汉，1982，中国北部上侏罗统的划分及其与白垩系的界线——着重讨论龙爪沟群、鸡西群、热河群的划分和对比。地质学报，（4）。
辽宁地层典编写组，1985，辽宁地层典。辽宁地质学报（特刊1号）。
辽宁地质矿产局第九地质大队（刍在峰），1989，汎河地区雾迷山期火山岩。辽宁地质，（4）。
辽宁省地质矿产局，1989，辽宁省区域地质志。北京：地质出版社。
辽宁省区域地层表编写组，1978，东北地区区域地层表. 辽宁省分册。北京：地质出版社。
林朝棨，1942，北票地方的层序及地质构造。地质学杂志，49（589）228。
刘宝珺主编，1980，沉积岩石学。北京：地质出版社。
刘发，1987，辽宁本溪地区本溪组下部腕足类化石的发现及其意义。长春地质学院学报，17（2）。
刘牧灵，1990，东北地区晚白垩—第三纪孢粉组合序列。地层学杂志，14（4）。
刘淑文，1987，辽西羊草沟组叶肢介化石及时代意义。地质论评，33（2）。
刘宪亭，1963，华北的狼鳍鱼。北京：科学出版社。
刘宪亭、周家健，1965，辽宁北票晚侏罗世鲟类——新科。古脊椎动物与古人类，9（3）。
刘宪亭、王士涛，1985，侏罗纪的鱼群。王思恩等著，中国的侏罗系。北京：地质出版社。
刘宪亭等，1987，辽宁西部晚中生代鱼化石。于希汉等著，辽宁西部中生代地层古生物（3）。北京：地质出版社。
李学鲁，1963，辽宁关门山地区1:5万普查工作1963年度地质报告。
卢衍豪等，1974，生物—环境控制论及其在寒武纪生物地层学上和古动物地理上的应用。中国科学院南京地质古生物研究所集刊，5号。
卢衍豪、林焕令、周志毅、彭善池，1985，中国的寒武—奥陶系界线及其附近的化石带。古生物学报，25（1）。
陆忠文，1992，对辽东半岛复县地区含煤地层的新认识。辽宁地质学报，（1）。
陆宗斌、梁玉左、邢裕盛、刘长安、崔盛芹，1973，中国北方震旦系。地质科技，（1）。
梅美棠编，1984，古生物学。北京：煤炭工业出版社。
米家榕、徐开志、张川波、刘人惠、常建平，1980，辽宁北票附近中生代地层。长春地质学院学报，（4）。
米家榕、张川波，1982，冀北辽西热河群的划分对比问题。长春地质学院科学研究论文集，庆祝建院卅周年，第二分册。
米家榕、孙克勤、金建华，1990，辽宁早石炭世植物化石。长春地质学院学报，20（4）。
米家榕、孙克勤、金建华，1992，辽东地区早石炭世地层的发现。"七五"地质科技重要成果学术交流会论文集。北京：科学技术出版社。
穆恩之，1953，辽宁太子河流域笔石的初步研究。古生物学报，1（1）。

内蒙古自治区地质局第二区域地质测量大队，1967，1：20万下洼幅（k-51-13）区域地质调查报告。
潘广、李振声、张垣谦、刘凤岐、钱正杏、金作范，1959，太子河流域古生界分层问题。地质论评，19（6）。
潘广，1979，阜新盆地与义县-锦州盆地中生代地层。科学通报，（6）。
潘广，1981，燕辽地区中生代地层。辽宁地质学报，（1）。
潘江，1959，关于辽东半岛震旦纪地层的几个问题。地质学报，39（1）。
蒲荣干、吴洪章，1982，辽西中、晚侏罗世孢粉组合。中国地质科学院沈阳地质矿产研究所所刊，4号。
蒲荣干等，1985，辽宁西部中生界孢粉组合及其地层意义。张立君等著，辽宁西部中生代地层古生物（2）。北京：地质出版社。
乔秀夫，1976，青白口群地层学研究。地质科学，（3）。
曲立范、蒲荣干，1982，辽宁北票羊草沟组的孢粉组合。中国地质科学院沈阳地质矿产研究所所刊，4号。
全国地层委员会，1962，全国地层会议学术报告汇编。北京：科学出版社。
全国地层委员会，1981，中国地层指南及中国地层指南说明书。北京：科学出版社。
尚冠雄、汪曾荫，1988，华北地台东部之石炭统。地层学杂志，12（4）。
商平，1986，辽西阜新盆地早白垩世含煤地层新认识。地层学杂志，10（2）。
沈阳地质矿产研究所，1980，东北地区古生物图册（一）、（二）。北京：地质出版社。
盛金章，1951，辽宁太子河流域本溪统的簸科化石。中国古生物学会讯，（5）。
盛莘夫，1974，中国奥陶系划分和对比。北京：地质出版社。
斯行健、周志炎，1962，中国中生代陆相地层。全国地层委员会编，第一届全国地层会议学术报告汇编。北京：科学出版社。
苏德英、余静贤，1983，中国非海相晚中生代介形虫、孢粉生物地层。地质学报，57（4）。
孙革，1979，准苏铁果（*Cycadoearpidium*）在吉林汪清县晚三叠世地层的发现。古生物学报，18（3）。
孙革，1981，双扇蕨科植物化石在吉林东部上三叠统的发现。古生物学报，20（3）。
孙云铸，1923，开平盆地之上寒武纪。中国地质学会志，2（1）。
谭锡畴，1931，辽宁热河间及朝赤铁道沿线地质矿产。地质汇报，16号。
王东方，1982，辽宁白垩系底界及下第三系底界古地磁测定。辽宁地质学报，（1）。
王东方等，1983，燕辽火山岩带铷、锶同位素特征及其与大地构造的关系。中国地质科学院沈阳地质矿产研究所所刊，6号。
王东方，1983，热河群的时代归属问题。中国地质科学院院报，7号。
王东方、刁乃昌，1984，辽西侏罗—白垩系火山岩系统的同位素年龄测定——兼测侏罗系与白垩系的底界年龄。国际交流地质学术论文集（1）。北京：地质出版社。
王东坡、李铨，1964，旅大地区震旦纪下部火山碎屑岩层发现及其地质意义（概要）。蓟县震旦系现场学术讨论会会议论文汇编，175～178。
王公肃、郑福长，1984，泥河子组的建组讨论与有关地质问题。辽宁地质学报，（2）。
王公肃，1989，阜新盆地的侏罗系和白垩系。地层学杂志，13（2）。
王鸿祯、刘本培，1980，地史学教程。北京：地质出版社。
王开发、王宪曾，1983，孢粉学概论。北京：北京大学出版社。
王敏成，1983，辽宁西部奥陶系。辽宁地质学报，（1）。
王敏成，1986，辽东半岛南部寒武系下统筇竹寺阶的发现及其意义。辽宁地质，（1）。
王敏成，1987，辽阳兰家上寒武统崮山组笔石的发现。辽宁地质，（4）。
王敏成，1991，辽宁寒武纪笔石研究。辽宁地质，（2）。
王思恩等，1985，中国的侏罗系，北京：地质出版社。
王思恩，1989，中国东部侏罗—白垩纪生物地层。中国地质科学院地质研究所地层组编，中国东部侏罗纪古生物及地层。北京：地质出版社。
王思恩，1990，热河动物群的起源、演化与机制。地质学报，（4）。
王五力，1982，燕辽地区抚顺叶肢介科化石的发现及其意义。中国地质科学院沈阳地质矿产研究所所刊，4号。
王五力，1987，辽宁西部中生代叶肢介化石。见于希汉等著，辽宁西部中生代地层古生物（3）。北京：地质出版社。
王五力，1987，辽宁西部早中生代昆虫化石。见于希汉等著，辽宁西部中生代地层古生物（3）。北京：地质出版社。
王五力等，1989，辽宁西部中生代地层古生物（1）。北京：地质出版社。

王有爵、刘晖、方如恒等。1993，辽宁东部元古宙碳酸盐中铅锌矿床。北京：地质出版社。
王钰、卢衍豪、杨敬之、穆恩之、盛金章，1954，辽东太子河流域地层（Ⅰ）。地质学报，34（1）。
王钰等，1954，辽东太子河流域地层（Ⅱ）。地质学报，34（2）。
王曰伦，1963，华北震旦纪地质观察。地质丛刊甲种，前寒武纪地质专号（1）。
王竹泉、黄汲清，1929，热河阜新煤田。地质汇报，13号。
王宗林、杨福珍，1991，阜新盆地阜新组中间段河流体系的沉积特征及其成因探讨。辽宁地质学报，（2）。
魏家庸、徐怀艾、曹建科、刘沛、戚关林、卢重明、李玉发、贺立民、杨永成、潘殿军等，1991，沉积岩区1：5万区域地质填图方法指南。北京：中国地质大学出版社。
吴洪章、张心丽，1983，辽宁北票组上含煤段孢粉组合。古生物学报，22（5）。
项礼文等，1981，中国的寒武系。北京：地质出版社。
邢裕盛等，1973，燕辽地区震旦纪微古植物群及其意义。地质学报，47（1）。
邢裕盛、刘桂芝，1979，辽宁南部震旦系腔肠动物化石及其地层意义。地质学报，53（3）。
杨敬之，1960，中国石炭纪地层。科学记录，新辑，4（4）。
杨遵仪、李子舜等，1982，中国的三叠系。地质学报，56（1）。
叶良辅，1920，北京西山地质志。地质专报，甲种1号。
叶美娜、厉宝贤，1982，中国侏罗纪含植物化石地层的划分与对比。中国各纪地层对比表及说明书。北京：科学出版社。
尹赞勋主编，1966，中国地层典（七）石炭系。北京：科学出版社。
俞建章、何信禄、仇甘霖、赵一阳、龚念祖，1958，辽东半岛南部震旦纪地层。中国地质学基本资料专题总结论文集，4号。地质出版社。
俞建章、崔盛芹、仇甘霖，1964，再论辽东地区震旦纪地层及与燕山地区的对比。地质学报，44（1）。
于青珊、姚培毅，1989，燕辽地区中生代非海相双壳类组合序列。中国地质科学院地质研究所地层组，中国东部侏罗纪—白垩纪古生物及地层。北京：地质出版社。
于希汉等，1987，辽宁西部中生代地层古生物（3）。北京：地质出版社。
张焕翘，1977，辽南晚前寒武纪冰碛层的发现及其意义，辽宁区测情报，（1），15～19。
张进林，1980，燕山地区早寒武世府君山期三叶虫及寒武系下限。中国地质科学院天津地质矿产研究所所刊，1。
张立君，1985，辽宁西部晚中生代非海相介形类动物群。张立君等著，辽宁西部中生代地层古生物（2）。北京：地质出版社。
张文佑，1935，中国北部震旦纪与寒武纪地层之分界问题。北平中央研究院院务汇报，6（2）。
张文堂等，1976，中国的叶肢介化石。北京：科学出版社。
张武，1982，辽宁凌源晚三叠世老虎沟组植物化石。中国地质科学院沈阳地质矿产研究所所刊，3号。
张武、董国义，1982，辽宁的三叠系。地层学杂志，6（1）。
张武、董国义，1983，东北地区的三叠系。中国地质科学院沈阳地质矿产研究所所刊，8号。
张武、郑少林、常绍泉，1983，辽宁本溪中三叠世林家组植物群。中国地质科学院沈阳地质矿产研究所所刊，8号。
张武、董国义，1984，辽西金岭寺—羊山盆地上三叠统老虎沟组植物化石新材料。古生物学报，23（3）。
张志诚，1987，辽宁阜新地区阜新组植物化石的研究。见于希汉等著，辽宁西部中生代地层古生物（3）。北京：地质出版社。
张志存、范国清，1990，华北中石炭地方性阶的建立。辽宁地质，（4）。
赵金科，1962，中国中生界。全国地层会议学术汇编总论。北京：科学出版社。
赵喜进，1985，侏罗纪的爬行动物群。王思恩等著，中国的侏罗系。北京：地质出版社。
赵祥麟、陈嫩生，1984，辽宁本溪寒武系与奥陶系的分界。地层学杂志，8（2）。
赵亚曾，1926，南满石炭纪地层之研究。地质汇报，第4号。
赵宗溥，1959，燕辽地区中生代地层层序及燕山运动时期的构造基本形态。地质月刊，（4）。
赵宗溥、何铸文，1959，北票地区的侏罗纪地层层序及燕山期火山活动、地壳运动及构造形态的几个问题。地质科学，（2）。
郑少林、李杰儒，1978，辽宁西部侏罗纪拟卷柏属 *Selaginellites* 的几个新种。地层古生物论文集，第4辑。
郑少林、张武，1981，辽宁中生代植物群概述。辽宁地质学报，（1）。
郑少林、张武，1982，辽宁中侏罗世植物群化石的新材料及其地层意义。中国地质科学院沈阳地质矿产研究所所刊，4号。

郑少林、张武，1988，辽北吉中地区晚中生代植物。辽宁地质，(4)。
郑少林、张武，1989，聂尔库组植物化石新材料及其地层意义。辽宁地质，(1)。
郑少林、张武，1990，辽宁田师傅早侏罗世植物群。辽宁地质，(3)。
郑少林、张武，1990，田师傅植物群的基本特征。辽宁地质，(4)。
中国地质学编辑委员会、中国科学院地质研究所，1956，中国区域地层表（草案）。北京：科学出版社。
中国地质科学院地质研究所地层组，1989，中国东部侏罗纪—白垩纪古生物及地层。北京：地质出版社。
周惠琴，1981，辽宁北票羊草沟晚三叠世植物化石组合的发现。中国古生物学会12届年会学术论文集。北京：科学出版社。
周志毅、张进林，1978，唐山地区寒武系与奥陶系的分界及有关三叶虫的记述。古生物学报，17（1）。
周志炎、李佩娟，1980，从古植物学观点讨论中国中生代陆相地层的划分、对比及时代。国际交流地质学术论文集（四），地层古生物。北京：地质出版社。
坂口重雄，1943，満州四平南部、奉天北部の中生层し就いて。地质学杂志。50（595）103～110。
大木谦一，1962，东北华北特别是热河的中生界层序，岩浆活动及地质构造。地质学杂志，68（798）152～161。
稻井丰，1934（1935），太子河系——南満州た发达せす石炭二叠纪层の层序た就きこ（豫报）。地质学杂志，41（494）（东北帝国大学地质古生物学教研室邦文报告，13号）641～645。
大石三郎、森田义人，1943，満州中生界区分の概要。地质学杂志，50（595）111～113。
高桥年次，1944，锦州锦西县兴城县杨家杖子炭田虹螺岘炭田の层序。(伪满）铁矿床地质研究汇报，(1) 39～50。
森田义人，1939，満州た发达する阜新统ぴこ（豫报）。矢部教授还历纪念论文集，1，19～38。
森田义人、坂口重雄，1939，锦州北部及び热河北东部に于は白垩纪の层序と二叠石炭化の新分布に就いこ。地质学杂志，46（555）594。
森田义人，1943，四平省平岗炭田の层序とんの特异性に就いて。满铁地质学会志，4～5号，1～10。
森岛正夫，1940，本溪湖南方桥头地方の地质。日本地质学杂志，47（561）241～249。
室井渡，1940. 满州地质见学旅行案内书，阜新、凌源方面。28～29。
松下进，1930，关东州金州附近の地质二就キテ。旅顺工科大学报告，1（1）。
松下进，1931，关东州周水子间の地质とて就て。旅顺工科大学报告，1（4）235～254。
松泽勋，1935，热河地质层序とその对比。地质学杂志，42（501）340。
桐谷文雄，1942，南票炭田の地质及矿床。地质学杂志，49（585）235～237。
尾崎金右卫门，1931，南满洲に于ける上部古生代夹炭层の下部上构成せる石灰岩の地质时代に就ぴて。地质学杂志，38（449）。
西田彰一，1943，满州中生代夹炭层てに油页岩含有层に关する二三の问题。大陆科学院汇报，7（4）。
小林贞一，1930，南满北鲜に发达する奥陶纪层に就いて（其二)，附风山统に关する——考察。地质学杂志，37（436）。
小林贞一，1930，南满北鲜に发达する奥陶纪层に就いて（其三)，附上部寒武亚纪层の区分长山海退运动。地质学杂志，37（437）。
小林贞一，1941，满州热河省锦县虹螺岘附近の寒武奥陶系に就いて。地质调查所汇报，(101)。
小林贞一，1942，南满本溪湖瓦房店附近の地质に就いて。地质学杂志，54（643）354。
野田光雄，1938，南满州い于ける石炭系及び二叠系の层序。日本学术协会报告。13（3）343～346。
野田光雄，1939，南满州に于けて石炭系び二叠系の层位学研究。中央博馆物论丛，第1号，83～86。
野田光雄，1940，锦州省に于ける上部古生代炭田地质に就いて。中央博物馆论丛，2号。
远藤隆次，1928，南满州二发达セル寒武利亚纪及ビ奥陶纪二就キテ（豫报)。满州教育专门学校研究报告，第三辑。
远藤隆次，1931，カムフ”リp纪岩波讲座（地质、古生物）Cambrian Period. Lwanami Lecture Series. 岩波书店。
远藤隆次，1934，满州の地质及矿产。东京、大阪，三省堂发行。
远藤隆次，1949，满州の地质及矿产。东京、大阪三省堂刊。
斋藤林次，1938，铁矿を含を满震旦系の层序に就いに，(伪）地质调查报告，93号。
斋藤林次，1940，(伪）满州国地质の概观。伪满地质调查所汇报，100号。
斋藤林次，1943，南满及び北支し于ける先寒利亚界の层序。伪满地质调查所要报，18号。
张丽旭，1943，南票炭田南半の古生层に就いて。(伪）满州地质协会志，4—5号，37～38。
植田房雄、笹仓正夫，1939，热河の中生层い就て。矢部教授还历纪念论文集，1，69～82。
Ao，ji. O.，1928. A Contribution to the Precambrian stratigraphy of South Manchuria，The Proceeding of the Imperial Acade-

my. IV, No. 10.

Blackwelder, E. (in willis et al.), 1907, Research in China. Pub. No. 54, Carnegie Institution of Washington Vol. 1, pt. 1: Chap. 2, pp19—58, Stratigraphy of Shantung. Chap. 5, pp. 85—96, Reconnaissance in Southwest Liau-tung.

En, do Riuji., Resser, C., E., 1937, The Sinian and Cambrian formations and fossils of Southern Manchukuo. Manch. Sci. Mus. Bull. 1.

Grabau, A., W., 1922, Ordovician fossils from North China. Palaeont. Sinica, Ser. B. Vol. 1. Fasc. 1. 1

Grabau, A W., 1923, Cretaceous mollusca from North China. Bull. Surv. China. No. 5, pt. 2. 179—183.

Grabau A W. 1928. Stratigraphy of China. Pt. 2. Mesozoic.

Hayasaka, I., 1922, Palaeozoic Brachiopoda from Japan, Korea and China. Pt. 11. Upper Carboniferous Brachiopoda from the Hon-kei-ko coal mines, Manchuria. 东北帝国大学理科报告（地质学），6（1）117～137。

Kobayashi, T., 1931, Studies on stratigraphy and paleontology of the Cambro-Ordovician formation of Hua-Lien-chai and Niu-hsin-tai. South Manchuria, Japan. Journ. Geol. Geogr., Vol. 8 No. 3. 131～189.

Kobayashi, T., 1942, IV. Some new trilobites in the Kushan stage in Shantung. Jour. Soc. Japan, Vol. XLIX No. 580.

Kobayashi, T., 1942, Stratigraphic relation among the Mesozoic fossilbeds in the Korea—Manchuria and their ages. Proc. Imp. Acad. Tokyo Vol. 18.

Kobayashi, T., 1966, The Cambro—Ordovician formations and faunas of South Korea, Pt. X, Stratigraphy of the Chosen groupin Korea and South Manchuria and its relation to the Cambro—Ordovician formations of other areas section B, The Chosen group of North Korea and Northeast China. Journ. Fac, Sci. Tniv. Tokyo, Sect, II, Vol. 16, Pt. 2.

Matsushita, S., 1935, On the Sinian stratigraphy of the Kuantung Province. South Manchuria, Ryojun College of Engineering Memoirs Vol. VIII, No. 2.

Richthofen, F. V., 1882, China (II). Berlin.

Sakamoto, T, 1926, Stratigraphy of the coal-Bearing Formation in South Manchuria. Geol, Min, Res, S, M, Proc. 3rd Panpacific Seicongr, Tokyo.

Walcott, C. D., 1905, Cambrian faunas of China. Proc. U. S. Nat. Mus., Vol. 29.

地质图说明书及区测报告

长春地质学院辽东区测大队大孤山分队，1960，1:20万大孤山幅（J-51-Ⅳ）、龙岩铺幅（J-51-Ⅴ）区域地质测量报告书。

长春地质学院，1959，辽宁西部凌源、喀左、建昌、朝阳等六县普查报告（内部资料）。

地质部第二普查大队，1964，下辽河地区石油地质普查报告。

河北省地质局第二区测队，1974，1:20万山海关幅（K-50-36）、秦皇岛幅（J-50-6）区调报告。

吉林省地质局区调大队，1977，1:20万通化幅（K-51-24）区调报告。

辽宁省地质局区域地质测量队，1965，1:20万凌源幅（K-50-20）区域地质调查报告。

辽宁省地质局区域地质测量队，1967，1:20万朝阳幅（K-50-19）区域地质调查报告。

辽宁省地质局区域地质测量队，1967，1:20万宽甸幅（K-51-29）区域地质调查报告。

辽宁省地质局区域地质测量队，1968，1:20万建平幅（K-50-24）区域地质调查报告。

辽宁省地质局第一区域地质测量队，1970，1:20万义县幅（K-51-20）区域地质调查报告。

辽宁省地质局第一区域地质测量队，1971，1:20万阜新幅（K-51-14）区域地质调查报告。

辽宁省地质局第一区域地质测量队，1971，1:20万铁岭幅（K-51-16）区域地质调查报告。

辽宁省地质局第一区域地质测量队，1971，1:20万康平幅（K-51-10）、四平幅（K-51-11）区域地质调查报告。

辽宁省地质局第一区域地质测量队，1972，1:20万锦州幅（K-51-26）区域地质调查报告。

辽宁省地质局第一区域地质测量队，1972，1:20万复州幅（J-51-2）、旅大幅（J-51-8）、登沙河幅（J-51-9）区域地质调查报告。

辽宁省地质局第一区域地质测量队，1973，1:20万庄河幅（J-51-3）区域地质调查报告。

辽宁省地质局第一区域地质测量队（a），1975，1:20万营口市幅（K-51-27）、辽阳幅（K-51-28）区域地质调查报告。

辽宁省地质局第一区域地质测量队（b），1975，1:20万桓仁幅（K-51-30）、朔州幅（K-51-36）区域地质调查报告。

辽宁省地质局第一区域地质测量队（c），1975，1:20万沈阳市幅（K-51-22）区域地质调查报告。

辽宁省地质局第一区域地质测量队（d），1975，1:20万营盘幅（K-51-23）区域地质调查报告。
辽宁省地质局第一区域地质测量队，1976，1:20万开原幅（K-51-17）区域地质调查报告。
辽宁省地质矿产局区域地质调查队，1983，1:20万锦西幅（K-51-25）、兴城幅（K-51-31）（修编修测）区域地质调查报告。
辽宁地质矿产局区域地质调查队，1985，1:5万大魏家幅（J-51-28-A）、金州幅（J-51-28-C）区域地质调查报告。
辽宁省地质矿产局第九地质大队，1986，1:5万铁岭县幅（11-51-68-乙）、三岔子幅（11-51-68-J）、大甸子幅（11-51-69-甲）、下肥地幅（11-51-69-乙）、上年马州幅（11-51-69-乙）区域地质调查报告。

附录Ⅰ　辽宁省地层数据库的建库情况及功能介绍

一、辽宁省地层数据库概况

辽宁省地层数据库的建库工作，是随《辽宁省地层多重划分对比研究》项目同时开展的，是该项目的一个重要方面。建立本省地层数据库是本次地层对比研究中一项具有关键性的工作，其目的是巩固地层对比研究成果，为今后开展的区域地质调查、基础地质研究服务，使地层学研究、地层单位创名和管理走向科学化、信息化。

辽宁省地层数据库由辽宁省区域地质调查队微机室负责建立。数据库工作人员由金鑫、刘庆宝、江淑娥组成。以本省岩石地层单位为建库基本单位，以本次对比研究填写的五张岩石地层单位卡片为数据采集源。

本省地层数据库，主要由三部分组成：

(1) 数据采集系统：包括对原始数据的录入、修改、追加、删除、浏览、打印、排序、插入等项功能及地层信息管理、索引管理、字典管理、文献管理、数据备份等；

(2) 数据加工系统：包括打印数据卡片、汇总制表、地层信息查询检索、岩石地层单位创名监控等；

(3) 扩充部分接口：为地层数据库的其他内容补充及以后的进一步开发留有接口。

地层数据库软件有二种版本，分别在DOS和Windows环境下使用。

1. 在DOS操作系统环境下

软件支撑环境：DOS3.30以上 Microsoft C6.0　PTDOS2.0　Foxpro2.0。

硬件运行环境：286以上主机，VGA显示器，LQ系列或其他24针打印机，HP、DMP、XY800等绘图仪。

2. 在Windows系统环境下

软件支撑环境：Windows3.1　Borland C++3.1中文之星1.2Foxpro for Windows 2.5

硬件支撑环境：386以上主机（内存≥4M，硬盘100M以上），VGA显示器，LQ系列或其它24针打印机，HP、DMP、XY800等绘图仪。

二、地层数据库主要功能简介

1. 输出打印数据卡片功能

按照全国地层对比研究统一要求填写的数据卡片格式和内容，地层数据库功能将输入的原始数据还原制表，输出打印下列卡片：

岩石地层单位的卡片封面

卡Ⅰ　岩石地层单位的综合信息卡片

卡Ⅱ　岩石地层单位的地层划分沿革卡片

卡Ⅲ　岩石地层单位剖面分布图和柱状对比图

卡Ⅳ　岩石地层单位的地层剖面卡片

卡Ⅴ　岩石地层单位的参考文献卡片

2. 地层信息的查询检索功能

按照用户选择的省份、大区、经纬度、断代（纪）等不同控制参数，可在已建立的地层数据库中查询检索出满足要求条件的岩石地层单位信息，并能按用户选择的不同内容自动绘制表格，对数字型数据自动统计汇总。可按以下几方面的内容进行检索。

(1) 检索地层单位

检索出满足选定时间和区域条件的地层单位、及指定地层单位编号、代号或汉语拼音相同的地层单位。

(2) 检索地层剖面

检索选定时间和区域条件的地层剖面、及指定剖面名称、编号相同的地层剖面。

（3）检索参考文献目录

可分别按作者姓名、文献发表时间、地层单位名称检索文献目录。

3. *岩石地层单位的创名监控功能*

根据用户选择的不同控制参数，可用以下两种方法对新建岩石地层单位进行创名监控。

（1）检索与新建单位名称、拼音、编号或代号相同的地层单位。

（2）新建单位有效性的监控

给定新建单位的经纬度及需检索的经纬度范围，检索出与新建单位相邻的层型或参考剖面，然后与新建地层单位的各项地质内容进行对比研究，看是否能建立新的岩石地层单位。

三、辽宁省地层数据库的建库情况

辽宁省地层数据库工作开始于1993年12月10日，即全国地层清理数据库录入培训班之后，所使用的微机型号是 COMPAQ386/25e，4M 内存，210M 硬盘。

截止1994年9月末，已录入本省数据库的岩石地层单位共552套，其中正式的岩石地层单位有131套(包括：第三纪，16套；侏罗纪—白垩纪，40套；古生代—三叠纪，29套；中晚元古代：46套)，停用的岩石地层单位421套；录入进库的岩石地层剖面共有426条。

参加本省地层数据录入的人员有金鑫、刘庆宝、江淑娥，参加数据库最终审核校对人员有刘庆宝、江淑娥。

辽宁省地层数据库由辽宁省区域地质调查队微机室负责管理、维护和开发。

附录Ⅱ　辽宁省采用的岩石地层单位

附录Ⅱ-1

序号	岩石地层单位名称		编号	代号	地质时代	创名人	创建时间	所在省	在本书页数
	英　文	汉　文							
1	Anmin Fm	安民组	21-4026	JKa	J—K	东北煤田第一勘探局104队	1954	吉林	137
2	Beipiao Fm	北票组	21-4003	Jb	J_1	谭锡畴	1931	辽宁	116
3	Benxi Fm	本溪组	21-3001	Cb	C_{1-2}	赵亚曾	1926	辽宁	89
4	Binggou Fm	冰沟组	21-4011	Kb	K_1	陈晋镳等	1959	辽宁	130
5	Caibei Limestone Bed	彩北石灰岩层	21-3019	C^c	C_2	范国清	1994	辽宁	93
6	Caijia Mbr	彩家段	21-3009	P^c	P_2	野田光雄	1938	辽宁	97
7	Changan Fm	长安组	21-4027	$K\hat{c}$	K_1	东北煤田第一勘探局104队	1954	吉林	137
8	Changping Fm	昌平组	21-2004	$\in\hat{c}$	$\in_1$	张文佑	1935	河北	62
9	Changliangzi Fm	长梁子组	21-4028	$J\hat{c}$	J_1	稻井丰	1934	辽宁	143
10	Changlingzi Fm	长岭子组	21-1005	$Z\hat{c}$	Z	松下进	1931	辽宁	23
11	Changzhougou Fm	常州沟组	21-1050	$Ch\hat{c}$	Ch	蓟县震旦系现场学术会	1964	天津	6
12	Chaomidian Fm	炒米店组	21-2011	$\in\hat{c}m$	$\in_{2-3}$	Blackwelder,Willis	1907	山东	69
13	Chuanlinggou Fm	串岭沟组	21-1051	$Ch\hat{c}l$	Ch	高振西、熊永先、高平	1934	天津	8
14	Cuijiatun Fm	崔家屯组	21-1011	Zcj	Z	俞建章等	1964	辽宁	29
15	Dahongyu Fm	大红峪组	21-1053	Chd	Ch	高振西、熊永先、高平	1934	天津	9
16	Dahouhai Mbr	大后海段	21-2006	$\in^d$	$\in_1$	辽宁区调队	1995	辽宁	64
17	Dalinzi Fm	大林子组	21-2002	$\in d$	$\in_1$	张焕翘	1977	辽宁	60
18	Dapaishan Fm	大迫山组	21-1030	$Ch\,dp$	Ch	辽宁地矿局第九地质大队	1989	辽宁	33
19	Dapu Fm	大堡组	21-4030	Jd	J_2	稻井丰	1934	辽宁	146
20	Daxingzhuang Fm	大兴庄组	21-4017	Kdx	K_2	辽宁地矿局第四地质大队	1989	辽宁	135
21	Dayu Fm	大峪组	21-4036	Kd	K_2	王钰等	1954	辽宁	154
22	Dangshi Mbr	当十段	21-2008	$\in^{d\check{s}}$	$\in_2$	远藤隆次	1931	辽宁	67
23	Dengzhangzi Fm	邓杖子组	21-4008	$Jd\hat{z}$	J_2	长春地质学院辽西普查大队	1958	辽宁	121
24	Deren Fm	德仁组	21-4025	JKd	J—K	东北煤田第一勘探局107队	1954	吉林	136
25	Diaoyutai Fm	钓鱼台组	21-1014	Q nd	Qn	青地乙治	1928	辽宁	18
26	Dongying Fm	东营组	21-5013	Ed	E_3	华北石油勘探处	1961	山东	199

注创：名人和创建时间栏目内括号里的内容为介绍人和介绍时间。

续表Ⅱ-2

序号	岩石地层单位名称		编号	代号	地质时代	创名人	创建时间	所在省	在本书页数
	英文	汉文							
27	Erdaogou Fm	二道沟组	21-1035	J *xe*	J*x*	辽宁地矿局第九地质大队	1986	辽宁	38
28	Fangshenpao Fm	房身泡组	21-5011	E *f*	E_1	孙镇城等	1990	辽宁	197
29	Fushun Gr	抚顺群	21-5016	E*F*	E	远藤隆次	1949	辽宁	187
30	Fuxin Fm	阜新组	21-4014	K*f*	K_1	王竹泉、黄汲清	1929	辽宁	132
31	Gandaozi Limestone Mbr	干岛子灰岩段	21-1024	Z^g	Z	辽宁区调队	1985	辽宁	32
32	Ganjingzi Fm	甘井子组	21-1007	Z*g*	Z	松下进	1931	辽宁	25
33	Gaoyuzhuang Fm	高于庄组	21-1054	Ch*g*	Ch	高振西、熊永先、高平	1934	天津	10
34	Getun Fm	葛屯组	21-2001	∈*g*	$\in_1$	张焕翘	1977	辽宁	58
35	Gengjiajie Fm	耿家街组	21-5006	E *gj*	E_3	洪友崇等	1974	辽宁	193
36	Gushan Fm	孤山组	21-4023	JK*gŝ*	J—K	辽宁区调队	1976	辽宁	142
37	Guchengzi Fm	古城子组	21-5003	E*g*	E_2	洪友崇等	1974	辽宁	190
38	Gushan Fm	崮山组	21-2010	∈*gŝ*	$\in_2$	Blackwelder Willis	1907	山东	69
39	Guanmenshan Fm	关门山组	21-1032	Ch *gm*	Ch	辽宁地矿局第九地质大队	1989	辽宁	35
40	Guantao Fm	馆陶组	21-5014	N*g*	N_1	贾中惠、马在田、帅德福等	1961	河北	200
41	Guiyunhua Fm	桂云花组	21-4038	JK*g*	J—K	辽宁区测队	1973	辽宁	157
42	Hamashan Fm	蛤蟆山组	21-3010	P*h*	P_2	松泽勋	1935	辽宁	98
43	Haifanggou Fm	海房沟组	21-4004	J*h*	J_2	室井渡	1942	辽宁	117
44	Hongla Fm	红砬组	21-3011	T*h*	T_1	张丽旭	1943	辽宁	99
45	Hongshuizhuang Fm	洪水庄组	21-1057	J x*hŝ*	Jx	高振西、熊永先、高平	1934	天津	12
46	Houfulongshan Fm	后富隆山组	21-3013	T *hf*	T_2	张武、董国义	1982	辽宁	101
47	Hutian Mbr	湖田段	21-3001	C^h	C_1	关士聪、张文堂等（丁培榛、范嘉松等）	1952（1957）	山东	90
48	Hutouling Fm	虎头岭组	21-1034	J x*h*	Jx	辽宁地矿局第九地质大队	1986	辽宁	39
49	Huangzhuang Fm	黄庄组	21-4022	J *hẑ*	J_3	地质部第二普查勘探大队	1964	辽宁	141
50	Huishitun Gr	会试屯群	21-1044	Qn*H*	Qn	斋藤林次	1943	辽宁	43
51	Jijuntun Fm	计军屯组	21-5004	E*j*	E_2	洪友崇等	1974	辽宁	191
52	Jianchang Fm	碱厂组	21-2003	∈*j*	$\in_1$	张文堂	1964	辽宁	61
53	Jiegutai Fm	皆古台组	21-4018	J*j*	J_1	辽宁区测队	1976	辽宁	138
54	Jinlingsi Gr	金岭寺群	21-4042	J*J*	J_{2-3}	西田彰一	1943	辽宁	117

续表Ⅱ-3

序号	岩石地层单位名称		编号	代号	地质时代	创名人	创建时间	所在省	在本书页数
	英 文	汉 文							
55	Jinxian Gr	金县群	21-1021	ZJ	Z	潘江	1959	辽宁	26
56	Jingeryu Fm	景儿峪组	21-1061	Q *nj*	Qn	高振西、熊永先、高平	1934	天津	14
57	Jiuda Fm	久大组	21-4025	JK*j*	J—K	东北煤田第一勘探局104队	1954	吉林	136
58	Jiufotang Fm	九佛堂组	21-4010	K*j*	K_1	远藤隆次	1934	辽宁	127
59	Kangjia Fm	康家组	21-1017	Z*k*	Z	森岛正夫	1940	辽宁	21
60	Kangzhuangzi Fm	康庄子组	21-1031	Ch*k*	Ch	辽宁地矿局第九地质大队	1989	辽宁	34
61	Laohugou Fm	老虎沟组	21-3015	T *lh*	T_3	东北地研所	1970	辽宁	102
62	Laohutai Fm	老虎台组	21-5001	E *l*	E_1	洪友崇等	1974	辽宁	188
63	Lishugou Fm	梨树沟组	21-4034	K*l*	K_1	辽宁区调队	1975	辽宁	151
64	Lizigou Fm	栗子沟组	21-5002	E *lz*	E_1	洪友崇等	1974	辽宁	189
65	Liangjiashan Fm	亮甲山组	21-2013	O*l*	O_1	叶良辅、刘季辰	1919	河北	72
66	Linjia Fm	林家组	21-3014	T*l*	T_2	小林贞一	1942	辽宁	100
67	Liutang Mbr	柳塘段	21-3008	P^l	P_1	野田光雄	1938	辽宁	96
68	Longshan Fm	龙山组	21-1060	Q *nl*	Qn	郝诒纯（乔秀夫）	1954（1963）	北京	14
69	Majiagou Fm	马家沟组	21-2014	O*m*	O_2	Grabau	1922	河北	72
70	Majiatun Fm	马家屯组	21-1010	Z*m*	Z	松下进	1931	辽宁	28
71	Mayi Limestone Bed	蚂蚁石灰岩层	21-3017	C^m	C_2	赵亚曾	1926	辽宁	92
72	Mantou Fm	馒头组	21-2005	∈*m*	$\in_{1-2}$	Willis, Blackwelder	1907	山东	63
73	Minghuazhen Fm	明化镇组	21-5015	N*m*	N_2	贾中惠、马在田、帅德福等	1961	河北	200
74	Mushutun Fm	木梳屯组	21-5007	E*m*	E_1	地质部第二普查大队	1964	辽宁	193
75	Nanfen Fm	南芬组	21-1015	Q *nn*	Qn	青地乙治	1928	辽宁	19
76	Nanguanling Fm	南关岭组	21-1006	Z *n*	Z	松下进	1931	辽宁	24
77	Nankangzhuang Fm	南康庄组	21-4020	J*n*	J_2	地质部第二普查勘探大队综合研究队	1963	辽宁	139
78	Nieerku Fm	聂尔库组	21-4035	K*n*	K_1	辽宁区调队	1975	辽宁	152
79	Niumaoling Limestone Bed	牛毛岭石灰岩层	21-3020	C^n	C_2	盛金章	1951	辽宁	93
80	Pulandian Fm	普兰店组	21-4039	K*p*	K_1	森田义人	1939	辽宁	159
81	Qianwanling Fm	前弯岭组	21-4019	J*q*	J_2	地质部第二普查勘探大队综合研究队	1963	辽宁	139
82	Qiaotou Fm	桥头组	21-1016	Qn*q*	Qn	青地乙治	1928	辽宁	20

续表Ⅱ-4

序号	岩石地层单位名称 英文	岩石地层单位名称 汉文	编号	代号	地质时代	创名人	创建时间	所在省	在本书页数
83	Qiujiatun Fm	邱家屯组	21-5010	N*q*	N	辽宁煤管局地勘公司103队（辽宁省区域地层表编写组）	1958（1978）	辽宁	196
84	Quantou Fm	泉头组	21-4016	K*q*	K_2	羽田重吉	1927	辽宁	134
85	Rehe Gr	热河群	21-4041	JK*R*	J—K	Grabau	1923	河北、辽宁	122
86	Sanchazi Gr	三岔子群	21-1042	Ch*S*	Ch	斋藤林次	1943	辽宁	33
87	Sangeling Fm	三个岭组	21-4031	J*s*	J_2	稻井丰	1934	辽宁	147
88	Sanleng Limestone Bed	三棱石灰岩层	21-3021	C^s	C_2	赵亚曾	1926	辽宁	93
89	Shahai Fm	沙海组	21-4013	K*ŝ*	K_1	室井渡	1940	辽宁	129
90	Shahejie Fm	沙河街组	21-5012	E*ŝ*	E_{2-3}	华北石油勘探处	1960	山东	198
91	Shahezi Fm	沙河子组	21-4012	J*ŝh*	J_3	坂口重雄	1943	辽宁	123
92	Shanxi Fm	山西组	21-3005	CP*ŝ*	C—P	Blackwelder, Willis	1907	山西	94
93	Shihezi Fm	石盒子组	21-3007	P*ŝ*	P_{1-2}	Norin	1922	山西	95
94	Shimen Fm	石门组	21-1036	Jx*ŝ*	Jx	辽宁地矿局第九地质大队	1986	辽宁	40
95	Shiqianfeng Gr	石千峰群	21-3012	PT*Ŝ*	PT	Norin	1922	山西	98
96	Shiqiao Mbr	石桥段	21-2007	$\in^{\hat{s}}$	$\in_1$	远藤隆次	1931	辽宁	65
97	Shisanlitai Fm	十三里台组	21-1009	Z*ŝ*	Z	松下进	1931	辽宁	27
98	Shuyatun Gr	树芽屯群	21-1043	Jx*Ŝ*	Jx	李学鲁	1963	辽宁	36
99	Songjiagou Fm	宋家沟组	21-1037	Jx*sj*	J*x*	常绍泉等	1982	辽宁	42
100	Sunjiawan Fm	孙家湾组	21-4015	K*sj*	K_2	森田义人	1939	辽宁	133
101	Taiyuan Fm	太原组	21-3004	CP*t*	C_{2-3}	翁文灏、Grabau	1922	山西	91
102	Tiaojishan Fm	髫髻山组	21-4006	J*t*	J_2	叶良辅	1920	北京	118
103	Tieling Fm	铁岭组	21-1058	Jx*tl*	Jx	高振西、熊永先、高平	1934	天津	12
104	Tongjiajie Fm	佟家街组	21-1033	Jx*t*	Jx	辽宁地矿局第九地质大队	1989	辽宁	38
105	Tuchengzi Fm	土城子组	21-4007	J*tĉ*	J_{2-3}	林朝棨	1942	辽宁	119
106	Tuanshanzi Fm	团山子组	21-1052	Ch*t*	Ch	陈晋镳	1963	天津	8
107	Wafangdian Fm	瓦房店组	21-4037	J*w*	J_{1-2}	森田义人	1939	辽宁	155
108	Wangjiatan Shale Mbr	王家坦页岩段	21-1023	Z^w	Z	辽宁区调队	1985	辽宁	31
109	Wuhangshan Gr	五行山群	21-1020	Z*W*	Z	青地乙治	1928	辽宁	21

续表Ⅱ-5

序号	岩石地层单位名称		编号	代号	地质时代	创名人	创建时间	所在省	在本书页数
	英 文	汉 文							
110	Wumishan Fm	雾迷山组	21-1056	Jxw	Jx	高振西、熊永先、高平	1934	天津	11
111	Xilutian Fm	西露天组	21-5005	Ex	E_2	洪友崇等	1974	辽宁	192
112	Xihe Gr	细河群	21-1019	QnX	Qn	青地乙治	1928	辽宁	16
113	Xiamaling Fm	下马岭组	21-1059	Qnx	Qn	叶良辅等	1920	北京	13
114	Xiaodonggou Fm	小东沟组	21-4032	Jxd	J_2	王钰等	1954	辽宁	148
115	Xiaoling Fm	小岭组	21-4033	JKx	J—K	王钰等	1954	辽宁	150
116	Xiaoyu Limestone Bed	小峪石灰岩层	21-3018	C^x	C_2	赵亚曾	1926	辽宁	92
117	Xindonggou Mem	新洞沟组	21-3003	C^x	C_2	稻井丰	1934	辽宁	90
118	Xinglonggou Fm	兴隆沟组	21-4002	Jx	J_1	谭锡畴	1931	辽宁	115
119	Xingmincun Fm	兴民村组	21-1012	Zx	Z	俞建章等	1958	辽宁	30
120	Yangliantun Fm	杨连屯组	21-5008	Ey	E_2	辽宁煤管局地质勘勘公司103队（辽宁省区域地层表编写组）	1958（1978）	辽宁	194
121	Yangshitun Fm	杨士屯组	21-1038	$Jxy\hat{s}$	Jx	常绍泉等	1982	辽宁	42
122	Yangzhuang Fm	杨庄组	21-1055	Jxy	Jx	高振西、熊永先、高平	1934	天津	11
123	Yangcaogou Fm	羊草沟组	21-4001	TJy	TJ	金维静等	1962	辽宁	112
124	Yanghe Fm	洋河组	21-5009	Eyh	E_3	辽宁煤管局（辽宁省区域地层表编写组）	1963（1978）	辽宁	195
125	Yaoweitaichong Fm	腰未台冲组	21-1014	$Qnyw$	Qn	常绍泉等	1982	辽宁	45
126	Yeli Fm	冶里组	21-2012	$\in Oy$	$\in$—O	Grabau	1922	河北	71
127	Yixian Fm	义县组	21-4009	JKy	J—K	室井渡	1940	辽宁	124
128	Yintun Fm	殷屯组	21-1041	Zyt	Z	李学鲁	1963	辽宁	45
129	Yingchengzi Fm	营城子组	21-1008	$Zy\hat{c}$	Z	松下进	1931	辽宁	26
130	Yingshugou Fm	英树沟组	21-4021	Jy	J_2	地质部第二普查勘探大队综合研究队	1963	辽宁	140
131	Yongning Fm	永宁组	21-1013	Qny	Qn	李希霍芬	1882	辽宁	15
132	Yubeigou Fm	于北沟组	21-1039	$Qnyb$	Qn	常绍泉等	1982	辽宁	44
133	Yuemengou Gr	月门沟群	21-3006	CPY	C—P	Norin	1922	山西	86
134	Zhangxia Fm	张夏组	21-2009	$\in\hat{z}$	$\in_2$	Willis, Blackwelder	1907	山东	68
135	Zhoujiawaizi Sandstone Mbr	周家崴子砂岩段	21-1022	$Z^{\hat{z}}$	Z	辽宁区调队	1985	辽宁	31
136	Zhuanshanzi Fm	转山子组	21-4029	$J\hat{z}$	J_2	稻井丰	1934	辽宁	144

附录Ⅲ 辽宁省不采用的地层单位

附录Ⅲ-1

序号	地层单位名称		编 号	地质时代	创 名 人	创建时间	所在省	不采用的理由
	英 文	中 文						
1	Aichuan series	爱川统	21-2133	O_2	松下进	1930	辽宁	与马家沟组同物异名
2	Badaguzi Fm	八大股子组	21-4114	J_3	金维静等	1962	辽宁	与九佛堂组同物异名
3	Badaohao Gr	八道壕群	21-4120	J_3—J_2	皆川信弥	1946	辽宁	重新划分，现归属义县组及九佛堂组
4	Badaohao coal series	八道壕煤系	21-4215	J_3	辽宁煤管局地勘局	1962	辽宁	与阜新组同物异名
5	Badaohao Fm	八道壕组	21-4216	J_3	辽宁煤管局地勘公司106队	1964	辽宁	见21-4215
6	Batuyingzi Fm	巴图营子组	21-4139	J_1	常征路等	1964	辽宁	重新划分，现归髫髻山组(上部)
7	Baijiashan series	白家山统	21-2120	ϵ_3	小林贞一	1930	辽宁	重新划分，现归崮山组(中、上)及炒米店组(下)
8	Baishan series	白山统	21-2150	ϵ_3	远藤隆次	1934	辽宁	重新划分，现归崮山组(中、上)
9	Baishan stage	白山阶	21-2151	ϵ_3	小林贞一	1956	辽宁	见21-2150
10	Baishan beds	白山层	21-2121	ϵ_3	远藤隆次	1931	辽宁	见21-2150
11	Baishan Mbr	白山段	21-2153	ϵ_3	小林贞一	1966	辽宁	见21-2150
12	Baishan Fm	白山组	21-2134	ϵ_3	卢衍豪	1974	辽宁	见21-2150
13	Baijiagou Fm	柏家沟组	21-4199	J_3	辽宁煤管局地勘局	1962	辽宁	重新划分，现归大迫山组(中、下)
14	Banlashan Fm	半拉山组	21-4175	K_1	王五力等	1979	辽宁	重新划分，现归阜新组(上)及孙家湾组(下)
15	Bangniupu Fm	帮牛堡组	21-4194	J_3	辽宁煤管局101队	1973	辽宁	与九佛堂组同物异名
16	Beidashan limestone	北大山石灰岩	21-1087	Z	王竹泉	1959	辽宁	重新划分，现归属五行山群
17	Beidianzi Fm	北甸子组	21-3165	C_{2-3}	辽宁地矿局区调队	1987	辽宁	与本溪组同物异名
18	Beimiao Fm	北庙组	21-4234	J_1	辽宁煤田213队	1960	辽宁	重新划分，现归长梁子组(下)
19	Beipiao volcanic beds	北票火山岩层	21-4135	J_3?	松泽勋	1935	辽宁	重新划分，解体为现羊草沟组及兴隆沟组
20	Beipiao series	北票统	21-4134	J_2—J_1	内野敏夫	1937	辽宁	重新划分，解体为现羊草沟组等以上三个组
21	Beipingshan dolor-nite	北平山白云岩	21-2101	O_1	辽宁地矿局区调队	1987	辽宁	重新划分，现解体为冶里组及亮甲山组
22	Beishan Fm	北山组	21-1081	Z	俞建章等	1958	辽宁	与崔家屯组同物异名
23	Benxihu limestone	本溪湖石灰岩	21-3177	C_2	Mathieu	1939	辽宁	与本溪石灰岩同物异名
24	Benxihu beds	本溪湖层	21-3101	C_2	Grabau	1924	辽宁	重新划分，现解体为本溪组、太原组

序号	地层单位名称		编号	地质时代	创名人	创建时间	所在省	不采用的理由
	英文	中文						
25	Benxihu series	本溪湖系	21-3102	C_2	常隆庆	1930	辽宁	见 21-3101
26	Benxihu marine beds	本溪湖海相层	21-3101	C_2	Grabau	1924	辽宁	重新划分，现解体为本溪组，太原组
27	Benxihu coal-parting beds	本溪湖夹炭层	21-3184	P_1	稻井丰	1934	辽宁	重新划分，现归属本溪组
28	Benxi limestone	本溪石灰岩	21-3247	C_2	赵亚曾	1926	辽宁	与彩北石灰岩层同物异名
29	Benxi limestone Mbr	本溪石灰岩段	21-3247	C_2	杨敬之等	1962	辽宁	见 21-3247
30	Bingmatun Fm	兵马屯组	21-4253	K_1	地质部第二普查勘探大队	1964	辽宁	系现小岭组、小东沟组之和
31	Bóhai black slab limestone	渤海黑色板状石灰岩	21-1082	Z	远藤隆次	1928	辽宁	与五行山统同物异名
32	Buyunshan Gr	步云山群	21-1080	Qn	长春地质学院	1963	辽宁	与永宁组同物异名
33	Caijia variegated shale	彩家杂色页岩	21-3237	P_2	辽宁煤管局地勘局	1962	辽宁	与彩家段同物异名
34	Caijia sandstone	彩家砂岩	21-3238	P_2	辽宁煤管局地勘局	1962	辽宁	重新划分，现归属彩家段
35	Caijia series	彩家统	21-3251	P_2	野田光雄	1938	辽宁	与彩家段同物异名
36	Caijiatun sandstone	莱家屯砂岩	21-3196	P	稻井丰	1934	辽宁	重新划分，现归属柳塘段(下)
37	Chagou stage	岔沟阶	21-1120	Qn	松下进	1935	辽宁	重新划分，现归属南芬组
38	Changbei Fm	长贝组	21-4118	J_2	地质部第二普查勘探大队	1964	辽宁	系现南康庄组、英树沟组之和
39	Changshanzi trachyte series	长山子粗面岩类	21-4233	J_2	须贝贯二	1942	辽宁	创名未使用，现归属长梁子组
40	Chaoyang series	朝阳系	21-4164	K	谭锡畴	1931	辽宁	重新划分，解体为现孙家湾组等
41	Chaoyang fossiliferous beds	朝阳含化石层	21-4214	K_1	松泽勋	1935	辽宁	创名未使用，现归属阜新组
42	Chaoyangtun Fm	朝阳屯组	21-4267	K_1	地质部第二普查勘探大队	1963	辽宁	与聂尔库组同物异名
43	Chejiapuzi conglomerate beds	车家堡子砾岩层	21-4237	J_2	须贝贯二	1942	辽宁	创名未使用，现归属转山子组
44	Chelunshan Fm	车轮山组	21-4229	K_1	辽宁煤管局地勘局	1962	辽宁	与明化镇组同物异名
45	Chengziqian siliceous rock	城子前硅岩	21-3202	C_3^2	稻井丰	1934	辽宁	重新划分，现归太原组
46	Chijiatun siliceous rock	迟家屯硅岩	21-3212	C_3	稻井丰	1934	辽宁	创名未使用，现归属太原组
47	Daao limestone	大凹石灰岩	21-3133	C_2	稻井丰	1934	辽宁	创名未使用，现归属太原组
48	Dabaoshan Fm	大宝山组	21-4206	J_1	地质部第二普查勘探大队	1964	辽宁	重新划分，现解体为皆古台组等
49	Dachengzi series	大城子统	21-4228	K_1	长春地质学院	1959	辽宁	与义县组同物异名

序号	地层单位名称		编号	地质时代	创名人	创建时间	所在省	不采用的理由
	英文	中文						
50	Dadianzi Gr	大甸子群	21-4209	J_{2-3}	地质部第二普查勘探大队	1963	辽宁	与义县组同物异名
51	Dadianzi volcanic series	大甸子火山岩类	21-4210	J_3	坂口重雄	1943	辽宁	与义县组同物异名
52	Daheshangshan series	大和尚山统	21-1115	Qn	松下进	1930	辽宁	重新划分,解体为现桥头组,南芬组
53	Dajuepu Fm	大觉堡组	21-4191	J_1	辽宁煤管局101队	1973	辽宁	重新划分,现归属海房沟组
54	Dalian supergroup	大连超群	21-1104	Z	洪作民	1991	辽宁	创名未使用,系金县群与五行山群之和
55	Dalian subgroup	大连亚群	21-1106	Z	王东坡 李铨	1965	辽宁	创名未使用,定义不清
56	Dalinghe volcanic rock	大凌河火山岩	21-4167	K_1	室井渡	1941	辽宁	层位未定,暂与大兴庄组对比
57	Daling limestone	大岭灰岩	21-2138	O_2	尾崎金右卫门	1930	(不详)	无定义,创名未使用,暂归现冶里组亮甲山组
58	Damendingzi Fm	大门顶子组	21-1117	Qn	崔盛芹(介绍)	1972	辽宁	重新划分,归属现永宁组
59	Damingshan series	大明山统	21-4249	K_1	王钰等	1954	辽宁	创名未使用,解体为现小东沟组,小岭组
60	Daming Fm	大明组	21-4189	J_{2-3}	地质部第二普查勘探大队	1963	辽宁	创名未使用,现归属沙海组
61	Danangou shale	大南沟页岩	21-3138	C_2	稻井丰	1934	辽宁	创名未使用,现归属太原组
62	Danangou siliceous	大南沟硅岩	21-3135	C_2	稻井丰	1934	辽宁	创名未使用,现归属本溪组
63	Daqingshan Fm	大青山组	21-4147	J_2	辽宁冶金地勘公司105队	1972	辽宁	创名未使用,现归属髫髻山组
64	Dashigou Fm	打石沟组	21-4127	K_1	辽宁区调队	1975	辽宁	与大峪组同物异名
65	Datun Fm	大屯组	21-1119	J_x	辽宁区调队	1991	辽宁	与杨庄组同物异名
66	Dawang coal-parting beds	大汪夹炭层	21-4242	J	稻井丰	1934	辽宁	创名未使用,现归属大堡组
67	Dayaogou beds	大窑沟层	21-2129	O	植田房雄 笹仓正夫	1937	辽宁	创名未使用,现解体为冶里组等
68	Dayaogou Lower Palaeozoic beds	大窑沟下古生代层	21-2130	O—∈	松泽勋	1935	辽宁	创名未使用,无定义
69	Dazhangzi Fm	大杖子组	21-4148	J_2—J_3	长春地质学院	1959	辽宁	创名未使用,现解体为土城子组,义县组
70	Daizitun Fm	代子屯组	21-4185	J_3	辽宁煤管局地勘公司106队	1964	辽宁	创名未使用,现归属沙海组
71	Dingjiafang volcanic series	丁家房火山岩类	21-4195	J_3	辽宁煤管局地勘局地质科	1963	辽宁	创名未使用,现归属义县组
72	Dingjiatun limestone	丁家屯石灰岩	21-3213	C_3	稻井丰	1934	辽宁	创名未使用,现归属太原组
73	Dingjiatun coal-bearing beds	丁家屯含炭层	21-3214	C_3	稻井丰	1934	辽宁	创名未使用,现归属太原组

序号	地层单位名称		编号	地质时代	创名人	创建时间	所在省	不采用的理由
	英文	中文						
74	Dingjiatun coal-parting beds	丁家屯夹炭层	21-3215	C_3	稻井丰	1934	辽宁	见 21-3214
75	Dingjiatun series	丁家屯统	21-3175	C_3	半泽正四郎	1941	辽宁	创名未使用,现归属太原组
76	Dingzhangzi series	丁杖子统	21-4103	J_1	陈晋镳等	1959	辽宁	与海房沟组同物异名
77	Dongfangshen shale	东房身页岩	21-3225	C_2	稻井丰	1934	辽宁	与本溪组同物异名
78	Donglaotai volcanic formation	东老台火山岩组	21-4256	J_3	辽宁煤管局	1962	辽宁	创名未使用,现归属小岭组
79	Dongliutang coal-parting beds	东柳塘夹炭层	21-3183	P_1	稻井丰	1934	辽宁	创名未使用,现归属山西组
80	Dongshan shale	东山页岩	21-3220	C_2	稻井丰	1934	辽宁	创名未使用,现归属太原组
81	Dongyingfang Fm	东营坊组	21-4130	J_3	范国清	1982	辽宁	与小东沟组同物异名
82	Dongjiagou coalparting beds	董家沟夹炭层	21-3204	$C_3^?$	稻井丰	1934	辽宁	创名未使用,现归属太原组
83	Dongjiagou siliceous shale	董家沟硅质页岩	21-3205	$C_3^?$	稻井丰	1934	辽宁	创名未使用,现归属本溪组
84	Doufanggou limestone	豆房沟石灰岩	21-2141	O_2	小林贞一	1934	辽宁	创名未使用,现归属马家沟组
85	Doufanggou fossil beds	豆房沟化石层	21-2154	O_2	小林贞一	1928	辽宁	创名未使用,现归属马家沟组
86	Doufanggou series	豆房沟统	21-2142	O_2	小林贞一	1929	辽宁	与马家沟组同物异名
87	Duzhangzi Fm	杜杖子组	21-4146	J_2	辽宁冶金地勘公司106队	1964	辽宁	创名未使用,现归属髫髻山组
88	Duanmuchong subgroup	椴木冲亚群	21-1092	Pt_2	陈从云、王东方	1989	辽宁	创名未使用,现归属树芽屯群
89	Duozishan Fm	朵子山组	21-1108	Z	俞建章等	1964	辽宁	重新划分,现归属永宁组
90	Erlangmiao volcanic series	二郎庙火山岩类	21-4221	J_{2-3}	室井渡	1940	辽宁	创名未使用,现归属义县组
91	Erligou Fm	二里沟组	21-3229	C_2	战丽华 王敏成	1993	辽宁	创名未使用,现归属太原组
92	Ershijiazi coal-bearing formation	二十家子含煤组	21-4165	K—J	朱熊斌	1961	辽宁	与阜新组同物异名
93	Faku Gr	法库群	21-4202	J_3	辽宁煤田101队	1973	辽宁	创名未使用,解体为义县组等
94	Fanhe series	汎河系	21-1088	Pt_{2-3}	斋藤林次	1943	辽宁	重新划分,解体为三岔子群等
95	Fanshengpu coal-parting beds	樊盛堡夹炭层	21-3189	C_3	稻井丰	1935	辽宁	创名未使用,现归属太原组
96	Fangshanzhen volcanic series	芳山镇火山岩组	21-4112	J_2—J_3	皆川信弥	1942	辽宁	与义县组同物异名
97	Fangshengou Fm	房身沟组	21-4145	J_2	辽宁冶金勘探公司105队	1972	辽宁	与髫髻山组同物异名
98	Fangniugou sandstone conglomerate beds	放牛沟砂岩砾岩层	21-4243	J_2	须贝贯二	1942	辽宁	创名未使用,现归属三个岭组
99	Fengmingcun volcanic series	风鸣村火山岩组	21-4255	J_1—J_2	辽宁煤管局	1962	辽宁	与小岭组同物异名

序号	地层单位名称		编 号	地质时代	创 名 人	创建时间	所在省	不采用的理由
	英 文	中 文						
100	Fengtian limestone	奉天灰岩	21-2126	$\in_3$	孙云铸	1923	辽宁	重新划分,解体为张夏组等
101	Fujinling limestone	福金岭石灰岩	21-1070	Z	森岛正夫	1940	辽宁	重新划分,现归属康家组
102	Fuanbao Fm	抚安堡组	21-4208	J_{2-3}	地质部二普	1963	辽宁	与英树沟组同物异名
103	Fuxin Gr	阜新群	21-4177	K_1	北京地院地史教研室	1961	辽宁	重新划分,解体为热河群及孙家湾组
104	Fuzhoucheng Gr	复州城群	21-1105	Z	崔盛芹等	1965	辽宁	重新划分,解体为永宁组及细河群
105	Fuzhou Gr	复州群	21-1103	Z	邢裕盛等	1979	辽宁	重新划分,解体为桥头组及长岭子组
106	Fuzhou series	复州统	21-1124	Qn	布莱克维尔德	1907	辽宁	创名未使用,包含现细河群大部分
107	Fuerha Fm	富尔哈组	21-1090	Ch	杨忠杰	1991	辽宁	与佟家街组同物异名
108	Gangyao series	缸窑统	21-2144	O_2	远藤隆次	1931	辽宁	创名未使用,现归属马家沟组
109	Gangyao limestone	缸窑石灰岩	21-3145	C_2	稻井丰	1934	辽宁	创名未使用,现归属太原组
110	Gangyao coal-parting bed	缸窑夹炭层	21-3143	C_2	稻井丰	1934	辽宁	见 21-3145
111	Gangtai beds	纲台层	21-4110	J	谭锡畴	1926	辽宁	与义县组同物异名
112	Gaojiatun sandstone shale	高家屯砂页岩	21-1078	Z	青地乙治	1928	辽宁	与长岭子组同物异名
113	Gaoshantai fossilferous beds	高山台含化石层	21-4169	K_1	森田义人	1939	辽宁	重新划分,现归沙海组
114	Gezhenbao series	革镇堡统	21-1074	Z	俞建章等	1958	辽宁	重新划分,解体为金县群,五行山群
115	Gongguanyingzi Fm	宫官营子组	21-4108	J_2	辽宁煤管局	1962	辽宁	创名未使用,现归义县组
116	Gongjiabaozi coal-parting beds	宫家堡子夹炭层	21-3154	C_2	稻井丰	1934	辽宁	创名未使用,现归本溪组
117	Gongyuanceng Gr	宫源层群	21-3248	K_1—J_2	野田光雄	1942	辽宁	重新划分,解体为林家组等
118	Gushanlazi Fm	孤山砬子组	21-1097	J_x	辽宁地质局科研队	1982	辽宁	与佟家街组同物异名
119	Guojiadian coal series	郭家店煤系	21-4126	J_2	长春地质学院	1962	辽宁	与海房沟组同物异名
120	Hazhihai volcanic beds	哈只海火山层	21-4141	J_2	林朝綮	1942	辽宁	创名未使用,现归髫髫山组
121	Hazhihai volcanic series	哈只海火山岩统	21-4142	J_2	大木谦一	1962	辽宁	创名未使用,现解体为海房沟组,髫髫山组
122	Haizhou Fm	海州组	21-4174	J_3	辽宁煤田 106 队	1964	辽宁	与阜新组同物异名
123	Hanpuoling coal-parting beds	韩坡岭夹炭层	21-3129	C_2	稻井丰	1934	辽宁	创名未使用,现归属本溪组

序号	地层单位名称		编号	地质时代	创名人	创建时间	所在省	不采用的理由
	英文	中文						
124	Hanpuoling limestone	韩坡岭石灰岩	21-3126	C_2	稻井丰	1934	辽宁	创名未使用，现归属太原组
125	Hanwangmiao coal-parting beds	韩王庙夹炭层	21-3128	C_2	稻井丰	1934	辽宁	见 21-3129
126	Hanwangmiao limestone	韩王庙石灰岩	21-3125	C_2	稻井丰	1934	辽宁	见 21-3126
127	Heshanggou coal series	和尚沟煤系	21-4138	J_1	辽宁煤管局	1962	辽宁	与海房沟组同物异名
128	Hejiagou tuff beds	何家沟凝灰岩层	21-4140	J_2	林朝棨	1942	辽宁	创名未使用，现归属髫髻山组
129	Heichengzi series	黑城子统	21-4158	J_3	森田义人 坂口重雄	1939	辽宁	创名未使用，现解体为海房沟组等
130	Heichengzi volcanic series	黑城子火山岩统	21-4159	J_3	大木谦一	1962	辽宁	与义县组同物异名
131	Heiniuquanzi Fm	黑牛圈子组	21-1100	Jx	辽宁地矿局科研队	1982	辽宁	重新划分，现归属石门组
132	Heishan series	黑山系	21-4183	K	谭锡畴	1926	辽宁	创名未使用，现解体为沙海组，阜新组
133	Heishui conglomerate	黑水砾岩	21-4166	K_1	辽宁煤管局地勘局107队	1960	辽宁	与孙家湾组同物异名
134	Heiyugou Fm	黑鱼沟组	21-3252	P_1	辽宁地矿局科研队	1992	辽宁	创名未使用，现归属石盒子组
135	Hongliangou limestone	红脸沟石灰岩	21-3136	C_2	稻井丰	1934	辽宁	创名未使用，现归属太原组
136	Hongliangou coal-parting beds	红脸沟夹炭层	21-3216	C_3P_1	稻井丰	1934	辽宁	创名未使用，现归属本溪组
137	Hongqi limestone	红旗石灰岩	21-3123	C_2	稻井丰	1934	辽宁	创名未使用，现归属太原组
138	Hongqigou shale	红旗沟页岩	21-3122	C_2	稻井丰	1934	辽宁	见 21-3123
139	Hongshilazi Fm	红石砬子组	21-4238	J_2	辽宁煤管局	1962	辽宁	重新划分，现归属转山子组
140	Hongshila Fm	红石砬组	21-4153	J_{1-2}	北票矿务局	1961	辽宁	重新划分，现归属土城子组
141	Hongluoxian series	虹螺岘统	21-3109	P_1?—C_3	野田光雄	1940	辽宁	与山西组同物异名
142	Hongluoxian coal-bearing beds	虹螺岘含炭层	21-3112	CP?	松泽勋	1935	辽宁	见 21-3109
143	Hongluoxian Fm	虹螺岘组	21-3113	P—C_3	李星学	1959	辽宁	见 21-3109
144	Hongluoxian Gr	虹螺岘群	21-3114	P_1—C_2	李星学	1963	辽宁	见 21-3109
145	Houcheng Fm	后城组	21-4106	J_2	陈晋镳	1959	河北	与土城子组同物异名
146	Houhuangdi sandstone	后荒地砂岩	21-3148	C_2	稻井丰	1934	辽宁	创名未使用，现归属太原组
147	Houxinqiu volcanic rock	后新邱火山岩	21-4219	K_1·	辽宁煤管局地勘公司106队	1964	辽宁	与义县组同物异名

序号	地层单位名称		编号	地质时代	创名人	创建时间	所在省	不采用的理由
	英文	中文						
148	Houyingzi Fm	后营子组	21-2105	$\in_2$—$\in_1$	辽宁区调队	1987	辽宁	与石桥段同物异名
149	Hujiacun Fm	胡家村组	21-1071	Qn	曹瑞骥等	1974	辽宁	创名未使用，现归属桥头组
150	Huludao sandstone	葫芦岛砂岩	21-1093	Ch	王曰伦	1963	辽宁	与大红峪组同物异名
151	Hulutao Fm	葫芦套组	21-2106	$\in_1$	辽宁区调队	1987	辽宁	创名未使用，现归属大后海段
152	Huabaochong Fm	花豹冲组	21-1099	Jx	辽宁地质局科研队	1982	辽宁	创名未使用，现解体为虎头岭组，二道沟组
153	Huajiawa siliceous rock	花家洼硅岩	21-3141	C_2	稻井丰	1934	辽宁	创名未使用，现归属山西组
154	Huazigou sandstone	华子沟砂岩	21-3188	C_2	稻井丰	1934	辽宁	创名未使用，现归山西组
155	Huanren Fm	桓仁组	21-4259	J_3	辽宁地研所	1963	辽宁	创名未使用，现归小岭组
156	Huanggou coal-bearing formation	荒沟含煤组	21-4216	J_3	辽宁煤管局	1962	辽宁	与梨树沟组同物异名
157	Huangbaiyu beds	黄柏峪层	21-1114	Qn	都留一雄	1931	辽宁	创名未使用，现归辽阳群(早元古代)
158	Huanghuashan breccia	黄花山角砾岩	21-4172	J_{2-3}	室井渡	1940	辽宁	创名未使用，现归属沙海组
159	Huangnichuan stage	黄泥川阶	21-1116	Qn	松下进	1935	辽宁	重新划分，现归属南芬组
160	Huangqi coal-bearing beds	黄旗含煤层	21-3230	C_2	王在霞	1959	辽宁	重新划分，现归属山西组
161	Huangqi limestone	黄旗石灰岩	21-3160	C_2	潘广等	1959	辽宁	重新划分，现归属太原组
162	Huangqi sandstone	黄旗砂岩	21-3170	C_3	王钰等	1954	辽宁	见 21-3160
163	Huangqi coal series	黄旗煤系	21-3249	C_3	辽宁煤管局	1962	辽宁	见 21-3160
164	Huangqi series	黄旗统	21-3173	C_3	野田光雄	1938	辽宁	见 21-3160
165	Huangqi Gr	黄旗群	21-3171	C_3	杨敬之等	1962	辽宁	见 21-3160
166	Huangqi coal-bearing beds	黄旗含煤层	21-3161	C_3	王在霞	1959	辽宁	见 21-3160
167	Hunhe Gr	浑河群	21-5023	N	地质部第二普查勘探大队	1964	辽宁	创名未使用，含现邱家屯组、洋河组
168	Huolianzhai shale	火连寨页岩	21-2137	$\in_2$	小林贞一	1930	辽宁	创名未使用，现归属馒头组当十段
169	Huolianzhai limestone	火连寨石灰岩	21-2136	$\in_2$	小林贞一	1930	辽宁	创名未使用，现归属张夏组
170	Jijialing Fm	纪家岭组	21-4119	K_1	斯行健 周志炎	1962	辽宁	与泉头组同物异名
171	Jiajiatun sandstone shale	贾家屯砂页岩	21-1086	Z	森岛正夫	1940	辽宁	重新划分，现归属康家组

序号	地层单位名称		编号	地质时代	创名人	创建时间	所在省	不采用的理由
	英文	中文						
172	Jiazhangsi Fm	驾掌寺组	21-5024	N	地质部第二普查勘探大队	1964	辽宁	与馆陶组同物异名
173	Jianshangou beds	尖山沟层	21-4247	K_1	王钰等	1954	辽宁	与小东沟组同物异名
174	Jianchang series	建昌统	21-4149	J_{2-3}	长春地质学院	1959	辽宁	创名未使用，现解体为髫髻山组，土城子组
175	Jianchang Fm	建昌组	21-4150	J_3	任冠政等	1963	辽宁	重新划分，现归属义县组
176	Jiangjialu Fm	姜家炉组	21-4262	J_3	长春地质学院	1965	辽宁	与桂云花组同物异名
177	Jiangjiawan limestone	蒋家湾灰岩	21-2125	O	尾崎金右卫门	1930	辽宁	创名未使用，现归属炒米店组
178	Jinjia black shale	金家黑色页岩	21-1079	Z	青地乙治	1938	辽宁	重新划分，现解体为南关岭组，甘井子组
179	Jingangshan beds	金刚山层	21-4171	J_{2-3}	室井渡	1940	辽宁	重新划分，现归属义县组
180	Jinlingsi conglomerate beds	金岭寺砾岩层	21-4157	J_2	金维静等	1962	辽宁	重新划分，现归属土城子组
181	Jinzhou series	金州统	21-2113	$\in_1$	松下进	1930	辽宁	重新划分，解体为崔家屯组、馒头组等
182	Jinshan Gr	锦山群	21-2155	$\in_3$	辽宁地质局	1974	辽宁	槽区地层，暂未清理
183	Jinxi series	锦西统	21-3108	P	高桥年次	1944	辽宁	与山西组同物异名
184	Jinxian conglomerate beds	锦县砾岩层	21-4222	J?	室井渡	1940	辽宁	创名未使用，现归属孙家湾组
185	Jiuchizi volcanic series	九池子火山岩组	21-4180	?	皆川信弥	1942	辽宁	创名未使用，现归属义县组
186	Jiuxiandong Fm	九仙洞组	21-1094	Ch	辽宁区测一队	1970	辽宁	创名未使用，现解体为大红峪组，高于庄组
187	Jiucaiyu sandstone	韭菜峪砂岩	21-3234	P—T	稻井丰	1934	辽宁	创名未使用，现归属石盒子组
188	Jiucaiyu shale	韭菜峪页岩	21-3235	P—T	稻井丰	1934	辽宁	见21-3235
189	Kongjiapuzi shale	孔家堡子页岩	21-3147	C_2	稻井丰	1934	辽宁	创名未使用，现归属太原组
190	Kouhualin Fm	口花林组	21-4136	J_1	潘广	1964	辽宁	创名未使用，现解体为兴隆沟组等
191	Kuntouboluo Fm	坤头波罗组	21-4101	J_1	米家榕等	1964	辽宁	与羊草沟组同物异名
192	Lamadong volcanic rock	拉马洞火山岩	21-4220	K_1	赵宝林	1960	辽宁	创名未使用，现归属义县组
193	Lashushantun limestone	拉树山屯灰岩	21-2103	$\in_3$—$\in_2$	辽宁区调队	1987	辽宁	创名未使用，现归属炒米店组
194	Laidaigou coal-bearing formation	来代沟含煤组	21-4116	J_3	辽宁煤管局	1962	辽宁	重新划分，现分属阜新组（下），沙海组（上）

序号	地层单位名称		编号	地质时代	创名人	创建时间	所在省	不采用的理由
	英文	中文						
195	Lanqi volcanic series	蓝旗火山岩类	21-4104	J_2	赵宗溥 何铸文	1959	辽宁	重新划分，解体为海房沟组、髫髻山组
196	Langdongyang Fm	狼洞羊组	21-1096	Ch	辽宁地质局科研队	1982	辽宁	与关门山组同物异名
197	Laohulazi volcanic series	老虎砬子火山岩组	21-4252	J_3	辽宁煤管局	1962	辽宁	与小岭组同物异名
198	Laojunmiao coal-parting beds	老君庙夹炭层	21-3193	P	稻井丰	1934	辽宁	创名未使用，现归属山西组
199	Laoqiang sandstone	老墙砂岩	21-3250	P_2	盛金章	1956	辽宁	重新划分，现归属石盒子组
200	Laotieshan Fm	老铁山组	21-1073	Z	崔盛芹等	1965	辽宁	重新划分，现归属永宁组
201	Laozhuanghu Fm	老庄户组	21-2110	$∈_1$	辽宁区测队	1962	辽宁	与昌平组同物异名
202	Lidaren Fm	李大人组	21-4266	K_1	地质部第二普查勘探大队	1963	辽宁	创名未使用，解体为梨树沟组，聂尔库组
203	Lijingou Mbr	李金沟段	21-4155	K_1	潘广	1964	辽宁	创名未使用，现归属土城子组
204	Liyingjiang Fm	李影匠组	21-4198	J_3	辽宁煤管局	1965	辽宁	创名未使用，现归属沙海组
205	Liangshuiquanzi coal-bearing formation	凉水泉子含煤组	21-4251	$J_2—J_1$	辽宁煤管局	1962	辽宁	创名未使用，现归属小岭组
206	Liaonan Gr	辽南群	21-1102	Z	邢裕盛等	1979	辽宁	重新划分，解体为金县群及五行山群一部分
207	Liaoxi Gr	辽西群	21-4179	$K_1—J_2$	潘广	1979	辽宁	创名未使用，现归属热河群及孙家湾组
208	Liaoyang series	辽阳统	21-2156	$∈_1$	青地乙治	1928	辽宁	与馒头组同物异名
209	Liaoyang Gr	辽阳群	21-4268	K_1	地质部第二普查勘探大队	1964	辽宁	创名未使用，现解体为小岭组等
210	Liaozhong Gr	辽中群	21-5022	N	杨承先	1966	辽宁	创名未使用，内含现明化镇组，馆陶组
211	Lingyuan beds	凌源层	21-2128	∈	植田房雄 笹仓正夫	1937	辽宁	无确切定义
212	Lingyuan red conglomerate	凌源红色砾岩	21-4107	J_2	赵宗溥	1957	辽宁	与土城子组同物异名
213	Liujiapuzi coal-parting beds	刘家堡子夹炭层	21-3153	C_2	稻井丰	1934	辽宁	创名未使用，现归属本溪组
214	Liujiatun Fm	柳家屯组	21-1075	Z	梁玉左等	1962	辽宁	与兴民村组同物异名
215	Liutiaogou Fm	柳条沟组	21-4124	J_2	赵宗溥 何铸文	1959	辽宁	创名未使用，现归属土城子组
216	Liutiaogou limestone	柳条沟石灰岩	21-3142	C_2	稻井丰	1934	辽宁	创名未使用，现归属太原组
217	Longfengkan Fm	龙风坎组	21-4128	K_1	洪友崇等	1974	辽宁	与大峪组同物异名

序号	地层单位名称		编号	地质时代	创名人	创建时间	所在省	不采用的理由
	英文	中文						
218	Longtou stage	龙头阶	21-1112	Z	松下进	1935	辽宁	重新划分，现归属南芬组
219	Longwan limestone	龙湾石灰岩	21-3245	C_2	稻井丰	1934	辽宁	创名未使用，现归属太原组
220	Longwan coal-parting beds	龙湾夹炭层	21-3157	C_2	稻井丰	1934	辽宁	创名未使用，现归属本溪组
221	Longwangtang stage	龙王塘阶	21-1121	Qn	松下进	1935	辽宁	重新划分，现归属南芬组
222	Longwangmiao Fm	龙王庙组	21-4205	J_1	地质部第二普查大队	1963	辽宁	与皆古台组同物异名
223	Lüxi Gr	闾西群	21-4178	J_{1-2}	潘广	1979	辽宁	与热河群同物异名
224	Lüda series	旅大统	21-1122	Qn	俞建章等	1958	辽宁	重新划分，现解体为永宁组及细河群
225	Lüshun subgroup	旅顺亚群	21-1077	Z	王东坡 李铨	1965	辽宁	与永宁组同物异名
226	Luotuoshan beds	骆驼山层	21-1083	Qn	斋藤林次	1938	辽宁	创名未使用，现归属永宁组
227	Luotuoshanzi Fm	骆驼山子组	21-4213	J_3?	辽宁煤管局	1962	辽宁	创名未使用，现归属九佛堂组
228	Machang coal-bearing formation	马厂含煤组	21-4117	J_3	辽宁煤管局	1962	辽宁	创名未使用，现归属九佛堂组
229	Majiagou sandstone shale beds	马家沟砂岩页岩层	21-4154	J_1?	大木谦一	1962	辽宁	创名未停用，与阜新组同物异名
230	Masilangqiao Gr	马四郎桥群	21-1095	Jx	汪风鸣等	1986	辽宁	创名未使用，现归属树芽屯群
231	Mayi series	蚂蚁统	21-3107	P_1—C_3	须贝贯二	1948	辽宁	创名未使用，解体为太原组、山西组
232	Mayicun coal-parting beds	蚂蚁村夹炭层	21-3121	C_2	稻井丰	1943	辽宁	创名未使用，现归属太原组
233	Mayi Mbr	蚂蚁段	21-3198	C_2	杨敬之等	1962	辽宁	与蚂蚁灰岩同物异名
234	Maojiagou Fm	毛家沟组	21-2114	$\in_1$	安泰庠	1963	辽宁	与碱厂组同物异名
235	Maojiagou limestone	毛家沟灰岩	21-2108	O_1	辽宁区调队	1988	辽宁	见 21-2114
236	Mengguyingzi shale beds	蒙古营子页岩层	21-4122	J_3	林朝棨	1942	辽宁	创名未使用，现归属土城子组
237	Miaogou shale	庙沟页岩	21-3221	C_2	稻井丰	1934	辽宁	重新划分，现归属本溪组
238	Miaogou coal-bearing beds	庙沟含煤层	21-3222	C_2	稻井丰	1934	辽宁	创名未使用，现归属本溪组
239	Miaoshan Fm	庙山组	21-1107	Z	俞建章等	1964	辽宁	重新划分，现归属永宁组
240	Mingshangou limestone	明山沟石灰岩	21-3120	C_2	稻井丰	1934	辽宁	创名未使用，现归属太原组
241	Mopan stage	磨盘阶	21-2157·	$\in_2$	小林贞一	1956	辽宁	重新划分，现归属馒头组

序号	地层单位名称		编 号	地质时代	创 名 人	创建时间	所在省	不采用的理由
	英 文	中 文						
242	Mopan series	磨盘统	21-2158	$\in_2$	远藤隆次	1934	辽宁	见 21-2157
243	Mopan beds	磨盘层	21-2117	$\in_2$	远藤隆次	1931	辽宁	见 21-2157
244	Moqishan sandstone	礤碕山砂岩	21-3194	P	稻井丰	1934	辽宁	创名未使用,现归石盒子组
245	Nanshan sandstone	南山砂岩	21-3180	P_1	稻井丰	1934	辽宁	见 21-3194
246	Nanshan coal-parting beds	南山夹炭层	21-3137	C_2	稻井丰	1934	辽宁	创名未使用,现归本溪组
247	Nanpiao series	南票统	21-3106	P—C	张丽旭	1943	辽宁	与山西组同物异名
248	Nanling series	南岭统	21-4152	J_2—J_1	大石三郎 森田义人	1943	辽宁	与金岭寺群同物异名
249	Nanzamu Fm	南杂木组	21-4250	K_1	地质部第二普查勘探大队	1963	辽宁	创名未使用,现解体为小东沟组,小岭组
250	Naozhizi Fm	闹枝子组	21-4258	J_3	辽宁地研所	1963	辽宁	重新划分,现归属小岭组
251	Nihezi beds	泥河子层	21-4115	J_3—J_2	室井渡	1940	辽宁	与沙海组同物异名
252	Niuxintai sandstone	牛心台砂岩	21-3197	P	稻井丰	1934	辽宁	重新划分,现归属石盒子组
253	Niuxintai series	牛心台统	21-3233	P—T	稻井丰	1934	辽宁	与石盒子组同物异名
254	Niuyingzi coal series	牛营子煤系	21-4102	J_1	赵宗溥	1959	辽宁	与海房沟组同物异名
255	Panjiaxigou coal-parting beds	潘家西沟夹炭层	21-4240	J_2	须贝贯二	1942	辽宁	创名来使用,现归属大堡组
256	Pinggang Fm	平岗组	21-4204	J_3	东北地研所	1974	吉林	重新划分,解体为沙河子组,德仁组
257	Pingtaizi Fm	平台子组	21-4131	J_2^3	辽宁煤管局	1962	辽宁	与三个岭组同物异名
258	Pingtaizi coal-parting beds	平台子夹炭层	21-4244	J_3	木原敏夫	1943	辽宁	创名未使用,现归属三个岭组
259	Pingzhou beds	平州层	21-2149	O_1	远藤隆次	1931	辽宁	重新划分,现分属炒米店组,冶里组
260	Pingzhou series	平州统	21-2159	O_1	远藤隆次	1937	辽宁	见 21-2149
261	Qidingshan series	七顶山统	21-2116	$\in_3$—$\in_2$	松下进	1930	辽宁	重新划分,解体为张夏组等
262	Qidaoquanzi Fm	七道泉子组	21-4163	J_3	赵宝林等	1960	辽宁	创名未使用,现归属九佛堂组
263	Qianhuangdi limestone	前荒地石灰岩	21-3151	C_2	稻井丰	1934	辽宁	创名未使用,现归属太原组
264	Qianhuangdi shale	前荒地页岩	21-3149	C_2	稻井丰	1934	辽宁	创名未使用,现归属本溪组
265	Qianhuazigou coal-parting beds	前铧子沟夹炭层	21-3185	C_3	稻井丰	1934	辽宁	创名未使用,现归属山西组

序号	地层单位名称		编 号	地质时代	创 名 人	创建时间	所在省	不采用的理由
	英 文	中 文						
266	Qianshihuiyaozi series	前石灰窑子统	21-3118	P—C	松下进	1930	辽宁	创名未使用，现解体为本溪组等
267	Qiaomaishan series	荞麦山统	21-2132	O	松下进	1930	辽宁	创名未使用，现分属炒米店组，冶里组
268	Qinghemen Fm	清河门组	21-4173	J_3	辽宁煤管局地勘公司106队	1964	辽宁	与沙海组同物异名
269	Qingshanbei shale	青山背页岩	21-3134	C_2	稻井丰	1934	辽宁	创名未使用，现归属本溪组
270	Qiushugou shale	楸树沟页岩	21-2140	O	小林贞一	1930	辽宁	重新划分，现归属炒米店组
271	Qiushugou Mbr	楸树沟段	21-2160	O	卢衍豪	1959	辽宁	见21-2140
272	Qiushugou beds	楸树沟层	21-2161	$\in_3$	王钰	1954	辽宁	见21-2140
273	Quanjiapuzi sandstone	全家堡子砂岩	21-3195	P	稻井丰	1934	辽宁	创名未使用，现归属石盒子组
274	Quantou Gr	泉头群	21-4203	K_1	斯行健 周志炎	1962	辽宁	现称泉头组
275	Rehetai Fm	热河台组	21-5026	E_3	地质部第一普查大队	1967	辽宁	重新划分，现分属沙河街组，房身泡组
276	Saima Gr	赛马群	21-4264	J_2—J_1	辽宁地研所	1963	辽宁	创名未使用，现解体为长梁子组等
277	Sandao series	三道统	21-2146	O_1	远藤隆次	1932	辽宁	创名未使用，现分属冶里组，亮甲山组
278	Sanjiazi shale	三家子页岩	21-3239	P—T	稻井丰	1934	辽宁	重新划分，现归石盒子组
279	Sanjiazi series	三家子统	21-3111	P—C	张丽旭	1943	辽宁	创名未使用，现归山西组
280	Sanjiazi Fm	三家子组	21-4190	J_1	辽宁煤管局101队	1973	辽宁	创名未使用，现归海房沟组
281	Sanlizhuang shale	三里庄页岩	21-2107	$\in_1$	辽宁区调队	1987	辽宁	创名未使用，现归属大后海段
282	Sanqi series	三崎统	21-2164	$\in_1$	远藤隆次	1934	辽宁	中国地名、日文称呼，与大后海段同物异名
283	Sanqi stage	三崎阶	21-2165	$\in_1$	小林贞一	1956	辽宁	见21-2164
284	Sanqi beds	三崎层	21-2109	$\in_1$	远藤隆次	1931	辽宁	见21-2164
285	Sanqi Fm	三崎组	21-2166	$\in_1$	卢衍豪	1974	辽宁	见21-2164
286	Sanshi stage	三十阶	21-2163	$\in_1$	小林贞一	1966	辽宁	与大后海段同物异名
287	Sanshilibao stage	三十里堡阶	21-2112	$\in_1$	松下进	1930	辽宁	见21-2163
288	Sanshilibao Fm	三十里堡组	21-2162	$\in_1$	卢衍豪	1974	辽宁	见21-2163
289	Santaizi Fm	三台子组	21-5025	N	地质部第二普查大队	1964	辽宁	与邱家屯组同物异名

序号	地层单位名称		编号	地质时代	创名人	创建时间	所在省	不采用的理由
	英文	中文						
290	Santaizi Fm	三台子组	21-4197	J_3	辽宁煤管局	1965	辽宁	与21-5025同名异物
291	Shaguotun beds	沙锅屯层	21-2167	$\in_3$	小林贞一	1930	辽宁	创名未使用,现解体为张夏组等
292	Shaguotun limestone	沙锅屯灰岩	21-2127	$\in_3$	孙云铸	1923	辽宁	见21-2167
293	Shahezi series	沙河子统	21-4201	J_3	坂口重雄	1943	辽宁	与热河群同物异名
294	Shahe Fm	沙河组	21-4129	J_3	长春地质学院	1965	辽宁	与普兰店组同物异名
295	Shaling Fm	沙岭组	21-5028	E	杨承先	1965	辽宁	重新划分,现归属沙河街组
296	Shanchengzi Fm	山城子组	21-3228	C_2	战丽华 王敏成	1993	辽宁	与本溪组同物异名
297	Shandaogou coal-parting beds	山道沟夹炭层	21-3217	P_1	稻井丰	1934	辽宁	重新划分,现归山西组
298	Shangbuhanpoling shale	上部寒坡岭页岩	21-3124	C_2	稻井丰	1934	辽宁	创名未使用,现归本溪组
299	Shangbulongwan shale	上部龙湾页岩	21-3158	C_2	稻井丰	1934	辽宁	见21-3124
300	Shangbuqianhuangdi shale	上部前荒地页岩	21-3150	C_2	稻井丰	1934	辽宁	见21-3124
301	Shangbuqianshi-huiyaotun limestone	上部前石灰窑屯石灰岩	21-3207	C_3^2	稻井丰	1934	辽宁	创名未使用,现归太原组
302	Shangbushishan shale	上部石山页岩	21-3144	C_2	稻井丰	1934	辽宁	创名未使用,现归本溪组
303	Shangbuchengziqian shale	上部城子前页岩	21-3199	C_3^2	稻井丰	1934	辽宁	创名未使用,现归太原组
304	Shangbukongjia-menqian limestone	上部孔家门前石灰岩	21-3200	C_3^2	稻井丰	1934	辽宁	创名未使用,现归太原组
305	Shangbuqianshihui-yaotun shale	上部前石灰窑屯页岩	21-3206	C_3^2	稻井丰	1934	辽宁	创名未使用,现归太原组
306	Shanggou Fm	上沟组	21-1118	Qn	王东坡、李铨	1965	辽宁	与永宁组同物异名
307	Shangliutang sandstone	上柳塘砂岩	21-3179	P_1	潘广等	1959	辽宁	无此地名,现归柳塘段
308	Shangliutang coal series	上柳塘煤系	21-3192	P_1	辽宁煤管局	1962	辽宁	见21-3179
309	Shangwuhuzui beds	上五湖咀层	21-3164	C_3	赵亚曾	1926	辽宁	无此地名,现归太原组
310	Shangwuhuzui Fm	上五湖咀组	21-3243	C_3	中国地质编委会科学院地研所	1958	辽宁	见21-3164
311	Shaojia Fm	邵家组	21-4231	J_1	辽宁煤管局	1962	辽宁	创名未使用,现归长梁子组
312	Shenbei Gr	沈北群	21-5021	E	地质部二普	1964	辽宁	创名未使用,解体为杨连屯组、木梳屯组

序号	地层单位名称		编号	地质时代	创名人	创建时间	所在省	不采用的理由
	英文	中文						
313	Shichang limestone	石厂石灰岩	21-3139	C_2	稻井丰	1934	辽宁	创名未使用，现归太原组
314	Shichang shale	石厂页岩	21-3140	C_2	稻井丰	1934	辽宁	创名未使用，现归本溪组
315	Shimengou Fm	石门沟组	21-4133	J_1	赵宗溥 赵宝林	1960	辽宁	与老虎沟组同物异名
316	Shiqiao beds	石桥层	21-2135	$\in_1$	远藤隆次	1931	辽宁	与石桥段同物异名
317	Shuiquanzi Fm	水泉子组	21-4161	J_3	金维静等	1962	辽宁	与义县组同物异名
318	Shuiquanzi conglomerate formation	水泉子砾岩组	21-4181	?	皆川信弥	1942	辽宁	与孙家湾组同物异名
319	Shuiquanzi Gr	水泉子群	21-4182	?	皆川信弥	1942	辽宁	创名未使用，解体为现孙家湾组等
320	Shuiquan Fm	水泉组	21-4176	K_1	商平	1986	辽宁	重新划分，现归属阜新组
321	Shuiquangou Fm	水泉沟组	21-4144	J_1	辽宁区调队	1965	辽宁	与髫髻山组同物异名
322	Shunbiantun Fm	顺便屯组	21-4193	J_2	辽宁煤管局101队	1973	辽宁	重新划分，现归属义县组
323	Shunshanzi siliceous rock	顺山子硅岩	21-3119	C_2	稻井丰	1934	辽宁	创名未使用，现归属山西组
324	Sijiaban green sandstone beds	四家板绿色砂岩层	21-4125	J_2	大木谦一	1962	辽宁	创名未使用，现归属土城子组
325	Siyan series	四眼统	21-2143	O_2	远藤隆次	1932	辽宁	创名未使用，现归属马家沟组
326	Songshu Fm	松树组	21-1109	Z	俞建章等	1964	辽宁	重新划分，现归属永宁组
327	Songshugou Fm	松树沟组	21-4207	J_2	辽宁区测一队	1976	辽宁	与南康组同物异名
328	Sunjialiang volcanic bed	孙家梁火山岩层	21-4111	J_3	林朝棨	1942	辽宁	与义县组同物异名
329	Taiji series	台吉统	21-4121	J_2	林朝棨	1942	辽宁	创名未使用，分属现海房沟组，髫髻山组
330	Taiji Fm	台吉组	21-4137	J_1	金维静	1962	辽宁	与北票组同物异名
331	Taishan beds	台山层	21-2119	$\in_3$	远藤隆次	1937	辽宁	重新划分，现归属崮山组
332	Taizishan Fm	台子山组	21-2102	O—∈	辽宁区调队	1988	辽宁	创名未使用，现归属炒米店组
333	Taitougou Mbr	抬头沟段	21-4156	K_1	潘广	1964	辽宁	创名未使用，现归属土城子组
334	Taipinggou fish-fossiliferous beds	太平沟鱼化石层	21-4162	J_3	林朝棨	1942	辽宁	创名未使用，现归属沙海组
335	Taizi beds	太子层	21-2115	$\in_3$	远藤隆次	1931	辽宁	与张夏组同物异名
336	Taizihe series	太子河系	21-3110	T—C_2	坂本峻雄	1926	辽宁	重新划分，解体为月门沟群，石盒子组

序号	地层单位名称		编号	地质时代	创名人	创建时间	所在省	不采用的理由
	英文	中文						
337	Taoyuangou coal-parting beds	陶圆沟夹炭层	21-3168	C_3	稻井丰	1934	辽宁	创名未使创用,现归属山西组
338	Taoyuangou sand-stone	陶圆沟砂岩	21-3169	C_3	稻井丰	1934	辽宁	见 21-3168
339	Tiandemiao Fm	天德庙组	21-4151	J_3	任冠政 孙玉信	1963	辽宁	创名未使用,现归属义县组
340	Tiandingshan con-glomerate beds	天顶山砾岩层	21-4236	J_2	须贝贯二	1942	辽宁	创名未使用,现归属转山子组
341	Tianjiagou san-dstone	田家沟砂岩	21-3186	C_3	稻井丰	1934	辽宁	创名未使用,现归属山西组
342	Tianjiagou coalpart-ing beds	田家沟夹炭层	21-3187	C_3	稻井丰	1934	辽宁	见 21-3186
343	Tianshifu series	田师傅统	21-3103	C_2	稻井丰	1934	辽宁	重新划分,解体为本溪组,太原组
344	Tianshifugou series	田师傅沟统	21-3246	C_2	半泽正四郎	1944	辽宁	见 21-3103
345	Tianshifu coal series	田师傅煤系	21-4263	T_3—J_1	李四光	1939	辽宁	重新划分,解体为长梁子组等
346	Tianzhuangtai Fm	田庄台组	21-5027	E_3	地质部第二普查大队	1966	辽宁	与东营组同物异名
347	Tongerpu Fm	佟二堡组	21-4265	K_1	地质部第二普查大队	1964	辽宁	重新划分,解体为梨树沟组等
348	Toudaogou lime-stone	头道沟灰岩	21-3130	C_2	稻井丰	1934	辽宁	创名未使用,现归属太原组
349	Tuhulu fossiliferous pyroclastic rock	吐葫芦含化石火山碎屑岩	21-4168	K	王竹泉 黄汲清	1929	辽宁	创名未使用,现归属义县组
350	Tulaigou Fm	土来沟组	21-4160	K_1	潘广	1964	辽宁	重新划分,现归属义县组
351	Wali Fm	洼里组	21-1089	Z	张丕孚	1980	辽宁	与南关岭组同物异名
352	Wafangzi Fm	瓦房子组	21-1113	Z	王曰伦	1963	辽宁	创名未使用,现归团山子组
353	Wagaishan volcanic series	瓦盖山火山岩组	21-4105	J_2	金维静	1962	辽宁	与髫髻山组同物异名
354	Waitoushan stage	歪头山阶	21-1123	Qn	松下进	1935	辽宁	与桥头组同物异名
355	Waishandaogou shale	外山道沟页岩	21-3132	C_2	稻井丰	1934	辽宁	创名未使用,现归属本溪组
356	Wangou Fm	湾沟组	21-4245	J_2	辽宁煤管局	1962	辽宁	与三个岭组同物异名
357	Wanwan series	湾湾统	21-2124	O_1	小林贞一	1930	辽宁	重新划分,现归属炒米店组
358	Wanwangou lime-stone	湾湾沟石灰岩	21-2123	O	小林贞一	1930	辽宁	见 21-2124
359	Wanwangou Mbr	湾湾沟段	21-2168	$\in_3$	卢衍豪	1962	辽宁	见 21-2124
360	Wangbagaizi sand-stone	王八盖子砂岩	21-3236	P_2	王钰	1954	辽宁	重新划分,现归属石盒子组

序号	地层单位名称		编号	地质时代	创名人	创建时间	所在省	不采用的理由
	英文	中文						
361	Wanghuangdi Fm	汪荒地组	21-4217	K_1	地质部二普	1963	辽宁	创名未使用，现归属九佛堂组
362	Wenguantun Fm	文官屯组	21-4211	J_1	辽宁煤管局	1962	辽宁	创名未使用，现归属南康庄组
363	Wolong series	卧龙统	21-2148	O_1	小林贞一	1931	辽宁	创名未使用，现解体为冶里组、亮甲山组
364	Wolong limestone	卧龙灰岩	21-2147	O_1	小林贞一	1931	辽宁	创名未使用，现归属亮甲山组
365	Wujiadayuan Fm	吴家大院组	21-4248	J_3	辽宁煤管局	1962	辽宁	与小东沟组同物异名
366	Wuding series	五顶统	21-2145	O_2	远藤隆次	1932	辽宁	创名未使用，现归属马家沟组
367	Wuhuzui bed	五湖咀层	21-3162	C_3	赵亚曾	1926	辽宁	重新划分，现归属太原组
368	Wuhuzui Fm	五湖咀组	21-3241	C_3	中国地质编委会	1958	辽宁	见21-3162
369	Wuhuzui limestone	五湖咀石灰岩	21-3240	C_3	李四光	1926	辽宁	见21-3162
370	Wujiaohu Fm	五角湖组	21-4188	J_{2-3}	地质部第二普查大队	1963	辽宁	重新划分，现分属义县组、沙海组。
371	Wuhuanchi Fm	务欢池组	21-4225	K_2	辽宁区测一队	1976	辽宁	与大兴庄组同物异名
372	Xidashan Fm	西大山组	21-2104	$\in_2$	辽宁区调队	1988	辽宁	创名未使用，现归属张夏组
373	Xidianzi limestone	西甸子石灰岩	21-3203	C_3^2	稻井丰	1934	辽宁	创名未使用，现归属太原组
374	Xidianzi coal-parting beds	西甸子夹炭层	21-3201	C_3^2	稻井丰	1934	辽宁	创名未使用，现归属山西组
375	Xishan sandstone	西山砂岩	21-3182	P_1	稻井丰	1934	辽宁	创名未使用，现归属石盒子组
376	Xishan coal-parting beds	西山夹炭层	21-3181	P_1	稻井丰	1934	辽宁	创名未使用，现归属山西组
377	Xiya beds	西崖层	21-2122	$\in_3$	远藤隆次	1931	辽宁	重新划分，现归属崮山组
378	Xiabuchengziqian shale	下部城子前页岩	21-3223	C_2	稻井丰	1934	辽宁	创名未使用，现归属太原组
379	Xiabuhanpoling shale	下部寒坡岭页岩	21-3127	C_2	稻井丰	1934	辽宁	创名未使用，现归属本溪组
380	Xiabukongjiamen-qian limestone	下部孔家门前石灰岩	21-3224	C_2	稻井丰	1934	辽宁	创名未使用，现归属太原组
381	Xiabulongwan shale	下部龙湾页岩	21-3159	C_2	稻井丰	1934	辽宁	与现本溪组同物异名
382	Xiabuqianhuangdi shale	下部前荒地页岩	21-3152	C_2	稻井丰	1934	辽宁	创名未使用，现归属本溪组
383	Xiabuqian-shihuiyaotun lime-stone	下部前石灰岩屯石灰岩	21-3115	C_2	稻井丰	1934	辽宁	创名未使用，现归属太原组
384	Xiabushishan shale	下部石山页岩	21-3146	C_2	稻井丰	1934	辽宁	与现本溪组同物异名

序号	地层单位名称		编号	地质时代	创名人	创建时间	所在省	不采用的理由
	英文	中文						
385	Xiafu shale beds	下府页岩层	21-4123	J_2	金维静	1962	辽宁	创名未使用，现归属土城子组
386	Xialiaohe Gr	下辽河群	21-5020	E	杨承先	1966	辽宁	与早元古代下辽河群同名异物，解体为东营组等
387	Xialiutang coal series	下柳塘煤系	21-3191	P_1	辽宁煤管局	1962	辽宁	创名未使用，现归属山西组
388	Xiapingzhou dolomite	下平州白云岩	21-2131	O_1	尾崎金右卫门	1930	辽宁	重新划分，现归属冶里组
389	Xiawuhuzui beds	下五湖咀层	21-3163	C_3	赵亚曾	1926	辽宁	无此地理名，现归属太原组
390	Xiawuhuzui Fm	下五湖咀组	21-3242	C_3	中国地质编委会	1958	辽宁	见21-3163
391	Xiancheng interbedding	县城互层	21-4170	J_{2-3}	室井渡	1940	辽宁	创名未使用，现归属沙海组
392	Xiangshuisi subgroup	响水寺亚群	21-1084	Z	松下进	1930	辽宁	重新划分，解体为现钓鱼台组等
393	Xiaoduanmuchong Fm	小椴木冲组	21-1091	Pt_2	陈从云 王东方	1989	辽宁	创名未使用，现归属石门组
394	Xiaogushan Fm	小孤山组	21-1072	Z	王东坡等	1965	辽宁	重新划分，现解体为南芬组、钓鱼台组
395	Xiaogushanzi coal-parting beds	小孤山子夹炭层	21-4235	J_2	须贝贯二	1942	辽宁	创名未使用，现归长梁子组
396	Xiaominganbei Fm	小明安碑组	21-4200	J_3	辽宁煤管局	1962	辽宁	创名未使用，现分属阜新组、沙海组
397	Xiaoshihu beds	小石湖层	21-1076	Pt_2	都留一雄	1931	辽宁	基底岩层，暂未清理
398	Xiaoshi series	小市统	21-3104	C_2	稻井丰	1934	辽宁	重新划分，现归属太原组
399	Xiaoshi limestone	小市石灰岩	21-3244	C_2	盛金章	1958	辽宁	创名未使用，现归属太原组
400	Xiaotazi Fm	小塔子组	21-4196	J_3	辽宁煤管局地勘公司	1973	辽宁	重新划分，现归属沙海组
401	Xielintai Fm	谢林台组	21-4187	J_3	辽宁煤管局106队	1964	辽宁	创名未使用，现归沙海组
402	Xinkailing shale beds	新开岭页岩层	21-4241	J_2	须贝贯二	1942	辽宁	创名未使用，现归大堡组
403	Xinkai Fm	新开组	21-4232	J_1	辽宁煤管局	1962	辽宁	创名未使用，现归长梁子组
404	Xingjiagou Fm	兴家沟组	21-1101	Jx	辽宁地质局科研队	1982	辽宁	创名未使用，现归石门组
405	Xinglonggou andesite	兴隆沟安山岩	21-4143	J_2	河北区测队	1959	辽宁	与髫髻山组同物异名
406	Xiushui Gr	秀水群	21-4192	J_1	辽宁煤管局101队	1973	辽宁	与海房沟组同物异名
407	Yadang series	亚当统	21-3174	P_1	半泽正四郎	1941	辽宁	无此地名，现归属太原组
408	Yantai coal-parting beds	烟台夹炭层	21-3190	C_3P_1	稻井丰	1934	辽宁	创名未使用，现归山西组

序号	地层单位名称		编号	地质时代	创名人	创建时间	所在省	不采用的理由
	英文	中文						
409	Yantai series	烟台统	21-3219	P_1	稻井丰	1934	辽宁	与山西组同物异名
410	Yanjialou stage	阎家楼阶	21-2111	$\in_1$	松下进	1930	辽宁	重新划分，现归属馒头组
411	Yanzhou beds	燕州层	21-2118	O_1—$\in_3$	远藤隆次	1931	辽宁	重新划分，分属现炒米店组，崮山组
412	Yanzhou series	燕州统	21-2152	O_1—$\in_3$	远藤隆次	1934	辽宁	见 21-2118
413	Yanzhou Fm	燕州组	21-2169	$\in_3$	卢衍豪	1974	辽宁	见 21-2118
414	Yanzhou Mbr	燕州段	21-2170	$\in_3$	卢衍豪	1959	辽宁	见 21-2118
415	Yangjiazhangzi Fm	杨家杖子组	21-3176	C_2	沈阳地研所	1992	辽宁	与湖田段同物异名
416	Yangshugou shale	杨树沟页岩	21-3209	C_3^2	稻井丰	1934	辽宁	创名未使用，现归山西组
417	Yangshugou limestone	杨树沟石灰岩	21-3167	C_3^2	赵亚曾	1926	辽宁	创名未使用，现归太原组
418	Yangshugou coal-parting beds	杨树沟夹炭层	21-3211	C_3^2	稻井丰	1934	辽宁	创名未使用，现归太原组
419	Yangshugou coal-bearing beds	杨树沟含炭层	21-3226	C_3	稻井丰	1934	辽宁	见 21-3211
420	Yangshugou series	杨树沟统	21-3172	C_2	稻井丰	1934	辽宁	重新划分，现分属山西组、太原组
421	Yangshugou Fm	杨树沟组	21-3166	C_3^2	中国地质编委会	1958	辽宁	见 21-3172
422	Yaojiatao coal-bearing beds	姚家套含炭层	21-3117	C_2	稻井丰	1934	辽宁	创名未使用，现归本溪组
423	Yaojiatao shale	姚家套页岩	21-3116	C_2	稻井丰	1934	辽宁	见 21-3117
424	Yaojiatao Fm	姚家套组	21-3105	C_2	辽宁区调队	1987	辽宁	与现本溪组同物异名
425	Yaoziyu siliceous rock	窑子峪硅岩	21-3155	C_2	稻井丰	1934	辽宁	创名未使用，现归太原组
426	Yaoziyu limestone	窑子峪石灰岩	21-3156	C_2	稻井丰	1934	辽宁	见 21-3155
427	Yemataohai Fm	野马套海组	21-4186	J_3	辽宁煤管局 106 队	1964	辽宁	创名未使用，现归沙海组
428	Yilu Fm	懿路组	21-4212	J_2	辽宁煤管局	1962	辽宁	与沙河子组同物异名
429	Yinwo conglomerate beds	银窝砾岩层	21-3232	P_1	辽宁煤管局	1959	辽宁	重新划分，现归山西组
430	Yinggeshi stage	英歌石阶	21-1111	Z	松下进	1935	辽宁	重新划分，现归属长岭子组
431	Yingzi series	营子统	21-2139	$\in_3$	小林贞一	1930	辽宁	重新划分，现分属炒米店组、崮山组
432	Yingbishan Fm	影壁山组	21-4257	J_3	辽宁地研所	1963	辽宁	创名未使用，现归小岭组

序号	地层单位名称		编号	地质时代	创名人	创建时间	所在省	不采用的理由
	英文	中文						
433	Yushugou Fm	榆树沟组	21-4113	K_1	潘广	1979	辽宁	与义县组同物异名
434	Yuxin Fm	玉新组	21-4226	K_1	辽宁区测一队	1971	辽宁	重新划分,现归属泉头组
435	Yuejiapu Fm	岳家堡组	21-4254	K_1	地质部第二普查大队	1963	辽宁	创名未使用,现归属小岭组、小东沟组
436	Zhalanying Fm	扎兰营组	21-4227	K_1	常征路等	1964	辽宁	创名未使用,现归孙家湾组
437	Zhaziyao coal-parting beds	碴子窑夹炭层	21-4132	J_2—J_1	斋藤林次	1940	辽宁	与瓦房庄组同物异名
438	Zhangdonggou sandstone	张东沟砂岩	21-3131	C_2	稻井丰	1934	辽宁	创名未使用,现归太原组
439	Zhangjiapuzi coal-parting beds	张家堡子夹炭层	21-3218	P_1	稻井丰	1935	辽宁	创名未使用,现归山西组
440	Zhanglaogongtun Fm	张老公屯组	21-4223	K_1	王五力等	1989	辽宁	重新划分,现归阜新组
441	Zhangtaizi Fm	张台子组	21-4260	J_3	地质部第二普查大队	1964	辽宁	创名未使用,钻孔资料,层位待定
442	Zhangwu volcanic rock	彰武火山岩	21-4230	K_1	常征路等	1980	辽宁	与义县组同物异名
443	Zhaoduba Fm	召都巴组	21-4224	K_2	辽宁区测一队	1976	辽宁	与大兴庄组同物异名
444	Zhengjia Fm	郑家组	21-3253	P_2	潘广	1959	辽宁	与石千峰群同物异名
445	Zhongbuqianshihuiyaotun limestone	中部前石灰窑屯石灰岩	21-3208	C_3^2	稻井丰	1934	辽宁	创名未使用,现归属太原组
446	Zhongguantun Fm	仲官屯组	21-1098	Ch	辽宁地质局科研队	1982	辽宁	重新划分,现解体为大迫山组、车庄子组
447	Zhoudigou Fm	周地沟组	21-4109	J_3	辽宁煤管局地勘局	1965	辽宁	重新划分,现归属义县组
448	Zhujia Fm	朱家组	21-4184	J_2	辽宁煤管局106队	1964	辽宁	创名未使用,现归属义县组
449	Zhuligachi Fm	朱力嘎尺组	21-4218	J_3	辽宁煤管局106队	1964	辽宁	创名未使用,现归属义县组
450	Zhuquangou coal-parting beds	珠圈沟夹炭层	21-4239	J_2	须贝贯二	1942	辽宁	创名未使用,现归属转山子组